普通高等教育农业农村部"十三五"规划教材
全国高等农林院校"十三五"规划教材

# 基础化学实验

梁慧光　龙海涛　主编

中国农业出版社
北京

# 内容简介

本书分为化学实验基本知识、化学实验基本操作技术、化学技能训练实验、综合性和设计性实验、仪器分析设备及实验以及附录等内容。在化学实验基本知识部分，对本课程的学习提出了明确的要求，特别强调了学习的方法和实验诚信原则，以及应该如何做规范的实验记录、如何处理与表达实验数据。化学实验基本操作技术详细介绍了常用化学实验技术和化学实验室常规设备的原理及使用方法。化学技能训练实验按照循序渐进的原则，将各项基本操作和训练有机分布在各个类型的实验中。使用时教师可根据实验内容指导学生阅读前几部分的相关内容。综合性和设计性实验部分中，综合性实验主要是包含多项基本技术的较复杂的实验，包括化合物合成、组成分析、性质表征等；设计性实验为探究性实验，要求学生通过查阅文献设计实验方案、完成实验和对结果进行分析评价。仪器分析设备及实验部分介绍了化学实验常用的大型仪器设备及配套设备的基本原理、使用方法和日常维护事项，并设计了 11 个简单易行的仪器分析训练实验。附录部分汇总了化学实验常用的理化数据、常用试剂的配制方法，以及常见干燥剂的性能与应用范围等内容。本书可作为高等农林院校的本科生教材，也可作为本硕阶段的工具书。

# 编 者 名 单

**主　编**　梁慧光　龙海涛
**副主编**　薄丽丽　徐玉梅　杨　晰　李　静
**参　编**　王兴民　李铁汉　蒲陆梅　年　芳
　　　　　肖　雯　虎玉森　李国琴　乔海军
　　　　　张志霞　张浩波　胡　冰　杨继涛

# 前 言

基础化学实验是农业院校的一门重要的基础实验课程,包含无机化学实验、分析化学实验、有机化学实验、物理化学实验的基本原理和基本内容,担负着使学生系统、全面地学习并掌握化学实验的基本操作技能,提高实验素养,培养动手实践能力和独立工作能力,为专业课程学习奠定基础的任务。在"双一流"建设工程不断推进的背景下,高等教育对基础化学实验教学提出了新的要求,亟须编写与之相适应的实验教材。

本教材根据高校课程改革的要求,吸收参编院校十多年基础化学实验教学改革的成果,组织多位长期从事基础化学实验教学和管理的骨干教师参与编写。主要特点有:

(1)立足农林院校对基础化学实验的基本要求,注重实用性和可操作性。

(2)兼顾实验改革的连续性和其他院校对基础化学实验的需求,力求普适性。

(3)目前仪器分析技术蓬勃发展,广泛应用于各研究领域,因此本书增加了仪器分析实验的相关内容,以助于学生了解和掌握先进的仪器分析技术。

(4)适应混合式课程改革要求,新增大量适合线上学习的实验内容。

(5)力求环保,体现绿色化学理念,推动基础化学实验向小量化、微量化改革。

本教材由梁慧光(第一部分二至四、实验52~60)、龙海涛(第一部分一、第二部分一至九、实验10~12、实验47~49)、薄丽丽(第五部分)、徐玉梅(实验1~5、实验35~46、实验50~51、附录Ⅰ~Ⅵ)、杨晰(第二部分十至十一、实验6~9、实验16~25、实验33~34)、李静(实验13~15、实验27~31、附录Ⅶ~ⅩⅤ)、王兴民(实验26)、李铁汉(实验66)、蒲陆梅(实验68)、年芳(实验69)、肖雯(实验32)、虎玉森(实验70)、李国琴(实验67)、乔海军(实验63)、张志霞(实验64)、张浩波(实验65)、胡冰(实验61)、杨继涛(实验62)编写。

书中错误与不足之处,敬请读者批评指正。

编 者<br>
2021年6月

# 目 录

前言

## 第一部分 化学实验基本知识 ········· 1

### 一、化学实验与化学实验教学 ········· 1
(一)化学实验课的教学目的 ········· 1
(二)化学实验课的学习方法与教学基本要求 ········· 2
(三)化学实验室规则 ········· 4
(四)化学实验室安全知识及意外事故处理 ········· 4
(五)实验室废液的处理 ········· 6
(六)误差与数据处理 ········· 7

### 二、化学实验常用仪器 ········· 11
(一)常用的普通仪器 ········· 11
(二)常用的标准磨口玻璃仪器 ········· 17
(三)常用仪器设备及使用规范 ········· 19

### 三、化学试剂 ········· 40
(一)化学试剂的分类与规格标准 ········· 41
(二)化学试剂的选用 ········· 41
(三)化学试剂的储存 ········· 42

### 四、实验室用水 ········· 42
(一)源水、纯水、高纯水 ········· 42
(二)纯水与高纯水水质标准 ········· 43

## 第二部分 化学实验基本操作技术 ········· 45

### 一、玻璃仪器的洗涤和干燥 ········· 45

### 二、试剂的取用及溶液的配制 ········· 47
(一)试剂的取用 ········· 47
(二)溶液的配制 ········· 48

### 三、加热与冷却技术 ········· 49
(一)加热 ········· 49
(二)冷却 ········· 53

四、玻璃工操作与塞子的配制 ……………………………………………………………… 54
   （一）玻璃工操作 ………………………………………………………………………… 54
   （二）塞子钻孔 …………………………………………………………………………… 55
五、气体的发生、净化、干燥与收集 ……………………………………………………… 57
   （一）气体的发生 ………………………………………………………………………… 57
   （二）气体的净化和干燥 ………………………………………………………………… 58
   （三）气体的收集 ………………………………………………………………………… 60
六、试纸的使用 ……………………………………………………………………………… 61
七、搅拌与搅拌器 …………………………………………………………………………… 61
八、滴定分析基本操作 ……………………………………………………………………… 62
   （一）量器的洗涤 ………………………………………………………………………… 62
   （二）量器的使用 ………………………………………………………………………… 62
九、分析样品的采集和预处理 ……………………………………………………………… 68
十、回流装置及操作 ………………………………………………………………………… 70
十一、物质的分离与提纯技术 ……………………………………………………………… 71
   （一）沉淀分离法 ………………………………………………………………………… 71
   （二）重结晶分离法 ……………………………………………………………………… 74
   （三）升华分离法 ………………………………………………………………………… 77
   （四）萃取分离法 ………………………………………………………………………… 78
   （五）蒸馏分离法 ………………………………………………………………………… 80
   （六）吸附分离法 ………………………………………………………………………… 87
   （七）离子交换分离法 …………………………………………………………………… 89
   （八）色谱分离法 ………………………………………………………………………… 91
   （九）电化学分离法 ……………………………………………………………………… 94

## 第三部分　化学技能训练实验 ……………………………………………………………… 95

一、基本技能训练实验 ……………………………………………………………………… 95
   实验 1　化学实验安全知识及玻璃仪器的洗涤和使用 ………………………………… 95
   实验 2　玻璃管加工和塞子钻孔 ………………………………………………………… 96
   实验 3　分析天平的称量练习 …………………………………………………………… 96
   实验 4　滴定分析基本操作练习 ………………………………………………………… 98
   实验 5　酸、碱标准溶液的配制和比较滴定 …………………………………………… 99
   实验 6　物质熔点的测定 ………………………………………………………………… 101
   实验 7　沸点的测定 ……………………………………………………………………… 103
   实验 8　旋光度的测定 …………………………………………………………………… 104
   实验 9　折射率的测定 …………………………………………………………………… 105
   实验 10　液体密度的测定 ………………………………………………………………… 106
   实验 11　凝固点降低法测定溶质的摩尔质量 …………………………………………… 109
   实验 12　醋酸电离度和电离常数的测定(pH 法) ……………………………………… 111

| 实验 13 | 化学反应速率与活化能 | 113 |
| 实验 14 | $CaSO_4$ 溶度积的测定(离子交换法) | 116 |
| 实验 15 | 强酸与强碱反应的摩尔焓变的测定 | 118 |

## 二、物质的分离、提纯与鉴定实验 … 121

| 实验 16 | 粗食盐的提纯 | 121 |
| 实验 17 | 蒸馏 | 122 |
| 实验 18 | 分馏 | 123 |
| 实验 19 | 水蒸气蒸馏 | 124 |
| 实验 20 | 减压蒸馏 | 125 |
| 实验 21 | 萃取 | 126 |
| 实验 22 | 重结晶 | 127 |
| 实验 23 | 柱层析 | 128 |
| 实验 24 | 薄层层析 | 128 |
| 实验 25 | 纸上层析 | 129 |

## 三、物质的一般性质实验 … 130

| 实验 26 | 溶胶与乳浊液 | 130 |
| 实验 27 | 电离平衡和沉淀平衡 | 131 |
| 实验 28 | 氧化还原反应与电化学 | 134 |
| 实验 29 | 配合物的生成和性质 | 138 |
| 实验 30 | 非金属元素(卤素、氧、硫) | 140 |
| 实验 31 | 常见离子的定性鉴定方法 | 144 |
| 实验 32 | 过渡系元素(铁、钴、镍) | 151 |
| 实验 33 | 有机化合物官能团实验 | 153 |
| 实验 34 | 糖和蛋白质的性质实验 | 158 |

## 四、测定及分析实验 … 160

| 实验 35 | 酸碱溶液浓度的标定 | 160 |
| 实验 36 | 铵盐中氮含量的测定(甲醛法) | 164 |
| 实验 37 | EDTA 标准溶液的配制与标定 | 165 |
| 实验 38 | 自来水中钙、镁含量的测定 | 168 |
| 实验 39 | $KMnO_4$ 标准溶液的配制与标定 | 170 |
| 实验 40 | 过氧化氢含量的测定($KMnO_4$ 法) | 172 |
| 实验 41 | 亚铁盐中铁含量的测定($K_2Cr_2O_7$ 法) | 173 |
| 实验 42 | $Na_2S_2O_3$ 和 $I_2$ 标准溶液的配制与标定 | 174 |
| 实验 43 | $AgNO_3$ 和 $NH_4SCN$ 标准溶液的配制与标定 | 176 |
| 实验 44 | 可溶性氯化物中氯含量的测定(莫尔法) | 178 |
| 实验 45 | 邻二氮菲分光光度法测定铁 | 179 |
| 实验 46 | 磷酸盐中磷含量的测定(分光光度法) | 182 |

## 第四部分 综合性和设计性实验 … 184

### 一、综合性实验 … 184

实验 47　硫代硫酸钠的制备 …………………………………………………………… 184
实验 48　硫酸亚铁铵的制备及纯度分析 ………………………………………………… 185
实验 49　磺基水杨酸铁(Ⅲ)配合物的组成及稳定常数的测定 ………………………… 186
实验 50　药片中维生素 C 的测定 ………………………………………………………… 189
实验 51　含氮有机物中氮的测定(凯氏定氮法) ……………………………………… 190
实验 52　己二酸的合成 …………………………………………………………………… 192
实验 53　乙酰苯胺的制备 ………………………………………………………………… 193
实验 54　正溴丁烷的制备 ………………………………………………………………… 194
实验 55　乙酸乙酯的制备 ………………………………………………………………… 195
实验 56　从茶叶中提取咖啡因 …………………………………………………………… 196
实验 57　橙皮中柠檬油的提取 …………………………………………………………… 198
实验 58　从槐花米中提取芦丁 …………………………………………………………… 198
实验 59　从麻黄草中提取麻黄碱 ………………………………………………………… 200
实验 60　菠菜色素的提取和分离 ………………………………………………………… 201

## 二、设计性实验 …………………………………………………………………………… 203

实验 61　混合碱样的分析(双指示剂法) ……………………………………………… 203
实验 62　未知物的鉴定或鉴别 …………………………………………………………… 204
实验 63　含镍废催化剂中镍的化学回收 ………………………………………………… 205
实验 64　废干电池的综合利用 …………………………………………………………… 206
实验 65　乙酰水杨酸(阿司匹林)的制备 ……………………………………………… 208
实验 66　葡萄糖酸锌的制备 ……………………………………………………………… 208
实验 67　$NaH_2PO_4$ - $Na_2HPO_4$ 混合体系中各组分含量的测定 …………………… 209
实验 68　石灰石中钙、镁含量的测定 …………………………………………………… 209
实验 69　胃舒平药片中铝、镁的测定 …………………………………………………… 210
实验 70　碱式碳酸铜的制备 ……………………………………………………………… 211

# 第五部分　仪器分析设备及实验 …………………………………………………… 213

## 一、仪器分析常规设备 …………………………………………………………………… 213

(一)电位滴定仪 …………………………………………………………………………… 213
(二)紫外-可见分光光度计 ……………………………………………………………… 216
(三)傅里叶变换红外光谱仪 ……………………………………………………………… 217
(四)原子荧光光谱仪 ……………………………………………………………………… 219
(五)原子发射光谱仪 ……………………………………………………………………… 220
(六)原子吸收光谱仪 ……………………………………………………………………… 223
(七)气相色谱仪 …………………………………………………………………………… 225
(八)高效液相色谱仪 ……………………………………………………………………… 227
(九)离子色谱仪 …………………………………………………………………………… 229
(十)毛细管电泳仪 ………………………………………………………………………… 229
(十一)质谱仪 ……………………………………………………………………………… 231

（十二）仪器分析常用辅助设备 ……………………………………………………………… 233
二、仪器分析实验 …………………………………………………………………………………… 240
　　实验 71　电位法测定饮用水中氟离子的浓度 ………………………………………………… 240
　　实验 72　食醋中醋酸浓度的自动电位滴定 …………………………………………………… 242
　　实验 73　紫外吸收光谱法测定饮料中苯甲酸 ………………………………………………… 243
　　实验 74　红外光谱法鉴定黄酮结构 …………………………………………………………… 245
　　实验 75　ICP-AES 同时测定矿泉水中钙、镁和铁 …………………………………………… 246
　　实验 76　火焰原子吸收光谱法测定水中的钙 ………………………………………………… 247
　　实验 77　石墨炉原子吸收光谱法测定水样中铜含量 ………………………………………… 249
　　实验 78　气相色谱的定性和定量分析 ………………………………………………………… 250
　　实验 79　饮料中咖啡因的高效液相色谱分析 ………………………………………………… 252
　　实验 80　离子色谱法测定阴离子的含量 ……………………………………………………… 253
　　实验 81　气-质联用法测定植物精油中的化学组分及相对含量 …………………………… 254

# 附录 …………………………………………………………………………………………………… 256
　　附录 Ⅰ　　元素相对原子质量表 ……………………………………………………………… 256
　　附录 Ⅱ　　常用酸碱的浓度表 ………………………………………………………………… 257
　　附录 Ⅲ　　常见化合物的相对分子质量 ……………………………………………………… 258
　　附录 Ⅳ　　常见离子和化合物的颜色 ………………………………………………………… 260
　　附录 Ⅴ　　弱电解质的电离常数 $K^{\ominus}$ ………………………………………………………… 262
　　附录 Ⅵ　　某些难溶电解质的溶度积常数（298 K） ………………………………………… 262
　　附录 Ⅶ　　某些配离子的稳定常数 …………………………………………………………… 263
　　附录 Ⅷ　　标准电极电势 $\varphi^{\ominus}$（298 K） …………………………………………………… 264
　　附录 Ⅸ　　乙醇水溶液相对密度及组成 ……………………………………………………… 267
　　附录 Ⅹ　　某些有机化合物的物理常数 ……………………………………………………… 268
　　附录 Ⅺ　　某些有机化合物的折射率及校正系数 …………………………………………… 268
　　附录 Ⅻ　　危险药品的分类、性质和管理 …………………………………………………… 269
　　附录 ⅩⅢ　某些常用试剂、指示剂和缓冲溶液的配制 ……………………………………… 271
　　附录 ⅩⅣ　常用有机溶剂的纯化 ……………………………………………………………… 275
　　附录 ⅩⅤ　常见干燥剂的性能与应用范围 …………………………………………………… 277

# 参考文献 ……………………………………………………………………………………………… 279

# 第一部分

# 化学实验基本知识

## 一、化学实验与化学实验教学

化学实验是进行化学研究的最基本手段。它是通过实验活动，对具体的化学问题进行实际的操作观察、测试、分析和评价，寻找其化学的本质，给出其变化规律和应用信息的科学。纵观化学发展的历史，许多化学概念、规律的揭示，化学理论的产生，几乎都是建立在化学家们大量的实验研究基础上的。新物质、新材料的问世和应用，都离不开专业人员反复不断的科学实验。显然化学实验对于化学理论的验证、建立和发展都起着不可替代的推动作用，它是理论发展的唯一基础和源泉。同样，在化学理论向化学应用的转化过渡和开发中，科学实验研究工作也是实现这种转化过程的必经之路和桥梁。因此，我们要在化学以及相关学科领域有所作为、有所发展、有所创造，就必须具有丰富、扎实的化学实验技术和技能。

所以，在农科各专业的学习中，同样必须重视基础化学实验的实践活动，重视在实践中训练和掌握基本的化学实验技术和技能，注重自身能力的锻炼和提高。只有亲临实验的实践活动，才能掌握、积累、深化、提高自己的专业知识和技能。

### (一)化学实验课的教学目的

化学实验课的教学目的是使学生在学习化学专业理论知识的同时，通过实验的实践活动，学习和掌握化学专业的基本实验技术。所谓基本实验技术就是如何研究物质的变化规律，如何分离、分析与鉴别，如何合成和如何将它们与生产实际联系起来，开发、扩展它们的应用。这门技术在技能上的要求：掌握各类实验研究的基本方法和方法原理；学会规范的实验操作方法和技巧；学会观察、分析化学现象和测量数据并获得结果；学会如何选择、安装、测试和使用各种实验仪器，以及如何进行实验方案的设计和实验条件的选择等；初步具备独立解决实际问题的能力。

除此之外，实验课的教学目的还在于通过实验实践活动，培养学生求实、求真、实事求是的科学态度和相互协作、共同进取的团队精神，以及在实践活动中启发学生创新和开拓的精神。

简而言之，实验课的教学目的就是学习技术、掌握技能、培养能力、提高素质，培养有知识、有技术、有能力的善于动脑、动手的专业人才。

## (二)化学实验课的学习方法与教学基本要求

实验课的学习是以学生为主，通过实践活动来学习专业技术知识和技能，掌握从事科学实验研究的基本方法，获取解决实际问题的能力。教师的作用仅是引导和启发学生自主地实践与学习，依据专业技术和技能的基本要求，合理地选择搭配实验项目和内容，使学生对实验方法的学习和技能的训练科学化和系统化。同时要求对典型的实验技术、仪器的使用操作进行针对性的规范演示和指导。

学习化学实验，要求抓住课前实验预习、做实验、完成实验报告 3 个学习环节。

**1. 课前实验预习** 为了做好实验、避免事故，在实验前必须对所要做的实验有尽可能全面和深入的认识。这些认识包括实验的目的要求，实验原理（化学反应原理和操作原理），实验所用试剂的规格、用量，产物的物理、化学性质，实验所用的仪器装置，实验的操作程序和操作要领，实验中可能出现的现象和可能发生的事故等。

为此，需要认真阅读实验的有关内容（含理论部分、操作部分），查阅相关的手册，准备用作实验预习和数据记录的专门的实验记录本，做好预习笔记。预习笔记也就是实验提纲，包括实验名称、实验目的、实验原理、主要试剂和产物的物理常数、试剂规格用量、实验装置示意图和操作步骤。在操作步骤的每一步后面都需留出适当的空白，以供实验时做记录之用。

预习笔记的具体要求：

(1)实验目的和要求，实验原理和反应式（主反应、主要副反应），需用的仪器和装置的名称及性能，溶液浓度或配制方法，主要试剂和产物的物理常数，主要试剂的规格用量（g、mL、mol）都要写在预习笔记本上。

(2)阅读实验内容后，根据实验内容用自己的语言正确地写出简明的实验步骤（不是照抄），关键之处应加以注明。步骤中的文字可用符号简化。例如，化合物只写分子式，用"△"表示加热，"$T\uparrow 60\ ℃$"表示温度上升到 60 ℃，"+NaOH sol"表示加入氢氧化钠溶液等，仪器以示意图代之。这样在实验前已形成了一个实验提纲，实验时按此提纲进行即可。

(3)合成实验，应列出粗产物纯化过程及原理。

(4)对于实验中可能出现的问题（包括安全和实验结果）要写出防范措施和解决办法。

实验开始前由指导教师进行集体或个别提问和检查，了解学生对实验的目的、原理、内容、仪器装置的使用、操作方法及注意事项等的预习情况，指导教师可根据提问和检查情况，给学生打分，对没有预习或准备不充分的学生，教师可以停止其进行实验，在指定日期补做。

**2. 做实验** 学生应遵守实验室规则，接受教师指导，按照实验教材上所指导的方法、步骤、要求及药品用量进行实验。细心观察现象，同时应将观察到的实验现象及测得的各种数据及时真实地记录在记录本上。同时，应深入思考，分析产生现象的原因。若有疑问，可以相互讨论或询问老师。实验完成后，原始记录须经指导教师检查、认可并签名。

实验记录是实验过程的原始记录，必须以严肃认真的态度对待。做好实验记录应注意以下几点：

(1)必须使用记录本，并编写页码。

(2)完整记录实验内容，力求记录准确，实事求是，不准弄虚作假。记录内容包括：实验的全过程、试剂用量、仪器装置、反应温度、反应时间、反应现象、产量、产率等。

(3)实验记录必须简明、扼要，字迹整洁，不仅要自己明白，还要别人能看懂，作为原始记录不得随便涂改。由于是边实验边记录，可能时间仓促，故记录应简明准确，也可用各种符号代替文字叙述。

**3. 完成实验报告**　实验报告是实验的重要组成部分。实验完成之后，要在指定的时间内及时完成实验报告，实验报告的内容大致如下：

(1)实验目的、原理和内容。

(2)实验日期和实验者。在实验名称下面注明实验时间和实验者名字。这是很重要的实验资料，便于日后查找时进行核对。

(3)实验仪器和药品。应分类罗列，不能遗漏。需要注意的是，实验报告中应包含为完成实验所用试剂的浓度和仪器的规格等内容。

(4)实验步骤。写出主要的操作步骤，这是报告中比较重要的部分。通过此项内容，可以了解实验的全过程，明确每一步的目的，理解实验的原理，掌握实验的核心部分，养成科学的思维方法。在此项内容中还应写出实验的注意事项，以保证实验的顺利进行。

(5)实验记录。实验记录要尊重客观事实，实验现象和原始数据的记录要清晰、可靠。为表述准确，应使用专业术语，尽量避免口语的出现。这是报告的主体部分。在记录中，即使得到的结果不理想，也不能修改，可以通过分析和讨论找出原因和解决的办法，养成实事求是和严谨的科学态度。

(6)实验结果、评价和讨论。对实验现象进行分析、解释；对原始数据进行处理，并对得到的实验结果进行讨论。书写此项内容是回顾、反思、总结和拓展知识的过程，是实验的升华，应给予足够的重视。讨论栏可写实验体会、成功经验、失败教训、改进的设想等。在此项目中，学生可以在教师的引导下自由发挥，比如"你对本次实验的结果是否满意？为什么？如果不满意，你认为是什么原因造成的？如何改进？"，或者"为达到实验目的，实验的设计可以如何改进？这样改进的优点是什么？"，或者"你认为本实验的关键是什么？"等问题。此项内容的书写是实验报告的重点和难点。

化学实验报告的书写格式没有固定的要求，可以根据不同的实验类型设计不同形式的报告。对于验证性实验，由于实验内容较多且相互间无过多联系，一般可以采用表格形式。表格可以分成三大块：实验步骤、实验现象、实验解释和结论。对于综合性实验和设计性实验，重在综合运用所学的化学知识与技能去解决一些实验问题，因此重点在实验的设计和评价上。实验内容较为单一，只围绕一个主题，但实验各环节联系紧密。这类实验报告的书写格式较为开放，建议以论文形式书写。论文式实验报告应包括：①选择该项实验课题的原因；②实验采用的方法；③实验设计依据的原理；④实验步骤和实验记录；⑤实验结果及分析；⑥实验结论；⑦实验评价和讨论；⑧实验体会；⑨实验参考文献。

撰写化学实验报告要注意：

(1)实验报告以说明为主，不用像记叙文一样进行生动细致的描写，要避免主观感受的出现。除讨论栏外尽可能不使用"如果""可能"等模棱两可的表述。

(2)条理清楚，数据完整。重要的操作步骤、现象和实验数据不能遗漏。实验装置图应避免绘制错误。

(3)必须记实，资料客观。实验报告所使用的资料都应是通过实验所观察到的现象和所获得的数据。这些内容应是客观、真实、确切的，不允许有半点虚假。无论装置图还是操作规程，如果实际情况与书上不同，按实际操作的程序记录，不要照搬书上的，更不可伪造实验现象和数据。

(4)尽量用图解辅助。图解可以增加实验报告的直观性，如实验装置有时较复杂，仅靠文字无法完全说明，使用图解辅助，加上文字注解，就可以一目了然。图解也可以省略烦琐的实验步骤的描述。对于所使用的非标准仪器，则必须进行图解说明，使他人对本实验所用仪器能有一个感性认识。

(5)表达准确简明。准确，就是按照实验的客观实际，选择合乎化学学科特点的最恰当的词句，科学地表达意思；简明，就是在说明问题时语言简洁明了，避免冗长的和啰唆含糊的表达。

## (三)化学实验室规则

(1)进入实验室，须穿好实验服，遵守实验纪律和制度，听从教师和实验室工作人员的指导与安排。

(2)未写实验预习报告者不得进入实验室进行实验。

(3)实验前，认真做好实验准备工作，检查所需试剂、仪器是否齐全、完好。如果发现有破损或缺少，应立即报告指导教师，及时补领。未经指导教师同意，不得挪用别的位置上的仪器。

(4)实验时应保持肃静，集中注意力，认真操作，仔细观察实验现象，如实记录实验结果，积极思考问题。

(5)实验时应爱护公共财物，小心使用实验仪器和设备，节约用水、电和试剂；使用精密仪器时，必须严格按照操作规程进行，避免因违章操作而损坏仪器。如果发现仪器有故障，应立即停止使用，报告指导教师及时处理。

(6)实验时要按正确操作方法进行，注意安全。

(7)实验时每人应取用自己的仪器，未经教师许可，不得动用他人的仪器。实验中仪器若有损坏，应如实登记补领。

(8)实验时实验台上的仪器应放置整齐，并保持台面清洁。火柴梗、废纸屑、废液及废渣应放入指定位置或废液缸中，严禁乱堆、乱放、乱倒。

(9)实验中取用药品或试剂时，应按需取用，勿洒落或取错，取用后及时盖好瓶盖，放回原处。

(10)实验完毕后，应将玻璃仪器洗净，放回原处，整理好药品架和实验台面，打扫卫生，关好水、电、门、窗。实验室内的一切物品(仪器、药品、实验产物等)不得带离实验室。

(11)实验记录经指导教师签名认可后，学生方可离开实验室。

## (四)化学实验室安全知识及意外事故处理

进行化学实验时，要严格遵守关于水、电、气和各种仪器、药品的使用规定。化学药品中，有很多是易燃、易爆、有腐蚀性或有毒的，所以，在化学实验中，必须十分重视安全问题，而且一定要从思想上认识到安全不仅是个人的事情。发生事故不仅损害个人健康，还危及周围的人，并使国家财产受到损失，影响正常工作的进行，因此，绝不能麻痹大意。在实验前应充分了解仪器的性能和药品的性质及本实验中的安全事项，在实验中，要集中注意力，严格遵守操作规程和实验室安全守则，以避免意外事故的发生。另外，要学会一般救护措施。一旦发生意外事故，可以进行及时处理。

**1. 实验室安全守则**

(1)进入实验室，须了解周围环境，明确总电源、急救器材(灭火器、消火栓、急救药品)的位置及使用方法。

(2)实验室内禁止吸烟、饮食，养成实验完成后立即关闭水、电、气源，不随意乱放仪器、药品的良好习惯。

(3)严防易挥发、易腐蚀试剂泄漏，对于易燃、易爆的物质要尽量远离火源。

(4)保持实验室内的良好通风。对能产生有刺激性或有毒气体的实验，应在通风橱内(或通风处)进行。

(5)绝对不允许任意混合各种化学药品。倾注药品或加热液体时，不要俯视容器，也不要将正在加热的容器口对准自己或他人。凡使用电炉、煤气灯加热的实验，中途不得离开实验室。

(6)有毒药品(如重铬酸钾、钡盐、铅盐、砷化合物、汞及汞化合物、氰化物等)不得入口或接触伤口。剩余的废物和金属片不许倒入下水道，应倒入回收容器内集中处理。

(7)浓酸、浓碱具有强腐蚀性，使用时切勿溅在衣服或皮肤上，尤其是眼睛上；稀释浓酸、浓碱时，应在不断搅拌下将它们慢慢倒入水中；稀释浓硫酸时更要小心，千万不可把水加入浓硫酸里，以免溅出烧伤。

(8)自拟实验或改变实验方案时，必须经教师批准后才可进行，以免发生意外事故。

(9)实验室内严禁口尝任何药品。

(10)实验完毕后洗净双手，方可离开实验室。

**2. 实验室意外事故的处理**

(1)割伤。伤处不能用手抚摸，也不能用水洗涤。若是玻璃创伤，应先把碎玻璃从伤处挑出。再在伤口处涂抹紫药水或红药水，必要时撒些消炎粉或敷些消炎膏，再用纱布包扎。

(2)烫伤。在伤口处涂抹烫伤药或用苦味酸溶液清洗伤口，小面积轻度烫伤可以涂抹肥皂水。

(3)酸碱腐蚀致伤。先用大量水冲洗。酸腐蚀致伤后，用饱和碳酸氢钠溶液或氨水溶液冲洗；碱腐蚀致伤后，用2%醋酸洗，最后用水冲洗。若强酸强碱溅入眼内，立即用大量水冲洗，然后相应地用1%碳酸氢钠溶液或1%硼酸溶液冲洗。

(4)溴灼伤。立即用大量水冲洗，再用酒精擦至无溴存在为止；或用苯或甘油洗，然后用水洗。

(5)磷灼伤用1%硝酸银、1%硫酸铜或浓高锰酸钾溶液洗，然后包扎。

(6)吸入溴蒸气、氯气、氯化氢，可吸入少量酒精和乙醚的混合气体；当吸入硫化氢气体而感到不适时，应立即到室外呼吸新鲜空气。

(7)毒物不慎进入口中。应根据毒物性质服用解毒剂，并立即送往医院。若是非腐蚀性中毒，可服1%硫酸铜溶液催吐，并用手指伸进咽喉部，促使呕吐。

(8)触电。遇到触电事故，应先切断电源，必要时进行人工呼吸。

(9)火灾。若遇有机溶剂引起着火，应立即用湿布或沙土等灭火；如果火势较大，可用泡沫灭火器灭火，切勿泼水，泼水会使火势蔓延。若遇电器设备着火，先切断电源，然后用四氯化碳灭火器灭火，不能用泡沫灭火器，以免触电。实验人员衣服着火时，立即脱下衣服，或就地打滚。

(10) 伤势较重者，立即送医。

**[附] 实验室急救药箱**

为了对实验室内发生的意外事故进行及时处理，应该在每个实验室内都准备一个急救药箱。药箱内可准备下列药品及器具：

(1) 红药水                          (2) 碘酒(3%)
(3) 獾油或烫伤油                    (4) 碳酸氢钠溶液(饱和)
(5) 硼酸饱和溶液或软膏              (6) 醋酸溶液(2%)
(7) 氨水(5%)                        (8) 硫酸铜溶液(5%)
(9) 甘油或玉树油                    (10) 三氯化铁溶液(止血剂)
(11) 消炎剂                         (12) 高锰酸钾晶体(需要时配成溶液)
(13) 对氨基苯甲酸(5%)               (14) 酒精
(15) 医用剪刀                       (16) 包扎胶布
(17) 镊子                           (18) 医用棉球、消毒棉及纱布(放在磨口瓶内塞紧)

## (五) 实验室废液的处理

实验中经常会产生某些有毒的气体、液体和固体，都需要及时处理。化学危险废物不能倒入下水道，也不能随意丢弃。特别是某些剧毒物质，如果直接排出就可能污染周围空气和水源，损害人体健康。因此，废液、废气和废渣要经过一定的处理后，统一回收，集中后送到回收处理单位进行消纳。

产生少量有毒气体的实验应在通风橱内进行。通过排风设备将少量毒气排到室外，使排出的气体在外界大量空气中稀释，以免污染室内空气。产生毒气量大的实验必须备有吸收或处理装置。如二氧化氮、二氧化硫、氯气、硫化氢、氟化氢等可用导管通入碱液中，使其大部分吸收后排出，一氧化碳可点燃转成二氧化碳。少量有毒的废渣应埋于地下(应有固定地点)。下面介绍一些常见废液处理的方法。

**1. 废酸液** 化学实验中大量的废液通常是废酸液。废酸缸中废酸液可先用耐酸塑料纱网或玻璃纤维过滤，滤液加碱中和，调 pH 至 6～8 后就可排出。

**2. 废铬酸洗液** 可以用高锰酸钾氧化法使废铬酸洗液再生，重复使用。氧化方法：先在 110～130 ℃下将其不断搅拌、加热、浓缩，除去水分后，冷却至室温，缓缓加入高锰酸钾粉末。每 1 000 mL 加入 10 g 左右，边加边搅拌直至溶液呈深褐色或微紫色，不要过量。然后直接加热至有三氧化硫出现，停止加热。稍冷，通过玻璃砂芯漏斗过滤，除去沉淀；冷却后析出红色三氧化铬沉淀，再加适量硫酸使其溶解即可使用。少量的废铬酸洗液在酸性条件下加入硫酸亚铁，使 Cr(Ⅵ)转变为毒性较低的 Cr(Ⅲ)，再向废液中加入石灰使其生成氢氧化铬(Ⅲ)沉淀，分离沉淀后集中处理。

**3. 氰化物** 氰化物是剧毒物质，含氰废液必须认真处理。对于少量的含氰废液，可先加氢氧化钠调至 pH>10，再加入几克高锰酸钾使 $CN^-$ 氧化分解。大量的含氰废液可用氯氧化法处理。先用碱将废液调至 pH>10，再加入漂白粉，使 $CN^-$ 氧化成氰酸盐，并进一步分解为二氧化碳和氮气。反应的 pH 是关键因素,第一步必须在碱性条件下进行,若 pH<8.5,则有产生 HCN 的危险。

**4. 含汞盐废液** 应先调 pH 至 8~10,然后加适当过量的硫化钠生成硫化汞沉淀,并加硫酸亚铁生成硫化亚铁沉淀,从而吸附硫化汞并沉淀下来。静置后分离,再离心,过滤。清液汞含量降到 0.02 mg·L$^{-1}$ 以下可排放。少量残渣可埋于地下,大量残渣可用焙烧法回收汞,但要注意一定要在通风橱内进行。

**5. 含重金属离子的废液** 最有效和最经济的处理方法是加碱或加硫化钠把重金属离子变成难溶性的氢氧化物或硫化物沉积下来,然后过滤分离,少量残渣可埋于地下。

**6. 有机废溶剂** 有机实验室用量最大的是有机溶剂,实验室废液主要也来源于有机溶剂。目前最环保、最经济的做法是实验室自行回收。回收提纯一般使用蒸馏或者分馏的方式进行。有机废液严禁与过氧化物废液混合。

**7. 含酚废液** 低浓度含酚废液加入次氯酸钠溶液使酚氧化成二氧化碳和水。高浓度的含酚废液加入氢氧化钠溶液进行萃取,调节 pH 至酸性,蒸馏提纯后可再使用。

## (六)误差与数据处理

完成一个实验,一方面需要分析研究实验方案,选择适当的测量方法;另一方面还必须将所得数据加以整理归纳,以寻求被研究的变量间的关系和相应的规律。然而,无论是测量工作,还是数据处理,都必须建立正确的误差概念。应该说,正确表达实验结果的能力与准确进行实验工作的本领是同等重要的。

**1. 误差**

(1) 误差的概念。在实验测量中,无论如何仔细,误差总是客观存在的。即使是选择最准确的实验方法、使用最精密的设备、由技术熟练的人员进行操作,同一个实验的一系列多次重复测量,其结果也不会完全相同,测量结果与真实值之间或多或少会有一些差距,这些差距就是误差。不难看出,误差是测量过程中的必然产物。因此,我们应能够借助数理统计与概率论的基本理论和方法,分析各个测量环节中可能产生的误差及其规律,得出尽可能接近客观真实值的结果。

误差有两种表示方法:绝对误差与相对误差。

$$绝对误差 = 测量值 - 真实值$$

$$相对误差 = (绝对误差/真实值) \times 100\%$$

绝对误差与测量结果的单位相同,相对误差是无单位的。相对误差的大小与测量结果的大小及绝对误差的数值都有关系。不同测量结果的相对误差可以相互比较。因此,无论是比较各种测量的精度,还是评定测量结果的质量,采用相对误差都更为合理。

例如,用千分之一的分析天平称得某一样品的质量为 10.005 g,该样品的真实值是 10.006 g;又称得另一样品的质量为 0.101 g,该样品的真实值为 0.102 g,两个测量的绝对误差相同,均为

$$10.005 \text{ g} - 10.006 \text{ g} = -0.001 \text{ g}$$

$$0.101 \text{ g} - 0.102 \text{ g} = -0.001 \text{ g}$$

但它们的相对误差却不同,分别为

$$(-0.001/10.006) \times 100\% = -0.01\%$$

$$(-0.001/0.102) \times 100\% = -1\%$$

用相对误差能更清楚地比较出两个测量结果的准确度。在相同绝对误差的情况下，被称量物体的质量较大的，相对误差较小，称量的准确度较高。

(2) 误差的种类和起因。根据误差产生的原因和性质，可将误差分为系统误差和随机误差。

① 系统误差：系统误差又称可测误差，是由实验过程中某种固定原因（例如仪器的准确程度、测量方法、试剂纯度等）造成的。当与在不同仪器上或用不同方法得到的另一组结果进行比较时，这种误差就能显示出来。系统误差在同一条件下重复测定时会重复出现，它对测量结果的影响具有单向性，总是偏向某一方，或是偏大，或是偏小，即正负、大小都有一定的规律性。其主要来源有如下 4 个方面：

第一，仪器误差：由于仪器本身不够精密引起的误差。例如，分析天平的两臂不等长，砝码数值不准确所引起的误差；移液管、滴定管的刻度未经校正而引起的体积读数误差；分光光度计波长不准确引起的误差等。

第二，试剂误差：试剂不纯所导致的误差。

第三，方法误差：实验方法本身不够完善所造成的误差。例如，滴定分析中，反应进行不完全、指示剂终点与化学计量点不符合以及发生副反应等，都会造成实验结果的偏高或偏低。

第四，操作误差：测定者的个人习惯和特点所引起的误差，例如记录某一信号的时间总是滞后，读取仪表时头总是偏向一方，判定终点颜色的敏感性因人而异等。

从系统误差的来源可以看出，它重复地以固定形式出现，不可能通过增加平行测定次数加以消除。科学的方法是通过做对照实验、空白实验，对实验仪器进行校准，改进实验方法，制定标准操作规程，使用纯度高的试剂等措施，对这类误差现象加以校正。

② 随机误差（偶然误差）：即使已对系统误差做了校正，但在同等条件下、以同样的仔细程度对某一个量进行重复测量时，仍会发现测量值之间存在微小差异，这种差异的产生没有一定的原因，差异的正负和大小也不确定。这种由某些难以控制、无法避免的偶然因素造成的误差称为随机误差，又称偶然误差。如电压的突然变化等因素，会影响仪器读数的准确性；估计仪器最小分度时偏大或偏小；控制滴定终点的指示剂颜色稍有深浅等。

随机误差在实验中是不可避免的，但是它完全遵循统计规律，当测定次数很多时，符合正态分布，因此，为了减小随机误差，应该重复多次进行平行实验而取得平均值。在消除了系统误差的条件下，多次测量结果的平均值可能更接近于真实值。

在系统误差和随机误差之间难以划分绝对的界限，它们有时很难区别，例如滴定时对滴定终点的观察、对颜色深浅的判断，有系统误差，也有随机误差。

除了系统误差和随机误差外，还有一种误差称之为疏失误差，也称过失误差，是由于测量过程中操作人员粗心大意或违反操作规程所造成的误差。例如，读错或记错数据、计算错误、试剂溅失或加错试剂等不应该出现的原因引起的误差。应当明确，疏失误差并非随机误差，在实验中如果发现了疏失误差，应及时纠正或将所得数据舍弃。

(3) 准确度和精密度。准确度是指测量值与真实值的吻合程度，准确度的高低，通常以误差的大小来衡量，误差越小，准确度越高，反之亦然。

精密度是指在相同条件下测量结果之间的吻合程度，精密度常用偏差表示，偏差越小，表明精密度越好，说明测定的重现性越好。精密度由测量结果的重复性和测得数值的有效数字位数来体现，重复性越好，有效数字的位数越多，则说明测量得越精密。

评价实验结果的优劣，必须从准确度和精密度两个方面来考虑。一般情况下，真实值是未知的，常常用多次测量的算术平均值来代替真实值。若测量值与平均值相差不大，则是一个精密的测量。一个精密的测量不一定是准确的测量，而一个准确的测量必然是精密的测量。精密度是保证准确度的先决条件，只有精密度高，才能得到高的准确度；如果精密度低，测得的结果不可靠，衡量准确度就失去了意义。但是，高的精密度不一定能保证高的准确度，有时还必须进行系统误差的校正，才能得到高的准确度。

**2. 实验结果的数据处理**　为了得到准确的实验结果，不但要准确地进行测量，还要正确地进行记录和计算。在记录和表达数据结果时，不仅要表示数量的大小，而且要反映测量的精确程度。

(1)有效数字及其运算规则。有效数字是指实际上能测量到的数字，通常包括全部准确数字和一位不确定的可疑数字。记录数据的有效数字应体现出实验所用仪器和实验方法所能达到的精确程度。任何测量的精确程度都是有限的，只能以一定的近似值来表示。测量结果数值计算的准确度不应超过测量的准确度，如果任意地将近似值保留过多的位数，反而会歪曲测量结果的真实性。下面就实验数据的记录及运算规则做一简略介绍。

① 当记录一个量的数值时，需写出它的有效数字，并尽可能包括测量误差。若未标明误差值，可假定其为这一位数的±1个单位或±0.5个单位。例如，使用0.1 ℃刻度的温度计测量某系统的温度时，读数为20.68 ℃，前3位可由温度计的刻度准确读取，最后一位"8"是估读的，统称为有效数字，最后一位数的误差值假定为±1。

在确定有效数字位数时，须注意"0"这个数字要具体分析。紧接小数点后的"0"仅起定位作用，不算有效数字，如0.000 13中小数点后的3个"0"都不是有效数字，只有"13"是有效数字；而0.130中"13"后的"0"是有效数字；至于2 500中的"0"就很难说是不是有效数字，如写作$2.500\times10^3$，则2个"0"均是有效数字，有效数字为4位，若写成$2.50\times10^3$，则有效数字为3位。

② 舍去多余数字时采用四舍六入五成双法。

③ 当数值的首位大于或等于8时，其有效数字应多算一位，如9.28表面上看是3位有效数字，在运算时可看成4位有效数字。

④ 进行加减运算时，保留各小数点后的数字位数与最少者相同。例如：

$$\begin{array}{r} 0.254 \\ 21.2 \\ +\ 1.23 \end{array} \xrightarrow{\text{以21.2为基准进行修约}} \begin{array}{r} 0.3 \\ 21.2 \\ +\ 1.2 \\ \hline 22.7 \end{array}$$

⑤ 在乘除法运算中保留各数值的有效数字位数不大于其中有效数字位数最少者。例如，$\dfrac{1.578\times0.018\ 2}{81}$，其中81的有效数字位数最少，但由于首位是8，故可看成3位有效数字，其余各数都保留3位，则为$\dfrac{1.58\times0.018\ 2}{81}=3.55\times10^{-4}$，最后结果也保留3位有效数字。

⑥ 在对数运算中，所得对数的位数(对数首位除外)应与真数的有效数字位数相同，如

pH、pK 等，其有效数字的位数仅取决于小数部分的位数，其整数部分只说明原数值的方次。例如，pH=2.49，表示 $H^+$ 浓度为 $3.2\times10^{-3}$ mol·$L^{-1}$，是 2 位有效数字。

⑦ 在整理最后结果时，须按测量结果的误差进行化整，表示误差的有效数字最多用 2 位，而当误差的第一位是 8 或 9 时，只需保留 1 位数。测量值的末位数应与误差的末位数对应。例如：

测量结果为
$$X_1 = 1\,001.77 \pm 0.033$$
$$X_2 = 237.46 \pm 0.127$$
$$X_3 = 123\,357 \pm 878$$

化整结果为
$$X_1 = 1\,001.77 \pm 0.03$$
$$X_2 = 237.46 \pm 0.13$$
$$X_3 = (1.234 \pm 0.009) \times 10^5$$

⑧ 简单的计数、分数或倍数，属于准确数或自然数，其位数是无限的；计算式中的常数和一些取自手册的常数，可根据需要取有效数字。

⑨ 计算平均值时，如参加运算的数值在 4 个以上，则平均值的有效数字可多取 1 位。

(2)实验结果的表达。从实验得到的数据中包含许多信息，对这些数据用科学的方法进行归纳与整理，提取出有用的信息，发现事物的内在规律，是化学实验的主要目的。通常情况下，常用列表法和作图法表达实验结果。

① 列表法：实验结束后，将实验数据按自变量、因变量的关系一一对应地列出，这种表达方式称为列表法。列表法简单易行、直观，便于处理和运算，不会引入处理误差。

列表时应注意以下几点：

第一，完整的数据表应包括表的序号、名称、项目、说明及数据来源。

第二，原始数据表格，应记录包括重复测量结果的每个数据，表内或表外适当位置注明如室温、大气压、日期、仪器方法等条件。

第三，将表分为若干行，每一变量占一行，每行中的数据应尽量化为最简单的形式，一般为纯数，根据"物理量＝数值×单位"的关系，将量纲、公共乘方因子放在第一栏名称下，以量的符号除以单位来表示，如 $T/℃$、$p/kPa$ 等。

第四，每一行所记录的数字排列要整齐，有效数字记至第一位可疑数字，小数点对齐。如用指数表示，可将指数放在行名旁，但此时指数上的正负号应异号。如测得的 $K_a$ 为 $1.75\times10^{-5}$，则行名可写为 $K_a\times10^5$。

第五，自变量通常选择最简单的，要有规律地递增或递减，最好为等间隔。

② 作图法：作图法可以形象、直观地表示出各个数据连续变化的规律性，能直接反映出自变量和因变量间的变化关系，从图上易于找出所需数据以及周期性变化；并能从图上求出实验的内插值、外推值、曲线某点的切线斜率、截距以及极值点、拐点等。为得到与实验数据偏差最小而又光滑的曲线图形，作图时须注意以下几点：

第一，最常用的坐标纸为直角坐标纸。作图时以横坐标表示自变量，纵坐标表示因变量。横、纵坐标不一定从"0"开始，可视实验具体数值范围而定。比例尺的选择非常重要，应遵循以下几条原则：

a. 坐标纸刻度应能表示出全部有效数字,以便从图中得到的精密度与测量的精密度相当。

b. 所选定的坐标标度应便于从图上读出任一点的坐标值,通常使单位坐标格所代表的变量为1、2、5的倍数,而不用3、7、9的倍数或小数。

c. 充分利用坐标纸的全部面积,使全图分布均匀合理。

d. 若作直线求斜率,则比例尺的选择应使直线倾角接近45°,这样所得斜率的误差小。

e. 若作曲线求特殊点,则比例尺的选择应使特殊点表现明显。

第二,选定比例尺后,画上坐标轴,在轴旁说明该轴所代表的变量的名称及单位。在纵坐标轴左边和横坐标下面每隔一定距离写出该处变量应有的值,以便作图和读数,但不应将实验值写在坐标轴旁或代表点旁。读数时,横坐标从左向右,纵坐标自下而上。

第三,将相当于测量数值的各点绘于图上。在点的周围以圆圈、方块、三角、十叉等不同符号标出,点要有足够的大小,它可以粗略地表明测量误差的范围。在一张图上如有几组不同的测量值时,各组测量值的代表点应采用不同的符号表示,以便区别,并加以说明。

第四,做出各点后,用曲线尺做出尽可能接近于实验点的曲线,曲线应平滑均匀,细而清晰。曲线不必通过所有的点,但各点应在曲线两旁均匀分布,点和曲线间的距离表示测量的误差。

第五,每个图应有简单的图题,横、纵坐标轴所代表的变量名称及单位,作图所依据的条件说明等。

第六,随着电脑的普及,各种软件均有作图的功能,应尽量使用。但也要遵循上述原则。

# 二、化学实验常用仪器

## (一)常用的普通仪器

**1. 常用的普通仪器示意图**(图1-1)

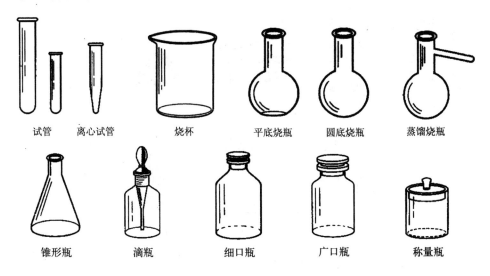

图1-1 化学实验常用的普通仪器

**2. 常用普通仪器的规格、用途、使用及注意事项**

(1)试管和离心试管。它们均为玻璃制品,分为硬质和软质,有普通试管和离心试管。普通试管又有翻口、平口,有刻度、无刻度,有支管、无支管,有塞、无塞等几种。离心试管也有有刻度和无刻度的。有刻度的试管和离心试管按容量(mL)分,常用的有5、10、15、20、25、50等。无刻度试管按管外径(mm)×管长(mm)分,有8×70、10×75、10×100、12×100、12×120、15×150、30×200等。

一般情况下,试管多在常温或加热条件下用作少量试剂的反应容器,便于操作和观察;收集少量气体用;支管试管还可检验气体产物,也可接到装置中用;离心试管还可用于沉淀分离。使用时应注意:①反应液体不得超过试管容量的1/2,加热时不得超过1/3,以防止振荡时液体溅出或溢出。②加热前试管外面要擦干,加热时要用试管夹。防止有水滴附着受热不均,使试管破裂或烫手。③加热液体时,管口不要对人,并将试管倾斜与桌面成45°,同时不要振荡,火焰上端不能超过试管液面。防止液体溅出伤人。扩大加热面可防止暴沸,防止因受热不均使试管破裂。④加热固体时,试管口应略向下倾斜,避免管口冷凝水流回灼热管底而引起破裂。⑤离心试管不可直接加热,防止破裂。

(2)烧杯。通常为玻璃质,分为硬质和软质,有一般型和高型,有刻度和无刻度的几种。烧杯按容量(mL)分,有50、100、150、200、250、500等。此外还有1、5、10 mL 的微量烧杯。

一般情况下,烧杯多在常温或加热条件下用作大量物质的反应容器,反应物易混合均匀;配制溶液用或代替水槽用。使用时应注意:①反应液体不得超过烧杯容量的2/3,防止搅动或沸腾时液体溢出。②加热前要将烧杯外壁擦干,烧杯底要垫石棉网,防止玻璃受热不均匀而破裂。

(3)烧瓶。通常为玻璃质,分为硬质和软质,有平底、圆底,长颈、短颈,细口、厚口和蒸馏烧瓶几种。烧瓶按容量(mL)分,有50、100、250、500、1 000等。此外还有微量烧瓶。

圆底烧瓶一般用于化学反应,因瓶底是圆形的,受热面积大,耐压。平底烧瓶一般用于配制溶液或代替圆底烧瓶用于化学反应,它因平底而放置平稳。蒸馏烧瓶用于液体蒸馏或少量气体发生装置。使用时为防止受热破裂或喷溅,一般要求:①盛放液体量应为烧瓶容量的1/3~2/3。②加热前要固定在铁架台上,不能直接加热,加热时应在下面垫上石棉网。③放在桌面上,下面要有木环或石棉环。

(4)锥形瓶。通常为玻璃质,分为硬质和软质、有塞(磨口)和无塞、广口和细口等几种。锥形瓶按容量(mL)分,有50、100、150、200、250等。此外还有微量锥形瓶。

锥形瓶一般可用作反应容器、接收容器、滴定容器(便于振荡)、液体干燥等。使用时应注意:①能直接加热,加热时应在下面垫上石棉网或用热浴,以防破裂。②内放液体不能太多,以防振荡时溅出。

(5)滴瓶。通常为玻璃质,分为无色和棕色(防光)两种。滴管上带有乳胶头。滴瓶按容量(mL)分,有15、30、60、125等。

滴瓶用于盛放少量液体试剂或溶液,便于取用。使用时应注意:①棕色瓶盛见光易分解或不太稳定的物质。②滴管不能吸得太满,也不能倒置,以防试剂腐蚀乳胶头。③滴管专用,不得弄乱、弄脏,以防污染试剂。

(6)细口瓶。通常为玻璃质,有磨口和不磨口、无色和有色(防光)之分。按容量(mL)分,有100、125、250、500、1 000、1 500、2 000等。

细口瓶是用于储存溶液和液体药品的容器。使用时应注意:①不能直接加热。②瓶塞不得弄乱、弄脏。③盛放碱液时,要用橡皮塞。④有磨口塞的细口瓶不用时,应洗净并在磨口处垫上纸条。⑤有色瓶盛见光易分解或不太稳定的物质的溶液或液体。

(7)广口瓶。通常为玻璃质,有无色、棕色(防光)之分,有磨口、不磨口的,磨口有塞,若无塞的口上是磨砂的则是集气瓶。按容量(mL)分,有30、60、125、250、500等。

广口瓶用于储存固体药品,集气瓶还用于收集气体。使用时应注意:①不能直接加热。②瓶塞不得弄乱、弄脏。③做气体燃烧实验时瓶底应放少许沙子或水。④收集气体后,要用毛玻璃片盖住瓶口。

(8)量筒和量杯。通常为玻璃质,按容量(mL)分,有5、10、20、25、50、100、200等。上口大下口小的叫量杯。

量筒和量杯用于量取一定体积的液体。使用时应注意:①不可加热,不可量取热的液体或溶液。②不可作实验容器,以防影响容器的准确性。③读数时量筒竖直,视线和液面水平,读取与弯月面底相切的刻度。

(9)称量瓶。通常为玻璃质,分高型和矮型两种。按容量(mL)分,高型有10、20、25、40等,矮型有5、10、15、30等。

称量瓶用于准确称量一定量固体药品。使用时应注意:①不可加热。②塞子是磨口配套的,不得丢失,弄乱。③不用时应洗净,在磨口处垫上纸条。

(10)容量瓶。通常为玻璃质,按刻度以下的容量(mL)分,有5、10、25、50、100、150、200、250、500、1 000、2 000等。现在也有塑料塞的。

容量瓶用于配制准确浓度的溶液。使用时应注意:①不可加热。②不能代替试剂瓶用来存放溶液。③溶质先在烧杯内全部溶解,然后转移入容量瓶。④不用时应洗净,在玻璃磨口处垫上纸条。

(11)滴定管。通常为玻璃质,分酸式(具塞)和碱式(具橡皮滴头)两种。按刻度最大标度(mL)分,有25、50、100等,微量的有1、2、3、4、5、10等。

滴定管用于滴定或量取准确体积的溶液。使用时应注意:①用前洗净,装液前要用预装溶液润洗3次。②滴定管装液后注意要赶尽气泡,方可使用。③使用酸(或碱)式管时,用左手(轻捏橡皮管内的玻璃珠)开启活塞,溶液即可放出。④酸管活塞应涂凡士林,碱管下端橡皮管不能用洗液洗。⑤酸管、碱管不能对调使用。

(12)移液管和吸量管。通常为玻璃质,分刻度管型和单刻度大肚管型两种,一般前者称为吸量管,后者称为移液管。此外还有完全流出式和不完全流出式。按刻度最大标度(mL)分,有1、2、5、10、20、25、50等,微量的有0.1、0.2、0.25、0.5等。此外还有自动移液枪。

移液管和吸量管用于精确移取一定体积的液体。使用时应注意:①将液体吸入,液面超过刻度,再用食指按住管口,轻轻转动放气,使液面下降到刻度后,用食指按住管口,移往指定仪器上,放开食指,使液体注入。②用时先用少量待移取溶液润洗3次。③一般吸量管残留的最后一滴液体不要吹出(完全流出式应吹出)。

(13)长颈漏斗和漏斗。通常为玻璃质,分长颈和短颈两种。按斗颈(mm)分,有30、

40、60、80、100、120等。此外，铜制热漏斗专用于热滤。

长颈漏斗和漏斗用于过滤操作。使用时应注意：①不能直接加热。②过滤时漏斗颈尖端必须紧靠承接滤液的容器壁。

(14)分液漏斗。通常为玻璃质，有球形、梨形、筒形和锥形几种。按容量(mL)分，有50、100、250、500等。

分液漏斗用于互不相溶的液液分离及气体发生装置中加入液体。使用时应注意：①不能加热。②活塞应涂一薄层凡士林，活塞处不能漏液。塞子、活塞不得互换。③分液时，下层液体从漏斗管流出，上层液体从上口倒出。④用于气体发生装置时漏斗管应插入液面内。

(15)抽滤瓶和布氏漏斗。抽滤瓶通常为玻璃质，按容量(mL)分，有50、100、250、500等。布氏漏斗为瓷质，规格以半径(mm)表示。两者配套使用。

主要用于制备实验中晶体或沉淀的减压过滤(利用抽气管或真空泵降低抽滤瓶中的压力来减压过滤)。使用时应注意：①不能直接加热。②滤纸要略小于漏斗的内径，才能贴紧。③先开抽气管，后过滤。过滤完毕，先分开抽气管与抽滤瓶的连接处，后关抽气管。

(16)干燥管。通常为玻璃质，形状有多种。规格一般以大小表示。

干燥管用于气体干燥。使用时应注意：①两端应用棉花团或玻璃纤维填塞，中间装干燥剂。②干燥剂颗粒大小要适中，填充时松紧要适中。③干燥剂变潮后应立即更换，用后应清洗。④两头要接对(大头进气，小头出气)并固定在铁架台上使用。

(17)洗气瓶。通常为玻璃质，形状有多种。按容量(mL)分，有125、250、500、1 000等。

洗气瓶是净化气体用，反接也可作安全瓶(或缓冲瓶)用。使用时应注意：①接法要正确(进气管通入液体中)。②洗涤液注入容器高度1/3，不得超过1/2。

(18)铁架台。通常为铁制品，铁夹现在有铝制的，配套有铁圈。铁架台有圆形的也有长方形的。

铁架台常用于固定或放置反应容器。铁圈可以代替漏斗架使用。使用时应注意：①仪器固定在铁架台上时，仪器和铁架的重心应落在铁架台底盘中部。②用铁夹夹持仪器时，应以仪器不能转动为宜，不能过紧过松。③加热后的铁圈不能撞击或摔落在地。

(19)漏斗架。常为木制品，有螺丝可固定于铁架或木架上。可以移动位置，调节高度。过滤时用于放置漏斗。固定漏斗板时，不能倒放。

(20)表面皿。通常为玻璃质，按直径(mm)分，有45、65、75、90等规格。用途是盖在烧杯上，防止液体迸溅或其他用途。使用时不能用火直接加热。

(21)蒸发皿。常为瓷质，也有玻璃、石英、铂制品，有平底和圆底两种。按上口直径(mm)分，有30、40、50、60、80、95等规格。

蒸发皿口大底浅，蒸发速度快，所以常用于蒸发浓缩溶液，随液体性质不同，可选用不同质地的蒸发皿。使用时应注意：①能耐高温，但不宜骤冷。②一般放在石棉网上加热。

(22)坩埚。常为瓷质，也有石墨、石英、氧化锆、铁、镍或铂制品。按容量(mL)分，有10、15、25、50等。

坩埚常用于强热、煅烧固体。随固体性质不同，可选用不同质地的坩埚。使用时应注意：①放在泥三角上直接强热或煅烧。②加热或反应完毕后用坩埚钳取下时，坩埚钳应预热，取下后应放在石棉网上。

(23)研钵。常为瓷质，也有玻璃、玛瑙或铁制品。规格以口径大小表示。

研钵常用于研碎固体物质或固体物质的混合物，一般按固体物质的性质和硬度选用不同的研钵。使用时应注意：①大块物质只能压碎，不能舂碎，以防击碎研钵或研杵，避免固体飞溅。②放入量不宜超过研钵容量的1/3。③易爆物质只能轻轻压碎，不能研磨，以防爆炸。

(24)三脚架。常为铁制品，有大小、高低之分，比较牢固。

三脚架通常放置较大或较重的加热容器。使用时应注意：①放置加热容器（除水浴锅外）时，应先放石棉网，使受热均匀。②下面加热灯焰的位置要合适，一般用氧化焰加热。

(25)试管夹。常有木质、竹质，也有金属丝（钢或铜）制品，形状也不同。

试管夹主要用于夹持试管。使用时应注意：①夹在试管上端。②不要把拇指按在夹的活动部分。③一定要从试管底部套上和取下试管夹。

(26)试管架。常有木质和铝质，有不同形状和大小。

试管架常用于放试管。用时注意：加热后的试管应用试管夹夹住悬放架上，不要直接插入试管架上，以免因骤冷而使试管炸裂。

(27)泥三角。用铁丝弯成，并套有瓷管。用于灼热时放置坩埚。使用前应检查铁丝是否断裂。

(28)燃烧匙。燃烧匙匙头为铜质，也有铁质的。用于检验物质可燃性、进行固气燃烧反应。使用时应注意：①放入集气瓶时应由上而下慢慢放入，且不要触及瓶壁。②硫黄、钾、钠燃烧实验，应在匙底垫上少许石棉或沙子。③用完立即洗净匙头并干燥。

(29)药匙。常用牛角、瓷或塑料制成，现多数是塑料的，用于拿取药品。药匙两端各有一个药匙，一大一小。根据用药量大小分别选用。用时注意：取用一种药品后，必须洗净，并用滤纸擦干后，才能取用另外一种药品。

(30)毛刷。常以大小或用途表示。如试管刷、烧杯刷、滴定管刷等。主要用于洗刷玻璃仪器。洗涤时手持刷子的部位要合适。要注意毛刷顶部竖毛的完整程度。掉毛（特别是竖毛）的刷子不能用。

(31)坩埚钳。常为铁制品，有大小之分。常用于夹持高温灼烧坩埚。使用时注意夹稳，小心烫伤。

(32)石棉网。常由铁丝编成，中间涂有石棉。有大小之分。容器不能直接加热时使用，因石棉是一种不良导体，它能使受热物体均匀受热，不致造成局部高温。使用时应注意：①应先检查，石棉脱落的不能用。②不可卷折，以防石棉脱落。③不能与水接触，以免石棉脱落和铁丝锈蚀。

(33)水浴锅。常为铜或铝制品。用于间接加热，也可用于粗略控温实验中。使用时应注意：①应选择好圈环，使加热器皿没入锅中2/3。②经常加水，防止锅中水烧干。③用完后将锅内剩水倒出并擦干水浴锅。

(34)自由夹。常用铁丝或钢丝制成，也有螺旋夹。主要用于夹乳胶管或橡皮管。

(35)酒精灯。多为玻璃质,灯芯套管为瓷质,盖子有塑料质或玻璃质之分。用于一般加热。

## (二)常用的标准磨口玻璃仪器

**1. 标准磨口玻璃仪器示意图**(图 1-2)

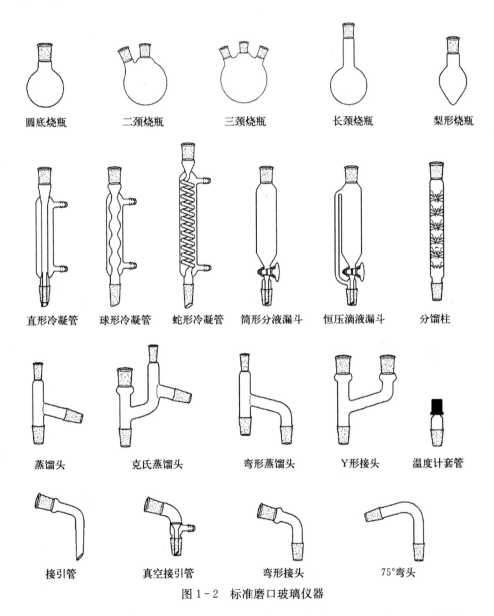

图 1-2 标准磨口玻璃仪器

**2. 标准磨口玻璃仪器的规格、使用及注意事项** 标准磨口玻璃仪器,均按国际通用技术标准制造。标准磨口玻璃仪器的每个部件在其口塞的上或下的显著部位均有烤印的白色标志表明规格。常用的有 10、12、14、16、19、24、29、34、40 等。表 1-1 是标准磨口玻璃仪器的编号与大端直径。有的标准磨口玻璃仪器有两个数字,如 10/30,10 表示磨口的直径为 10 mm,30 表示磨口的高度为 30 mm。

表 1-1　标准磨口玻璃仪器的编号与大端直径

| 编　号 | 10 | 12 | 14 | 16 | 19 | 24 | 29 | 34 | 40 |
|---|---|---|---|---|---|---|---|---|---|
| 大端直径/mm | 10 | 12.5 | 14.5 | 16 | 18.8 | 24 | 29.2 | 34.5 | 40 |

标准磨口仪器是具有标准磨口或磨塞的玻璃仪器。由于口塞尺寸的标准化、系统化，磨砂密合，使用标准磨口玻璃仪器既可以避免配塞子的麻烦，又能避免反应物或产物被塞子污染；口塞磨砂性能良好，可使密合性达到较高真空度，对蒸馏尤其是减压蒸馏有利，对于有毒物质或挥发性液体的实验较为安全。同号的内外磨口均可互相紧密连接，不同口径的仪器部件，也可以用具有相应口径的磨口接头连接组装。成套的磨口仪器是很昂贵的。使用时除了遵循普通仪器的一般使用原则外，还应特别注意以下几点：

(1)磨口部位要保持清洁，防止黏附固体物质，否则连接不紧密，易造成漏气和损坏磨口。

(2)用后及时拆洗，各部件应分开存放，否则，放置时间过久，磨口部位极易黏结，难以拆开。

(3)常压下使用，一般无须涂润滑剂，以免沾污反应物或产物。但反应中有强碱性物质时，应涂上润滑剂保护磨口，以免磨口被腐蚀、粘牢而不能拆开。减压操作时，磨口全部表面都应涂上一层薄薄的润滑剂。

(4)磨口仪器接口连接时，不能用力旋转，否则易损坏磨口或使用后难以拆开。

(5)拆装时应注意相对角度，不能在有角度偏差时硬性拆装，否则易造成仪器破损。

(6)磨口套管和磨塞应该是由同种玻璃制成，迫不得已时，才用膨胀系数较大的磨口套管。

(7)只要遵循使用原则，磨口很少情况会打不开。一旦发生黏结，可采取以下措施：①将磨口竖立，往上面缝隙间滴几滴甘油。甘油能慢慢地渗入磨口，最终能使连接处松动。②使用热吹风、热毛巾，或在教师指导下小心地用灯火焰加热磨口外部，仅使外部受热膨胀，内部不受热，再尝试能否将磨口打开。③将黏结的磨口仪器放在水中逐渐煮沸，常常也能使磨口打开。④用木板沿磨口轴线方向轻轻地敲击外磨口的边缘，磨口也会松动。如果磨口表面已被碱性物质腐蚀，黏结的磨口就很难打开了。

常用的标准磨口仪器及其用途如下：

(1)圆底烧瓶。能耐热和承受反应物(或溶液)沸腾以后所产生的冲击震动。在有机化合物的合成和蒸馏实验中最常使用，也常用作减压蒸馏的接收器。

(2)二颈烧瓶。常用于半微量、微量制备实验中作为反应瓶，中间口接回流冷凝管、微型蒸馏头、微型分馏头等，侧口接温度计、加料管等。

(3)三颈烧瓶。最常用于需要进行搅拌的实验中。中间瓶口装搅拌器，两个侧口装回流冷凝管和滴液漏斗或温度计等。

(4)长颈烧瓶。用途与圆底烧瓶相似，特殊情况下用于合成和蒸馏实验中。

(5)梨形烧瓶。性能和用途与圆底烧瓶相似。它的特点是在合成少量有机化合物时在烧瓶内保持较高的液面，蒸馏时残留在烧瓶中的液体少。

(6)直形冷凝管。蒸馏物质的沸点在 140 ℃ 以下时，要在夹套内通水冷却；但超过 140 ℃ 时，冷凝管往往会在内管和外管的接合处炸裂，所以当蒸馏物质的沸点高于 140 ℃ 时，需用无夹套的空气冷凝管代替直形冷凝管。

(7)球形冷凝管。其内管的冷却面积较大,对蒸气的冷凝有较好的效果,适用于加热回流实验。

(8)蛇形冷凝管。其内管的冷却面积更大,适用于加热回流实验。

(9)筒形分液漏斗。用于液体的萃取、洗涤和分离,有时也可用于滴加试料。

(10)恒压滴液漏斗。用于合成实验的液体加料操作,也可用于简单的连续萃取操作。

(11)分馏柱。用于沸点相近的混合成分的分离。分馏柱可以使蒸气经过多次的凝结和汽化,保证那些低沸点的蒸气分子先进入冷凝管而馏出。分馏柱一般应与烧瓶和冷凝管配合使用,分馏时所用烧瓶不带支管。

(12)蒸馏头。蒸馏实验中用于连接圆底烧瓶和冷凝管,上口安装温度计。

(13)克氏蒸馏头。水蒸气蒸馏和减压蒸馏实验中用于连接圆底烧瓶和冷凝管,正上口安装导气管或毛细管,支上口安装温度计,能防止蒸馏过程中液体因剧烈沸腾而冲入冷凝管。

(14)弯形蒸馏头。作用与蒸馏头相似,支管直接连接圆底烧瓶或锥形瓶。

(15)Y形接头。合成实验中用于安装滴液漏斗和回流冷凝管。

(16)温度计套管。用于温度计的安装,相当于传统的橡胶塞。

(17)接引管。用于连接冷凝管和接收瓶。

(18)真空接引管。减压蒸馏实验时用于连接冷凝管和接收瓶。

(19)弯形接头。用于仪器连接,也可用作接引管。

(20)75°弯头。用于无须安装温度计的蒸馏装置的圆底烧瓶和冷凝管的连接。

**3. 标准磨口玻璃仪器的选择、装配与拆卸** 有机化学实验的各种反应装置都是由一件件玻璃仪器组装而成的,实验中应根据实验要求选择合适的仪器。一般选择仪器的原则如下:

(1)烧瓶的选择。根据液体的体积而定,一般液体的体积应占容器容积的1/3~1/2,进行水蒸气蒸馏和减压蒸馏时,液体体积不应超过烧瓶容积的1/3。

(2)冷凝管的选择。一般情况下回流用球形冷凝管,蒸馏用直形冷凝管。但是当蒸馏温度超过140 ℃时应改用空气冷凝管,以防止温差较大时,由于仪器受热不均匀而造成冷凝管断裂。

(3)温度计的选择。实验室一般备有100 ℃和300 ℃两种温度计,可根据所测温度选用不同的温度计。一般选用的温度计的测温上限要高于被测温度10~20 ℃。

安装仪器时,应选好主要仪器的位置,要以热源为准,先下后上,先左后右,逐个将仪器边固定边组装。仪器装配要做到严密、正确、整齐和稳妥。在常压下进行反应的装置,应与大气相通。铁夹的双钳内侧应贴有橡皮或绒布,或缠上石棉绳、布条等,或套上橡皮管,否则容易将仪器损坏。使用玻璃仪器时,最基本的原则是切忌对玻璃仪器的任何部分施加过度的压力或扭歪,实验装置安装不妥不仅看上去使人感觉不舒服,而且也存在潜在的危险。因为扭歪的玻璃仪器在加热时会破裂,有时甚至在放置时也会崩裂。

拆卸的顺序与组装相反。拆卸前,应先停止加热,移走加热源,待稍微冷却后,再按与装配相反的顺序逐个拆掉。拆卸冷凝管时,注意不要将水洒到电热套上。

## (三)常用仪器设备及使用规范

**1. 离心机**

(1)离心机介绍及机械结构图。离心机是绕固定旋转轴旋转的物体受离心力产生模拟地球重力场的作用，使物体做沉降运动，从而对物质中不同密度、不同分子质量的组分进行分离的仪器设备。应用离心沉降进行物质的分析和分离的技术就称为离心技术。各种离心机和离心技术已广泛应用到科学研究和生产部门，并已成为现代科学研究的重要仪器设备之一。

离心机按转速分类：低速离心机、低速冷冻离心机，转速在 $4\,000\sim7\,000\text{ r}\cdot\text{min}^{-1}$；高速离心机和高速冷冻离心机，转速在 $10\,000\sim20\,000\text{ r}\cdot\text{min}^{-1}$；超速离心机，转速在 $40\,000\text{ r}\cdot\text{min}^{-1}$ 以上。

基础化学实验中常用的是小型低速台式离心机(图1-3)。这种离心机外形尺寸小，质量轻，放在桌上适用于少量样品的制备与分离，机械结构简单，由一个电机带动一离心转头做低速旋转。离心转头有固定角度转头和吊桶水平转头。

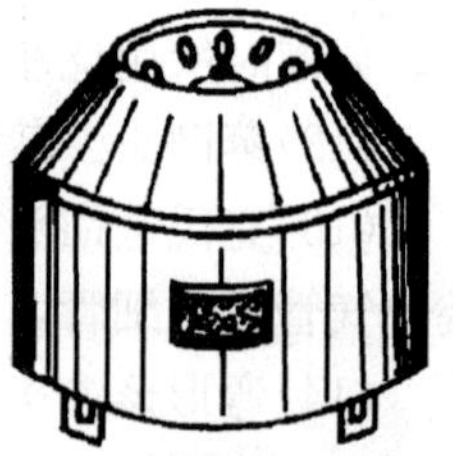

(2)离心机使用步骤。

① 接通电源。

② 打开离心室盖，将盛有样品的离心试管放入转头，盖上离心室盖。注意：离心试管应放在转头中对称的位置，以保持转动平衡。

图1-3 低速台式离心机

③ 旋转转速控制旋钮，匀速增大转速到适宜水平。

④ 离心分离一定时间后，匀速减小转速到零。

⑤ 待转头完全停止后，打开离心室盖，取出离心试管。

⑥ 盖上离心室盖，切断电源。

**2. 托盘天平** 托盘天平，又叫台秤，是实验室常备仪器之一。它用于粗略的称量，能迅速地称量物体的质量，但精确度不高(一般为0.1 g)。

(1)托盘天平的构造。如图1-4所示，托盘天平的横梁架在天平底座上。横梁的左右有两个托盘。横梁的中部有指针与刻度盘相对，根据指针在刻度盘左右摆动情况，可以看出天平是否处于平衡状态。

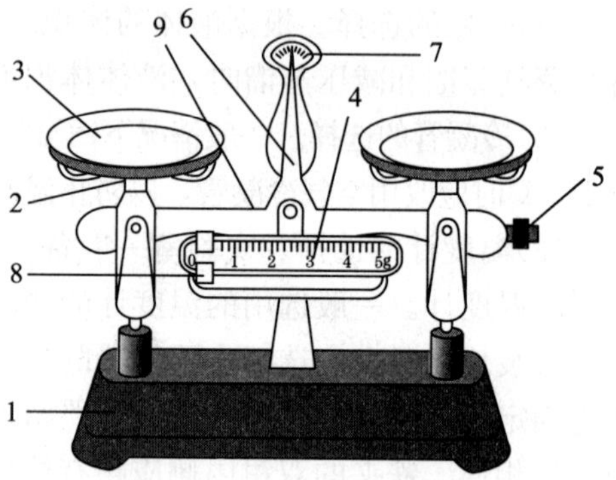

(2)称量。在称量物体之前，要先调整托盘天平的零点。将游码拨到游码标尺的"0"位处，检查天平的指针是否停在刻度盘的中间位置。如果不在中间位置，可调节天平托盘右下方的平衡调节螺丝，当指针在刻度盘的中间位置左右摆动幅度大致相等时，天平处于平衡状态，此时指针即能停在刻度盘的中间位置，此位置称为天平的零点。

图1-4 托盘天平的构造
1.底座 2.托盘架 3.托盘 4.标尺
5.平衡调节螺丝 6.指针 7.刻度盘
8.游码 9.横梁

称量物体时，左盘放称量物，右盘放砝码。砝码用镊子夹取。移动游码，当指针停在刻度盘的中间位置时，天平处于平衡状态。此时，指针所停位置称为停点。零点与停点相符(零点与停点之间允许偏差1小格以内)时，砝码质量加游码质量(游码读左边)就是称量物的质量。

(3)称量注意事项。

① 不能称量热的物品。

② 称量物不能直接放在托盘上。根据情况决定称量物放在纸上、表面皿中或其他容器中。

③ 称量完毕，应将砝码放回砝码盒中。将游码拨到"0"位处，并将托盘放在一侧，或用橡皮圈将托盘架起，以免天平摆动。

④ 保持天平整洁。

**3. 电子天平** 电子天平是最新一代的天平(图 1-5)。它是利用电子装置完成电磁力补偿的调节，使物体在重力场中实现力的平衡，或通过电磁力矩的调节，使物体在重力场中实现力矩的平衡。常见电子天平的结构都是机电结合式的。由负荷接受与传感装置、测量与补偿装置等部件组成。

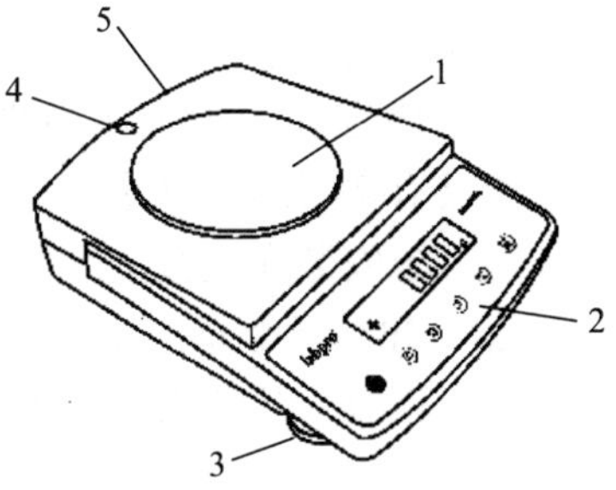

(1)使用方法。

① 预热：天平在初次接通电源或长时间断电后开机时，至少需要 30 min 的预热时间。因此，实验室中使用的电子天平，在通常情况下不要经常切断电源。

② 称量：按下开关键，接通显示器，等待仪器自检。

图 1-5 电子天平的构造
1. 秤盘 2. 操作面板 3. 水平脚
4. 水平仪 5. 电源接口

当显示器显示零时，自检过程结束，可进行称量。放置称量纸，按显示屏两侧的"Tare"键去皮，待显示器显示零时，将所要称量的试剂放在称量纸上称量。

(2)注意事项。

① 严禁不使用称量纸直接称量；每次称量后，必须清洁天平，避免对天平造成污染而影响称量精度，以及影响他人的工作。

② 取放被称量物时要轻拿轻放，避免冲击秤盘；不要让粉粒等异物进入中央传感器孔。

③ 远离空调的吹风口，避免气流和温差对称量产生影响。

④ 尽量使用小的称量容器，避免超载。

⑤ 从干燥箱或冰箱中取出的样品，要待样品温度与天平室温度一致后，再进行称量。

⑥ 磁性材料不要放在电子天平附近。

⑦ 称量结束后，及时移去载荷，并清零。

⑧ 清洁天平时，使天平处于待机状态，拆下秤盘等可移动部件。

**4. 分析天平** 各类分析天平都是根据杠杆原理设计制造的。图 1-6 为等臂天平的原理示意图。将质量为 $m_Q$ 的物体和质量为 $m_P$ 的砝码分别放在天平的左右秤盘上，当达到平衡时，根据杠杆原理：

$$Q \times L_1 = P \times L_2$$

式中 $Q=m_Q \cdot g$，$P=m_P \cdot g$，因为 $L_1=L_2$，则 $m_Q=m_P$，即物体的质量等于砝码的质量。所以，天平称量的结果是物体的质量。

(1)分析天平的构造。

① 阻尼天平的构造：见图 1-7。

a. 天平梁：它是天平的主要部件。多用质轻坚固、膨胀系数小的铝铜合金制成，起平衡和承载物体的作用。梁上装有三个三棱形的玛瑙刀，其中一个装在正中的称为中刀或支点

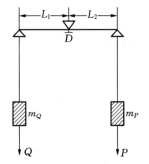

图 1-6 等臂天平原理

刀，刀口向下，天平启动后承于玛瑙刀承上(图 1-6，$D$ 点)，另外两个与中刀等距离地安装在梁的左右两端，称为边刀或承重刀，刀口向上，天平启动后，吊耳底面的玛瑙刀承将承于边刀上。这三个刀口必须完全平行且位于同一水平面内。

b. 支柱、水平泡和托叶：支柱是金属做的中空圆柱，下端固定在天平底座中央，支撑着天平梁。在支柱上装有水平泡，借水平调节螺丝使天平放置水平。托叶也安装在支柱上。

c. 指针和感量螺丝：指针固定在梁的正中。指针下端的后面有一块刻有分度的标牌，借以观察天平梁倾斜程度。指针上装有感量螺丝，用来调节梁的重心，以改变天平的灵敏度。

d. 吊耳和天平秤盘：两个吊耳悬挂于边刀上，吊耳的上钩挂有秤盘，通常左盘放物，右盘放砝码；吊耳的下钩挂有空气阻尼器内筒。

e. 空气阻尼器：它是由两个特制的金属圆筒构成，外筒固定在支柱上，内筒比外筒略小，两筒间隙均匀，没有摩擦。当梁摆动时左右阻尼器的内筒

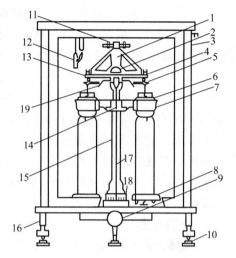

图 1-7 阻尼天平正视图
1. 天平梁  2. 中刀  3. 游码钩操纵杆
4. 边刀  5. 吊耳  6. 空气阻尼器内筒
7. 空气阻尼器外筒  8. 秤盘  9. 旋钮  10. 垫脚
11. 平衡螺丝  12. 游码钩  13. 游码标尺
14. 感量螺丝  15. 支柱  16. 天平脚
17. 指针  18. 标牌  19. 托叶

也随着上下移动。由于盒内空气的阻力，天平很快就趋于平衡，从而可加快称量速度。

f. 升降枢和盘托：天平未工作时，天平横梁被托叶托起，刀口与刀承脱离，处于休止状态。天平启动后，托叶下降，天平梁放下，刀口与刀承相承接，天平处于工作状态。天平的启动与关闭的操作是通过旋钮操纵升降枢，控制与其相连接的托叶的升起与下降来完成的。另外，为了保护天平的玛瑙刀口与使用方便，在盘下方的底板上安有盘托。

g. 平衡螺丝：在梁的上部两端各装有一个平衡螺丝，用来调节天平的零点。

h. 天平箱：它起保护天平的作用，同时使称量时减少外界温度、空气流动、人的呼吸等的影响，箱下装有三只脚，前面两个是供调整天平水平位置的螺旋脚，三只脚都放在垫脚上。

i. 砝码及游码：每台天平都附有一盒配套的砝码。为了便于称量，砝码大小有一定的组合规律，通常采取 5、2、2′、1 的系统组合，也有 5、2、1、1′、1″ 系统组合的，并按固定的顺序放在砝码盒中。面值(或称名义质量)相同的砝码，它们之间的质量一般都存在微小的差别，所以，面值相同的砝码上均打有标记以示区别。1 g 以上的砝码用铜合金或不锈钢制成；1 g 以下的砝码用铝片或不锈钢片制成，俗称片码。游码是用铝丝或铂丝制成，本身质量为 10 mg。称量时，10 mg 以上的质量，可在秤盘上加砝码或片码。10 mg 以下的质量，可借游码在标尺上移动位置以达到平衡。天平梁上面的游码标尺的中间刻度为"0"，正好处在天平的支点位置上。左右各分为 10 大格，每一大格表示 1 mg，每一大格又分成 10 或 5 小格，每小格相当于 0.1 mg 或 0.2 mg。若将游码放在右方刻度"5"处，则表示在阻尼天平右盘上加 5 mg；若放在左方刻度"5"处，则表示右盘上减少了 5 mg。

阻尼天平一般可准确称量至 0.1～0.2 mg，最大载重为 100 g 或 200 g。

② 双盘电光分析天平的构造：电光分析天平有半机械加码及全机械加码电光天平之分。

图1-8为半机械加码双盘电光天平的正视图。它是在普通阻尼天平的基础上改进而成的，减少了游码读数装置，增加了两个相应的装置，一个是机械加码装置，即将1 g以下、10 mg以上的砝码制成环码（圈形砝码），按1、1′、2、5的组合方式安装在天平梁的右侧刀上方，通过指数转盘带动操作杆将环码加上或取下；外圈共计900 mg，内圈共计90 mg，总计990 mg；转动指数盘外圈，可操纵100 mg以上环码，转动内圈则操纵10 mg以上、90 mg（含90 mg）以下的环码。另一个是光学读数装置（图1-9），即在指针的下端装有一透明的微分标尺，后面用灯光照射，标尺经透镜放大10～20倍，再由反射镜反射到投影屏上，通过光学系统将指针偏移的程度放大在投影屏上，直接读出10 mg以下的读数。

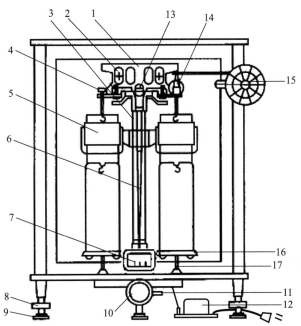

图1-8　半机械加码双盘电光天平正视图
1. 横梁　2. 平衡螺丝　3. 支柱　4. 吊耳　5. 阻尼器
6. 指针　7. 投影屏　8. 螺旋脚　9. 垫脚　10. 升降枢
11. 微调螺杆　12. 变压器　13. 玛瑙刀口　14. 环码
15. 指数盘　16. 秤盘　17. 盘托

全机械加码双盘电光天平与前者不同之处，除10 mg以上的大小砝码全由指数盘操纵外，全部砝码都安装在左侧，即砝码加于左盘，而称量物放于右盘。

电光分析天平简化了加减砝码的操作，读数方便，用它进行称量比阻尼天平迅速。电光天平一般可准确称量至0.1 mg，最大载重为100 g或200 g。

③ 单盘电光天平的构造：单盘电光天平的构造及外形见图1-10。它与以上所介绍的分析天平稍有不同，属于不等臂天平，天平只有一个秤盘，盘上部悬挂天平最大载重的全部砝码。梁的另一端，由重锤和阻尼器与天平盘平衡。称量时，将称量物放在盘内，减去与物体等量的砝码，使天平恢复平衡，减去的砝码的质量就是称量物的质量，它的数值大小直接反映在天平前方的读数器上，10 mg以下质量仍由投影屏上读出。此种天平由于被称物和砝码都

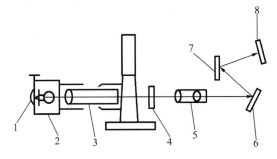

图1-9　电光天平读数系统
1. 投影灯　2. 照明筒　3. 聚光管　4. 微刻度标尺
5. 物镜筒　6、7. 反光镜　8. 投影屏

在同一盘上称量，不受臂长不等的影响，并且由于总是在天平最大负载下称量，因此，天平的灵敏度基本不变，所以是一种比较精密的天平。

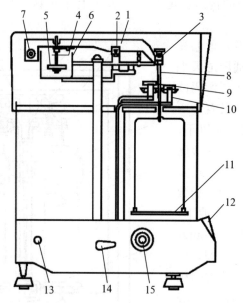

图 1-10 单盘电光天平示意图

1. 横梁  2. 支点刀  3. 承重刀  4. 阻尼片  5. 配重铊  6. 阻尼筒  7. 微分标尺  8. 吊耳
9. 砝码  10. 砝码托  11. 秤盘  12. 投影屏  13. 电源开关  14. 停动手钮  15. 减码手钮

④ 电子分析天平的简易结构与操作：

a. 电子分析天平的构造：见图 1-11。

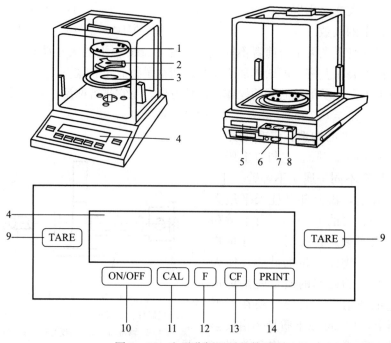

图 1-11 电子分析天平的构造

1. 秤盘  2. 秤盘支架  3. 屏蔽环  4. 显示屏  5. 数据接口  6. 电源接口  7. 水平仪
8. 防盗装置  9. 除皮键  10. 开关键  11. 校准键  12. 功能键  13. 清除键  14. 打印键

b. 电子分析天平简易操作程序：

**调水平**：调整地脚螺栓高度，使水平仪内空气气泡位于圆环中央。

**开机**：接通电源，按开关键 ON/OFF ，仪器自检。当显示器显示零时，自检过程即告结束。

**预热**：电子分析天平在初次接通电源或长时间断电之后，至少需要预热 30 min。BS21S 型需预热 2.5 h 以上。为了取得理想的测定结果，电子分析天平应保持在待机状态。

**校正**：首次使用天平必须进行校正，按校正键 CAL ，天平将显示所需校正砝码的质量，放上砝码直至显示屏出现"g"，校正结束。

**称量**：按下除皮键 TARE ，除皮清零（清零可以在天平的全量程范围内进行），显示器显示质量为 0。放置样品进行称量。当显示器上出现作为稳定标记的质量单位"g"时，读出质量数值。

**关机**：天平应一直保持通电状态（24 h），不使用时按下开关键关闭屏幕至待机状态，使天平保持保温状态，可延长天平使用寿命。长时间不使用时需断开电源。

为正确使用天平，应熟悉天平的几种状态：显示器右上角显示"O"表示 OFF，即天平曾经断电（重新接电或断电时间长于 3 s）；显示器左下角显示"O"表示仪器处于待机状态，此时按下 ON/OFF 键便可进行称量，而不必经过预热过程；显示器左上角显示"◇"表示仪器正在工作，仪器的微处理器正在执行某项功能，此时不接受其他任务。

使用一级天平注意事项：为了避免测量误差，必须将空气密度考虑在内，可用下式计算被称物的真实质量：

$$m = n_w \times \frac{1 - \dfrac{\rho_1}{8\,000\ \text{kg}\cdot\text{m}^{-3}}}{1 - \dfrac{\rho_1}{\rho}} \quad (1-1)$$

式中，$m$ 为被称物质量；$n_w$ 为读数值；$\rho$ 为被称物的密度；$\rho_1$ 为称量时的空气密度。

(2) 分析天平的灵敏度。

① 天平灵敏度的表示方法：天平的灵敏度是指在天平的两个盘上所载质量相差 1 mg 时所引起指针偏转的程度，以"刻度/mg"表示。指针偏转程度愈大，天平的灵敏度愈高，如图 1-12 所示。设天平的臂长为 $L$（即梁长的一半），$G$ 为梁的重心，$G'$ 为天平梁偏移后的重心位置，$d$ 为重心 $G$ 或 $G'$ 与支点 $O$ 之间的距离，$W$ 为梁重，$P$ 为秤盘重。当天平无负载时，则指针位于 $OD$ 处，当在右盘上增加一个小的质量 $m$ 时，指针偏移至 $OD'$ 位置，横梁 $OA$ 偏斜角度为 $\alpha$。根据杠杆原理，支点右边的力矩等于支点左边的两力矩之和。即

$$(P+m)\cdot OA' = P\cdot OB' + W\cdot CG'$$
$$OA' = OA \cdot \cos\alpha$$
$$OB' = OB \cdot \cos\alpha$$

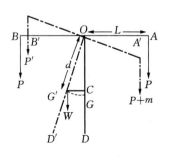

图 1-12 天平的力矩示意图

因为 $\qquad OA=OB=L$

所以 $\qquad OA'=OB'=L\cdot\cos\alpha$

因为 $\qquad CG'=OG'\cdot\sin\alpha=d\cdot\sin\alpha$

所以 $\qquad \tan\alpha=\dfrac{m\cdot L}{W\cdot d}=\dfrac{\sin\alpha}{\cos\alpha}$

当 $\alpha$ 很小时 $\qquad \tan\alpha\approx\alpha$

故 $\qquad \dfrac{m\cdot L}{W\cdot d}=\alpha$

即 $\qquad \dfrac{L}{W\cdot d}=\dfrac{\alpha}{m}$

$\alpha$ 角可以用弧度表示，当指针长度一定时，$\alpha$ 角即可以用指针位移的距离表示。所以，$\dfrac{L}{W\cdot d}$ 表示了天平的灵敏度，即灵敏度 $=\dfrac{L}{W\cdot d}$。由此关系可知，天平的灵敏度与下列因素有关：

第一，横梁的质量 $W$ 越大，天平的灵敏度越低。

第二，天平的臂长 $L$ 越大，灵敏度应该越高。但天平臂太长时，横梁的质量增加，并使载重时的变形增大，灵敏度反而降低。

第三，支点与重心的距离 $d$ 越短，灵敏度越高。同一台天平的臂长和梁重都是固定的，通常只能改变支点到重心螺丝的距离。

应该指出，天平的臂在载重时，微向下垂，以至臂的实际长度减小，同时梁的重心也微向下移，故载重后其灵敏度会降低。

天平的灵敏度常用"感量"表示。感量与灵敏度互为倒数关系，即

$$感量=\dfrac{1}{灵敏度}$$

例如：某阻尼分析天平的灵敏度为 2.5 格/mg，感量为 0.4 mg/格。

阻尼分析天平的灵敏度一般以 2.5 格/mg 为标准，即感量为 0.4 mg/格，所以这类天平常称为"万分之四"的分析天平。

②天平灵敏度的测定：

a. 零点的测定：天平在没有负载而达到平衡时，指针所处的位置称为零点。测定天平的零点时，旋动旋钮，缓慢启动天平，待天平停止摆动后，观察并记录指针在标尺上所处的格数，例如零点为 9.6，就是指针指在标尺上的 9.6 刻线处，然后缓慢地关闭天平。重复上述操作，两次测得数值应基本一致。

零点最好处在标尺"10"或"9~11"之间，如差别太大，可轻轻旋转零点调节螺丝，加以调整。

电光天平零点的测定及调整：接通电源，启动升降枢，在天平没有负载的情况下，检查投影屏上标尺的位置，如果零点与投影屏上的中位刻线不重合(图 1-13)，可拨动调零杆，挪动投影屏的位置，使其重合。若相差较大，则需调节平衡螺丝，使零点靠近投影屏的中位刻线，再拨动调零杆使其重合。

b. 灵敏度的测定：阻尼天平测定零点后，将游码置于游码标尺 1 mg 处，再启动天平，记录停点。设天平的零点为 10.7 格，在标尺右端增加 1 mg 质量后，停点为 14.7 格，则天

平的灵敏度：14.7－10.7＝4.0 格/mg，该天平的感量为 0.25 mg/格。

电光天平在调节天平的零点与投影屏上的标线重合后，在天平盘上放置一个校准过的 10 mg 砝码，启动天平，标尺应移至 9.9～10.1 mg 范围内，如不符合要求，则应调整灵敏度。

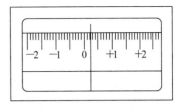

图 1-13　电光天平屏幕上映出的零点

(3) 称量方法和分析天平的使用规则。

① 分析天平的称量方法：

a. 直接称量法：将被称物置于天平左盘，右盘加砝码，使称量达到平衡，即停点与零点重合时，由砝码的质量读出物体的质量。例如，称量铝盒(或称量瓶)，先用台秤粗称其质量(假设约 20 g)，打开天平左门将铝盒置左盘中，关上左门。打开天平右门，用镊子从砝码盒中取 20 g 砝码，置于右盘正中，左手微微按顺时针方向转动升降枢，观察指针移动方向，若指针迅速向左移动，表示砝码重了，左手向逆时针方向转动升降枢，关闭天平。取下砝码，换上 10 g 砝码和 5 g 砝码，再启动天平，观察指针偏转，若指针迅速向右移动，关闭天平，再加一个 2 g 砝码，启动天平，观察指针偏转，若偏向右，砝码轻了，关闭天平，再加 1 g 砝码，启动天平，观察指针偏转，若偏向左，说明铝盒在 17～18 g。加百位 mg 砝码和十位 mg 砝码时，按上述方法分别确定小数点后第一位和第二位质量，若铝盒在 17.25～17.26 g，关好右门，再将游码置游码挂钩上，按照上述加码的方法，移动游码的位置，使停点与零点重合，以确定小数点后第三、四位质量。

b. 减量法：分析实验中常需称量 $n$ 份试样做平行测定，一般采用减量法，即称取试样的质量为两次称量之差值。称量操作是在洗净并烘干的称量瓶中装上适量试样，置于天平上准确称量为 $m_1$。用一纸条套住称量瓶(图 1-14)，左手拿住纸条将它从秤盘中取下，举在洁净的烧杯上方，右手按住瓶盖，使称量瓶及内装药品倾斜，取下瓶盖，用瓶盖轻敲称量瓶口(图 1-15)，让试样缓缓倒在烧杯中心，倾出一定量后，把称量瓶竖起，用瓶盖轻敲瓶口，使黏在瓶口的试样落回称量瓶底，再置秤盘上称量为 $m_2$，$m_1－m_2$ 为倾出第一份试样重。若倾出的量不够需要量，再重复倾倒 1～2 次，最后记录下 $m_2$。称第二份试样时，可照上法再倾出一份试样于另一烧杯中，称量 $m_3$，$m_2－m_3$ 为第二份试样重，称量 $n$ 份样品，只需称 $n+1$ 次即可。

图 1-14　用纸条套住称量瓶

图 1-15　试样倒出的方法

c. 增重法：有些实验需要称取固定量的试剂或试样，若它们不易吸湿，可用此法称量。具体做法是先将蜡光纸(或表面皿)称重，在另一盘中加上一定质量的砝码，如 0.500 0 g，用小药匙将试样逐步加在纸上,使之平衡,即取样0.500 0 g,然后将试样全部转移至准备好的容器中。

② 分析天平的使用规则:

a. 称量前先将天平布罩取下叠好。检查天平是否处于水平状态,盘上有无污垢,用软毛刷拭去灰尘,并检查和调整天平的零点。

b. 旋转升降枢时必须缓慢,轻开轻关。取放物体、加减砝码和移动游码时,都必须把天平梁托起,以免损坏玛瑙刀口。

c. 称量时,应关好两个侧门;前门不得随意打开,它主要供安装和调试天平时用。化学试剂和试样都不能直接放在天平盘上称重,而应放在干净的表面皿、称量瓶或坩埚内,具有腐蚀性或吸湿性的物质,必须放在称量瓶或其他适当的密闭的容器中称量。

d. 取放砝码必须用镊子夹取,严禁用手拿。加减砝码的原则一般是"由大到小,折半加入",按顺序排列,并使砝码重心落在盘的中央处,称量结果可根据砝码盒中空位求出,将砝码放入盒内的固定位置时,再复核一遍。电光天平自动加减砝码时,应一挡一挡地慢慢进行,防止砝码跳落或互撞。

e. 绝不能使天平载重超过最大负载。为了减小称量误差,在做同一实验时,应使用同一台天平和相配套的砝码,并注意相同面值的两个砝码的区别,确定其中一个是优先使用的。

f. 称量的数据应及时写在记录本上,不能记在纸片上或其他地方。

g. 称量完毕,托起天平梁,取出被称物和砝码,检查天平内外是否清洁,关好天平门;电光天平还应将指数盘拨回零点,切断电源。最后,罩上布罩。

h. 称量的物体温度必须与天平箱内的温度一致,不得把热的或冷的物体放进天平称量。为了防潮,天平箱内应放有吸湿用的干燥剂,如变色硅胶等。干燥剂应定期烘干,以保持良好的吸湿性能。

**5. 真空泵** 真空泵是指利用机械、物理、化学或物理化学的方法对被抽容器进行抽气而获得真空的器件或设备。通俗来讲,真空泵是用各种方法在某一封闭空间中高速高效地排除气体,以实现产生、改善和维持真空的装置。按真空泵的工作原理,真空泵基本上可以分为两种类型,即气体捕集泵和气体传输泵。实验室常用的有循环水真空泵和真空油泵。

(1) 循环水真空泵。又叫水环式真空泵(图1-16),是以循环水作为工作流体,利用射流产生负压原理而设计的一种多用真空泵。它所能获得的极限真空为2 000～4 000 Pa,串联大气喷射器可达270～670 Pa。水环泵也可用作压缩机,称为水环式压缩机,属于低压的压缩机,其压力范围为$1\times10^5$～$2\times10^5$ Pa。

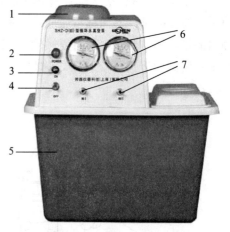

图1-16 循环水真空泵
1. 电机 2. 指示灯 3. 保险丝 4. 开关
5. 水箱 6. 真空表 7. 抽气嘴

① 循环水真空泵的使用方法:

a. 准备工作:将循环水真空泵平放于工作台上,首次使用时,打开水箱上盖注入清洁的凉水(也可经由放水软管加水),当水面升至水箱后面的溢水嘴下高度时停止加水,重复开机可不再加水。每周至少更换一次水,如水质污染严重,使用率高,则须缩短换水时间,保持水质清洁。

b. 抽真空作业:将需要抽真空的设备的抽气套管紧密套接于真空泵的抽气嘴上,关闭循环开关,接通电源,打开电源开关,即可开始抽真空作业,可通过与抽气嘴对应的真空表观察真空度。

c. 当长时间连续作业时,水箱内的水温会升高,影响真空度,此时,可将放水软管与水源(自来水)接通,溢水嘴作排水出口,适当控制自来水流量,即可保持水箱内水温不升高,使真空度稳定。

d. 当需要为反应装置提供冷却循环水时,在上述 c 操作的基础上,将需要冷却的装置进水、出水管分别接到真空泵后部的循环水出水嘴、进水嘴上,转动循环水开关至"ON"位置,即可实现循环冷却水供应。

② 循环水真空泵使用注意事项:保持水质清洁是设备能长期稳定工作的关键,因此必须定期换水、清洗水箱,不能抽粉尘和固体物质。某些腐蚀性气体可导致水箱内水质变差,产生气泡,影响真空度,故应注意不断循环换水。

(2)真空油泵。真空油泵是应用转子和可在转子槽内滑动的旋片的旋转运动以获得真空的一种油封式机械真空泵(图 1-17)。其工作压力范围为 101 325~$1.33 \times 10^{-2}$ Pa,属于低真空泵。它可以单独使用,也可以作为其他高真空泵或超高真空泵的前级泵。真空油泵可以抽除密封容器中的干燥气体,若附有气镇装置,还可以抽除一定量的可凝性气体。但它不适于抽除含氧过高的、对金属有腐蚀性的、对泵油会起化学反应以及含有颗粒尘埃的气体。

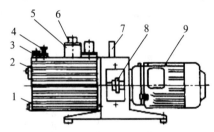

图 1-17 真空油泵
1. 放油螺塞  2. 油标  3. 加油螺塞
4. 气镇阀  5. 减雾器  6. 排气管
7. 手柄  8. 联轴器  9. 电机

① 真空油泵的使用方法:

a. 准备工作:将设备放置在水平、通风、干燥处,真空油泵抽气口与被抽系统连接要严密,不应有泄漏点存在。检查泵内的油位是否符合要求(以停止使用时注油至油标视窗高度的 2/3 为宜),连接好电源线和接地线。检查是否有其他不安全因素。

b. 启动运行:接通电源,开始启动时,应先按启动按钮一两次,观察在运转的过程中有无异常声响及特殊的震动,或者是否喷油,如一切正常再正式启动运转。

c. 关机:先关闭吸气口处阀门,与真空系统隔绝,然后停泵。

② 真空油泵使用注意事项:

a. 真空油泵进气口连续敞通大气运转不得超过 3 min。

b. 如待减压抽真空样品含有大量有机溶剂,需要先用抗化学腐蚀性泵(如隔膜泵或水泵)抽走绝大部分有机溶剂后再使用油泵。

c. 真空油泵不适用于抽对金属有腐蚀性的、对泵油起化学反应、含有颗粒尘埃的气体,以及含氧过高的、有爆炸性的气体。

d. 真空油泵不得用作压缩泵或输送泵。

e. 真空油泵的工作环境:温度 5~40 ℃范围内,湿度不大于 90%,进气口压力小于

1 333 Pa 的条件下允许长期连续运转。

　　f. 保持真空油泵的清洁，防止杂物进入泵内。

　　g. 隔段时间检查油的污染情况。换油之前，真空油泵必须先运转 30 min，使油变稀，然后停泵，从放油孔放油，再敞开进气口运转 1~2 min。此时可以从吸气口缓慢加入少量清洁油，以更换油腔内存油。

　　h. 油腔内不可混入柴油、汽油等其他饱和蒸气压较大的油类，以免降低极限真空。

　　i. 如果真空油泵长期搁置不用，应将油放净并清洗泵，然后注入新油。

　　j. 真空油泵进气口的过滤网应保持清洁，以免抽气速度下降。

**6. 酸度计**

(1)酸度计的工作原理。酸度计是对溶液中氢离子活度产生选择性响应的一种电化学传感器。它是以参比电极、指示电极和溶液组成工作电池。以已知酸度的标准缓冲溶液的 pH 为基准，比较标准缓冲溶液所组成的电池的电动势和待测试液组成的电池的电动势，从而得出待测试液的 pH。

　　酸度计由电极和电动势测量部分组成。电极用来与试液组成工作电池；电动势测量部分则将电池产生的电动势进行放大和测量，最后显示出溶液的 pH。多数酸度计还兼有毫伏测量挡，可直接测量电极电位。如果配上合适的离子选择电极，还可以测量溶液中某一种离子的浓度(活度)。

　　酸度计通常以饱和甘汞电极为参比电极(图 1-18)，玻璃电极为指示电极(图 1-19)。

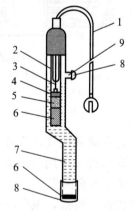 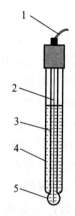

图 1-18　饱和甘汞电极　　　　　　　　图 1-19　玻璃电极
1. 导线　2. 内电极　3. 铂丝　4. 汞　5. 甘汞　　　1. 导线　2. Ag-AgCl 电极　3. 含 Cl⁻ 缓冲液
6. 多孔性物质　7. 饱和 KCl 溶液　8. 橡皮帽　9. 加液口　　4. 玻璃管壁　5. 玻璃薄膜球

当玻璃电极与饱和甘汞电极及待测溶液组成工作电池时，在 25 ℃下，所产生的电池电动势：

$$E = K' + 0.059 \text{pH} \tag{1-2}$$

式中，$E$ 为电池电动势(V)；$K'$ 为常数。

　　测量溶液电动势可获得待测溶液的 pH。

　　酸度计要用 pH 标准缓冲溶液进行校正。目前使用的几种 pH 标准缓冲溶液在不同温度下的 pH 及配制方法见附录 XIII-3-2。

(2) pHS-3C 型酸度计。pHS-3C 型酸度计是一种精密数字显示 pH 计,其测量范围宽,重复性误差小。

① pHS-3C 型酸度计的面板结构如图 1-20 所示。

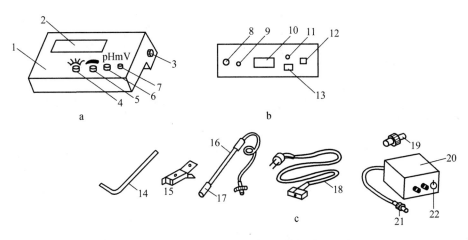

图 1-20  pHS-3C 型酸度计示意图及仪器配件
a. 仪器正面图   b. 仪器后面板   c. 仪器配件
1. 前面板  2. 显示屏  3. 电极梗插座  4. 温度补偿调节旋钮  5. 斜率补偿调节旋钮
6. 定位调节旋钮  7. pH/mV 选择旋钮  8. 测量电极插座  9. 参比电极插座  10. 铭牌
11. 保险丝  12. 电源开关  13. 电源插座  14. 电极梗  15. 电极夹  16. pH 复合电极
17. 电极保护套  18. 电源线  19. 短路插头  20. 电极插转换器  21. 转换器插头  22. 转换器插座

② 测量溶液 pH 时的操作步骤:

a. 电极安装:电极梗 14 插入电极架插座,电极夹 15 夹在电极梗 14 上,复合电极 16 夹在电极夹 15 上,拔下复合电极 16 前端的电极保护套 17,用蒸馏水清洗电极,再用滤纸吸干电极底部的水分。

b. 开机:按下电源开关 12,电源接通后,预热 30 min,接着进行标定。

c. 标定:将选择旋钮 7 调到 pH 挡。调节温度补偿调节旋钮 4,使旋钮白线对准溶液温度值,把斜率补偿调节旋钮 5 顺时针旋到底,把清洗过的电极插入 pH=6.86 的标准缓冲溶液中,调节定位调节旋钮 6,使仪器显示的读数与该缓冲溶液的 pH 一致。用蒸馏水清洗电极,再用 pH=4.00 或 9.18 的标准缓冲溶液重复操作,调节斜率旋钮到 pH=4.00 或 9.18,直至不用再调节定位或斜率两调节旋钮为止。至此,完成仪器的标定。

注意:一般情况下,在 24 h 内仪器不需再标定。经标定的仪器定位及斜率调节旋钮不应再有变动。

d. 测量溶液的 pH:用蒸馏水清洗电极头部,用滤纸吸干水滴,将电极浸入被测溶液中,沿台面摇动盛液器皿,使溶液均匀,在显示屏上读出溶液的 pH。若被测溶液与定位溶液的温度不同,则先调节温度补偿调节旋钮 4,使白线对准被测溶液的温度值,再将电极插入被测溶液中,读出该溶液的 pH。

(3) 奥豪斯 STARTER 3100 酸度计。奥豪斯 STARTER 3100 酸度计(图 1-21)是一款专业的实验室 pH 计,操作简单,按键上的文字即是其功能,液晶显示屏能同时显示测量提示符、电极状态提示符、终点模式、温补模式与温度值、报错信息等(图 1-22)。配套四合一复合电极,具有自动识别缓冲液和自动温度补偿功能。

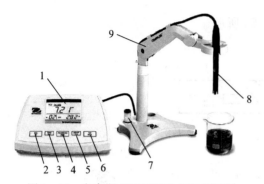

图 1-21　奥豪斯 STARTER 3100 酸度计
1. 显示屏　2. 开关　3. 存储　4. 读数
5. pH/mV 切换　6. 校准　7. 电极保护瓶
8. 电极　9. 电极支架

图 1-22　奥豪斯 STARTER 3100 酸度计显示屏
1. 电极状态图标　2. 自动/手动终点图标　3. 测量图标
4. 校准图标　5. 参数设置图标　6. pH/mV 读数或斜率
7. 校准点/存储号/错误提示　8. 温度补偿　9. 温度

奥豪斯 STARTER 3100 酸度计的操作步骤:

① 安装电极:奥豪斯 STARTER 3100 后面有 BNC 接口,四合一复合电极(带测温功能)直接连接于该接口。

② 校准:开机。电极从保护瓶取下后,用蒸馏水洗净并擦干。将电极放入校准液 1 中,按校准键开始校准。在校准过程中屏幕上方测量图标和校准图标闪烁,左下角显示"Cal 1"并闪烁。当到达终点(自动模式显示"Auto",手动模式按读数键确认终点并显示"⌐",屏幕上方测量图标消失)后,完成第一点校准,相应的校准值显示并保存。清洗电极并擦干,放入校准液 2 中,按校准键进行第二点校准。

长按读数键可在自动模式和手动模式之间切换。

校准液不分先后,奥豪斯 STARTER 3100 酸度计能自动识别。

③ 样品测量:清洗电极,将电极放入样品溶液中,按读数键测量。自动或手动确定终点都可以。如自动模式下重复性较差,建议以手动模式测量。

**7. 分光光度计**　分光光度计是根据朗伯-比耳定律制成的,具有较高的灵敏度和一定的准确度,特别适合微量组分的测量。

目前国产分光光度计有 72 型、721 型、722 型、730 型、756MC 型等多种型号,在可见光范围内做定量分析以 721 型和 722 型用得较多,本书将介绍这两种型号的分光光度计。

(1)721 型分光光度计。

① 仪器结构:721 型分光光度计是固定狭缝宽度的单光束分光光度计,测量波长范围为 360~800 nm。以钨丝白炽灯为光源,玻璃棱镜(背面镀铝)为单色器。棱镜固定在圆形活动板上,并通过拉杆与带有波长刻度盘的凸轮相连。转动波长刻度盘,棱镜相应地转动一个角度,即可选择波长。获得的单色光经棱镜进入比色皿,比色皿架的定位装置能使比色皿正确地进入光路。721 型分光光度计的结构见图 1-23。

仪器使用 GD-7 型光电管。光电管前设有一套光门部件,当吸收池暗箱盖开启时,光门挡板依靠自身的重量及弹簧向下垂落,遮住透光孔,使光电管阴极面不受光照射,光门顶杆露出小孔外。当吸收池暗箱盖关闭时,光门顶杆向下压紧,光门挡板被打开,光电管受光

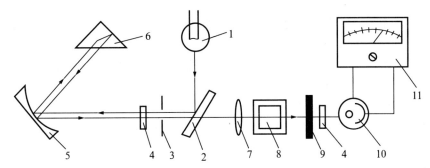

图1-23 721型分光光度计的结构示意图
1. 钨灯 2. 反光镜 3. 狭缝 4. 保护玻璃 5. 准直镜 6. 棱镜
7. 聚焦镜 8. 比色皿 9. 光门挡板 10. 光电管 11. 微安表

而产生光电流。光电流经过一组高值电阻,形成电压降,此电压降经放大后,用微安表显示其数值,即间接地测量出光电流的大小。

② 仪器的使用方法:721型分光光度计的外形见图1-24。

在使用仪器之前,应了解仪器的结构和性能,认真阅读使用说明。721型分光光度计的操作步骤如下:

a. 仪器在接通电源之前,应检查微安表指针是否指透光率"0"位,不在"0"位可调节零点较正螺丝,使指针位于透光率"0"位。

b. 接通电源,打开电源开关,打开样品室盖,用波长调节旋钮选择需用的单色波长,将灵敏度调至"1"挡,调节调"0"旋钮使电表指针指向透光率"0"位。

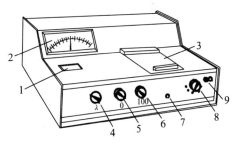

图1-24 721型分光光度计
1. 波长读数盘 2. 电表 3. 样品室 4. 波长调节旋钮
5. 调"0"旋钮 6. 调"100%"旋钮 7. 比色皿架拉杆
8. 灵敏度调节 9. 电源开关

c. 盖上样品室盖,将盛有参比溶液或蒸馏水的吸收池推入光路,旋转调"100%"旋钮,使指针指到透光率满刻度位置,在此状态下预热20 min。

d. 预热后,连续几次调整"0"和"100%"旋钮,当指针稳定后即可进行测定工作。

e. 将盛待测溶液的吸收池推入光路,读取吸光度值,重复操作1~2次,求读数平均值,作为测定的数据。

③ 仪器使用注意事项:

a. 灵敏度应尽可能选择较低挡,以使仪器具有较高稳定性。选择灵敏度挡的原则:当参比溶液进入光路时,应能调节透光率至100%。

b. 根据溶液浓度的不同可以酌情选用不同规格光径长度的比色皿,使吸光度读数处于0.8之内。

c. 仪器连续使用不应超过2 h,否则,最好间歇0.5 h后继续使用。

d. 当仪器停止工作时,必须切断电源,把开关关上。

e. 要防止仪器受潮。

④ 比色皿使用注意事项：

a. 使用时，用手捏住比色皿的毛玻璃面，切勿触及透光面，以免透光面被沾污或磨损。

b. 待测液加至比色皿约 3/4 高度处为宜。

c. 在测定一系列溶液的吸光度时，通常都是按由稀到浓的顺序进行。使用的比色皿必须先用待测溶液润洗 2~3 次。

d. 比色皿外壁的液体用吸水纸吸干。

e. 清洗比色皿时，一般用蒸馏水冲洗。如比色皿被有机物沾污，可用盐酸-乙醇混合液（1∶2）浸泡片刻，再用蒸馏水冲洗。不能用碱液或强氧化性洗涤剂清洗，也不能用毛刷刷洗，以免损伤比色皿。

(2) 722 型光栅分光光度计。

① 仪器结构：722 型光栅分光光度计是以碘钨灯为光源，衍射光栅为色散元件，端窗式光电管为光电转换器的单光束、数显式可见分光光度计。波长为 330~800 nm，波长精度为 ±2 nm，波长重现性为 0.5 nm，单色光的带宽为 6 nm，吸光度的显示范围为 0~1.999，吸光度的精确度为 0.004（在 $A=0.5$ 处）。仪器由光源室、单色器、试样室、光电管暗盒、电子系统及数字显示器等部件组成，其外形如图 1-25 所示。

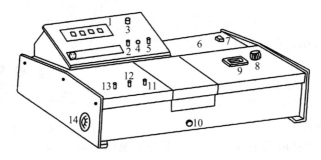

图 1-25  722 型光栅分光光度计外形
1. 显示器  2. 吸光度调零旋钮  3. 选择开关  4. 斜率电位器
5. 浓度旋钮  6. 光源  7. 电源开关  8. 波长旋钮  9. 波长刻度盘  10. 比色皿架拉手
11. "100%"T 旋钮  12. "0"T 旋钮  13. 灵敏度调节钮  14. 干燥器

② 仪器的使用方法：

a. 取下防尘罩，将灵敏度调节钮置于"1"挡，将选择开关置于"T"挡。

b. 插上电源，按下电源开关，其指示灯亮。调节波长旋钮使所需波长对准标线，调节"100%"T 旋钮使显示透光率为 70% 左右，仪器在此状态下预热 15 min。显示数字稳定后即可往下操作。

c. 打开样品室盖，调节"0%"T 旋钮，使显示为"000.0"。

d. 将盛参比溶液的比色皿置于比色皿架的第一格内，盛试样的比色皿置于第二格内，盖上样品室箱盖。将参比溶液推入光路，调节"100%"T 旋钮使之显示为"100.0"，如果显示不到"100.0"，则要增大灵敏度挡，然后再调节"100%"T 旋钮，直到显示为"100.0"。

e. 重复操作 c 和 d 步骤，直到显示稳定。

f. 稳定地显示"100.0"透射比后，将选择开关置于"A"挡，此时吸光度显示应为".000"，若不是，则调节吸光度调零旋钮，使显示为".000"。然后将试样推入光路，这时的显示值即为试液的吸光度。

g. 实验过程中，不要将参比溶液拿出吸收池箱，可随时将其置入光路以检查吸光度零点是否有变化。如不为".000"，不要先调节吸光度调零旋钮，而应将选择开关置于"T"挡，用"100％"T 旋钮调至"100.0"，再将选择开关置于"A"挡，这时方可调节吸光度调零旋钮至显示".000"。

一般情况下不需要经常调节吸光度调零旋钮和"0％"T 旋钮，但可随时进行 c 和 d 步骤的操作，如发现这两个显示有改变，则应及时调整。

h. 浓度 c 的测量：选择开关置于"C"挡，将已标定浓度的溶液放入光路，调节浓度旋钮，使数字显示为标定值，将被测样品放入光路，即可读出待测样品的浓度值。

i. 仪器使用完毕，关闭电源(短时间不用，不必关闭电源，只需打开样品室盖，停止照射光电管)。洗净比色皿并放回原处，仪器冷却 10 min 后盖上防尘罩。

### 8. 电导率仪

(1) 基本原理。导体导电能力的大小，通常用电阻($R$)或电导($G$)表示。电导是电阻的倒数，关系式为

$$G = \frac{1}{R} \tag{1-3}$$

电阻的单位是欧姆($\Omega$)，电导的单位是西门子($S$)。

导体的电阻与导体的长度 $l$ 成正比，与面积 $A$ 成反比

$$R \propto \frac{l}{A}$$

或

$$R = \rho \frac{l}{A} \tag{1-4}$$

式中，$\rho$ 为电阻率，表示长度为 1 cm、截面积为 1 cm$^2$ 时的电阻，单位为 $\Omega \cdot$cm。

和金属导体一样，电解质水溶液体系也符合欧姆定律。当温度一定时，两极间溶液的电阻与两极间距离成正比，与电极面积 $A$ 成反比。对于电解质水溶液体系，常用电导和电导率来表示其导电能力。

$$G = \frac{1}{\rho} \cdot \frac{A}{l} \tag{1-5}$$

令

$$\frac{1}{\rho} = \kappa$$

则

$$G = \kappa \cdot \frac{A}{l} \tag{1-6}$$

式中，$\kappa$ 是电阻率的倒数，称为电导率。它表示在相距 1 cm、截面积为 1 cm$^2$ 的两极之间溶液的电导，其单位为 S·cm$^{-1}$。

在电导池中，电极距离和面积是一定的，所以对某一电极来说，$\frac{l}{A}$ 是常数，常称其为电极常数或电导池常数($K$)。令

$$K = \frac{l}{A}$$

则

$$G = \kappa \cdot \frac{1}{K} \tag{1-7}$$

即
$$\kappa = K \cdot G \tag{1-8}$$

不同的电极,其电极常数 $K$ 不同,因此测出同一溶液的电导 $G$ 也就不同。通过式(1-6)换算成电导率 $\kappa$,由于 $\kappa$ 的值与电极本身无关,因此用电导率可以比较溶液电导的大小。而电解质水溶液导电能力的大小正比于溶液中电解质含量,通过对电解质水溶液电导率的测量可以测定水溶液中电解质的含量。

(2)使用方法。DDS-11A 型电导率仪(图1-26)是常用的电导率测量仪器。它除能测量一般液体的电导率外,还能测量高纯水的电导率,广泛用于水质检测、水中含盐量测定、大气中 $SO_2$ 含量等的测定和电导滴定等方面。

DDS-11A 型电导率仪的使用方法。

① 按电导率仪使用说明书的规定选用电极,放在盛有待测溶液的烧杯中数分钟。

② 打开电源开关前,观察表头指针是否指零。如不指零,可调整表头螺丝使指针指零。

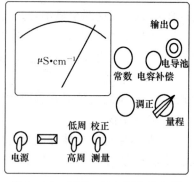

图1-26 DDS-11A 型电导率仪

③ 将"校正/测量"开关扳在"校正"位置。

④ 打开电源开关,预热 5 min,调节"调正"旋钮使表针满度指示。

⑤ 将"高周/低周"开关扳向低周位置。

⑥ "量程"扳到最大挡,"校正/测量"开关扳到"测量"位置,选择量程由大至小,至可读出数值。

⑦ 用电极夹夹紧电极胶木帽,固定在电极杆上。选取电极后,调节与之对应的电极常数。

⑧ 将电极插头插入电极插口内,紧固螺丝,将电极插入待测液中。

⑨ 再调节"调正"旋钮使指针满刻度,然后将"校正/测量"开关扳至"测量"位置。读取表针指示数,再乘上量程选择开关所指的倍率,即为被测溶液的实际电导率。将"校正/测量"开关再扳回"校正"位置,看指针是否满刻度。再扳回"测量"位置,重复测定一次,取其平均值。

⑩ 将"校正/测量"开关扳到"校正"位置,取出电极,用蒸馏水冲洗后放回盒中。关闭电源,拔下插头。

**9. 显微熔点测定仪** 显微熔点测定仪有反射式和透射式两种。反射式光源在侧面,如果显微镜上没有光源,可以在边上放一盏台灯,使用的时候打开台灯直接照射加热台。透射式光源在热台的下面,热台上有个孔,光线从孔中透上来,这种结构因为热台中心有孔,热电偶不能测量热台中心的温度,因此有时温度测得不准。透射式的视野比较好观察,而反射式的有时视野不好观察,但温度测得准,制造也比较简单。

(1)显微熔点测定仪的结构。显微熔点测定仪型号较多,共同特点是样品使用量少(2~3颗小结晶),可观察晶体在加热过程中的变化情况,能测量室温至 300 ℃ 样品的熔点。显微熔点测定仪的结构见图1-27。

(2)使用与操作。测定时取很少量的样品(用镊子尖挑一点即可),放在载玻片上,盖上盖玻片,轻轻研磨,使样品形成很薄的一层。在显微镜下观察,样品最好为分散的、很小的颗粒，能看到颗粒形状即可，颗粒太小不利于观察，颗粒太大测量不准，更不能形成一片，因为如果样品堆积在一起，导热会不均匀，一方面熔点测不准，另一方面会使熔程变长。准备好样品后，盖上热台上配的玻璃片，防止样品挥发污染物镜，调整焦距后开始加热。通常载玻片比较厚，导热比较慢，可以使用两片盖玻片夹住样品，对于不挥发的样品，可以只用一片盖玻片托住样品，不在样品上加盖。热台上的玻璃片也可以不加，但建议加，以保护物镜。重要的是，每次测定要采用同样的方法，因为样品加不加盖，热台加不加盖，测定的结果都是不同的，有时误差很大。

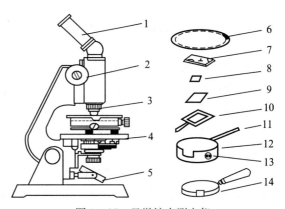

图 1-27 显微熔点测定仪
1. 目镜筒  2. 显微镜调焦旋钮  3. 物镜筒
4. 显微镜台  5. 反光镜  6. 隔热玻璃盖
7. 桥玻璃  8. 盖玻片  9. 载玻片  10. 载玻片支持器
11. 温度计  12. 加热器  13. 电源接头  14. 铝散热块

加热时，开始升温速度可快一些，当达到预计熔点温度以下 10~20 ℃时，将升温速度调到每分钟 1~3 ℃，如果是指针式的电压表，调到 50 升温速度就比较快了，接近熔点时调到 25 左右即可(有些熔点测定仪可以程序升温，可以事先设定好这些参数，比较方便)，具体情况还需要在使用中摸索。当颗粒形状变圆或出现明显液滴时记录初熔点，视野内完全变成液体时记录终熔点。升华样品一定要加盖，否则还没到熔点，样品就会消失。有些样品在低于熔点的温度会发生晶型的转变，需要靠经验来分辨是达到了初熔点，还是发生了晶型变化。

(3) 仪器使用注意事项。在使用仪器前必须仔细阅读使用说明，严格按照操作规程进行操作。新购买的熔点测定仪需要用标准物质校准温度，一般厂家会提供少量标样，如果没有标样，也可以用已知熔点的纯物质代替。100 ℃以下、100~200 ℃和 200 ℃以上都需要分别校正，可以根据实验的测定范围主要校正某一个范围，因为这几个温度范围不可能都校正到同一个精度。

### 10. 阿贝折射仪

(1) 基本原理。折射率是液体化合物的重要物理常数之一。光在液体或固体介质中和在空气中的传播速度不同。光在空气中的传播速度与在要测定的介质中的传播速度之比，称为折射率。常用它来鉴定有机化合物及其纯度。

光从空气斜射入水或其他介质中时，折射光线与入射光线、法线在同一平面上，折射光线和入射光线分居法线两侧(图 1-28)；折射角($\beta$)小于入射角($\alpha$)；入射角增大时，折射角也随之增大；当光线垂直射向介质表面时，传播方向不变；在折射中光路可逆。光的折射遵循折射定律：

$$n_1 \sin \alpha = n_2 \sin \beta \qquad (1-9)$$

式中，$n_1$、$n_2$ 为交界面两侧的两种介质的折射率。

改变入射角 $\alpha$ 使折射角达到 90°，此时的入射角称为临界

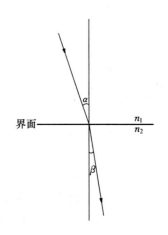

图 1-28 折射基本原理

角。阿贝折射仪测定折射率就是基于测定临界角的原理。如果用一望远镜对出射光线视察，可以看到望远镜视场被分为明暗两部分，二者之间有明显的分界线。明暗分界处即为临界角的位置。

化合物的折射率与它的结构及入射光线的波长、温度、压力等因素有关。通常大气压的变化影响不明显，只是在精密的工作中才考虑压力因素。所以，在记录折射率时必须注明所用的光线和温度，常用 $n_D^t$ 表示。D 是以钠光灯 D 线的(589.3 nm)作光源，常用的折射仪虽然是用白光为光源，但用棱镜系统加以补偿，实际测得的仍为钠光 D 线的折射率。$t$ 是测定折射率时的温度。例如 $n_D^{20}$ 1.332 0 表示20 ℃时，该介质对钠光灯的 D 线折射率为 1.332 0。

(2)仪器结构。阿贝折射仪结构见图 1-29a，主要组成部分是两块直角棱镜，上面一块是光滑的，下面的表面是磨砂的，可以开启。左面有一个镜筒和刻度盘，刻有 1.300 0～1.700 0 的格子。右面也有一个镜筒，是测量望远镜，用来观察折射情况，筒内装有消色散镜。光线由反射镜反射入下面的棱镜，发生漫射，以不同入射角射入两个棱镜之间的液层，然后再射到上面棱镜光滑的表面上。由于折射率很高，一部分光线可以再经折射进入空气而到达测量镜，另一部分光线则发生全反射。调节螺旋以使测量镜中的视野如图 1-29b 所示。从读数镜中读出折射率。

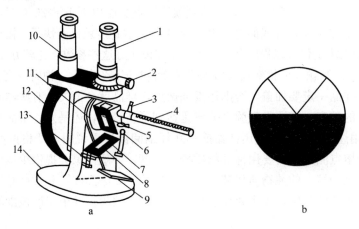

图 1-29 阿贝(Abbe)折射仪示意图
a. 阿贝折射仪结构图　b. 测量望远镜中视野图
1. 测量望远镜　2. 消色散手柄　3. 恒温水出口　4. 温度计　5. 测量棱镜　6. 铰链　7. 辅助棱镜
8. 加热槽　9. 反射镜　10. 读数望远镜　11. 转轴　12. 刻度盘罩　13. 锁钮　14. 底座

(3)使用与操作方法。提供的测定折射率的样品，应以分析样品的标准来要求，被测液体的沸点范围要窄，若其沸点范围过宽，测出的折射率意义不大。例如折射率较小的 A，其中混有折射率较大的液体 R，则测得的折射率偏高。其具体操作如下：

① 将折射仪与恒温水浴连接，调节所需要的温度，同时检查保温套的温度计是否精确。一切就绪后，打开直角棱镜，用丝绢或擦镜纸沾少量乙醇或丙酮轻轻擦洗上下镜面，不可来回擦，只可单向擦。待晾干后方可使用。

② 阿贝折射仪的精密度为±0.000 1，温度应控制在±0.1 ℃的范围内。恒温达到所需要的温度后，将 2～3 滴待测液体均匀地置于磨砂面棱镜上，滴加样品时应注意切勿使滴管尖端直接接触镜面，以防造成刻痕。关紧棱镜，调节反光镜使入射光线达到最强。滴加液体

过少或分布不均匀就看不清楚。对于易挥发液体,应以敏捷熟练的动作测其折射率。

③ 先轻轻转动左面刻度盘,并在右面镜筒内找到明暗分界线。若出现彩色带,则调节消色散镜,使明暗界线清晰。再转动左面刻度盘,使分界线对准交叉线中心,记录读数与温度,重复1~2次。

④ 测定完毕,应立即依上法擦洗上下镜面,晾干后再关闭。

在测定样品之前,应对折射仪进行校正。通常先测定纯水的折射率(纯水的折射率为1.3325),也可用每台折射仪中附带的已知折射率的"玻块"来校正。可用α-溴萘将"玻块"光的一面黏附在测量棱镜上,不用辅助棱镜,打开棱镜背后小窗使光线由此射入,用上述方法进行测定,如果测得值和此"玻块"的折射率有区别,旋动镜筒上的校正螺丝进行调整。

若需测量在不同温度时的折射率,将温度计旋入温度计座中,接上恒温器的通水管,把恒温器的温度调节到所需测量温度,接通循环水,待温度稳定10 min后即可测量。如果温度不是标准温度,可根据下列公式计算标准温度下的折射率:

$$n_D^{20} = n_D^t - a(t-20) \tag{1-10}$$

式中,$t$ 为测定时的温度;$a$ 为校正系数;D 为钠光灯 D 线波长(589.3 nm)。

(4)仪器使用注意事项。为确保仪器的精度,防止损坏,应注意维护与保养,并做到以下几点:

① 仪器应置于干燥和空气流通的室内,以免光学零件受潮后生霉。

② 当测试腐蚀性液体时应及时做好清洗工作,防止折射仪侵蚀损坏。仪器使用完毕后必须做好清洁工作,放入箱内,箱内应存有干燥剂(变色硅胶)以吸收潮气。

③ 经常保持仪器清洁,严禁湿手或汗手触及光学零件。若光学零件表面有灰尘,可用高级麂皮或长纤维的脱脂棉轻擦后用电吹风机吹去。如光学零件表面粘上了油垢,应及时用酒精-乙醚混合液擦干净。

④ 仪器应避免强烈震动或撞击,以防止光学零件损坏及影响精度。

**11. 旋光仪**

(1)基本原理。某些有机物因具有手性,能使偏振光的振动平面旋转,这些物质叫作旋光性物质。使偏振光振动向左旋转的为左旋性物质,使偏振光振动向右旋转的为右旋性物质。旋光性物质的旋光度可由旋光仪测定。

比旋光度是物质的特性常数之一,由实际测得的旋光度计算得到:

$$\text{纯液体的比旋光度} = [\alpha]_D^t = \frac{\alpha}{l \cdot d} \tag{1-11}$$

$$\text{溶液的比旋光度} = [\alpha]_D^t = \frac{\alpha}{l \cdot c} \tag{1-12}$$

式中,$\alpha$ 为实测旋光度;$l$ 为样品管长度(dm);$d$ 为液体密度(g·mL$^{-1}$);$c$ 为溶液浓度(g·mL$^{-1}$)。

测定旋光度,可以检测旋光性物质的纯度和含量。

(2)旋光仪的结构。旋光仪由起偏镜、石英片、样品管、检偏镜、刻度盘以及望远镜组成(图1-30)。

光源一般用钠光灯,发出的非偏振光经起偏镜转变成只在单一平面振动的偏振光。偏振光通过盛有旋光性化合物的样品管后,振动平面即旋转一个角度,通过检偏镜(检偏镜可随着装有望远镜的刻度盘旋转)观察偏振光的旋转角度。

(3) 旋光仪的操作方法。

① 旋光仪零点的校正：在测定样品前，需先校正旋光仪的零点。将样品管洗净，装上蒸馏水，使液面凸出管口，将玻璃盖沿管口边缘轻轻平推盖好，不能带入气泡，然后旋上螺丝帽盖，不漏水，不要过紧。将样品管擦干，放入旋光仪内，罩上盖子，开启钠光灯，将标尺盘转到零点左右，旋转粗动、微动手轮，使视场内Ⅰ和Ⅱ部分的亮度均匀一致，如图1-31a所示，图1-31b为未调好的视场，记下读数。重复操作至少5次，取其平均值，若零点相差太大，应重新校正。

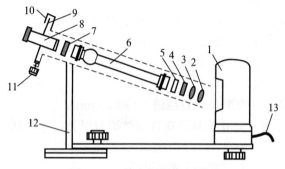

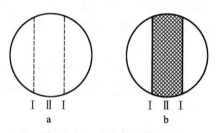

图1-30 旋光仪的基本结构

1. 电源　2. 聚光镜　3. 滤色镜　4. 起偏镜　5. 石英片
6. 样品管　7. 检偏镜　8. 望远镜　9. 刻度盘　10. 读数放大镜
11. 刻度盘转动手柄　12. 底座　13. 电源线

图1-31 旋光仪目镜视场
a. 调好的视场　b. 未调好的视场

② 旋光度的测定：将样品溶液装入样品管，依上法测定其旋光度(测定之前必须用该溶液润洗旋光管2次，以免有其他物质影响)。这时所得的读数与零点之间的差值即为该物质的旋光度。记下样品管的长度及溶液的温度，然后按公式计算其比旋光度。

(4) 仪器使用注意事项。

① 仪器应放在干燥通风处，防止潮气侵蚀，尽可能在20℃的工作环境中使用仪器，搬动仪器应小心轻放，避免震动。

② 光源(钠光灯)积灰或损坏，可打开机壳擦净或更换。

③ 机械部件摩擦阻力增大，可以打开门板，在伞形齿轮蜗杆处加少许钟油。

④ 如果发现仪器停转或元件损坏，应按原理图详细检查，或由厂方维修人员进行检修。

⑤ 打开电源后，若钠光灯不亮，可检查保险丝。

# 三、化学试剂

化学试剂是具有不同纯度标准的精细化学制品，其价格与纯度相关，纯度不同，价格有时相差很大。因此，在做化学实验时应按实验的要求选用不同规格的试剂，做到既不盲目追求高纯度以免造成浪费，又不随意降低试剂规格从而影响实验结果。所以，了解化学试剂的分类、规格标准，以及合理使用和保管方面的知识，对于化学及与化学实验有关的生命科学专业人员是必需的。

## (一)化学试剂的分类与规格标准

化学试剂按其化学组成与性质，可分为无机、有机、生化试剂几类。无机试剂包括金属和非金属的单质、化合物，如氧化物、酸、碱、盐、配合物等。有机试剂包括烃、卤代烃、醇、醚、醛、酮、酸、酯、胺、糖类等。生化试剂包括蛋白质、菌、酶等生命科学试剂。

按用途分类，试剂可分为通用试剂与专用试剂两类。其中通用试剂是实验室普遍使用的试剂。专用试剂种类很多，有作为化学标准物的标准试剂；有纯度高、性质稳定、组成恒定的定量分析用基准试剂；有用于物质分离、制备、鉴定、测定使用的专用试剂，如指示剂、显色剂、萃取剂、色谱载体、固定液、光谱分析用标准物等。

化学试剂的规格标准是按试剂的纯度及杂质含量来划分的，它反映了试剂的基本质量。国际纯粹与应用化学联合会(IUPAC)把化学标准物质规定为 5 级：

A 级　原子质量标准
B 级　与 A 级最接近的基准物质
C 级　含量为 $(100\pm0.02)\%$ 的标准物质
D 级　含量为 $(100\pm0.05)\%$ 的标准物质
E 级　以 C、D 级试剂为标准，对比测定所得纯度相当于 C、D 级纯度或低于 D 级的试剂

参照国际标准，我国对化学试剂的规格标准分：高纯试剂、光谱纯试剂、基准试剂、优级纯试剂、分析纯试剂、化学纯试剂和实验纯试剂 7 个等级，其中基准试剂相当于国际标准中的 C、D 级。实验室常用的国产标准试剂(代码：GB)级别、标签颜色及用途见表 1-2。

表 1-2　国产标准试剂级别、标签颜色及用途

| 标准试剂级别 | 中文名称 | 英文符号 | 标签颜色 | 主要用途 |
| --- | --- | --- | --- | --- |
| 一级 | 优级纯(保证试剂) | GR | 深绿色 | 精密分析和科学研究工作 |
| 二级 | 分析纯(分析试剂) | AR | 红色 | 定性定量分析和一般研究工作 |
| 三级 | 化学纯 | CP | 蓝色 | 一般分析和有机、无机化学实验 |
| 四级 | 实验纯 | LR | 棕色 | 一般化学实验辅助试剂 |
| 基准试剂 | 基准试剂 |  | 深绿色 | 容量分析标准溶液、校准液 |
| 生化试剂 | 生化试剂<br>生物染色体 | BR | 咖啡色 | 生物化学实验 |

此外，国家有关部门还制定并颁布了一些部颁标准、部颁暂行标准和产品企业执行标准(代号 QB)的试剂。实验室应根据实验要求选用。

## (二)化学试剂的选用

化学实验中，化学试剂的合理选用、规范的操作、科学的储存保管都是必须注意的问题。这直接关系到实验的顺利进行，也关系到人身安全。化学试剂的选用应遵循以下基本要求：

① 要熟知常用试剂的性质，如酸、碱的浓度，试剂在水中的溶解度，试剂的沸点，试

剂的毒性及其化学性质。

② 实验中，试剂的选用应以满足实验基本要求为前提，不可无端过高要求纯度等级。比如一般无机、有机性质与制备实验，用 CP 或 LR 试剂即可符合实验要求，试剂杂质只要对反应无影响即可。在试剂纯度要求较高的实验中，可选用 AR 或 GR 试剂。一般的原则是只要符合实验精度要求，试剂的选用等级就低不就高。

③ 试剂开瓶前，须先明确其特性，再根据条件开瓶。开瓶时瓶口不要对准人的面部，用后加盖，不能盖错瓶塞。化学试剂中，有些见光分解，有些遇空气氧化，有的在过高室温下瓶内蒸气压很大，因此详细地了解试剂的理化性质，创造合适的条件开瓶用药是保证试剂质量和人身安全的需要。

④ 试剂取用中，严防人为污染，取出物不可放回原试剂瓶。固体试剂取用要求专勺专用。液体试剂取用时应先倒入干净的容器中，再按要求量取。剩余试剂或供他人再用，或专瓶回收。

⑤ 试剂分装后，其标签须注明品名、规格、分装日期、产品出厂日期等。

⑥ 试剂使用后，应及时盖好，严防密封不良或泄漏，特别是有毒、有害、有味的试剂，取用后还应用蜡封口，并按条件保存。

## (三)化学试剂的储存

试剂的保管与储存在实验室中是一项很重要的工作环节，一般在实验室中不宜保存过多易燃、易爆和有毒的化学试剂，要根据用量随时去试剂库房领取。为防止化学试剂被沾污和失效变质，甚至引发事故，要根据试剂的性质采取相应的保管方法。见光易分解、易氧化、易挥发的试剂应储存于棕色瓶中，并放在暗处。易腐蚀玻璃的试剂应保存在塑料瓶中，吸水性强的试剂要严格密封，易相互作用的试剂不宜一起存放，易燃和易爆的试剂另外存放于通风处，剧毒试剂由专人保管，取用时登记。总之，应根据试剂性质，创造储存条件，分类存放。

# 四、实验室用水

化学实验对水的质量有一定的要求，分析化学实验则对水质量的要求较高。分析化学实验用水是分析实验质量控制的一个因素，关系空白值、分析方法的检出限，尤其是微量分析对水质有更高的要求。分析者对用水级别、规格应当了解以便正确选用，并对特殊要求的水质进行特殊处理。在一般分析实验室，洗涤仪器总是先用自来水洗再用去离子水或蒸馏水洗。

## (一)源水、纯水、高纯水

水的纯度是指水中杂质的多少。从这一角度出发，将水分为源水、纯水、高纯水 3 类。

**1. 源水** 又称常水，指人们日常生活用水，有地面水、地下水、自来水。从制备纯水的角度，源水杂质分为 3 类。

(1)悬浮物。悬浮物是直径在 $10^{-4}$ mm 以上的微粒，包括细菌、藻类、沙子、黏土、原生生物及其他各种悬浮物。

(2) 胶体。胶体是一种分散质粒径在 1～100 nm 的分散系，包括硅酸铁、硅酸铝等矿物质胶体及有机胶体，主要为腐殖酸、富里酸等高分子化合物。

(3) 溶解性物质。溶解性物质指颗粒直径≤$10^{-5}$ mm、在水中呈真溶液状态的物质，如阳离子 $K^+$、$Na^+$、$Ca^{2+}$、$Mg^{2+}$、$Fe^{3+}$、$Mn^{2+}$，阴离子 $CO_3^{2-}$、$NO_3^-$、$SO_4^{2-}$、$Cl^-$、$OH^-$、$NO_2^-$、$PO_4^{3-}$、$SiO_3^{2-}$，溶解性气体 $O_2$、$CO_2$、$H_2S$、$NH_3$、$SO_2$ 等。

**2. 纯水**　是将源水经预处理除去悬浮物、不溶性杂质后，用蒸馏法或离子交换法进一步纯化除去可溶性盐类、不溶性盐类、有机物、胶体而达一定程度标准的水。

**3. 高纯水**　以纯水为水源，经过离子交换、膜分离[反渗透(RO)、超滤(UF)、膜过滤(MF)、电渗析(ED)]除盐及非电解质，使纯水中电解质几乎完全除去，又将不溶解胶体物质、有机物、细菌、$SiO_2$ 等去除到最低程度的水。

纯水、高纯水制备工艺流程如图 1-32 所示。

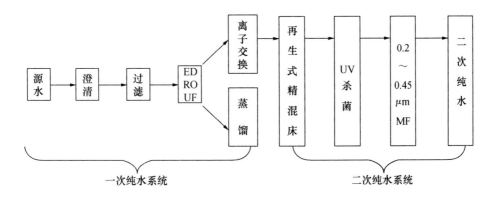

图 1-32　制纯水、高纯水工艺流程

## (二) 纯水与高纯水水质标准

**1. 实验室用水级别及主要指标**　见表 1-3。

表 1-3　实验室用水级别及主要指标

| 项　目 | 一级 | 二级 | 三级 |
| --- | --- | --- | --- |
| 外观(目视观察) | 无色透明液体 | 无色透明液体 | 无色透明液体 |
| pH 范围(25 ℃) | —① | —① | 5.0～7.5 |
| 电导率(25 ℃)/(mS·m$^{-1}$) | ≤0.01 | ≤0.1 | ≤0.50 |
| 可氧化物质含量(以 O 计)/(mg·L$^{-1}$) | —② | <0.08 | <0.4 |
| 蒸发残渣含量(105 ℃±2 ℃)/(mg·L$^{-1}$) | —② | ≤1.0 | ≤2.0 |
| 吸光度(254 nm，1 cm 光程) | ≤0.001 | ≤0.01 | — |
| 可溶性硅含量(以 $SiO_2$ 计)/(mg·L$^{-1}$) | <0.01 | <0.02 | — |

注：①由于在一级水、二级水的纯度下，难以测定其真实的 pH，因此，对一级水、二级水的 pH 范围不做规定。②由于在一级水的纯度下，难以测定其可氧化物质和蒸发残渣，因此，对其限量不做规定。可用其他条件和配制方法来保证一级水的质量。

**2. 纯水的制备方法及不同等级水的应用要求**

(1)纯水的制备方法。

① 蒸馏法：常使用的蒸馏器有玻璃、铜、石英等材质。蒸馏法只能除去水中非挥发性的杂质，溶解在水中的气体杂质并不能完全除去。蒸馏法的设备成本低，操作简单，但耗能大。

② 离子交换法：用离子交换法制备的纯水称为去离子水，目前多采用阴、阳离子交换树脂的混合床装置来制备。其去离子效果好，成本低，但设备操作较复杂，不能除去水中非离子型杂质，使去离子水中常含有微量的有机物。

③ 电渗析法：是在直流电场的作用下，利用阴、阳离子交换膜对溶液中存在的阴、阳离子进行选择性渗透，从而除去离子性杂质。此法也不能除去非离子性杂质，仅适用于要求不很高的分析工作。

(2)不同等级水的应用要求。

① 一级水：基本不含有溶解或胶态离子杂质及有机物。可用二级水经过蒸馏或离子交换混合床处理后再经 $0.2\ \mu m$ 膜过滤来制备。一级水主要用于有严格要求的分析实验，包括对微粒有要求的实验，如高效液相色谱分析用水。

② 二级水：可含有微量的无机、有机或胶态杂质。可采用蒸馏、反渗透、去离子后再经蒸馏的方法制备。二级水主要用于无机痕量分析实验，如原子吸收光谱分析、电化学分析实验等。

③ 三级水：适用于一般实验室。可采用蒸馏、反渗透或去离子(离子交换及电渗析)等方法制备。

三级水是最普遍使用的纯水，一是直接用于某些实验，二是用于制备二级水及一级水。过去多采用蒸馏方法制备，故称为蒸馏水。为节约能源和减少污染，目前多改用离子交换法或电渗析法制备。

**3. 纯水的检验及合理选用** 纯水的检验有物理方法(如测定水的电导率或电阻率)和化学方法两类。检验的项目一般包括：电导率或电阻率、pH、硅酸盐、氯化物及某些金属离子，如 $Cu^{2+}$、$Pb^{2+}$、$Zn^{2+}$、$Fe^{3+}$、$Ca^{2+}$、$Mg^{2+}$ 等。

纯水制备不易，也较难以保存，应根据不同情况选用适当级别的纯水，并在保证实验要求的前提下，注意尽量节约用水，养成良好的习惯。

# 第二部分

# 化学实验基本操作技术

## 一、玻璃仪器的洗涤和干燥

烧杯、试管、滴定管、锥形瓶、移液管、容量瓶、量筒、烧瓶等是基础化学实验中必不可少的常用玻璃仪器。实验前后对玻璃仪器的洗涤是各种化学实验的必要环节。整洁干净的玻璃仪器是实验成功和数据准确的保证。

洗涤玻璃仪器首先要选择合适的洗涤剂,利用洗涤剂与污物间的化学反应或物理化学作用,使污物脱离器壁后与洗涤剂一起流走,最后用蒸馏水按"少量多次"原则洗涤干净。洁净玻璃仪器的标准是器壁透明,有一层水膜而不挂水珠。

在化学实验中,往往需要用干燥的玻璃仪器,因此在仪器洗净后,还应进行干燥。

**1. 玻璃仪器的洗涤** 附着在玻璃仪器上的污物一般有尘土、可溶性物质、不溶性物质、油污等有机物。洗涤时应针对不同的情况,选用合适的洗涤剂和洗涤方法,如用溶剂振荡洗涤、用洗涤剂浸泡洗涤、用毛刷刷洗等。荡洗和浸洗适用于各种口径仪器的洗涤,刷洗适用于广口仪器的洗涤。下面介绍普通玻璃仪器的几种洗涤方法。

(1)水洗。在玻璃仪器中加入少量自来水并选用合适的毛刷刷洗,如此重复洗涤2～3次,再用蒸馏水冲洗2～3次,直到玻璃仪器透明、壁上不挂水珠为止。水洗只能洗去尘土和水溶性污物,难以洗去油污等有机物。

(2)皂液或合成洗涤剂洗。若玻璃仪器上沾有油污等有机物时,可以选用去污粉、肥皂液或洗涤剂来洗涤。洗涤的具体方法:水洗除去尘土和水溶性污物后,用毛刷蘸些去污粉或洗涤剂液刷洗,再用自来水冲洗掉残留的洗涤剂,最后用少量的蒸馏水荡洗2～3次,直至洗干净为止(图2-1)。

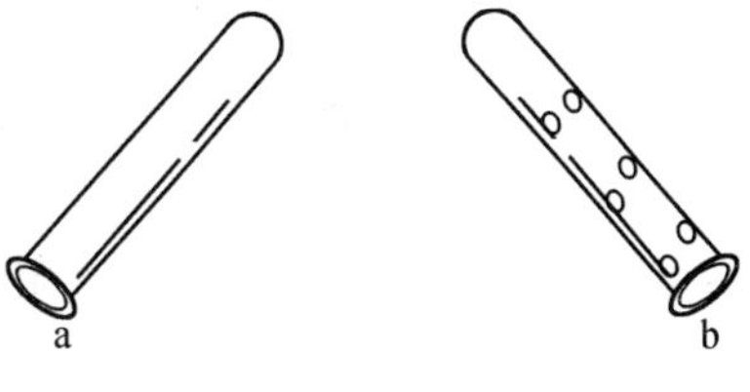

图2-1 洗净的标准
a. 洗净:水均匀分布(不挂水珠)
b. 未洗净:器壁附着水珠(挂水珠)

(3)铬酸洗液洗。一些口径小而长的仪器,如滴定管、移液管、容量瓶等沾有油污等有机物时,不易用刷子刷洗,可选用氧化能力和腐蚀能力很强的铬酸洗液来洗。具体的洗涤方法:先用水洗去尘土和水溶性污物,然后尽可能倾掉残留液,再在仪器中加入少量的铬酸洗液,慢慢地转动仪器,使仪器内壁全部浸润(注意不能让洗液流出来),旋转几周后,把洗液倒回原瓶,最后依次用自来水、蒸馏水冲洗干净。

(4)特殊洗涤液洗。

① 碱性高锰酸钾洗涤液洗：用于洗涤油污等有机物。

② 酸性草酸和盐酸羟胺洗涤液洗：适用于洗涤氧化性物质，如沾有高锰酸钾、三价铁等的容器。

③ 有机溶剂洗涤液洗：用于洗聚合体、油脂及其他有机物。可直接取丙酮、乙醚、苯使用或配成 NaOH 的饱和乙醇溶液使用。

④ 浓 $HNO_3$ 是一种氧化剂，必要时也可以用来洗涤器皿。

量器不能用去污粉刷洗，只可用洗涤液浸泡。如用铬酸洗液洗涤滴定管，则可倒入铬酸洗液 10 mL（碱式滴定管应卸下管下端的橡皮管，套上旧橡皮乳头，再倒入洗液），将滴定管逐渐向管口倾斜，以两手转动滴定管，使洗液布满全管，然后打开活塞将洗液放回原洗液瓶中。如果内壁沾污严重，则需用洗液充满滴定管，浸泡 10 min 至数小时或用温热洗液浸泡 20～30 min，先用自来水冲洗干净，再用蒸馏水洗涤几次。

**2. 玻璃仪器的干燥**　把以上洗净的玻璃仪器，根据实验室配置的干燥设备等条件，采用以下相应方法进行干燥。

(1) 晾干。对于不急用的仪器，可将仪器插在格栅板上或实验室的干燥架上晾干，如图 2-2 所示。

(2) 烤干。试管(烤干时为什么试管口要略向下倾斜？)、蒸发皿等仪器急用时可以用烤干的方法进行干燥，如图 2-3 所示，仪器外壁擦干后，用小火烤干，同时要不断地移动使其受热均匀。

图 2-2　格栅板及自然晾干法

图 2-3　仪器的烤干法

(3) 吹干。将仪器倒置控去水分并擦干外壁，用电吹风机将仪器内残留水分赶出，如图 2-4 及图 2-5 所示。

(4) 烘干。将洗净的仪器倾去残留水分，放在电烘箱中控温 105 ℃左右烘干，如图 2-6 所示。

图 2-4　吹风机吹干法

图 2-5　气流吹干法

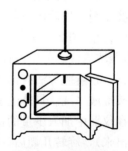

图 2-6　烘箱烘干法

(5)用有机溶剂干燥。在洗净并倾去水分的仪器内加入少量有机溶剂(如乙醇、乙醚等),转动仪器浸润内壁,倒出(回收)有机溶剂。残留水分与有机溶剂迅速挥发而使仪器快速干燥,如图 2-7 所示。

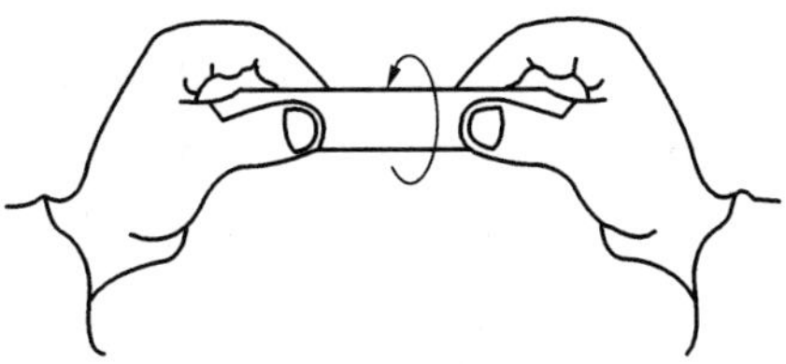

图 2-7 有机溶剂干燥法

**3. 特殊洗涤液配制方法**

(1)铬酸洗液的配制。用托盘天平称取 10.0 g $K_2Cr_2O_7$ 固体置于干净的烧杯中,加入 20.0 mL 蒸馏水,加热使 $K_2Cr_2O_7$ 溶解。取下稍冷后,用量筒量取 200.0 mL 浓 $H_2SO_4$,在不断搅拌下,把浓 $H_2SO_4$ 沿烧杯壁慢慢地全部加入烧杯中,溶液呈暗红色。等冷却至室温后,把配制好的铬酸洗液转移到带玻璃塞的试剂瓶中盖紧,防止浓 $H_2SO_4$ 吸收空气中的水分或与空气中的还原性物质发生反应,从而降低铬酸洗液的洗涤能力。

(2)碱性高锰酸钾洗涤液的配制。将 4 g 高锰酸钾溶于少量水中,慢慢加入 100 mL 10% NaOH 溶液即可。

(3)酸性草酸和盐酸羟胺洗涤液的配制。取 10 g 草酸或 1 g 盐酸羟胺溶于 100 mL 20% 的 HCl 溶液中即可。

# 二、试剂的取用及溶液的配制

## (一)试剂的取用

实验室中的许多化学试剂都分装在试剂瓶中。取用试剂时,不能用手接触化学试剂,应根据试剂的特点及实验要求选取合适的试剂取用方法。

**1. 液体试剂的取用** 从试剂瓶中取用液体试剂时,可用倾注法。打开瓶塞并将其倒放在桌面上,将试剂瓶上贴标签的一面握在手心中,倾斜试剂瓶,让试剂沿着洁净的试管壁流入试管或沿着洁净的玻璃棒流入烧杯中,如图 2-8a、2-8b 所示。

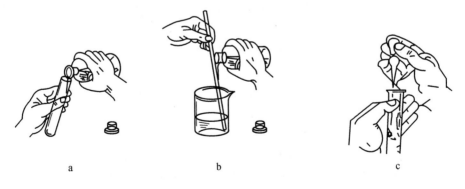

图 2-8 液体试剂的取用

取出所需量后,应将试剂瓶口在容器上靠一下,慢慢竖起瓶子,防止遗留在试剂瓶口的液滴流到瓶的外壁。

从滴瓶中取用少量试剂时,应先将滴管从滴瓶中提起,使管口离开液面。用手指紧捏滴管乳胶头,赶出滴管中的空气,然后把滴管伸入试剂瓶中,放松手指,吸入试剂。滴加试剂时，滴管应垂直地放在试管口或烧杯的上方将试剂逐滴滴入，以保证滴加体积的准确，如图 2-8c 所示，滴加试剂时不能将滴管伸入试管内，以免沾污试剂。

使用滴瓶时，还应该注意不能用滴管到试剂瓶中取试剂，以免造成试剂污染。用滴管从滴瓶中取出试剂后，应保持乳胶头在上，不能平放或斜放，以防滴管内的试液流入腐蚀胶头，沾污试剂。滴加完毕，应将滴管内的液体挤回试剂瓶中，让滴管内充满空气，再放回滴瓶中。

如要取体积较为准确的液体试剂，则需用液体体积的基本度量仪器（量筒、移液管、容量瓶等）。

**2. 固体试剂的取用**　用药匙取用固体试剂。药匙的两端分别为大小两个药匙，用于取用大量固体和少量固体试剂。试剂取用量要估计，以免浪费试剂，多余的试剂不能倒回原试剂瓶以免污染试剂。取用完药品后，应立即盖好试剂瓶塞放回原处。如果要向试管内加入粉末状固体，试管干燥时可用药匙将试剂从试剂瓶取出后直接转移到试管中；若试管是潮湿的，可用纸槽将试剂送入试管内。如要向试管内加入固体颗粒状试剂，应将试管倾斜，使试剂沿管壁慢慢滑到试管底部。图 2-9 为向试管中加入固体试剂的方法。

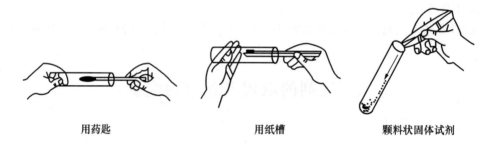

用药匙　　　　　用纸槽　　　　　颗粒状固体试剂

图 2-9　向试管中加入固体试剂

## （二）溶液的配制

**1. 一般溶液的配制**

(1) 计算。根据配制的溶液浓度和体积，计算所需溶质的量。

(2) 称量或量取。在台秤或分析天平上称出计算量所需固体试剂或用量筒量取计算量所需液体试剂。

(3) 溶解（或稀释）。将称量或量取好的试剂转移至烧杯中，用适量水溶解（或稀释）。

(4) 定容。将(3)所得稀释液再稀释至所需体积后（若试剂溶解有放热现象或以加热促使溶解时，应待冷却后），再转入试剂瓶中或定量转入容量瓶中定容。配好的溶液，应马上贴好标签，注明溶液的名称、浓度和配制日期。

(5) 注意事项。

① 有一些易水解的盐，配制溶液时，需加入适量酸，再用水或稀酸稀释。有些易被氧化或还原的试剂，常在使用前临时配制，或采取措施，防止氧化或还原。

② 易侵蚀或腐蚀玻璃的溶液，不能盛放在玻璃瓶内，如氟化物应保存在聚乙烯瓶中，装苛性碱的玻璃瓶应换成橡皮塞，最好也盛于聚乙烯瓶中。

③ 配制指示剂溶液时，需称取的指示剂量往往很少，这时可用分析天平称量，但只要读取两位有效数字即可；要根据指示剂的性质，采用合适的溶剂，必要时还要加入适当的稳定剂，并注意其保存期；配好的指示剂一般储存于棕色瓶中。

④ 配制溶液时，要合理选择试剂的级别，不要超规格使用试剂，以免造成浪费；也不要降低规格使用试剂，以免影响分析结果。

⑤ 经常并大量使用的溶液，可先配制成使用浓度的10倍的储备液，需要时取储备液稀释10倍即可。

**2. 标准溶液的配制** 标准溶液通常有两种配制方法。

(1) 直接配制法。用分析天平准确称取一定量的基准试剂，溶于适量的水中，再定量转移到容量瓶中，用水稀释至刻度。根据称取试剂的质量和容量瓶的体积，计算它的准确浓度。

基准物质是纯度很高、组成一定、性质稳定的试剂，它是相当于或高于优级纯纯度的试剂。基准物质可用于直接配制标准溶液或用于标定溶液的浓度。作为基准试剂应具备下列条件：

① 试剂的组成与其化学式完全相符。

② 试剂的纯度应足够高（一般要求纯度在99.9%以上），而杂质的含量应少到不至于影响分析的准确度。

③ 试剂在通常条件下应该保持稳定。

④ 试剂参加反应时，应按反应式定量进行，没有副反应。

⑤ 试剂的摩尔质量要大。

(2) 标定法。实际上只有少数试剂符合基准试剂的要求。很多试剂不宜用直接配制法配制标准溶液，而要用间接的方法配制，即标定法。在这种情况下，先配成接近所需浓度的溶液，然后用基准试剂或另一种已知准确浓度的标准溶液来标定它的准确浓度。

在实际工作中，特别是在工厂实验室，还常采用"标准试样"来标定标准溶液的浓度。"标准试样"含量是已知的，它的组成与被测物质相近。这样标定标准溶液浓度与测定被测物质的条件相同，分析过程中的系统误差可以抵消，结果准确度较高。

储存的标准溶液，由于水分蒸发，水珠凝于瓶壁，使用前应将溶液摇匀。如果溶液浓度有了改变，必须重新标定。对于不稳定的溶液应定期标定。

必须指出，在不同温度下配制的标准溶液，若从玻璃的膨胀系数考虑，即使温度相差30 ℃，造成的误差也不大。但是，水的膨胀系数约为玻璃的10倍，当使用温度与标定温度相差10 ℃以上时，则应注意这个问题。

# 三、加热与冷却技术

化学反应都伴随着一定的热效应。加热可促进吸热反应的速率加快，冷却可控制放热反应的速率按要求进行。化学实验中，反应体系的温度控制主要靠加热或冷却来实现，科学地选择加热或冷却的方式在化学物质的制备、分离及化学反应的热力学和动力学研究中有着重要的意义。

## （一）加热

实验室常用的加热方式主要有直接加热法和间接加热法两种。

**1. 直接加热** 只适用于高沸点、不易燃烧的反应体系，并在加热温度要求精度不高的条件下使用。石棉网起着均匀加热的作用。一般烧杯可放在石棉网上，烧瓶应与石棉网保留一定空隙实施加热，热源为酒精灯、酒精喷灯、煤气灯、电炉等。

酒精灯（图2-10）是实验室常用的加热工具，其温度通常可达400～500 ℃，适用于温度不需太高的实验。酒精灯由灯帽、灯芯(瓷质套管)和盛酒精的灯壶3个部分组成，见图2-10a。正常使用时酒精灯的火焰可分为焰心、内焰和外焰3个部分，见图2-10b。外焰的温度最高，往内依序降低。故加热时应调节好受热器与灯焰的距离，用外焰来加热，见图2-10c。当有风或室内气流不太稳定时，酒精灯灯焰也不太平稳，此时可在酒精灯上加一个金属网罩，见图2-10d，网罩可用废旧铁窗纱自制。

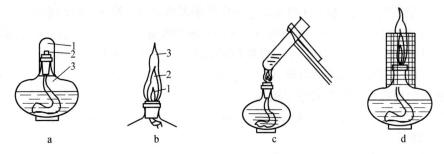

图2-10　酒精灯的构造及其使用
a. 酒精灯的构造　1. 灯帽　2. 灯芯　3. 灯壶　b. 酒精灯的灯焰　1. 焰心　2. 内焰　3. 外焰
c. 外焰加热　d. 加金属网罩

使用酒精灯时应注意：

① 点燃酒精灯之前，先打开灯帽，并把灯头的瓷管向上提一下，使灯内的酒精蒸气逸出，这样才可避免点燃时酒精蒸气因燃烧受热膨胀而将瓷管连同灯芯一并弹出，从而引起燃烧事故。灯芯不齐或烧焦时，应用剪刀修整为平头等长。灯芯长度可控制在浸入酒精后再长4~5 cm。新换的灯芯应让酒精浸透后才能点燃，否则一点燃就会烧焦。

② 酒精灯应用火柴杆引燃，绝不能拿燃着的酒精灯去引燃另一盏酒精灯。因为这样将使灯内的酒精从灯头流出，引起燃烧。

③ 熄灭酒精灯时，把灯帽罩上，片刻后再把灯帽提起一下，然后再罩上，可避免灯帽揭不开。(为什么?)注意：千万不能用口来吹熄。

④ 添加酒精时应先熄灭灯焰，然后借助漏斗把酒精加入灯内。灯内酒精的储量以酒精灯容积的1/2~2/3为宜，不得超过。

酒精喷灯或煤气灯的最高温度可达1 000 ℃左右，常用的酒精喷灯有挂式(图2-11)及座式两种。挂式喷灯的酒精储存在悬挂于高处的储罐内，而座式喷灯的酒精则储存在灯座内。

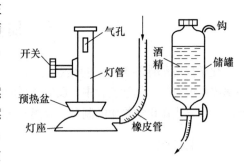

使用前，先在预热盆中注入酒精，然后点燃盆中的酒精以加热铜质灯管。待盆中酒精将近燃完，灯管温度足够高时，开启开关(逆时针转)，这时由于酒精在灯管内汽化，并与来自气孔的空气混合，如果用火点燃管口气体，即可形成高温的火焰。调节开关阀门可以控制火焰的大小。用毕，旋紧开关即可使灯焰熄灭。

图2-11　挂式酒精喷灯的结构

应当指出：在开启开关点燃管口气体以前，必须充分灼热灯管，否则酒精不能全部汽化，会有液态酒精由管口喷出，可能形成"火雨"(尤其是挂式喷灯)，甚至引起火灾。

挂式喷灯使用前应先开启酒精储罐开关，不使用时，必须将储罐的开关关好，以免酒精漏失，甚至发生事故。

煤气灯的式样不一，常用的一种构造如图 2-12 所示。使用时把灯管向下旋转以关闭空气入口，再把螺旋向外旋转以开放煤气入口。慢慢打开煤气管阀门，用预先点燃的火柴在灯管口点燃煤气，然后把灯管向上旋转以导入空气，使煤气燃烧完全，形成蓝色火焰。

煤气燃烧时，若空气量不足，则火焰呈黄色光，此时应开大空气入口，增加空气量。若空气量过多，则会产生"侵入"火焰。这时火焰缩入管内，煤气在管内空气入口处燃烧，而灯管口火焰消失，或者变为一条细长的绿色火焰，同时煤气灯管发出"嘶嘶"的声音，并可闻到煤气臭味，且灯管被烧得很热。此时应立即关闭煤气管阀门，待灯管冷却后，关闭空气入口，重新点燃使用。

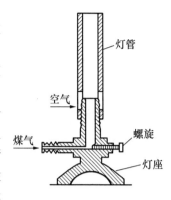

图 2-12 煤气灯

煤气是易燃且有毒的气体，煤气灯用毕，必须随手关闭煤气管阀门，以免发生意外事故。

电炉、管式电炉、马弗炉也是用作加热的工具（图 2-13）。

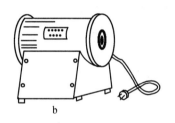
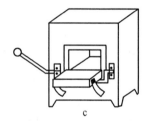

a      b      c

图 2-13 电炉、管式电炉、马弗炉
a. 电炉   b. 管式电炉   c. 马弗炉

实验室常用于直接加热的容器有烧杯、烧瓶、锥形瓶、蒸发皿、坩埚、试管等。这些仪器一般不能骤热，受热后也不能立即与潮湿的或过冷的物体接触，以免由于骤热骤冷而破裂。

一般试管盛放液体或固体时，可以用火焰直接加热（图 2-14、图 2-15），加热时的注意事项参见第一部分、二、（一）、2、（1）的内容。

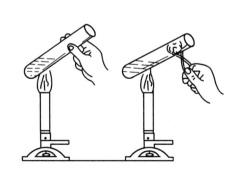
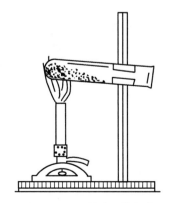

图 2-14 试管中液体加热      图 2-15 试管中固体加热

烧杯、烧瓶和锥形瓶等容积较大的仪器加热时，必须放在石棉网上(图2-16)，否则容易因受热不均而破裂。

蒸发皿、坩埚灼烧时，应放在泥三角上(图2-17)，若需移动则必须用坩埚钳夹取。

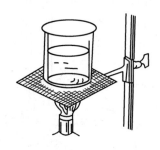 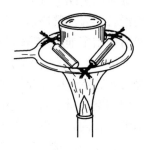

图2-16 烧杯中加热　　　　　　图2-17 坩埚的灼烧

**2. 热浴间接加热**　当被加热的物体需要受热均匀，而且受热温度又不能超过一定限度时，可根据具体情况选择特定的热浴间接加热法。

(1)水浴加热。适用于加热温度在100 ℃以下的反应体系。反应容器悬空浸入水浴中，浴面应高于容器内反应液面。常用的水浴锅一般为铜(或铝)制的水锅(图2-18)，上面嵌着一组环形套圈，以放置各种器皿，也可防止水分大量蒸发。加热时用煤气灯将水浴锅中的水煮沸(或一定温度)，用热水或蒸汽来加热器皿。实验室中也可用盛有水的烧杯来代替水浴锅(图2-19)。在需恒温加热时，通常使用电热恒温水浴加热器(图2-20)，可以自动控温，使用方便，且有多个浴孔供数人共用。

 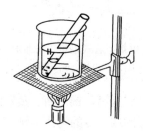 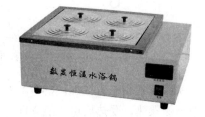

图2-18 水浴锅加热　　图2-19 用烧杯作水浴器　　图2-20 电热恒温水浴加热器

(2)油浴加热。油浴与水浴的特性及用法类似，但加热温度可在80～250 ℃范围内控制。具体温度要视采用的介质油而定，常用介质油为二甲基硅油。

(3)沙浴加热。沙浴(图2-21)是一个盛有均匀细沙的铁盘，被加热器皿的下部埋置在细沙中，加热时加热铁盘。若需测量沙浴的温度，可把温度计插入沙中，温度计水银球要靠近反应器。常用于220 ℃以上的加热，但升温慢而且难控制。

(4)空气浴加热。此法采用加热密闭容器内空气而对器内反应容器实施加热，常用于80 ℃以上的加热。带有自动控温的干燥箱和马弗炉都是采用空气浴加热的。

(5)电热套。它是玻璃纤维包裹的由电热丝织成帽的加热器，加热和蒸馏有机物时，由于它不是明火，因此有不易引起

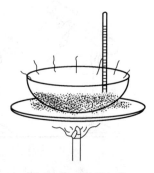

图2-21 沙浴加热

着火的优点,并且热效高。加热温度用调压变压器控制,最高加热温度可达 400 ℃左右,是有机实验中一种简便、安全的加热装置。

## (二)冷却

实验室制冷的方式一般有两种:一是介质浴,二是用于高精度控温制冷的相变浴。

**1. 介质浴制冷**  常用于制冷的介质浴:空气浴用于高温冷却,如回流、蒸馏、分馏等;水浴用于室温冷却;冰-盐混合浴视其组成不同而制冷温度不同。介质浴与继电器、制冷器相连可实现自动控温冷却,如冰箱等。冷却剂的选择是根据冷却温度和带走的热量来决定的。

常见冰-盐混合物制冷剂组成见表 2-1。

表 2-1  常见冰盐混合物制冷剂

| 盐类 | 100 份碎冰中加入盐的份数 | 混合物能达到的最低温度/℃ | 盐类 | 100 份碎冰中加入盐的份数 | 混合物能达到的最低温度/℃ |
|---|---|---|---|---|---|
| $NH_4Cl$ | 25 | -15 | $CaCl_2 \cdot 6H_2O$ | 100 | -29 |
| $NH_4NO_3$ | 50 | -18 | $CaCl_2 \cdot 6H_2O$ | 143 | -55 |
| NaCl | 33 | -21 | | | |

**2. 相变浴制冷**  利用物质发生相变时吸收潜热来制冷是一种制冷效能高、控温精度高的制冷方式。常见制冷剂有冰-水混合物、干冰和液氮。冰箱或低温槽则是利用某些有机气体加压液化(放热),再使该液体在减压时汽化的相变吸热来制冷,使箱内空气介质温度同步下降,一般可自动控温在 0~28 ℃范围内的任意点温度。

干冰(固体二氧化碳)可冷却到-60 ℃,如将干冰加入甲醇或丙酮等适当溶剂中,可冷却至-78 ℃,当加入时会猛烈起泡。

液氮可冷却至-196 ℃(77K)。

液氮和干冰是两种使用方便而价廉的冷冻剂,在有机溶剂中加入液氮可制成低温恒温冷浴浆。这种低温恒温冷浴浆是由一种液态化合物与它的冻结状态混合而成的平衡体系组成。其制法:在一个清洁的杜瓦瓶中注入纯的液体化合物,其量不超过容积的 3/4,在良好的通风橱中缓慢地加入新取的液氮,并用一支结实的搅拌棒迅速搅拌,最后制得的冷浆稠度应类似于黏稠的麦芽糖浆。表 2-2 列出了可方便地制取冷浴浆的化合物。

表 2-2  制取低温恒温冷浴浆的化合物

| 化 合 物 | 冷浴浆温度 |
|---|---|
| 乙酸乙酯 | -83.6 |
| 丙二酸乙酯 | -51.5 |
| 异戊烷 | -160.0 |
| 乙酸甲酯 | -98.0 |
| 乙酸乙烯酯 | -100.2 |
| 乙酸正丁酯 | -77.0 |

在低于-38℃时，不能使用水银温度计，因为水银会凝固，须使用有机液体低温温度计。

低温浴槽带有机械搅拌，有内冷式和外冷式两种。

应当指出：上述加热和冷却方式除了相变制冷外，控温精度都很粗糙，主要用于反应体系的温度控制要求不严格，或要求温度区间较宽的情况，例如一般的制备、分离实验。若反应体系要求加热或冷却的温度精度很高，则对于各浴槽可采用继电器控制电加热或制冷的方式获取恒温。

## 四、玻璃工操作与塞子的配制

### (一)玻璃工操作

**1. 截断** 取一玻璃管平放在桌面上，用锉刀的棱在左手拇指按住玻璃管的地方用力向一个方向锉(不要来回锉)，锉出一道凹痕(图2-22)。锉出的凹痕应与玻璃管垂直，以保证折断后的玻璃管截面平整。然后双手持玻璃管(凹痕向外)，两拇指齐放在凹痕的背面外推，以折断玻璃管(图2-23)。若截面平整，则操作合格。

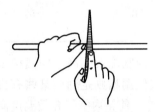

图2-22 玻璃管锉痕

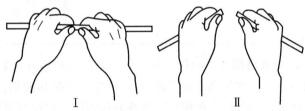

图2-23 玻璃管(棒)的截断过程

玻璃棒的截断操作步骤与玻璃管相同。

**2. 熔烧** 玻璃管的截断面很锋利，容易把手划破，且难以插入塞子的孔内，所以必须在氧化焰中熔烧。把玻璃管截断面置入氧化焰中熔烧时，玻璃管与火焰的夹角一般为45°，并缓慢地转动玻璃管使熔烧均匀，直到管口变成红热平滑为止(图2-24)，灼烧后的玻璃管应放在石棉网上冷却，不可直接放在实验台上，以免烧焦台面。

**3. 弯曲玻璃管**

(1)烧管。先将玻璃管需要弯曲的部位预热一下，然后双手持玻璃管，将要弯曲的地方斜插入喷灯的氧化焰中，以增大玻璃管的受热面积(图2-25)。缓慢而均匀地转动玻璃管(两手用力要均等，转速缓慢一致，防止玻璃管在火焰中扭曲)。待玻璃管加热到发黄变软时，即可移离火焰。

图2-24 熔烧玻璃管(棒)

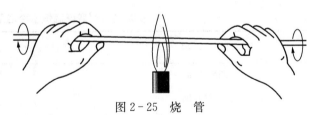

图2-25 烧管

(2)弯管。

① 不吹气法弯管：自火焰中取出玻璃管，稍等1~2 s，使各部分温度均匀。双手持玻璃管的两端，同时向上方合拢，将其弯成所需的角度(图2-26)。弯好后，待其冷却变硬后

再把它放在石棉网上继续冷却。冷却后,应检查其角度是否准确,整个玻璃管是否处在同一平面上(图2-27)。

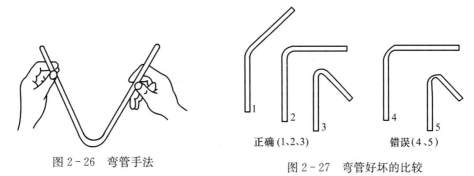

图2-26 弯管手法　　　　　图2-27 弯管好坏的比较

② 吹气法弯管:用棉球堵住一端,掌握火候,取离火焰,迅速弯管(图2-28)。120°以上的角度,可以一次弯成。较小的锐角可以分几次弯成,先弯成一个较大的角度,然后在第一次受热部位的偏左、偏右处进行第二次加热和弯曲、第三次加热和弯曲,直到弯成所需的角度为止。

**4. 玻璃管的拉细与扩口操作**

(1)拉细。拉细玻璃管时加热玻璃管的方法与弯玻璃管时

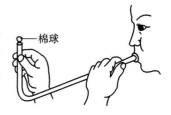

图2-28 吹气法弯管

基本上一致,拉细玻璃管技术的关键是使加热面上的各部分受热均匀,当玻璃管烧到红黄色软化状态时才移离火焰,然后顺着水平方向边拉边来回转动玻璃管(图2-29),当拉到所需的细度和长度时,一手持玻璃管,使玻璃管自然下垂。冷却后,可按需要截断。

(2)扩口。玻璃管口灼烧至红热后,将金属锉刀柄斜放管口内迅速而均匀地旋转(图2-30)。

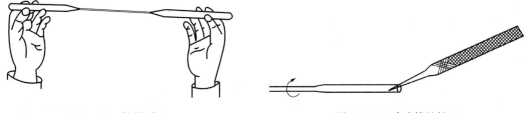

图2-29 拉管手法　　　　　图2-30 玻璃管的扩口

(3)制作滴管。规格见图2-31。

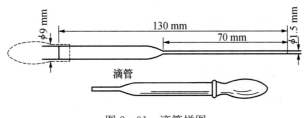

图2-31 滴管样图

## (二)塞子钻孔

**1. 塞子与钻孔器**　需要钻孔的塞子有软木塞和橡皮塞。软木塞易被酸、碱所损坏,但

与有机物作用较小。橡皮塞可以把瓶子塞得很严密,并可以耐强碱性物质的侵蚀,但它易被强酸和某些有机溶剂(如汽油、苯、氯仿、丙酮、二硫化碳等)所侵蚀,所以应依据容器中所装物质的性质来选择不同的塞子。另外,塞子的大小应与仪器的口径相适合,塞子塞进瓶口或仪器口的部分不能少于塞子本身高度的1/2,也不能多于2/3。

实验时,有时需要在塞子上安装温度计或插入玻璃管,所以需要在软木塞和橡皮塞上钻孔。

钻孔要用钻孔器(图2-32)。钻孔器是一组直径不同的金属管,一端有柄,另一端很锋利,可用来钻孔。另外还有一个带圆头的铁条,用来捅出钻孔时进入钻孔器中的橡皮或软木。

**2. 塞子钻孔步骤** 选择一个比要插入橡皮塞子的玻璃管的管径略粗一点的钻孔器。将塞子的小头向上放置在操作台面上,左手拿住塞子,右手按住钻孔器的手柄,在选定的位置上,沿一个方向垂直地边转边往下钻。待钻到一半深时,反方向旋转并拔出钻孔器,并用小铁条捅出钻孔器中的橡皮。把橡皮塞换一头,对准原孔的方向按同样的操作钻孔,直到打通为止(图2-33)。打软木塞孔的方法和橡皮塞基本一致,只是钻孔前先用压塞机(图2-34)把软木塞压实,以免钻孔时钻裂;选择钻孔器的直径应比玻璃管略细一些,因为软木塞没有橡皮塞那样大的弹性。

  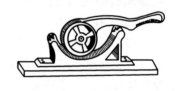

图2-32 钻孔器　　　　　图2-33 钻孔法　　　　　图2-34 压塞机

钻完孔后,检查玻璃管和塞孔是否合适。若塞孔太小,可用圆锉把孔锉大一些,再进行试验,直到大小合适为止。如果玻璃管毫不费力地插入塞孔,塞子和玻璃管间不够严密,则要换塞子重新钻孔。

**3. 装配洗瓶** 若要装配洗瓶,还需将玻璃管与塞子连接起来,操作步骤如下:按要求制作好玻璃管,并依容器口的直径选好塞子打孔。装配洗瓶时,先用右手拿住玻璃管靠近管口的部位,并用少许去离子水将管口润湿,然后左手拿住塞子,将玻璃管慢慢地旋转插入塞子(图2-35a),并穿过塞孔至所需留的长度为止。也可用布包住玻璃管,将玻璃管塞入塞孔(图2-35b)。用力过猛或手持玻璃管离塞子太远,都有可能将玻璃管折断,刺伤手掌。装配的玻璃洗瓶如图2-36所示,塑料洗瓶如图2-37所示。

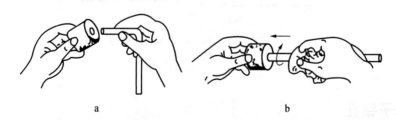

a　　　　　　　　　　b

图2-35 玻璃管与塞子的连接

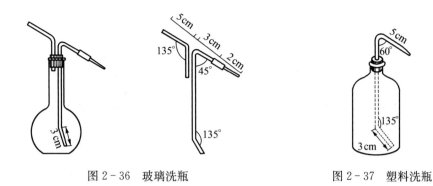

图 2-36 玻璃洗瓶　　　　　　图 2-37 塑料洗瓶

# 五、气体的发生、净化、干燥与收集

## (一)气体的发生

**1. 气体的发生方法**　实验室气体的发生方法,按反应物的状态和反应条件可分为 4 类。

(1)固体或固体混合物加热的反应。如 $O_2$、$NH_3$、$N_2$ 等气体的制备,其典型装置如图 2-38a 所示。实验时,选择好硬质大试管,配上带导管的塞子。使用时先将固体反应物在纸上混合均匀,再装入大试管中。试管以一定的倾斜度安装在铁架台上,然后加热便有气体产生。

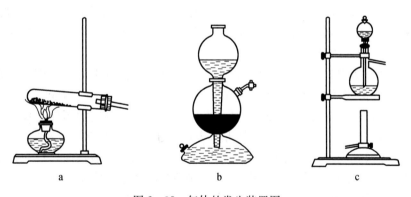

图 2-38 气体的发生装置图

(2)不溶于水的块状或粒状固体与液体之间不需加热的反应。如 $H_2$、$CO_2$、$H_2S$ 等气体的制备,其典型装置为启普发生器(图 2-38b)。启普发生器是由一个葫芦状的玻璃容器和球形漏斗组成的(图 2-39)。葫芦状的容器(由球体和半球体构成)底部有一液体出口,平常用玻璃塞(有的用橡皮塞)塞紧。球体的上部有一气体出口,与带有玻璃旋塞的导气管相连(图 2-40)。移动启普发生器时,应用两手握住球体下部,切勿只握住球形漏斗,以免葫芦状容器落下而打碎。启普发生器不能受热,装在发生器内的固体必须是颗粒较大或块状的。

(3)固体与液体之间需加热的反应,或粉末状固体与液体之间不需加热的反应。如 $SO_2$、$Cl_2$、$HCl$ 等气体的制备。

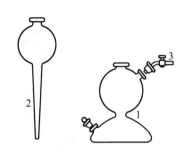
图 2-39 启普发生器分部图
1. 葫芦状容器  2. 球形漏斗  3. 旋塞导管

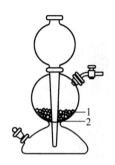
图 2-40 启普发生器装置
1. 固体药品  2. 玻璃棉（或橡皮垫圈）

(4)液体与液体之间的反应。如甲酸与热的浓硫酸作用制备 CO 等。

后两类制备方法的典型装置如图 2-38c 所示。

**2. 启普发生器的使用**

(1)装配。在球形漏斗颈和玻璃旋塞磨口处涂一薄层凡士林，插好球形漏斗和玻璃旋塞，转动几次，使其严密。

(2)检查气密性。开启旋塞，从球形漏斗口注水至充满半球体时，关闭旋塞。继续加水，待水从漏斗管上升到漏斗球体内时，停止加水。在水面处做一记号，静置片刻，如水面不下降，证明不漏气，可以使用。

(3)加试剂。在葫芦状容器的球体下部先放些玻璃棉（或橡皮垫圈），然后由气体出口加入固体药品。玻璃棉（或橡皮垫圈）的作用是避免固体掉入半球体底部。加入固体的量不宜过多，以不超过中间球体容积的 1/3 为宜，否则固液反应激烈，酸液很容易被气体从导管冲出。再从球形漏斗加入适量稀酸。

(4)发生气体。使用时，打开旋塞，由于中间球体内压力降低，酸液即从底部通过狭缝进入中间球体与固体接触而产生气体。停止使用时，关闭旋塞，由于中间球体内产生的气体增大压力，就会将酸液压回到球形漏斗中，使固体与酸液不再接触而停止反应。下次再用时，只要打开旋塞即可。启普发生器使用非常方便，还可通过调节旋塞来控制气体的流速。

(5)添加或更换试剂。发生器中的酸液长久使用会变稀。换酸液时，可先用塞子将球形漏斗上口塞紧，然后把液体出口的塞子拔下，让废酸液缓缓流出后，将葫芦状容器洗净，再塞紧塞子，向球形漏斗中加入酸液。需要更换或添加固体时，可先把导气管旋塞关好，让酸液压入半球体后，用塞子将球形漏斗上口塞紧，再把装有玻璃旋塞的橡皮塞取下，更换或添加固体。

实验结束后，将废酸倒入废液缸内（或回收），剩余固体（如锌粒）倒出洗净回收。仪器洗涤后，在球形漏斗与球形容器连接处以及在液体出口和玻璃塞之间夹一纸条，以免时间过久，磨口黏结在一起而拔不出来。

在实验室里，还可以根据实际需要使用气体钢瓶。气体钢瓶里的气体是在工厂里充入的。例如，氧气瓶、氮气瓶、氩气瓶等。

## (二)气体的净化和干燥

实验室制备的气体通常都带有酸雾、水汽和其他气体杂质或固体微粒杂质。为得到纯度较高的气体还需经过净化和干燥。气体的净化通常是将其洗涤,即通过选择相应的洗涤液来吸收、除去气体中的杂质。如用水可除去酸雾和一些易溶于水的杂质;用浓硫酸(或其他干燥剂)可除去水汽、碱性物质和一些还原性杂质;用碱性溶液可除去酸性杂质;对一些不易直接吸收除去的杂质如硫化氢、砷化氢等还可用高锰酸钾、醋酸铅等溶液来使之转化成可溶物或沉淀除去。但要注意,能与被提纯的气体发生化学反应的洗涤剂不能选用。

经洗涤后的气体一般都带有水汽,可用干燥剂吸收除去。实验室常用的干燥剂一般有3类:一为酸性干燥剂,如浓硫酸、五氧化二磷、硅胶等;二为碱性干燥剂,如固体烧碱、石灰、碱石灰等;三是中性干燥剂,如无水氯化钙等。干燥剂的选用除了要考虑不能与被干燥的气体发生反应外,还要考虑具体的工作条件和经济、易得等因素,参见表2-3。

表2-3 常见气体可选用的干燥剂

| 气体 | 干燥剂 | 气体 | 干燥剂 |
| --- | --- | --- | --- |
| $H_2$ | $CaCl_2$,$P_2O_5$,$H_2SO_4$(浓) | $H_2S$ | $CaCl_2$ |
| $O_2$ | $CaCl_2$,$P_2O_5$,$H_2SO_4$(浓) | $NH_3$ | $CaO$ 或 $CaO$ 与 $KOH$ 混合物 |
| $Cl_2$ | $CaCl_2$ | $NO$ | $Ca(NO_3)_2$ |
| $N_2$ | $H_2SO_4$(浓),$CaCl_2$,$P_2O_5$ | $HCl$ | $CaCl_2$ |
| $O_3$ | $CaCl_2$ | $HBr$ | $CaBr_2$ |
| $CO$ | $H_2SO_4$(浓),$CaCl_2$,$P_2O_5$ | $HI$ | $CaI_2$ |
| $CO_2$ | $H_2SO_4$(浓),$CaCl_2$,$P_2O_5$ | $SO_2$ | $H_2SO_4$(浓),$CaCl_2$,$P_2O_5$ |

气体的洗涤通常是在洗气瓶中进行(图2-41a),让气体以一定的流速通过洗涤液(可通过形成气泡的速度来控制),杂质便可去除。洗气瓶的使用,一是要注意不能漏气(使用前涂凡士林密封,同时注意与导管的配套使用,避免互换而影响气密性);二是洗气时,液面下的那根导管进气,另一根出气,它们通过橡胶管连接到装置中;三是洗涤剂的装入量不要太多,以淹没导管2 cm为宜,否则气压太低时气体就出不来。

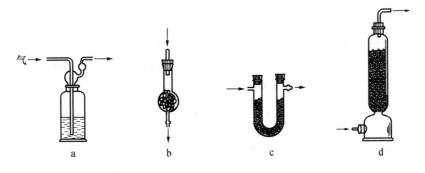

图2-41 常用的气体干燥仪器
a. 洗气瓶  b. 干燥管  c. U形管  d. 干燥塔

洗气瓶也可作缓冲瓶用(缓冲气流或使气体中烟尘等微小固体沉降),此时瓶中不装洗涤剂,并将它反接到装置中,即短管进气,长管出气。

常用的气体干燥仪器有干燥管、U形管及干燥塔(图2-41b、图2-41c、图2-41d)。前两者装填的干燥剂较少,而后者则较多。

使用干燥器时应注意几点：一是进气端和出气端都要塞上一些疏松的脱脂棉，它们一方面使干燥剂不至于流洒，另一方面起过滤作用，使被干燥气体中的固体小颗粒不带入干燥剂，同时也防止干燥剂的小颗粒带入干燥后的气体中。二是干燥剂不要填充得太紧，颗粒大小要适当。颗粒太大，与气体的接触面积小，干燥效率降低；颗粒太小，颗粒间的孔隙小而使气体不易通过，太紧时亦是如此。三是干燥剂要临用前填充，因为它们都易吸潮，过早填充会影响干燥效果。如确需提早填充，则填好后要将干燥管置干燥的烘箱或干燥皿中保存。四是使用完后，应倒去干燥剂，并洗刷干净后存放，以免因干燥剂在干燥器内变潮结块而不易清除，进而影响干燥器的继续使用。干燥器除干燥塔外，其余都应用铁夹固定。

### (三)气体的收集

实验室中常用的气体收集方法有排气(空气)集气法和排水集气法。凡不与空气发生反应，密度与空气相差较大的气体都可以用排气(空气)法来收集。密度比空气小的气体，因能浮于空气的上面，收集时集气瓶的瓶口应朝下，让原来瓶子中的空气从下方排出。此种集气方法称为向下排气集气法(图2-42a)，如 $H_2$、$NH_3$、$CH_4$ 等气体收集就可用此法。

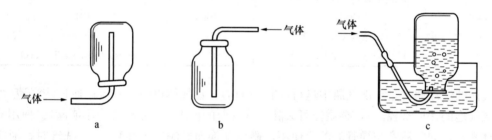

图 2-42 气体的收集
a. 向下排气集气法  b. 向上排气集气法  c. 排水集气法

密度比空气大的气体，因能沉于空气的下面，集气时瓶口应朝上，以利于瓶内空气的排出。这种集气方法称为向上排气集气法(图2-42b)。此法常用于 $CO_2$、$Cl_2$、$HCl$、$SO_2$、$H_2S$、$NO_2$ 等相对分子质量明显大于29(即大于空气平均相对分子质量)的气体的收集。

在用排气法收集气体时，进气的导管应插入瓶内接近瓶底处。同时，为了避免空气流的冲击而妨碍气体的收集，可在瓶口塞上少许脱脂棉或用穿过导气管的硬纸片遮挡瓶口。(注意不能堵死，为什么?)

在集气过程中应注意检查气体是否收集满。当集满时抽出导气管，用毛玻璃片盖住瓶口，不改变瓶口的朝向将集气瓶立于台面备用。

凡难溶于水且又不与水反应的气体，如 $H_2$、$O_2$、$N_2$、$NO$、$CO$、$CH_4$ 等则可用排水集气法来收集(图2-42c)。集气时，先在水槽中盛半槽水，把集气瓶灌满水，然后用毛玻璃片的磨砂面慢慢地沿瓶口水平方向移动，把瓶口多余的水赶走，并密盖住瓶口，(注意此时瓶内不得有气泡，为什么?)此时用手将毛玻璃片紧按瓶口，把集气瓶倒立到水槽中，在水面下取出毛玻璃片，将导管伸入瓶内，气体就被集取而逐渐将瓶内的水排出。当集气瓶口有气泡冒出时，说明气已集满。这时可移出导管，在水中用毛玻璃片盖严瓶口，取出集气瓶立于实验台面备用。(集满气的瓶子在台面上是正立还是倒立?如何判断确定?)

# 六、试纸的使用

在检验工作中,有时使用试纸来代替试剂。虽然精密度受到一些影响,但操作极为方便。试纸实际就是将试剂溶液吸附在滤纸上,晾干后制成的。

pH 试纸是用多色阶混合酸碱指示剂溶液浸渍滤纸制成的,能对一系列不同的 pH 显示一系列不同的颜色。

**1. 用试纸测试溶液的酸碱性**

(1)测试方法。测试水溶液的酸碱性常用石蕊试纸或 pH 试纸。是将一小片试纸放在干净的点滴板上,用洗净并用蒸馏水冲洗过的玻璃棒蘸取待测试溶液滴在试纸上,观察其颜色的变化。将试纸所呈现的颜色与标准色板颜色比较,即可测得溶液的 pH。

(2)测试注意事项。不能把试纸投入检测试液中进行测试。因为试纸上附着的指示剂一般都是可溶性的物质,所以不应该将试纸直接伸入水中润湿,或伸入溶液检测,否则会有部分指示剂溶于水或溶液中,降低试纸上指示剂的浓度,从而影响检验的准确性。同时要注意检验过程中使用的玻璃棒、表面皿等与试纸直接接触的器具必须是洁净的,以免对试纸造成污染。

**2. 用试纸检测气体**

(1)检测方法。当用试纸检测气体的性质时,一般先用蒸馏水把试纸润湿,黏附在干净的玻璃棒的一端,用玻璃棒把试纸放到盛有待测气体的广口瓶的瓶口或产生气体的试管口上方,观察试纸颜色变化。

(2)检测注意事项。不可用润湿试纸接触所检测气体的瓶口、试管口或瓶内溶液。

**3. 常用试纸简介** 常用石蕊试纸或 pH 试纸检验反应中所产生气体的酸碱性,国产 pH 试纸有广泛 pH 试纸和精密 pH 试纸两类。用 KI-淀粉试纸检验 $Cl^-$;用 $KMnO_4$ 试纸检验 $SO_2$ 气体;用淀粉试纸检验单质 $I_2$;用 $Pb(Ac)_2$ 试纸检验 $H_2S$ 气体。

# 七、搅拌与搅拌器

在固体和液体或互不相溶的液体之间进行反应时,为了使反应混合物充分接触,应该进行强烈的搅拌或振荡。此外,在反应过程中,当把一种反应物料滴加或分批少量地加入另一种物料中时,也应该使二者尽快地均匀接触,这也需要进行强烈的搅拌或振荡,否则,由于浓度局部增大或温度局部增高,可能发生更多的副反应。

**1. 人工搅拌** 在反应物量小,反应时间短,而且不需要加热或温度不太高的操作中,用手摇动容器就可达到充分混合的目的。也可用两端烧光滑的玻璃棒沿着器壁均匀地搅动,但必须避免玻璃棒碰撞器壁,若在搅拌的同时还需要控制反应温度,可用橡皮圈把玻璃棒和温度计套在一起。为了避免温度计水银球触及反应器的底部而损坏,玻璃棒的下端宜稍伸出一些。

在反应过程中,回流冷凝装置往往需做间歇的振荡。振荡时,把固定烧瓶和冷凝管的铁夹暂时松开,一只手靠在铁夹上并扶住冷凝管,另一只手拿住瓶颈做圆周运动,每次振荡后应把仪器重新夹好，也可以用振荡整个铁架台的方法，使容器内的反应物充分混合。

**2. 机械搅拌**　在那些需要进行较长时间搅拌的实验中，最好使用电动搅拌器。若在搅拌的同时还需要进行回流，则最好用三颈烧瓶，三颈烧瓶中间瓶口装配搅拌棒，一个侧口安装回流冷凝器，另一个侧口安装温度计或滴液漏斗。

搅拌装置的装配方法如下：首先选定三颈烧瓶和电动搅拌器的位置。如果是普通仪器，选择一个适合中间瓶口的软木塞，钻一孔，插入一段玻璃管（或封闭管），软木塞和玻璃管间一定要紧密。玻璃管的内径应比搅拌棒稍大一些，使搅拌棒可以在玻璃管内自由地转动。在玻璃管内插入搅拌棒，把搅拌棒和搅拌器用短橡皮管（或连接管）连接起来。然后把配有搅拌棒的软木塞塞入三颈烧瓶中间瓶口，塞紧软木塞。调整三颈烧瓶位置（最好不要调整搅拌器的位置，若必须调整搅拌器的位置，应先拆除三颈烧瓶，以免搅拌棒戳破瓶底），使搅拌棒的下端距瓶底约 5 mm，中间瓶颈用铁夹夹紧。从仪器装置的正面仔细检查，进行调整，使整套仪器正直。开动搅拌器，试验运转情况。当搅拌棒和玻璃管口不发出摩擦声时，才能认为仪器装配合格，否则需要再进行调整。装上冷凝管和滴液漏斗（或温度计），用铁夹夹紧。上述仪器要安装在同一铁架台上。再次开动搅拌器，如果运转情况正常，才能装入物料进行实验。

如果使用的是磨口仪器，则需要选择一个合适的搅拌头（也称搅拌器套管），将搅拌棒插入搅拌头中，再将搅拌棒和搅拌头上端用短橡皮管连接起来，然后把套有搅拌棒的搅拌头塞入三颈烧瓶中间瓶口内，即可调试使用。

**3. 磁力搅拌**　磁力搅拌一般使用恒温磁力搅拌器，通用于液体恒温搅拌，它使用方便，噪声小，搅拌力也较强，调速平稳，温度采用电子自动恒温控制。磁力搅拌器型号很多，使用时应参阅说明书。

# 八、滴定分析基本操作

## （一）量器的洗涤

滴定用玻璃量器在使用前必须洗涤，而且洗净程度要求更高。洗涤方法请参见第 45～47 页"玻璃仪器的洗涤和干燥"。

## （二）量器的使用

**1. 滴定管的使用**　滴定管是滴定时可准确测量滴定体积的玻璃量器，它的主要部分管身是用细长且内径均匀的玻璃管制成，上面刻有均匀的分度线，线宽不超过 0.3 mm。下端的流液口为一个尖嘴，中间通过玻璃旋塞或乳胶管（配以玻璃珠）连接控制滴定速度，分酸式滴定管和碱式滴定管（图 2-43）。

滴定管的总容量最小是 1 mL，最大是 100 mL。常用的是 50 mL、25 mL 和 10 mL 滴定管，最小刻度 0.1 mL，读数可估计到 0.01 mL。

酸式滴定管：下端带有玻璃旋塞，用来装酸性、中性及氧化性溶液。

碱式滴定管：下端连有一段乳胶管，内放玻璃珠以控制溶液流出，

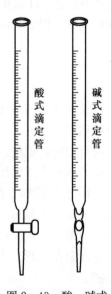

图 2-43　酸、碱式滴定管

乳胶管下端再连一个尖嘴玻璃管，用来装碱性及无氧化性的溶液。能与橡胶起反应的溶液如高锰酸钾、碘和硝酸银等溶液，都不能加入碱式滴定管中。

在平常的滴定分析中，由于酸式滴定管操作比较灵活、方便，所以除了强碱溶液外，一般均采用酸式滴定管进行操作。

滴定管一般用自来水冲洗，零刻度线以上部位可用毛刷蘸洗涤剂刷洗，零刻度线以下部位如不干净，则采用洗液洗（碱式滴定管应除去乳胶管，用橡胶乳头将滴定管下口堵住）。少量的污垢可装入约 10 mL 洗液，双手平托滴定管的两端，不断转动滴定管，使洗液润洗滴定管内壁，操作时管口对准洗液瓶口，以防洗液外流。洗完后，将洗液分别从两端放出。如果滴定管太脏，可将洗液装满整根滴定管浸泡一段时间。为防止洗液流出，可在滴定管下方放一烧杯承接，最后用自来水、蒸馏水洗净。洗净后的滴定管内壁应被水均匀润湿而不挂水珠。如挂水珠，应重新洗涤。

(1)滴定管使用前的准备。酸式滴定管使用前应检查活塞转动是否灵活，橡皮筋是否老化，然后检查是否漏水。试漏水的方法是将活塞先关闭，在滴定管内充满水，将滴定管夹在管夹上。放置 2 min 观察管口及活塞两端是否有水渗出，再将活塞转动 180°放置 2 min，观察是否渗水。若前后两次均无水渗出，活塞转动也灵活即可使用，否则应将活塞取出，重新涂凡士林再使用。

涂凡士林的方法：将活塞取出，用滤纸或干净的布将活塞及活塞槽内的水擦干净。用手指蘸上少许凡士林在活塞的两头均匀地涂上薄薄的一层（注意：滴定管旋塞套内壁不涂凡士林），如图 2-44 所示，在离活塞孔两边少涂一些，以免活塞孔被堵住。涂凡士林后，将旋塞直接插入旋塞套中(图 2-45)，插时旋塞孔应与滴定管平行，此时旋塞不要转动，这样可以避免将凡士林挤到旋塞中部。然后，向同一方向不断旋转旋塞，直至旋塞全部呈透明状为止。旋转时，应有一定的向旋塞小头部分方向挤的力，以免来回移动旋塞，使塞孔受堵。最后将橡皮圈套在旋塞的小头部分沟槽上。涂凡士林后的滴定管，旋塞应转动灵活，凡士林层中没有纹络，旋塞呈均匀的透明状态。若活塞孔或出口尖嘴被油脂堵塞，可将它插入热水中温热片刻，然后打开活塞使管内的水突然流下冲出软化油脂。也可在滴定管充满水后，将旋塞打开用吸耳球在滴定管上部挤压、鼓气，可以将凡士林排除。管内的自来水从管口倒出，出口管内的水从旋塞下端放出。注意：从管口将水倒出时，务必不要打开旋塞，否则旋塞上的油脂会冲入滴定管，使内壁沾污。然后用蒸馏水洗涤 3 次。涂好凡士林的滴定管，调整好活塞，最后经过试漏、洗净即可使用。

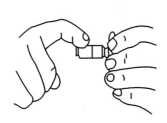

图 2-44　涂凡士林

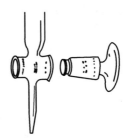

图 2-45　活塞的安装

碱式滴定管（简称碱管）使用前，应检查乳胶管（医用胶管）是否老化、变质，检查玻璃珠是否适当，玻璃珠过大，不便操作，过小，则会漏水。如不合要求，应及时更换。

(2)标准溶液的装入。

① 操作溶液的装入：将溶液装入酸管或碱管之前，应将试剂瓶中的溶液摇匀，使凝结在瓶内壁上的水珠混入溶液，在天气比较热或室温变化较大时，此项操作更为必要。混匀后的操作溶液应直接倒入滴定管中，不得用其他容器（如烧杯、漏斗等）来转移，避免溶液污染。先用操作液润洗滴定管内壁3次，每次5~10 mL，润洗液从下端流出。最后将操作液直接倒入滴定管，直至充满至零刻度以上。

② 管嘴气泡的检查及排除：滴定管充满操作液后，应检查活塞下部与尖嘴部分是否留有气泡。酸管有气泡时，右手拿滴定管上部无刻度处，并使滴定管倾斜30°，左手迅速打开活塞，使溶液冲出管口，反复数次。碱管有气泡时，右手拿住管身上端并使管身稍向右倾斜或可将碱管垂直地夹在滴定管架上，拇指和食指控制玻璃珠部位，使乳胶管向上弯曲翘起，并挤压乳胶管，使气泡随溶液排除，如图2-46所示。再一边捏乳胶管一边把乳胶管放直，注意，待乳胶管放直后再松开拇指和食指，否则出口管仍会有气泡。排除气泡后重新补充溶液至"0"刻度以上。

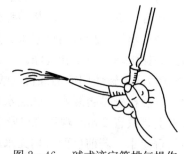

图2-46 碱式滴定管排气操作

(3)滴定管的操作。

① 酸管的操作：使用酸管时，左手握住滴定管，其无名指和小指向手心弯曲，轻轻地贴着出口部分。用其余三指控制旋塞的转动，但应注意，不要向外用力，以免推出旋塞造成漏液，应使旋塞稍有一点向手心的回力。当然，也不要过分往里用太大的回力，以免造成旋塞转动困难。

② 碱管的操作：使用碱管时，仍以左手握管，其拇指在前，食指在后，其余三根手指辅助夹住出口管。用拇指和食指捏住玻璃珠所在部位，向右边挤乳胶管，使玻璃珠移至手心一侧，这样，溶液即可从玻璃珠旁边的空隙流出。注意：第一，不要用力捏玻璃珠，也不要使玻璃珠上下移动；第二，不要捏玻璃珠下部的乳胶管，以免空气进入而形成气泡，影响读数；第三，停止加液后应先松开拇指和食指，最后才松开无名指和小指。

无论哪种滴定管，都必须掌握下面3种加液方法：第一，逐滴连续滴加；第二，只加一滴；第三，使液滴悬而未落，即加半滴。

③ 滴定操作：滴定操作可在锥形瓶或烧杯内进行。在锥形瓶中进行滴定时，用右手的拇指、食指和中指拿住锥形瓶，其余两手指辅助在下侧，使瓶底离滴定台高2~3 cm，滴定管下端伸入瓶口内约1 cm。左手握住滴定管，边滴加溶液，边用右手摇动锥形瓶。

进行滴定操作时，应注意如下几点：

a. 最好每次滴定都从0.00 mL开始，或从接近"0"的某一刻度开始，这样可以减小滴定误差。

b. 滴定时，左手不能离开旋塞而任溶液自流。

c. 摇动锥形瓶时，应微动腕关节，使溶液向同一方向旋转（左、右旋转均可），不能前后振动，以免溶液溅出。不要因摇动使瓶口碰在管口上，以免造成事故。摇瓶时，一定要使溶液旋转出现一漩涡，因此，要求有一定速度，不能摇得太慢，影响化学反应的进行。

d. 滴定时，要观察滴落点周围颜色的变化。不要去看滴定管上的刻度变化，而不顾滴定反应的进行。

e. 滴定速度的控制，一般开始时，滴定速度可稍快，呈"见滴成线"，这时为 10 mL·min$^{-1}$，即每秒 3～4 滴，而不是滴成"水线"，这样滴定速度太快。接近终点时，应改为一滴一滴加入，即加一滴摇几下，再加，再摇。最后是每加半滴，摇几下锥形瓶，直至溶液出现明显的颜色变化为止。滴定操作如图 2-47 所示。

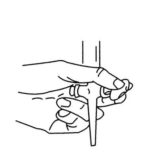

图 2-47 滴定操作

滴定通常都在锥形瓶中进行，而溴酸钾法、碘量法等最好在碘量瓶中进行反应和滴定。配位滴定也可在烧杯中进行，这样方便调节 pH。在烧杯中滴定时，将烧杯放在滴定台上，调节滴定管的高度，使其下端伸入烧杯内约 1 cm。滴定管下端应在烧杯中心的左后方处（放在中心影响搅拌，离杯壁过近不利搅拌均匀）。左手滴加溶液，右手持玻璃棒搅拌溶液，玻璃棒应做圆周搅动，不要碰到烧杯壁和底部。当滴至接近终点只滴加半滴溶液时，用玻璃棒下端承接此悬挂的半滴溶液于烧杯中，但要注意，玻璃棒只能接触液体，不能接触管尖，其余操作同前所述。

滴定结束后，滴定管内剩余的溶液应弃去，不要倒回原瓶中，以免污染原溶液。洗净的滴定管，用蒸馏水充满全管，夹在滴定管架上备用。

④ 半滴的控制和吹洗：快到滴定终点时，局部变色越来越显著，褪色逐渐变缓，表明接近滴定终点。要一边摇动，一边逐滴地滴入，甚至是半滴半滴地滴入。用酸管时，可轻轻转动旋塞，使溶液悬挂在出口管嘴上，形成半滴，用锥形瓶内壁将其沾落，再用洗瓶吹洗。用碱管时，加半滴溶液时，应先松开拇指与食指，将悬挂的半滴溶液沾在锥形瓶内壁上，再放开无名指和小指，这样可避免出口管尖出现气泡。

滴入半滴溶液时，也可采用倾斜锥形瓶的方法，将附于壁上的溶液涮至瓶中。这样可避免吹洗次数太多，造成被滴物过度稀释。

(4) 滴定管的读数。滴定管读数前，应注意管口尖嘴处是否挂有水珠。若滴定前发现挂有水珠，应先除去。若在滴定后发现挂有水珠，说明操作有误差或滴定管仍有轻微漏水，则此数据不可用。一般读数应遵循下列原则：

① 读数时应将滴定管从滴定管架上取下，用右手大拇指和食指持滴定管上部无刻度处，其他手指从旁辅助，使滴定管保持垂直，然后再读数。滴定管夹在滴定管架上读数的方法，一般不宜采用，因为它很难确保滴定管的垂直和正确读数。

② 出于水的附着力和内聚力的作用，滴定管内的液面呈弯月形，无色和浅色溶液的弯

月面比较清晰，读数时，应读弯月面下缘实线的最低点，为此，读数时，视线应与弯月面下缘实线的最低点相切，即视线应与弯月面下缘实线的最低点在同一水平面上，如图2-48所示。对于有色溶液(如 $KMnO_4$、$I_2$ 等)，其弯月面不够清晰，读数时，视线应与液面两侧的最高点相切，这样才较易读准。

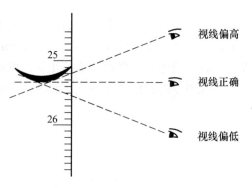

图2-48 滴定管读数时的视线位置

③ 为使读数准确，在管装满或放出溶液后，必须等1～2 min，使附着在内壁的溶液流下来后再读数。如果放出液的速度较慢(如接近计量点时就是如此)，则只等0.5～1 min 后即可读数。切记，每次读数前都要确定管壁没有挂水珠，管的出口尖嘴处无悬液滴，管嘴无气泡。

④ 读取的值必须保留至小数点后第二位，即要求估计到 0.01 mL，正确掌握估计 0.01 mL 读数的方法很重要。滴定管上两个小刻度之间只有 0.1 mL，要估计其十分之一的值，对一个分析工作者来说是要进行严格训练的。

⑤ 对于蓝带滴定管，读数方法与上述不同。当蓝带滴定管盛溶液后将有两个弯月面相交呈三角交叉点，此交叉点与刻度相交点，即为蓝带滴定管读数的正确位置，如图2-49所示。

图2-49 蓝带滴定管读数

⑥ 每次滴定前应将液面调节在刻度 0.00 mL 或接近"0"稍下的位置，这样可固定在某一段体积范围内滴定，以减小体积误差。

为便于读数，可采用读数卡，它有利于初学者练习读数。读数卡是用贴有黑纸或涂有黑色长方形(约 3 cm×1.5 cm)的白纸板制成。读数时，将读数卡放在滴定管背后，使黑色部分在弯月面下约 1 mL 处，此时即可看到弯月面的反射层全部成为黑色，如图2-50所示。然后，读此黑色弯月面下缘的最低点。而对有色溶液需读其两侧最高点时，要用白色卡片作为背景。

(5)滴定管使用注意事项。

① 滴定管使用前必须试漏。方法：滴定管活塞不涂油脂，注水至全容量，垂直静置15min，所渗漏的水不超过最小分度值即可使用。

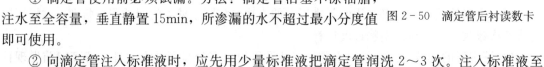

图2-50 滴定管后衬读数卡

② 向滴定管注入标准液时，应先用少量标准液把滴定管润洗2～3次。注入标准液至"0"刻度以上几厘米，如是酸式滴定管，转动活塞使溶液急速充满尖嘴，并不得存有气泡；如是碱式滴定管，将乳胶管向上弯曲，挤捏管内玻璃球，使溶液充满胶管和玻璃尖嘴。调整滴定管内液面，使其处于"0"刻度。

③ 读数时，滴定管必须保持垂直。装好或放出溶液后，应静置片刻，待附着在内壁上的溶液流下之后再读数。读数者的视线必须与管内弯月面的最低点处于同一水平线上。标准溶液如是深色(如 $KMnO_4$ 溶液)，读数时可以凹液面两侧最高处与视线处于同一水平线为

准。最小分度如是 0.1 mL，读数时应估读至 0.01 mL。

④ 滴定管用毕暂时不再使用时，应洗净并擦净活塞，在活塞处垫一纸条，以防粘连。

**2. 容量瓶的使用**　容量瓶是常用的测量所容纳液体体积的一种容量器皿。它是一个细长颈梨形平底瓶，带有磨口玻璃塞或塑料塞。在其颈上有一标线，在指定温度下，当溶液充满至弯月面与标线相切时，所容纳的溶液体积等于瓶上标示的体积。它主要用来配制标准溶液，或稀释一定量溶液到一定的体积。滴定分析用的容量瓶通常有 25 mL、50 mL、100 mL、250 mL、500 mL、1 000 mL 等各种规格。

(1)容量瓶的准备。使用前要检查是否漏水，即在瓶中加水至标线，塞紧磨口塞，左手食指按住塞子，其余手指拿住瓶颈标线以上部分，右手指尖托住瓶底边缘，将瓶倒立，观察有无渗水，如不漏水，即可使用。因磨口塞与瓶是配套的，搞错后会引起漏水，所以需用橡皮筋将塞子系在瓶颈上。

容量瓶应洗涤干净。洗涤方法与洗涤滴定管相同。

(2)操作方法。如果是用固体物质配制标准溶液，先将准确称取的固体物质于小烧杯中溶解，再将溶液定量转移到预先洗净的容量瓶中，转移溶液的方法如图 2-51 所示。一手拿玻璃棒，并将它伸入瓶中，一手拿烧杯，让烧杯嘴贴紧玻璃棒，慢慢倾斜烧杯，使溶液沿着玻璃棒流下。倾完溶液后，将烧杯沿玻璃棒轻轻上提，同时将烧杯直立，使附在玻璃棒和烧杯嘴之间的液滴回到烧杯中，再用洗瓶以少量蒸馏水冲洗烧杯 3~4 次，洗出液全部转入容量瓶中（叫做溶液的定量转移）。然后用蒸馏水稀释至容积 2/3 处时，旋摇容量瓶使溶液混合，但此时切勿倒转容量瓶。最后，继续加水稀释，当接近标线时，应以滴管逐滴加水至弯月面恰好与标线相切。盖上瓶塞，以手指压住瓶塞，另一手指尖托住瓶底缘，将瓶倒转并摇动，再倒转过来，使气泡上升到顶，如此反复多次，使溶液充分混合均匀，如图 2-52 所示。

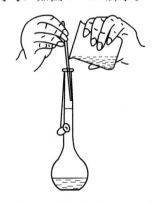
图 2-51　溶液定量转移操作

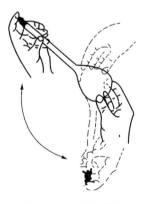
图 2-52　混匀溶液

如果把浓溶液定量稀释，则用移液管吸取一定体积的浓溶液移入容量瓶中，按上述方法稀释至标线，摇匀。

热溶液应冷却至室温后才能稀释至标线，否则会造成体积误差。需避光的溶液应以棕色容量瓶配制。不要用容量瓶长期存放溶液，应转移到试剂瓶中保存，试剂瓶应先用配好的溶液荡洗 2~3 次。

**3. 移液管和吸量管的使用**　移液管和吸量管都是准确移取一定量溶液的量器。移液管又称吸管,是一根细长而中间膨大的玻璃管,在管的上端有一环形标线,膨大部分标有它的容积和标定时的温度(图2-53a)。常用的移液管有5 mL、10 mL、25 mL、50 mL等规格。

吸量管是具有分刻度的玻璃管(图2-53b),用于吸取所需的不同体积的溶液,常用的吸量管有1 mL、2 mL、5 mL、10 mL等规格。

(1) 洗涤。移液管和吸量管一般采用吸耳球吸取铬酸洗液洗涤,也可放在高型玻璃筒或量筒内用洗液浸泡,取出沥尽洗液后,用自来水冲洗,再用蒸馏水洗涤干净。

(2) 操作方法。当第一次用洗净的移液管吸取溶液时,应先用滤纸将尖端内外的水吸净,否则会因水滴引入而改变溶液的浓度。然后,用所要移取的溶液将移液管润洗2~3次,以保证移取的溶液浓度不变。移取溶液时,一般用右手的大拇指和中指拿住颈标线上方,将管子插入溶液中,管子插入溶液不要太深或太浅,太深会使管外黏附溶液过多,影响量取溶液体积的准确性,太浅往往会产生空吸。左手拿吸耳球,先把球内空气压出,然后把球的尖端接在移液管口,慢慢松开左手指使溶液吸入管内(图2-54a)。当液面升高到刻度以上时移去吸耳球,立即用右手的食指按住管口(图2-54b),将移液管提离液面,然后使管尖端靠着盛溶液器皿的内壁,略微放松食指并用拇指和中指轻轻转动移液管,让溶液慢慢流出,使液面平稳下降,直到溶液的弯月面与标线相切时,立刻用食指压紧管口。取出移液管,用干净的滤纸擦拭管外溶液(图2-54c),把准备承接溶液的容器稍倾斜,将移液管移入容器中,使管垂直,管尖靠着容器内壁,松开食指(图2-54d),让管内溶液自然地沿器壁流下,待液面下降到管尖后,再等待10~15 s,取出移液管。管上未刻有"吹"字的,切勿把残留在管尖内的溶液吹出,因为在校正移液管时,已经考虑了末端所保留溶液的体积。

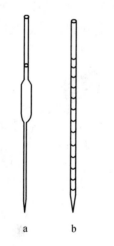

图2-53 移液管和吸量管
a. 移液管  b. 吸量管

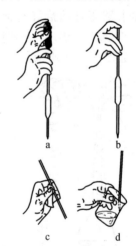

图2-54 移液管的使用

移液管使用后,应洗净放在移液管架上。吸量管的操作方法与上述相同。

移液管、吸量管和容量瓶都是有刻度的精确玻璃量器,均不宜放在烘箱中烘烤。

## 九、分析样品的采集和预处理

定量分析化学实验中,试样的用量通常比较少。根据分析对象(固体、液体或气体)不同，试样用量也不尽相同。如固体一般只用零点几克至几克，液体一般只用零点几毫升至几十毫升等。在实际工作中，要根据较少试样的分析结果，判断分析对象的质量是否合格、矿产资源的开采价值、土壤的优劣、水质的优劣等。这就要求分析试样的化学成分能够代表整个分析对象的平均化学成分，否则分析结果再准确也毫无意义。可见，对分析工作者来说，做好试样的采取和制备是保证分析工作成功的关键。

**1. 原始试样的采集**

(1)采样原则。原始试样的采集，应根据具体的分析对象来确定，一般都采用多点取样法，以保证试样的代表性和均匀性。

(2)采样方法。首先应根据分析对象的存在状况，选取合理的取样点及采集量。如矿样或土样应该从分析对象的不同部位，合理选取若干份有代表性的部分，合并在一起，即为原始平均试样。原始平均试样经过破碎、过筛、混匀、缩分等工序，才能制备成分析试样。若分析对象为袋(或箱)、桶(或瓶、罐)装，采样点数为分析总数开二次方根，再用多点取样法采集、混匀，然后缩分至所需要的量。

**2. 分析试样的预处理** 分析测试中，一般要对采集来的试样进行预处理，再进行分析测定。对于不同的样品采用不同的预处理程序。

(1)液体样品的预处理。液体样品送到实验室后，应根据测定要求选择适当的处理方法。常用的水样预处理方法有以下几种。

① 水样的消解：当测定含有机物水样中的无机元素时，需进行消解处理以破坏有机物，溶解悬浮性固体，并将各种价态的待测元素转变成易于测量的形式。消解后的水样应清澈、透明、无沉淀。消解水样的方法有湿式消解法和干式分解法。

湿式消解法是利用适当的消解剂与水样中的物质反应以达到消解的目的。常用的消解剂有硝酸、硝酸-高氯酸、硝酸-硫酸、硫酸-高锰酸钾、氢氧化钠-过氧化氢、氨水-过氧化氢等。

干式分解法又称高温分解法，利用高温使样品中的有机物完全分解除去。本方法不适用于处理测定易挥发组分(如砷、汞、镉、锡等)的水样。

② 富集与分离：当水样中的待测组分含量很低、很难准确检出时，必须对待测组分进行富集或浓缩以达到分析方法的检出量；如果试样中各组分之间有干扰，就要采取适当的分离或掩蔽措施以消除干扰。富集和分离在实验中经常是同时进行的。常用的方法有挥发和蒸发浓缩法、蒸馏法、溶剂萃取法、离子交换法、吸附法、共沉淀法、层析法、低温浓缩法等，分析时可根据试样性质和待测组分进行选择。如组分挥发度大，或者将待测组分转变成易挥发物质可用挥发和蒸发浓缩法对样品进行处理。水样中的挥发酚、氰化物、氟化物的测定，用蒸馏分离法。

(2)固体样品的预处理。固体样品种类繁多，成分复杂，必须经过一定程序的加工处理，才能作为分析用的试样。固体样品的预处理一般经过以下几步：

试样→粉碎(磨碎)→缩分(有些样品要过筛)→分析试样＋消解→检测

经过上面处理得到的分析试样一般要经过样品分解或提取将样品处理成供分析用溶液。合适的试样分解方法可使试样完全分解，在分解过程中不引入待测组分，也不引起待测组分的损失，所用试剂对样品的后续分析无干扰。如土壤样品预处理顺序：

土样→风干→磨碎过筛＋缩分→土样消解或提取→样品分析

溶解时所用溶剂可根据分析目的来选择。如测定土壤中砷时可用硫酸-硝酸溶解，测定有机磷农药时用氯仿提取等。

对于一些生物固体样品，一般要经过匀浆、提取、浓缩、分离等预处理步骤。通常将组织粉碎后加入一定的提取剂，将待测组分提取，所加的提取剂必须能将待测组分完全提取，并且对样品的后续分析不产生干扰。

## 十、回流装置及操作

回流是指沸腾液体的蒸气经冷凝管冷凝，冷凝液又返回原容器中的过程。

一般的回流装置由圆底烧瓶和回流冷凝管组成，必要时可加装干燥、气体吸收、滴液、分水、蒸出、搅拌等装置。常用的回流装置如图 2-55 所示。

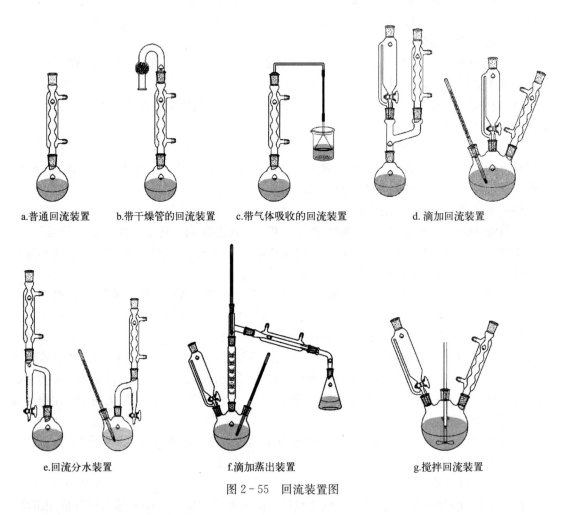

a.普通回流装置　　b.带干燥管的回流装置　　c.带气体吸收的回流装置　　d.滴加回流装置

e.回流分水装置　　f.滴加蒸出装置　　g.搅拌回流装置

图 2-55　回流装置图

各种回流装置的用途如下：

(1) 回流冷凝装置。在室温下，有些反应的反应速率很小或反应难以进行，为了使反应尽快地进行，常常需要使反应物质保持较长时间沸腾。在这种情况下，就需要使用回流冷凝装置，使蒸气不断地在冷凝管内冷凝而返回反应器中，以防止反应瓶中的物质逸失损失。将反应物质放在圆底烧瓶中,在适当的热源上或热浴中加热。直立的冷凝管夹套中自下至上通入冷水,使夹套充满水,水流速度不必很快,能保持蒸气充分冷凝即可。加热的程度也需控制,使蒸气上升的高度不超过冷凝管高度的1/3。如果反应物怕受潮,可在冷凝管上端口装接氯化钙干燥管以防止空气中湿气侵入。如果反应中会放出有害气体(如溴化氢),可加接气体吸收装置。

(2)滴加回流装置。有些反应进行剧烈,放热量大,如将反应物一次加入,会使反应失去控制;有些反应为了控制反应物选择性,也不能将反应物一次加入。在这些情况下,可采用滴加回流装置,将一种试剂逐渐滴加进去。常用恒压滴液漏斗进行滴加。

(3)回流分水装置。在进行某些可逆反应时,为了使正向反应进行到底,可将反应产物之一不断地从反应混合物体系中除去,常采用回流分水装置除去生成的水。装置中有一个分水器,回流下来的蒸气冷凝液进入分水器,分层后,有机层自动被送回烧瓶,而生成的水可从分水器中放出去。

(4)滴加蒸出装置。有些有机反应需要一边滴加反应物一边将产物或产物之一蒸出反应体系,防止产物发生二次反应。可逆平衡反应,蒸出产物能使反应进行到底。常用与图2-55d类似的反应装置,反应产物可单独或形成共沸混合物不断在反应过程中蒸馏出去,并可通过滴液漏斗将一种试剂逐渐滴加进去以控制反应速率或使这种试剂消耗完全。必要时可在上述各种反应装置的反应烧瓶外面用冷水浴或冰水浴进行冷却,在某些情况下,也可用热浴加热。

(5)搅拌回流装置。固体和液体或互不相溶的液体进行反应时,为了使反应混合物能充分接触,应该进行强烈的搅拌或振荡。在反应物量小,反应时间短,而且不需要加热或温度不太高的操作中,用手摇动容器就可达到充分混合的目的。用回流冷凝装置进行反应时,有时需做间歇的振荡。这时可将固定烧瓶和冷凝管的夹子暂时松开,一只手扶住冷凝管,另一只手拿住瓶颈做圆周运动;每次振荡后,应把仪器重新夹好。也可用振荡整个铁台的方法(这时夹子应夹牢)使容器内的反应物充分混合。在那些需要用较长时间进行搅拌的实验中,最好用电动搅拌器。电动搅拌的效率高,节省人力,还可以缩短反应时间。

在进行回流操作时,首先选择适宜的回流装置和适当的加热方式。加入的物料占烧瓶容量的1/3~1/2,最多不得超过2/3,再加上几粒沸石,在直立的冷凝管中自下而上通入冷却水,使夹套充满水,水流速度以能保持蒸气充分冷凝为宜。以上工作做完后再用适当的加热方式加热。

应注意控制加热速度。当加热速度调节正确时,受热液体的蒸气仅能上升到冷凝管高度的一部分,在此点以下可以看到液体回流到烧瓶中,在此点以上,冷凝管看上去是干的,这两个区域的界线很清楚,并在该处出现一个"回流环"(或称"液体环"),加热的程度应调节到使"回流环"处于冷凝管高度的1/3~1/2处。

# 十一、物质的分离与提纯技术

## (一)沉淀分离法

沉淀分离法是利用物质的溶解度不同或难溶电解质的溶度积不同,形成固液两相,从而分离获取所需物质的一种分离方法。

利用沉淀分离法分离物质，必须使待分离物与杂质尽可能完全地分别存在于不同相中，使待分离物在分离中获取尽可能高的回收率。因此在实验中应根据被分离物质的理化特性及存在形式，选用不同的分离方法和控制条件以实现彻底有效分离的目的。常用沉淀分离的方法有变温沉淀法、蒸发浓缩法、pH调节法、重结晶法、沉淀剂介入法、共沉淀分离法、混合溶剂沉淀法等。

沉淀分离操作分为试样溶解、结晶沉淀、沉淀的过滤和洗涤4个步骤，先后顺序视沉淀方法而定。

**1. 试样溶解** 试样溶解的关键在于溶剂的选择。首先，试剂与试样应不发生化学反应，且有利于形成大小整齐的晶体或沉淀；其次，试剂对试样和杂质的溶解度应有显著差别，且溶解度随温度变化的规律有大的差异，以利于有效的分离；再次，溶剂的沸点应低于试样熔点，但不宜太低，以免造成体系变温范围狭窄而使待分离物溶解度变化差别不大，也不宜太高而造成晶体表面溶剂不易蒸发除去。操作时溶剂用量应略小于试样溶解需求量，以加热后溶液无试样成分混浊出现即可，若未全溶，可滴加溶剂至恰好溶解为止。注意：使用有机溶剂时，切记使用回流装置并不可使用明火加热。一般有色可溶有机杂质应在沉淀未析出前加活性炭煮沸除去，但溶液沸腾时不可加活性炭，以免暴沸。

**2. 结晶沉淀** 物质自溶液中沉淀析出，沉淀的种类一般有晶形、无定形、胶体3种类型。这主要与物质的本性有关，也与结晶沉淀时的条件控制有关。为了获取颗粒大小均匀的晶形或无定形沉淀，并尽量避免胶体沉淀的产生，控制沉淀生成时的条件是至关重要的。

为了获取便于过滤的较大、较均匀的晶形沉淀，必须控制溶液的过饱和度不可太高，控制溶液结晶时温度下降速率不可太快，以利于提高晶体生长速率和降低晶核的形成速率。对于要求加入沉淀剂或共沉淀剂的体系，应尽量慢慢滴加、迅速混匀，防止局部浓度过大而产生密集的晶核，对已结晶的溶液也可用恒温放置陈化的方法，使处于不稳定状态的微晶、残晶溶解消除，有助于较大晶体的继续生长。为防止胶体沉淀的出现，必要时可加入少量易溶电解质溶液促进无定形沉淀的形成。

**3. 沉淀的过滤** 沉淀过滤有常压、减压和热过滤3种方法。

(1) 常压过滤。常压过滤的装置如图2-56所示。操作时应根据沉淀性质选择滤纸，一般粗大晶形沉淀用中速滤纸，细晶或无定形沉淀选用慢速滤纸，沉淀为胶体时应用快速滤纸。快慢是按滤纸孔隙大小而定，孔隙大则快。使用滤纸时，沿圆心对折两次，呈直角扇形四层。按三层一层比例打开呈60°角圆锥形，置于漏斗中，应与漏斗夹角相吻合，且要求滤纸边缘低于漏斗上沿0.5~1.0 cm。撕去三层边的外两层滤纸折角的小角，手指压住使滤纸与漏斗壁相贴，再用洗瓶加水润湿滤纸，并驱赶夹层气泡。然后加水至满，在漏斗颈内应形成水柱，以便过滤时该水柱重力可起到抽滤作用，加快过滤速度。若不能形成水柱，可用手指堵住漏斗颈下口，稍掀开滤纸一边，沿空隙注入水，再压紧滤纸，松开颈下手指即可形成水柱。若仍不行，应考虑换颈细的漏斗。

过滤时，置漏斗于漏斗架上，漏斗颈与接收容器紧靠，将

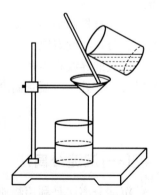

图2-56 常压过滤装置

玻璃棒贴近三层滤纸一边，首先沿玻璃棒倾入沉淀上层清液，漏斗中液面应低于滤纸上沿 0.5 cm 左右。之后，将沉淀用少量洗涤液搅拌洗涤，静置沉淀，再如上法倾出上清液。如此多次洗涤沉淀后，即可加少量洗涤液混匀沉淀全部倾入漏斗中。最后洗涤烧杯中残余沉淀几次，分别倾入漏斗，使沉淀全部转移至滤纸上，达到固液分离。

(2)热过滤。热过滤是为了防止热溶液在过滤中由于受冷使某些溶质自溶液中结晶析出而采取的一种常压过滤装置。其与常温常压过滤装置类同，区别仅是在普通漏斗外套装一热漏斗(图2-57)。它可根据过滤要求，恒定玻璃漏斗温度，热过滤时采用短颈或无颈漏斗。为加快过滤，滤纸折叠时，先对折成双层半圆，再来回对折成十六等份折叠扇面形，拉开双层即成菊花形滤纸(图2-58)。过滤操作与常压法基本相同。

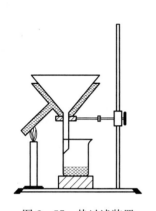

图 2-57 热过滤装置

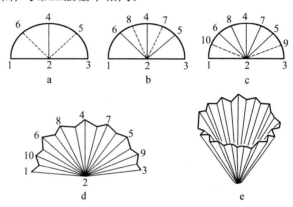

图 2-58 菊花形滤纸的折叠

(3)减压过滤。减压过滤可加快过滤速度，提高沉淀干燥程度，其装置见图2-59。过滤器一般选用带瓷孔的布氏漏斗或玻璃砂芯漏斗(强碱性体系不可用)。安装时应注意：所用滤纸大小应和布氏漏斗底部恰好吻合，然后用水湿润滤纸，使滤纸与漏斗底部贴紧。漏斗与抽滤瓶(接收母液用)间用环形橡皮塞密封，再通过缓冲瓶与抽气泵相接，借助泵的抽空减压作用实现抽滤。如抽滤样

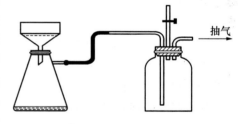

图 2-59 减压过滤装置

品需要在无水条件下过滤，需先用水贴紧滤纸，然后用无水溶剂洗去纸上水分(例如用乙醇或丙酮洗)，确信已将水分除净后再行过滤。减压抽紧滤纸后，迅速将热溶液倒入布氏漏斗中，在过滤过程中漏斗里应一直保持有较多的溶液。在未过滤完以前不要抽干，同时压力不宜降得太低。为防止由于压力降低，溶液沸腾而沿抽气管跑掉，可用手稍稍捏住抽气管，或使安全瓶活塞保持不完全关闭状态，使吸滤瓶中仍保持一定的真空度而能继续迅速过滤。

**4. 沉淀的洗涤** 洗涤的目的在于进一步除去残余杂质，包括沉淀转移前的洗涤和漏斗中沉淀物的洗涤。沉淀转移前的洗涤在烧杯中进行，少量多次加入洗涤液，搅拌混匀后再澄清，将清液注入漏斗过滤，反复操作5次。洗涤漏斗中沉淀时，洗涤液加入量以均匀覆盖沉淀表面为准，再静置过滤沥干，反复操作8~10次。

洗涤液的选择应视沉淀性质而定。晶形沉淀选用低沸点、不溶解沉淀的冷溶剂，或用原

溶剂。在沉淀允许的条件下，也可选用稀的沉淀剂溶液洗涤，利用同离子效应减小沉淀的损失。无定形沉淀一般采用热的易挥发电解质溶液作洗涤液，以防止胶溶现象发生。

## (二)重结晶分离法

重结晶是提纯固体有机化合物的常用方法。它是利用混合物中各组分在某种溶剂中的溶解度不同，或在同一溶剂中不同温度时的溶解度不同，达到分离的目的。

**1. 基本原理**　固体有机化合物在任一溶剂中的溶解度均随温度的升高而增大，所以，将一种有机化合物在较高温度下在某溶剂中制成饱和溶液，然后将其冷却到室温或室温以下，即会有一部分呈结晶析出。而杂质在此溶剂中溶解度很大或很小。若溶解度很大，则杂质溶解在溶剂中而不析出，过滤结晶后留在母液中；若溶解度很小，则可在制成热饱和溶液后趁热过滤除去。

重结晶的方法适用于提纯杂质含量小于5%的固体有机化合物。杂质含量过多，提纯分离比较困难，这时应采用其他方法进行初步提纯，然后再进行重结晶。

重结晶提纯法的一般过程：

① 在已选好的溶剂中将所提纯的固体有机物在溶剂沸点或接近沸点的温度下制成接近饱和的溶液。

② 如果溶液中含有有色杂质，则用适量活性炭脱色。

③ 热过滤以除去活性炭或不溶性杂质。

④ 冷却，析出结晶。

⑤ 抽气过滤，使结晶与母液分开，洗涤结晶表面所吸附的母液。

⑥ 干燥，除去挥发性溶剂。测熔点，检查化合物的纯度。

上述过程的每一步都与重结晶的收率及产品质量有密切关系，溶剂的选择是做好重结晶的关键。

**2. 溶剂的选择**　重结晶所用的溶剂必须具备的条件有以下几点：

(1)与被提纯的有机化合物不起化学反应。

(2)在降低和升高温度时，被提纯化合物的溶解度应有显著差别。冷溶剂对被提纯化合物的溶解度越小，回收率越高。

(3)对杂质的溶解度应很大(杂质留在母液中不随被提纯物的晶体析出，以便分离)或很小(趁热过滤除去杂质)。

(4)溶剂沸点适中，较易挥发，易与被提纯物分离除去。

(5)价格低廉、毒性小、回收容易、操作安全。

溶剂的选择与所提纯化合物和溶剂的性质有关。根据"相似相溶"的原则，通常极性化合物易溶于极性溶剂，非极性化合物易溶于非极性溶剂。所提纯的化合物，如果是已知化合物，可以查阅手册或文献了解其在一些溶剂中的溶解性，但最主要还是通过实验进行选择。具体方法：取约0.1 g待结晶样品放入一小试管中，逐滴加入某种溶剂，并不断振荡，观察样品的溶解情况。若加入的溶剂量达1 mL已全溶，或者温热后全溶，则此溶剂不适用；如果该物质不溶于1 mL沸腾的溶剂中，可分批加入溶剂(每次约0.5 mL)，并加热使之沸腾，若加入量达4 mL仍不能全溶，则此溶剂也不适用；如果该物质能溶于1~4 mL沸腾的溶剂中，冷却后能析出较多的结晶，则此溶剂适用。实验时，要同时选择几种溶剂，比较收率，选择其中最好的作为重结晶的溶剂。

有的化合物在一些溶剂中溶解度太大，而在另一些溶剂中溶解度又太小，很难选择一种合适的溶剂，这时可使用混合溶剂。混合溶剂就是把对化合物溶解度很大（称为良溶剂）和溶解度很小（称为不良溶剂）又能互溶的两种溶剂按一定比例混合起来，作为重结晶的溶剂，这样可获得满意的结果。用混合溶剂重结晶时，先用良溶剂在其沸点温度附近将样品溶解，制成接近饱和的溶液。若有颜色，则用适量活性炭脱色，趁热滤去活性炭或不溶物，然后将此溶液在沸点附近滴加热的不良溶剂至溶液变混浊且不再消失为止，再加入少量良溶剂使之恰好透明，将溶液冷却析出结晶。有时也可将两种溶剂按比例事先混合，操作与单一溶剂相同。常用的混合溶剂有水-乙醇、乙醚-丙酮、水-乙酸、乙醚-甲醇、水-丙酮、乙醚-石油醚、水-吡啶等。

**3. 重结晶操作**

(1) 饱和溶液的制备。制备热饱和溶液一般使用由锥形瓶与回流冷凝管组成的回流装置。根据所用溶剂的沸点及可燃性选择合适的热源。溶解样品之前，应先根据查阅到的待结晶化合物的溶解度或通过实验得到的数据计算所需要的溶剂量。将样品加入锥形瓶中，先加入比计算量略少的溶剂，加热沸腾一段时间后，若仍有固体未溶解，则从冷凝管上口分次添加溶剂，并使溶液保持沸腾，注意观察样品溶解情况，直至样品完全溶解。特别要注意是否有不溶性杂质，以免造成错误判断而使溶剂过量。另外，有些化合物在加热溶解时熔化为油状物（如用水重结晶乙酰苯胺），这时应正确判断，避免少加溶剂。从理论上讲，溶剂的用量应在沸腾条件下恰好使样品完全溶解，这时收率最高。但考虑到热过滤时溶剂的挥发，操作中温度下降会析出结晶造成损失等因素，一般应比需要量多加20%的溶剂。

溶液若有颜色或存在某些树脂状物质、悬浮状微粒难以用一般过滤法过滤，可使用活性炭处理。活性炭的用量视杂质多少而定，一般为样品的1%~5%，加入量过多会吸附部分产品，过少则达不到理想的脱色效果。活性炭应在制得的接近饱和的溶液稍冷后加入，不可加入到已沸腾的溶液中，以免暴沸使溶液冲出。加入活性炭后摇匀，使其均匀分布在溶液中，然后加热微沸5~10 min（不可大火加热）。趁热过滤除去活性炭和不溶性杂质。如果加入的活性炭不能使溶液完全脱色，则可再加适量活性炭重复上述操作。但最好能一次脱色成功，以减少操作上的损失。活性炭在水溶液中脱色效果较好，也可以在有机溶剂中使用，不过在非极性溶剂中效果较差。除用活性炭脱色外，也可采用硅藻土等脱色或采用柱层析法脱色。

(2) 热过滤。热过滤的方法有两种，即常压热过滤和减压热过滤。重结晶溶液是一种热的饱和溶液，遇冷即会析出结晶，因此需要趁热过滤。常压热过滤就是用重力过滤的方法除去不溶性杂质（包括活性炭）。为避免溶液冷却而在滤纸和漏斗中析出结晶，热过滤时所用的漏斗和滤纸事先需用热溶剂润湿温热，或者把仪器放入烘箱中预热后使用，有时还需要将漏斗放入铜制保温套中（图2-57），在保温情况下过滤。

① 常压热过滤：常用短颈或无颈的玻璃漏斗，以免溶液在漏斗下部管颈遇冷而析出结晶，影响过滤。为了加快过滤速度，经常采用菊花形（扇形）折叠滤纸（图2-58）。倾倒滤液时，切忌使溶液从滤纸与漏斗之间漏过。漏斗中存放的溶液应尽可能满，这样溶液与较大面积的滤纸接触，过滤速度比较快。在漏斗上盖上表面皿（凹面向上），以减少溶剂的挥发。接

收滤液应该用锥形瓶。若过滤顺利，一般在滤纸上只有很少结晶。如果析出的结晶较多，则应用刮刀将结晶刮回原来的瓶中，加适量溶剂溶解并再次热过滤。如果过滤的溶液量较大，或溶液稍冷就容易析出结晶，最好将漏斗放入铜制保温套中。使用时在保温套中加入其容量约2/3的水，保温套上放入短颈玻璃漏斗，玻璃漏斗中放入折叠滤纸。过滤前，先在侧管处加热保温套至所需要的温度，使玻璃漏斗及滤纸预热，然后进行热过滤。如果用水作溶剂，过滤时不必灭火；如果是易燃的有机溶剂，过滤时必须将火熄灭。

② 减压热过滤：也叫抽滤(图2-59)，其优点是过滤快，但缺点是遇到沸点较低的溶液时，会因减压而使热溶剂蒸发、沸腾导致溶液浓度改变，使结晶有过早析出的可能。如果在过滤过程中结晶在滤纸上析出，会阻碍过滤继续进行，若处理不当，会造成产品损失过多，影响产率。此时须小心地将析出物与滤纸一同返回，重新制备热溶液，在这种情况下，可将热溶液配制得稍稀一些。

(3) 结晶的析出。将滤液在保温下或室温放置下冷却，使其慢慢析出结晶。切不要将滤液置于冷水中迅速冷却或冷却过程中加以搅拌，因为这样形成结晶较细，表面积大，吸附母液多，且容易夹有杂质。但结晶也不要过大(超过2 mm)，这样往往会在结晶中包藏溶液，给干燥带来一定困难，同时也会有杂质夹在其中，而使产品纯度降低。过滤、洗涤晶体过程中可将较大结晶尽量压碎，将其中包藏的母液压挤、洗涤，再经抽滤除净。

有时杂质的存在会影响化合物晶核的形成和结晶的生长，常见的化合物溶液虽已达到过饱和状态，但仍不易析出结晶，而以油状物形式存在。为了促进化合物较快地结晶析出，一般可采取以下措施，以帮助形成晶核，利于结晶生长。

① 用玻璃棒摩擦瓶壁，由于摩擦使液面粗糙，会促使分子在液面定向排列形成结晶，析出或固化。

② 加入少量晶种，使结晶析出，这一操作称为"种晶"。如果实验室没有这种结晶，可以自己制备。其方法为：取数滴过饱和溶液于一试管中旋转，使溶液在试管表面形成薄膜，然后将此试管放入冰箱冷藏室冷藏一会，待管壁形成少量结晶，刮取作为"晶种"。或以玻璃棒一端蘸取少许溶液，使溶剂挥发得到晶种。

③ 通常，将过饱和溶液置于冷冻剂中，用玻璃棒摩擦瓶壁，温度越低，越易结晶。但是过度冷却，将使液体黏度增大，给分子间定向排列造成困难。此时，适当加入少量溶剂再冷冻，可得到晶体。

④ 在过饱和溶液中加入难溶解该物质的少量溶剂后，用玻璃棒摩擦器壁或放入研钵中长时间研磨，令其固化。

⑤ 若以上几种方法均难以结晶，可长时间在冰箱中放置，使结晶析出。否则需改换溶剂及其用量，再行结晶。

(4) 结晶的过滤和洗涤。将析出结晶的冷溶液和结晶的混合物用抽滤法分出结晶，瓶中残留的结晶可用少量滤液冲洗多次，一并移至布氏漏斗中，把母液尽量抽尽。对于细碎的、易吸附液体的固体，过滤时应使用平底玻璃塞等仪器均匀地轻压滤饼表面并逐渐压实，抽滤至没有母液流出。应注意避免滤饼出现裂缝或滤饼周围与漏斗壁不能贴实，否则都会使母液不易被彻底抽出。然后打开安全瓶活塞停止减压，滴入少量洗涤液，如果结晶较多而且又经用玻璃塞压紧，在加入洗涤液后，可用镍勺将结晶轻轻掀起并加以搅动，使全部结晶润湿，然后再抽干以增加洗涤效果。如果所用溶剂沸点较高，为便于后续干燥，在完成洗去母液的步骤之后,可以用溶解度更小的低沸点溶剂洗涤几次,以除去挥发较慢的高沸点溶剂,例如,用乙醚洗去乙醇,用低沸点石油醚洗去甲苯等。

(5)结晶的干燥。吸滤并经洗涤后的结晶,表面还有少量溶剂,为了保证产品的纯度,需要把溶剂除去。根据产品的性质选用不同的干燥方法,若产品不吸水,重结晶的溶剂沸点较低(如乙醚、丙酮等),可以在空气中晾干放置,使溶剂自然挥发;对热稳定的化合物,可以在低于化合物的熔点或接近溶剂的沸点温度下烘干(如用红外灯烘干),也可置于干燥器中进行干燥。

(6)提纯效果评价。重结晶是否达到满意的效果,可以从回收率、产品纯度两方面评价。一般情况下可以通过薄板层析进行检测分析,比较重结晶样品、经重结晶得到的晶体以及重结晶母液的组成,结合回收率,确定是否需要二次操作或调整、改换重结晶方案。需要注意的是,若结晶析出不完全,将母液经适当浓缩后可能会再得到一部分结晶,但因母液中杂质比例明显升高,所得的二次结晶质量往往较差。因此,控制好溶剂量使结晶能够较为彻底地一次性析出是最为重要的。

## (三)升华分离法

升华是指物质自固态不经过液态直接转变成蒸气的现象。对有机化合物的提纯来说,是使物质蒸气不经过液态而直接转变成固态,因为这样能得到较高纯度的物质。因此,在有机化学实验操作中,物质由蒸气不经过液态而直接转变成固态的过程也称为升华(按其实际物理过程应该称为凝华,一般升华法提纯都包括升华和凝华两个过程)。一般来说,对称性高的固态物质,具有较高的熔点,且在熔点温度以下具有较高的蒸气压,易于用升华法来提纯。

**1. 常压升华** 常压升华装置如图 2-60a 所示,在蒸发皿中放入经过干燥、粉碎的样品,在其上覆盖一张穿有一些小孔的圆形滤纸,其直径应比漏斗口要大。再倒置一个漏斗,漏斗的长颈部分塞一团疏松的棉花。在石棉网(或沙浴)上加热蒸发皿,控制加热温度低于被升华物质的熔点,蒸气通过滤纸小孔在漏斗壁上冷凝,由于有滤纸阻挡,不会落回蒸发皿底部。漏斗内壁与滤纸上的晶体,即为经升华提纯的物质。也可用图 2-60b 的装置,在烧杯上放一内部通冷水的蒸馏烧瓶,升华物质在蒸馏烧瓶底部冷凝成晶体。

**2. 减压升华** 减压升华装置如图 2-61 所示。将待升华物质放在吸滤管中,然后将装有具支试管的塞子塞紧,试管内部通冷却水,吸滤管放入水浴或油浴中加热,利用水泵或真空泵减压,使其升华。升华物质蒸气因受冷凝水冷却,就会凝结在具支试管的管壁上。

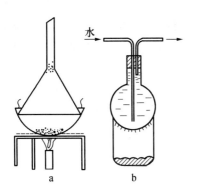

图 2-60 常压升华装置图

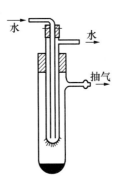

图 2-61 减压升华装置图

## (四)萃取分离法

萃取分离是利用溶剂从固体或从与之不互溶的溶液中提取所需物质来实现物质分离的一种方法。如用氯仿从含有 $I_2$ 的混合溶液中提取其中的 $I_2$，用8-羟基喹啉的氯仿溶液从水溶液中提取 $Co^{2+}$ 等都是利用萃取来实现物质的分离或提取的。根据物质在溶剂中的存在形式，萃取法可分为简单分子萃取、配合物(螯合物)萃取、离子缔合萃取、协同萃取等不同体系。各种方法的原理略有区别。

**1. 基本原理**

(1)分配系数。利用分配系数实施分离主要应用于物质原体的分离，是利用物质在两种互不相溶的溶剂中溶解度的差异来达到分离的目的。

对于物质 B，若在两种互不相溶的溶剂 $\alpha$、$\beta$ 中都可溶解，且物质的存在形态相同，则当温度恒定时，该物质在两溶剂中的浓度比应为一定值，即

$$K_D = \frac{c_B^{\alpha}}{c_B^{\beta}} \tag{2-1}$$

$K_D$ 即为分配系数，其大小与溶质、溶剂的性质及体系的温度、压力有关。该值反映出溶质在两种互不相溶的溶剂中溶解分配的量的比例。一般情况下，$K_D$ 近似等于该物质在两溶剂中的溶解度之比。例如 $I_2$ 在氯仿和水中的 $K_D$ 为 $\frac{1}{85}$，若两溶剂用量相等即 $V_\alpha = V_\beta$，则必有85份碘溶于氯仿，而水中仅剩余1份碘。显然利用萃取法可从水中分离出碘。但应注意此 $K_D$ 关系式仅限用于物质在两相溶剂中存在形式相同的简单分子体系。若物质与任一溶剂间有缔合、解离、配位等化学过程发生，则应采用分配比来实施分配。如果仍采用 $K_D$，也只能适用于溶剂中分子形态相同的部分。如苯甲酸在水中有部分电离，在氯仿中又发生双分子缔合，则分配系数仅适用于两溶剂中余存的苯甲酸分子形态。即

$$K_D = \frac{c^{\alpha}(1-\alpha)}{\sqrt{K_1 c^{\beta}}} \tag{2-2}$$

式中，$c^{\alpha}$ 和 $\alpha$ 为苯甲酸在水中的浓度和电离度；$c^{\beta}$ 和 $K_1$ 为苯甲酸在氯仿中的浓度和缔合平衡常数。

(2)分配比。对于那些无法进行物质原形态分离，仅要求能分离出其中需要的离子、原子基团的体系，为了达到分离目的，人们往往利用加入某种试剂与其发生化学反应，结合形成新物质分子，再利用此物质在溶剂中特有的溶解性能实施溶解分离。这类试剂称之为萃取剂，它们与被分离离子或分子形成的新化合物多为螯合物、离子缔合物、溶剂化合物及非极性共价化合物。例如，$Cu^{2+}$ 与双硫腙可形成难溶于水的螯合物，用氯仿来萃取而分离富集 $Cu^{2+}$。当然，也有利用加入酸(或碱)性萃取剂或控制pH生成离子键化合物，来改变其在有机溶剂或水中的溶解度而达到分离的目的。如在有机溶液中，加入 NaOH 水溶液与杂质羧酸生成钠盐溶于水而除去。对于这一类萃取分离，被分离物质 A 在 $\alpha$、$\beta$ 两相溶剂中各形态的总浓度比值应是一常数，常用分配比 $D$ 来表示。即

$$D = \frac{\sum_i c_{A_i}^{\alpha}}{\sum_i c_{A_i}^{\beta}} \tag{2-3}$$

**2. 萃取分离的操作方法**　萃取分离操作一般分为间歇式和连续式两类。

(1)间歇式萃取。间歇式萃取是实验室常用的萃取方法,特别适用于借助化学反应形成新物质,再实施分离的体系。可根据萃取反应进行的速率和分离物扩散的速率来选择振荡萃取的时间,也可利用少量多次加入溶剂的方法来提高萃取率,单次萃取率可由下式求出:

$$E = \frac{(W - W_0)}{W} = 1 - \left(\frac{K_D V_\alpha}{K_D V_\alpha + V_\beta}\right) \tag{2-4}$$

式中,$W_0$ 为物质在原溶剂中的剩余量;$W$ 为两相中物质总量;$V_\alpha$ 和 $V_\beta$ 分别为两溶剂(如水与有机溶剂)的体积。

多次萃取率则可由下式求出:

$$E = 1 - \left(\frac{K_D V_\alpha}{K_D V_\alpha + V_\beta}\right)^n \tag{2-5}$$

显然,少量多次加入溶剂可提高萃取率。一般情况下,3次间歇萃取即可获得很好的分离效果。

间歇式萃取采用的仪器为分液漏斗(图2-62),用前应在下部活塞上涂凡士林,装液检查上下活塞是否漏液。操作时,注入要求量的两液体后,盖紧玻璃塞,用右手食指末关节顶压住顶塞,大拇指、食指尖及中指握住上瓶口颈,左手食指、中指蜷握在瓶下口活塞柄上,拇指协助持支管,将分液漏斗下口略向上,上下摇摆或从外向里旋转振荡漏斗进行萃取。为防止振荡引起瓶内气压升高,可每隔数秒倒置漏斗,小心旋开下口活塞排气减压。反复振荡操作数次,直至萃取达平衡即可。一般重复操作2～3次。

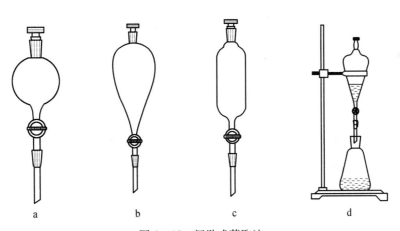

图 2-62　间歇式萃取法

a. 圆球形　b. 梨形　c. 圆筒形　d. 支架装置

静置分层是萃取分离的重要步骤。振荡后将漏斗垂直架在铁圈上,打开顶塞放气孔,待其静置分层。若分层时发生乳化现象(尤其是碱性体系),使分层不清晰,可延长静置时间,或加少量电解质溶液,利用盐析效应破坏乳化,或用乙醇等改变油、水界面结构破坏乳化。如发现存在不明组成的泡沫状固体物质体系,应先经过滤除去(在漏斗中用脱脂棉代替滤纸),再静置分层。

分离两液层时,一般由下活塞口放出下层液体,再由上瓶口倒出上层液。若需进行二次萃取,可留下被萃取的原溶液,再加入要求量的萃取溶剂重复上述操作。

(2)连续式萃取。萃取分离中,连续不断地注入纯溶剂能提高萃取效率。连续萃取法正是利用图2-63所示装置,通过加热回流作用使烧瓶内萃取液中溶剂汽化,再冷凝成纯溶剂,连续不断地通过被萃取溶液提取物质。再根据两溶剂密度的差别,分层后使该溶剂携带待分离物质流入烧瓶,经反复加热冷凝,达到提高萃取率的目的。常用连续萃取器分重溶剂萃取器(图2-63a)和轻溶剂萃取器(图2-63b)两种,视溶剂与被萃取溶液密度的差别选用。实验中尚有专门用于从固体天然产物中萃取有效成分的索氏提取器(图2-63c),其利用溶剂的回流协同虹吸作用实现连续萃取分离。

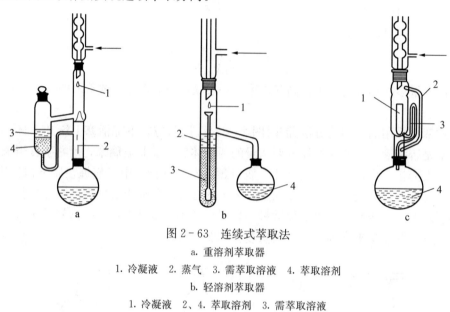

图2-63 连续式萃取法
a. 重溶剂萃取器
1. 冷凝液 2. 蒸气 3. 需萃取溶液 4. 萃取溶剂
b. 轻溶剂萃取器
1. 冷凝液 2、4. 萃取溶剂 3. 需萃取溶液
c. 索氏提取器
1. 素瓷套筒(或滤纸套筒,存放固体) 2. 蒸气上升管 3. 虹吸管 4. 萃取溶剂

## (五)蒸馏分离法

蒸馏是分离和提纯液态有机化合物最常用的一种方法。蒸馏方法因被分离物质的特点而异。常用的蒸馏分离法有普通蒸馏、分馏、水蒸气蒸馏和减压蒸馏。

**1. 普通蒸馏**

(1)原理。物质的蒸气压随温度的升高而增大,当物质的蒸气压增大至与外界压力相等时,内部开始汽化并有气泡冒出,这种现象称为沸腾。此时的温度称为该物质在当时外界压力下的沸点。通常所说的有机化合物的沸点是以外界压力101.325 kPa(1 atm)作为标准。例如,水的沸点为100 ℃,即表示水在100 ℃时的蒸气压等于101.325 kPa。

物质的沸点并不是一个点,而是一个温度区间,称为沸程。蒸馏时冷凝管开始滴下第一滴液体时的温度为初馏温度,蒸馏接近完毕时的温度为末馏温度,两个温度的区间为液体的沸程。纯液体的沸程一般为0.5~1 ℃,而混合物的沸程较宽。因此可用蒸馏的方法测定物质的沸点和定性地检验物质的纯度。

将液态物质加热至沸腾变为蒸气,又将蒸气冷凝为液体这两个过程的联合操作称为蒸馏。若有两种沸点不同、能够互溶的液体混合在一起,那么沸腾时蒸气中两种成分的比例与液体混合物中两种成分的比例就会不同。蒸气压大(沸点低)的成分在气相中占的比例较大。如果将这部分蒸气冷凝下来,所得的冷凝液中低沸点的成分就比原来混合物中的多。重复把这部分冷凝液进行蒸馏,即可将液体混合物中具有不同沸点的成分逐渐分开。

凡加热到沸点而不分解的化合物都可以进行蒸馏,蒸馏操作是基础有机化学实验中常用的方法。主要有以下几方面用途:①分离液体混合物,但只有当混合物中各成分的沸点间有较大的差异(30 ℃以上)时才能有效地进行分离;②测定化合物的沸点(常量法,10 mL以上);③提纯液体及低熔点固体,以除去不挥发的杂质;④回收或浓缩溶液。蒸馏沸点差别较大的液体时,沸点较低的先蒸出,沸点较高的随后蒸出,不挥发的留在蒸馏器内,这样可以达到分离和提纯的目的。

(2)装置。普通蒸馏装置主要由蒸馏烧瓶、冷凝管和接收器3部分组成(图2-64)。

选择大小适宜的蒸馏烧瓶用铁夹夹住瓶颈上端。根据烧瓶下面热源的高度,确定烧瓶的高度,并将其固定在铁架台上。在蒸馏烧瓶上安装蒸馏头,其上口插入温度计(量程应适合被蒸馏物的温度范围)。温度计水银球上端与蒸馏头支管的下沿保持水平。蒸馏头的支管依次连接直形冷凝管(注意冷凝管的进水口应在下方,出水口应在上方,铁夹应夹住冷凝管的中央)、接收管(具小嘴)、接收瓶(还应再准备1~2个已称重的干燥、清洁的接收瓶,以收集不同的馏分)。用橡皮管连接水龙头与冷凝管的进水口,再用另一根橡皮管连接冷凝管的出水口,另一端放在水槽内。安装程序一般是由下(从加热源)而上,从左(从蒸馏烧瓶)向右,依次连接。有时

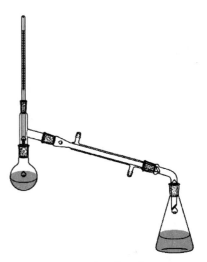

图2-64 普通蒸馏装置图

还要根据接收瓶的位置(有时会显得过低或过高),反过来调整蒸馏烧瓶与热源的高度。在安装时,可使用升降台或小方木块作为垫高用具,以调节热源或接收瓶的高度。

在蒸馏装置安装完毕后,应从3个方面检查:一是从正面看,温度计、蒸馏烧瓶、热源的中心轴线在同一条直线上,可简称为"上下一条线",不要出现装置的歪斜现象。二是从侧面看,接收瓶、冷凝管、蒸馏瓶的中心轴线在同一平面上,可简称为"左右同一面",不要出现装置扭曲等现象。夹蒸馏烧瓶、冷凝管的铁夹伸出的长度要大致一样。三是装置要稳定、牢固,各磨口接头要相互连接,要严密,铁夹要夹牢,装置不要出现松动或稍一碰就晃动的现象。

如果被蒸馏物质易吸湿,应在接收管的支管上连接一个氯化钙管。如蒸馏易燃物质(如乙醚等),则应在接收管的支管上连接一个橡皮管引出室外,或引入水槽和下水道内。当蒸馏沸点高于140 ℃的有机物时,不能用水冷凝管,要改用空气冷凝管。

(3)操作。从蒸馏装置上取下蒸馏烧瓶,把长颈漏斗放在蒸馏烧瓶口上,经漏斗加入液体样品(也可左手持烧瓶,沿着瓶颈小心地加入),投入几粒瓷片或沸石,安装蒸馏头。将各接口处逐一再次连接紧密,同时要检查蒸馏系统应与大气相通。

向冷凝管缓缓通入冷水,把上口流出的水引入水槽。然后加热,最初宜用小火,以免蒸馏烧瓶因局部受热而破裂,慢慢增强火焰强度,使液体沸腾进行蒸馏,调节加热强度,使蒸馏速度为每秒钟滴下1~2滴馏液为宜,在实验记录本上记录下第一滴馏出液滴入接收器时

的温度。当温度计的读数稳定时，另换接收器收集馏液。如要集取的馏分的温度范围已有规定，即可按规定集取，如维持原来的加热温度，不再有馏液蒸出，温度突然下降时，就应停止蒸馏，即使杂质很少，也不能蒸干，以免发生意外。

蒸馏时要认真控制好加热的强度，调节好冷凝水的流速。不要加热过猛，以免蒸馏速度太快，影响冷却效果。也不要使蒸馏速度太慢，以免使水银球周围的蒸气短时间中断，致使温度下降。

若使用热浴作为热源，则热浴的温度必须比蒸馏液体的沸点高出若干度，否则是不能将被蒸馏物蒸出的。热浴温度比被蒸馏物的沸点高出越多，蒸馏速度越快。但最高不能超过30 ℃，否则会导致瓶内物质发生冲料现象，引发燃烧等事故。这在处理低沸点易燃物时尤应注意。过度加热还会引起被蒸馏物的过热分解。在蒸馏乙醚等低沸点易燃液体时，应当用热水浴加热，不能用明火直接加热，也不能用明火加热热水浴。用添加热水的方法，维持热水浴的温度。

蒸馏完毕，先停止加热，撤去热源，然后停止通冷却水。按与安装相反的顺序，取下接收器、接液管、冷凝管和蒸馏烧瓶。

**2. 分馏** 利用简单蒸馏可以分离两种或两种以上沸点相差较大的液体混合物。而对于沸点相差较小的，或沸点接近的液体混合物的分离和提纯则是采用分馏的方法。根据经验，两种待分离物质的沸点差小于30 ℃时，简单蒸馏往往无法实现完全分离，只有采用分馏才能得到满意的分离效果。在实验室中，使用分馏柱进行分馏操作。分馏又称精馏。

(1)原理。加热使沸腾的混合物蒸气通过分馏柱，由于柱外空气的冷却，蒸气中的高沸点组分冷却为液体，回流入烧瓶中，故上升的蒸气中含易挥发组分的相对量增加，而冷凝的液体中含不易挥发组分的相对量也增加。在冷凝液回流过程中，与上升的蒸气相遇，二者进行热交换，上升蒸气中的高沸点组分又被冷凝，而易挥发组分继续上升。这样，在分馏柱内反复进行汽化、冷凝、回流过程。当分馏柱的效率高，操作正确时，从分馏柱上部逸出的蒸气接近于纯的易挥发组分，而向下回流入烧瓶的液体则接近于难挥发的组分。再继续升高温度，可将较易挥发的组分蒸馏出来，从而达到分馏的目的。

(2)影响分馏效率的因素。

① 理论塔板：分馏效率是用理论塔板来衡量的。分馏柱中的混合物，经过一次汽化和冷凝的热力学平衡过程，相当于一次普通蒸馏所达到的理论浓缩效率，当分馏柱达到这一浓缩效率时，分馏柱就具有一块理论塔板。分馏柱的理论塔板数越多，分离效果越好。分离一个理想的二组分混合物所需的理论塔板数与这两个组分的沸点差值之间的关系见表2-4。

表2-4 二组分的沸点差值与分离所需的理论塔板数

| 沸点差值/℃ | 108 | 72 | 54 | 43 | 36 | 20 | 10 | 7 | 4 | 2 |
|---|---|---|---|---|---|---|---|---|---|---|
| 分离所需的理论塔板数 | 1 | 2 | 3 | 4 | 5 | 10 | 20 | 30 | 50 | 100 |

② 回流比：在单位时间内，由分馏柱顶冷凝返回分馏柱中的液量与馏出液液量之比称为回流比，若全回流中每10滴收集1滴馏出液，则回流比为9∶1。对于非常精密的分馏，使用高效率的分馏柱，回流比可达100∶1。

③ 分馏柱：分馏柱有多种类型，能适用于不同的分离要求，但对于任何分馏系统，要得到满意的分馏效果，都必须具备以下条件：

a. 在分馏柱内,蒸气与液体之间可以充分接触;
b. 分馏柱内,自下而上保持一定的温度梯度;
c. 分馏柱要有一定的高度;
d. 混合液内各组分的沸点有一定的差距。

许多分馏柱必须进行适当保温,以便能始终维持温度平衡。为了提高分馏柱的分馏效率,在分馏柱内装入具有较大面积的填料,填料之间应保留一定空隙,要遵循适当紧密且均匀的原则,这样可以增加回流液体和上升蒸气的接触机会。填料有玻璃(玻璃珠、短玻璃管)或金属(不锈钢丝、金属丝绕成固定形状),玻璃的优点是不会与有机化合物发生反应,而金属则可与卤代烷之类的化合物发生反应。在分馏柱底部往往放一些玻璃丝以防止填料坠入蒸馏容器中。分馏柱效率的高低与柱的高度、绝热性能和填充物的类型等均有关系。

(3)装置。分馏装置由蒸馏烧瓶、分馏柱、分馏头、冷凝管与接收器组成。普通分馏装置见图 2-65。

分馏装置的安装方法、安装顺序与蒸馏装置的相同。在安装时,要注意保持烧瓶与分馏柱的中心轴线上下对齐,使"上下一条线",不要出现倾斜状态。同时,将分馏柱用石棉绳、玻璃布或其他保温材料进行包扎,外面用铝箔覆盖以减少柱内热量的散失,削弱风与室温的影响,保持柱内适宜的温度梯度,提高分馏效率。

(4)操作。将待分馏的混合物加入圆底烧瓶中,加入沸石数粒。采用适宜的热浴加热,烧瓶内的液体沸腾后要注意调节浴温,使蒸气慢慢上升至柱顶。在开始有馏出液滴出后,记下时间与温度,调节浴温使蒸出液体的速率控制在每 2～3 s 流出 1 滴为宜。待低沸点组分蒸完后,更换接收器,此时温度可能有回落。逐渐升高温度,直到温度稳定,此时所得的馏分称为中间馏分。再换第

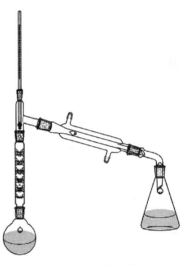

图 2-65 普通分馏装置图

3 个接收器。第二个组分大部分蒸出后,柱温又会下降。如此继续,直至各组分全部蒸出。注意不要蒸干,以免发生危险。

**3. 水蒸气蒸馏** 水蒸气蒸馏是分离和提纯有机化合物的常用方法之一。许多不溶于水或微溶于水的有机化合物,无论是固体还是液体,只要在 100 ℃左右具有一定的蒸气压(有一定的挥发性),若与水在一起加热就能与水同时蒸馏出来,这一过程称为水蒸气蒸馏。利用水蒸气蒸馏可把这些化合物同其他挥发性更低的物质分开而达到分离提纯的目的。水蒸气蒸馏也是从动植物材料中提取芳香油等天然产物最常用的方法之一。进行水蒸气蒸馏时,对要分离的有机化合物有以下要求:

① 不溶或微溶于水是满足水蒸气蒸馏的先决条件。
② 长时间与水共沸也不与水发生反应。
③ 近于 100 ℃时有一定的蒸气压,一般不小于 1.33 kPa(10 mmHg)。

(1)原理。当与水不相混溶的物质与水一起存在时,根据道尔顿(Dalton)分压定律,整个体系的蒸气压应为各组分蒸气压之和,即

$$p = p_A + p_B \qquad (2-6)$$

其中，$p$ 为总的蒸气压；$p_A$ 为水的蒸气压；$p_B$ 为与水不相混溶物质的蒸气压。各组分蒸气压之和等于外界大气压时的温度即为它们的沸点。此沸点必定较任一组分的沸点都低。混合物蒸气中各个气体的分压（$p_A$、$p_B$）之比等于它们的物质的量之比（$n_A$、$n_B$ 表示两物质在一定体积的气相中的物质的量），即

$$n_A/n_B = p_A/p_B \qquad (2-7)$$

$n_A = m_A/M_A$；$n_B = m_B/M_B$；$m_A$、$m_B$ 为物质 A 和 B 蒸气的质量；$M_A$、$M_B$ 为物质 A 和 B 的摩尔质量。因此

$$\frac{m_A}{m_B} = \frac{M_A n_A}{M_B n_B} = \frac{M_A p_A}{M_B p_B} \qquad (2-8)$$

所以，两物质在蒸馏液中的相对质量与它们的蒸气压和分子质量成正比。

(2) 装置。水蒸气蒸馏装置由水蒸气发生器、蒸馏部分、冷凝部分和接收部分组成。它和蒸馏装置相比，增加了水蒸气发生器（图 2-66）。图中安全管为一根接近容器底部的长玻璃管，当蒸气通道受阻，容器内压力增大时，水沿着玻璃管上升，可起报警作用，应马上检修。蒸馏烧瓶通常使用 250 mL 以上的长颈圆底烧瓶或三颈瓶。水蒸气发生器与圆底烧瓶之间装有 T 形管，T 形管下端带一个弹簧夹，以便及时除去凝结的水滴，或在发生倒吸时连通大气。

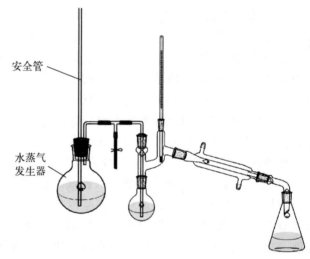

图 2-66 水蒸气蒸馏装置图

(3) 操作。将被蒸馏的物料置于蒸馏烧瓶中，瓶内被蒸馏液体体积不超过容积的 1/3，蒸气导入管的末端接近蒸馏烧瓶底部。松开 T 形管弹簧夹，加热水蒸气发生器，开通冷凝管的进水管，使水蒸气均匀地进入蒸馏烧瓶（必要时可加热蒸馏烧瓶）。待水接近沸腾，T 形管开始冒气时夹紧弹簧夹，使水蒸气通入蒸馏烧瓶内，烧瓶内出现气泡翻滚，系统内蒸气通道畅通、正常。控制水蒸气发生器加热速度，防止过热蒸气不能在冷凝管中冷凝下来，必要时可在烧瓶下置一石棉网，用小火加热。待冷凝管内出现蒸气冷凝后的乳浊液流入接收器内时，调节加热强度，使馏出速度为每秒 2～3 滴。如在冷凝管内出现固体凝聚物（被蒸馏物有较高的熔点），则应调小冷凝水的进水量，必要时可暂时放空冷凝水，使凝聚物熔化为液体后，再调整进水量大小，使冷凝液能保持流畅无阻。在调节冷却水的进水量时，注意要缓缓地进行，不要操之过急，以免使冷凝管骤冷、骤热而破裂。待馏出液变得清澈透明、没有油滴时，可停止操作。先打开 T 形管弹簧夹使体系与大气相通，然后停止加热，关闭进水龙头。按与装配时相反的顺序，拆卸装置，清洗、干燥玻璃仪器。

如果混合物只需少量水蒸气即可完全蒸出，则可采用直接水蒸气蒸馏法。此方法是将水和有机化合物一起放在蒸馏瓶内，直接加热至沸腾产生蒸气，让水蒸气与化合物一起蒸出，

装置与一般蒸馏装置相同。

**4. 减压蒸馏** 减压蒸馏是分离和提纯有机化合物的一种重要方法,特别适合用于那些在简单蒸馏时未达到沸点即已受热分解、氧化或聚合的物质。

(1)原理。液体沸腾的温度是随外界压力的变化而变化的,因此如用真空泵给蒸馏装置减压,使液体表面的压力降低,就可以降低液体的沸点。这种在较低压力下进行蒸馏的操作称为减压蒸馏。

给定压力下的沸点可以近似地由下列公式求出:

$$\lg p = A + B/T \quad (2-9)$$

式中,$p$ 为蒸气压;$T$ 为沸点(热力学温度);$A$、$B$ 为常数。如以 $\lg p$ 为纵坐标,$1/T$ 为横坐标作图,可以近似地得到一直线。因此,可以通过两组已知的压力和温度算出 $A$ 和 $B$ 的数值,再将所选择的压力代入上式算出液体的沸点。但实际上许多物质沸点的变化不能完全如此,这是由物质的物理性质所决定的。在实际减压蒸馏中,可参考图 2-67 来估计一种化合物的沸点。例如,已知某一种液体化合物在常压下的沸点为 290 ℃,实验中循环水真空泵减压下蒸馏体系的压力为 2.67 kPa。该压力下,这一液体化合物的沸点是多少呢?用尺子连接 $C$ 线上的 2.67 kPa 与 $B$ 线上的 290 ℃ 两点,延伸至 $A$ 线上的 160 ℃,便是该液体化合物在 2.67 kPa 下的沸点(约为 160 ℃),

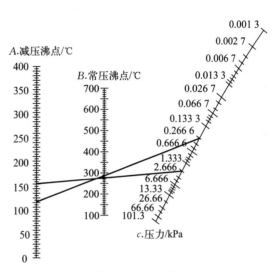

图 2-67 液体在常压下的沸点与减压下的沸点的近似关系图

表示为 160 ℃/2.67 kPa。同理,已知某一液体化合物的文献沸点为 120 ℃/0.266 kPa,也可以利用图 2-67 估计出其常压下的沸点约为 295 ℃。

表 2-5 列出了水和一些有机化合物在不同压力下的沸点。

表 2-5 水和常见有机化合物在不同压力下的沸点(℃)

| $p$/mmHg* | 水 | 氯苯 | 苯甲醛 | 水杨酸乙酯 | 甘油 | 蒽 |
|---|---|---|---|---|---|---|
| 760 | 100 | 132 | 179 | 234 | 290 | 354 |
| 50 | 38 | 54 | 95 | 139 | 204 | 225 |
| 30 | 30 | 43 | 84 | 127 | 192 | 207 |
| 25 | 26 | 39 | 79 | 124 | 188 | 201 |
| 20 | 22 | 34.5 | 75 | 119 | 182 | 194 |
| 15 | 17.5 | 29 | 69 | 113 | 175 | 186 |
| 10 | 11 | 22 | 62 | 105 | 167 | 175 |
| 5 | 1 | 10 | 50 | 95 | 156 | 159 |

\* mmHg 为非法定计量单位,760 mmHg = $1.013 \times 10^2$ kPa。

从表 2-5 中可以总结出以下经验规律：①当压力降到 20 mmHg(2.67 kPa)时，大多数有机物的沸点比常压 760 mmHg(0.1MPa)的沸点低 100～120 ℃；②当减压蒸馏在 10～25 mmHg(1.33～3.33 kPa)进行时，大体上压力每相差 1 mmHg(0.133 kPa)，沸点约相差 1 ℃。对于具体某种化合物减压到一定压力后其沸点是多少，可以查阅有关资料，并通过实验确定。

(2) 装置。减压蒸馏装置的主要仪器设备为蒸馏烧瓶、接收瓶、冷凝管和减压泵(图 2-68)。

减压蒸馏一般用克氏蒸馏头，目的是避免减压蒸馏时瓶内液体由于沸腾而冲入冷凝管中。瓶颈中插入一根毛细管，其下端距瓶底 1～2 mm。毛细管上端有一段带有螺旋夹的橡皮管，螺旋夹用于调节进入瓶中的空气量，使有极少量的空气进入液体呈微小气泡冒出，作为液体沸腾的汽化中心，以防止暴沸，使蒸馏平稳进行。

减压泵前应安装安全瓶，一般用抽滤瓶，其壁厚耐压。安全瓶既能防止腐蚀性液体吸入减压泵造成设备损坏，又能防止水压下降时发生倒吸。安全瓶上要安装二通活塞以方便排空。

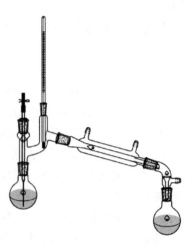

图 2-68 减压蒸馏装置图

常用的减压泵有循环水真空泵和油泵两种，循环水真空泵能达到的最低压力为当时室温下水的蒸气压(表 2-6)。

表 2-6 温度在 1～30 ℃时水的蒸气压

| $t/℃$ | $p/mmHg$ | $t/℃$ | $p/mmHg$ | $t/℃$ | $p/mmHg$ | $t/℃$ | $p/mmHg$ | $t/℃$ | $p/mmHg$ |
| --- | --- | --- | --- | --- | --- | --- | --- | --- | --- |
| 1 | 4.9 | 7 | 7.5 | 13 | 11.2 | 19 | 16.4 | 25 | 23.5 |
| 2 | 5.3 | 8 | 8.0 | 14 | 11.9 | 20 | 17.4 | 26 | 25.0 |
| 3 | 5.7 | 9 | 8.6 | 15 | 12.7 | 21 | 18.5 | 27 | 26.5 |
| 4 | 6.1 | 10 | 9.2 | 16 | 13.6 | 22 | 19.7 | 28 | 28.1 |
| 5 | 6.5 | 11 | 9.8 | 17 | 14.5 | 23 | 20.9 | 29 | 29.8 |
| 6 | 7.0 | 12 | 10.5 | 18 | 15.4 | 24 | 22.2 | 30 | 31.6 |

若需要较低压力，则使用油泵，好的油泵能抽至真空度为 $10^{-1}$～$10^{-3}$ mmHg。一般使用油泵时，系统的压力常控制在 1～5 mmHg。因为在沸腾液体表面上要获得 1 mmHg 以下的压力比较困难。这是由于蒸气从瓶内的蒸发面逸出而经过瓶颈和支管时，需要有一定的压力差。另外，当用油泵进行减压时，如果蒸馏挥发性较大的有机溶剂，有机溶剂会被泵油吸收，增加蒸气压，从而降低抽空效能；如果是酸性气体，会腐蚀油泵；如果是水蒸气，会使泵油成乳浊液，则会损坏泵油。因此，使用油泵时为了防止易挥发的有机溶剂、酸性物质和水汽进入油泵，还需要在馏液接收器与油泵之间安装吸收装置，以免污染油泵用油、腐蚀机件致使真空度降低。吸收装置一般由下述几部分组成：①冷却阱，用来冷凝水蒸气和一些易挥发性物质，通常置于盛有冷却剂的广口保温瓶中，冷却剂的选择随需要而定。例如可用冰-水、冰-盐、干冰-丙酮等。干冰能使温度降至-78 ℃。②硅胶(或者无水氯化钙)干燥塔，用来吸收经过冷却阱后还未除净的残余水蒸气。③氢氧化钠吸收塔，用来吸收酸性蒸气。

④石蜡片干燥塔,用来吸收烃类气体。切记停止蒸馏时应先放气,然后关泵。

(3)操作。

① 减压蒸馏装置密闭性检查与真空度调试:旋紧毛细玻璃管上的螺旋夹,旋开安全瓶上的二通活塞使之连通大气,开动真空泵,并逐渐关闭二通活塞,如能达到所要求的真空度,并且还能够维持不变,说明减压蒸馏系统没有漏气之处,密闭性符合要求。若达不到所需的真空度(不是由于水泵或真空泵本身性能或效率所限制),或者系统压力不稳定,则说明有漏气的地方,应当对可能产生漏气的部位逐个进行检查,包括磨口连接处、塞子或橡皮管的连接是否紧密。必要时,可将减压蒸馏系统连通大气后,重新用真空脂或石蜡密封,再次检查真空度。若系统内的真空度高于所要求的真空度,可以旋动安全瓶上的二通活塞,慢慢放进少量空气,以调节至所要求的真空度。确认无漏气后,慢慢旋开二通活塞,放入空气,解除真空度。

② 减压蒸馏:在蒸馏烧瓶中加入待蒸馏液体,其体积应占烧瓶容积的1/3~1/2。关闭安全瓶上活塞,开动真空泵,通过螺旋夹调节进气量,使烧瓶内冒出一连串小气泡,装置内的压力符合所要求的稳定的真空度。

开通冷却水,打开热浴装置,使热浴的温度升至比烧瓶内的液体的沸点高20℃,以保持馏出速度为每秒1~2滴。记录馏出第一滴液滴的温度、压力和时间。若开始馏出液滴的沸点比预料收集的要低,可以在达到所需温度时转动接引管的位置,使另一个接收器收集所需要的馏分。蒸馏过程中,应密切关注压力与温度的变化。

蒸馏完毕,或者在蒸馏过程中需要中断实验时,应先撤去热源,缓缓旋开毛细管上的螺旋夹,再缓缓地旋开安全瓶上的二通活塞,慢慢放入空气,使U形压力计水银柱逐渐上升至柱顶,使装置内外压力平衡后,方可最后关闭真空泵及压力计的活塞。

停止加热,停止抽真空,最后再切断电源。

## (六)吸附分离法

吸附分离法是利用具有较大比表面的固体吸附剂对气态或液态混合物中各组分吸附能力大小的不同,通过选择吸附实现物质的分离。如乙醇中含微量的水,通过加入分子筛吸附水而获取乙醇。

**1. 吸附原理** 固态物质由于其晶体结构的缘故,位于表面层的分子与内部分子不同,处于热力学不稳定状态,这些表面层分子有释放能量降低表面能达到稳定状态的趋势。当外界分子碰撞到其表面时,表面层分子能通过吸引、聚集这些外界分子来降低其表面能。这种外来分子在固体表面的相对聚集现象称为吸附。吸附是一种动态可逆过程,外界分子随时可被吸附,被吸附分子也可随时逃逸而脱附。但在温度、压力或溶液浓度恒定时,其吸附可以达到一定动态平衡,此时单位吸附剂吸附其他物质的量称为吸附量。根据吸附性质可将吸附分为物理吸附和化学吸附两类。化学吸附发生时,分子间可有电子转移、分子重排、化学键的破坏与形成,吸附力与化学键力相似,分子较难脱附。物理吸附则仅是分子间范德华引力作用,分子较易脱附,但即使是物理吸附,对于不同的分子、不同的分子极性,其吸附作用力或脱附难易程度也有明显的区别。吸附分离法正是利用吸附剂对不同分子的吸附作用力差别和脱附的难易区别来达到分离物质的目的。

**2. 常用吸附剂**

(1)氧化铝。氧化铝常用于液相混合物的分离,它对混合物中亲水性强的组分具有较高的吸附作用，可使亲脂性物质分离出来。市售氧化铝分3种：碱性氧化铝用于碳氢化合物分离；酸性氧化铝可用于有机酸及醛、酮等的分离；中性氧化铝应用范围较广，但需通过实验证明其分离效果。使用过的氧化铝可再生，方法是首先洗去无机盐及亲水性杂质，再风干，最后在500 ℃高温下灼烧2~3 h，即可活化。

(2) 硅胶。硅胶是广泛用于气相物质或液相物质分离的吸附剂，它是利用其硅醇基可与极性化合物或不饱和化合物形成氢键来实现吸附的，故用于在亲脂性物质中分离清除极性物质分子。由于其呈弱酸性，故不宜在碱性混合液中使用。对使用过的硅胶再生，一般是用乙醇洗涤，风干，再在真空下100 ℃左右加热活化2 h。

(3) 分子筛。分子筛是人工合成的硅铝酸盐晶体。由于硅(铝)氧能形成四面体骨架结构，产生尺寸大小固定的骨架洞穴和窗口，当合成条件和原料组成不同时，即可形成具有不同尺寸大小的洞穴和窗口的各种类型分子筛。如钾型分子筛孔径大小为0.28~0.31 nm，钠型分子筛孔径为0.40~0.42 nm，钙型为0.52 nm，也常称它们为0.3 nm、0.4 nm、0.5 nm型分子筛。X型孔径为0.8~1 nm，Y型为0.9~1 nm。一般1 g分子筛的内表面积在800~1 000 m$^2$左右。与硅胶相比，由于其具有大的比表面且孔径一定，故具有极强的选择性吸附作用和分子筛分作用。如0.3 nm分子筛可吸附水、氧、氢，而不吸附乙烯、氨气、乙醇，常用于有机试剂的脱水处理，使试剂中含水量降到10 $\mu g \cdot g^{-1}$。使用过的分子筛再生，一般采取真空下350~500 ℃加热活化2 h。

(4) 活性炭。活性炭是一种非极性吸附剂，它对非极性物质，尤其是芳香族化合物、大分子化合物有强的吸附作用。常用于水溶性物质的分离。其吸附作用在水溶液中强于在有机溶剂中。但应注意它对—COOH、—NH$_2$及—OH也有较强的吸附作用。失效后的活性炭再生是通过真空下450~500 ℃加热活化2 h实现的。

(5) 聚酰胺。聚酰胺由酰胺聚合而成，是一种高分子化合物，分子内存在大量酰胺键，可与酚、酸、醌类及硝基化合物等形成氢键而发生吸附。常用于水溶液中极性物质的分离。使用过的聚酰胺再生时，可用5%氢氧化钠洗涤至无色，再水洗至pH＝8左右，最后用10%乙酸浸洗后，用蒸馏水洗至中性即可。

**3. 吸附分离的操作方法**　吸附分离的实验操作分静态浸泡法和流动色谱法两种。

(1) 静态浸泡法。浸泡法采取直接放置吸附剂于待分离体系溶液中，通过吸附除去其中杂质组分。如利用分子筛直接在有机试剂中脱水、活性炭在溶液中的浸泡脱色等都属此法。

(2) 流动色谱法。流动色谱法是固定吸附剂于玻璃柱中或固定于平面上形成薄层(称之为固定相)，待分离混合物以及溶剂和洗脱剂(称之为流动相)在流动中通过固定相，实施混合物组分的分离。现以柱色谱分离说明其操作流程，主要包括装柱、加样、洗脱、收集4个步骤。

① 装柱：常用吸附色谱装置如图2-69所示。色谱柱是一根底部具有活塞的玻璃管，上端装有恒压漏斗或分液漏斗，以便控制流动相流速。玻璃管的长度视色谱要求及分辨率而定，管粗则视待处理液量大小而定。粗则处理量大，但太粗会引起色谱层变形，分辨不清。装柱时，先在清洁干燥的柱底铺一层玻璃棉或脱

图2-69　吸附色谱装置图

脂棉，上铺盖 5 mm 厚细沙作衬底。吸附剂的装入分干法和湿法两种。干法是用漏斗从柱上口慢慢加入干燥的吸附剂，边加入边敲击玻璃柱使之均匀填充，装柱高度为柱高的 3/4，然后用溶剂润湿，再在其上均匀覆盖一层 5 mm 厚细沙。湿法装柱则是先用溶剂将吸附剂调为浆状，再打开活塞，沥出溶剂，使吸附剂均匀沉积，直至沉积层达到要求高度。

② 加样：加样前应用溶剂淋洗吸附柱层，并打开柱下活塞，保持并控制流速为每秒 3 滴，同时保证吸附剂层上表面略低于液体表面层。此时可小心仔细地加入待分离混合溶液，使其均匀覆盖于柱表面层。若试样为固体，可先选择洗脱剂或极性相似的试剂溶解该试样成为浓度较高的溶液，再如前加入。

③ 洗脱：通过恒压分液漏斗控制洗脱剂加入速率与柱下口流出速率相同进行洗脱，通过洗脱剂与不同极性分离物在吸附剂层的竞争吸附、脱附、再吸附、再脱附的反复进行，达到混合物中各组分的色谱分离。

④ 分离液收集：根据分离组分的色泽或其他理化性质分别收集洗脱剂中各组分的溶液。再用物理或化学方法去除洗脱剂，即可获取各分离物质。

(3) 洗脱剂和吸附剂选用原则。用吸附色谱分离特定的混合物，选择合适的吸附剂与洗脱剂是至关重要的。两剂选用应视待分离物的分子极性大小而定。待分离物分子被吸附剂吸附的强弱与分子本身的极性有关，分子极性越强则被吸附的作用力越大。一般分子被吸附的能力大小按其官能团排序如下：

$-CH_3 < -Cl、-Br、-I < \diagup\!\!\!\!C=C\diagdown\!\!\!\! < -OCH_3 < -COOR < \diagup\!\!\!\!C=O\diagdown\!\!\!\! < -CHO < -SH < -NH_2 < -OH < -COOH$

选用吸附剂和洗脱剂的原则：对强极性组分分离时，选用弱吸附剂和极性大的溶剂作洗脱剂；对弱极性组分分离时，则选用吸附性强的吸附剂，用极性较小的溶剂来洗脱，以便既能实现分离，又便于及时洗脱出来。

溶剂的洗脱能力大小一般视吸附剂的吸附特性而定。对于氧化铝、硅胶等极性吸附剂，溶剂洗脱能力排序如下：

己烷＜四氯化碳＜甲苯＜苯＜二氧甲烷＜氯仿＜乙醚＜乙酸乙酯＜丙酮＜丙醇＜乙醇＜甲醇＜水

对于非极性吸附剂如活性炭，则溶剂洗脱能力排序如下：

水＜甲醇＜乙醇＜丙酮＜正丙醇＜乙醚＜乙酸乙酯＜正己烷＜苯

在洗脱的具体操作中，由于吸附剂对被分离各组分的吸附力不同，可采取对不同组分更换选用不同极性洗脱剂洗脱，即所谓分步洗脱法。也可采用梯度洗脱法，即在原洗脱剂中，逐次递加第二种溶剂，改变洗脱剂的整体极性、离子强度，或使 pH 形成递增梯度，以便使各分离组分依次被洗脱出来。

## (七)离子交换分离法

**1. 离子交换原理及操作** 离子交换分离主要用于溶液中离子的分离与富集。它利用离子交换剂与溶液中离子间发生的交换反应来实现离子的分离。该法不仅可分离异性离子，也可分离同性及性质相近的离子混合物，元素的提取、有机物的纯化精制及水的净化都用到这种分离技术。

许多物质如无机氧化物、难溶盐、天然与人工合成的沸石以及具有活性功能的有机聚合物结构中都有能与另一种离子发生交换的离子。实验室典型的无机离子交换剂是把交换活性官能团键合在硅胶的—OH上构成的。典型的有机离子交换剂是离子交换树脂，它是通过化学方法在聚苯乙烯、酚醛、聚甲基丙烯酸等聚合物的网状骨架结构上键合具有交换作用的官能团，这些聚合物有的呈凝胶态，有的为大孔态固体，它们不溶于水、酸、碱和大多数有机溶剂，与氧化剂或还原剂不发生作用，仅是键合的活性官能团与外界离子发生交换反应。常用离子交换树脂根据其活性官能团的性质及化学活性可分为阳离子、阴离子、两性和特殊性能离子交换树脂。

离子交换剂对离子的交换亲和力一般随离子电荷的增大、水合离子半径的变小、极化度的增大而增大，如在强酸性阳离子交换树脂上，一价阳离子亲和顺序如下：

$Li^+ < H^+ < Na^+ < NH_4^+ < K^+ < Rb^+ < Cs^+ < Tl^+ < Ag^+$

二价阳离子亲和顺序如下：

$Mg^{2+} < Zn^{2+} < Co^{2+} < Cu^{2+} < Ni^{2+} < Ca^{2+} < Sr^{2+} < Pb^{2+} < Ba^{2+}$

强碱性阴离子交换树脂对阴离子的亲和顺序如下：

$F^- < OH^- < CH_3COO^- < HCOO^- < Cl^- < NO_2^- < CN^- < Br^- < C_2O_4^{2-} < NO_3^- < HSO_4^- < I^- < CrO_4^{2-} < SO_4^{2-}$

显然，若离子混合液注入离子交换柱中，在流动条件下交换时，亲和力强的离子必然不断与亲和力弱的离子竞争交换，置换取代弱亲和力离子的位置并造成不同的迁移速度，在交换柱的上下形成按亲和力大小排布的被交换离子分布梯度，这就是离子交换分离离子的依据。

当然，也可利用高浓度的弱亲和力离子逆向取代被交换于树脂上的高亲和力离子，这是利用了离子交换反应的可逆特性，即交换反应条件改变时，交换反应的方向可以被改变。通过改变条件，被交换上的离子又能根据其亲和力从小到大而被依次洗脱下来，达到最后的分离。这也是离子交换柱可再生、反复使用的原因所在。

螯合性离子交换树脂对离子的交换作用则是由于其活性基团具有配位螯合阳离子的作用，使离子形成螯合物被分离。螯合物稳定性一般随pH变化而改变，通过改变洗脱剂的pH，可使螯合物解离而被洗出。

离子交换分离一般采用流动法，其装置及操作方法与吸附色谱柱分离法相同。待分离混合液由柱上口缓缓加入进行交换反应，再用同酸度溶剂洗涤未交换离子，最后加洗脱剂洗脱分离出交换离子。洗脱实际上是交换的逆过程。

操作中值得注意的是离子交换剂的选择。一般来说，若分离物质是金属离子或有机碱类，可选用阳离子交换剂；若为无机阴离子或有机酸类，则选用阴离子交换剂。有时对于金属离子，可先将其与配位剂形成带负电荷的配合物离子，再选用阴离子交换剂实施分离。

**2. 洗脱原理和方法** 对交换于树脂上的配离子的分别洗脱分离是离子交换分离法中的重要步骤。常用的洗脱分离方法有以下几种：

(1)利用亲和力的差异分离。由于被交换结合的各种离子与交换剂的亲和力不同，当采用洗脱剂洗脱时，亲和力小的离子先被分离出来，随着洗脱剂浓度的不断增大，离子根据与交换剂亲和力由小到大的顺序被依次洗脱分离。

(2)改变洗脱剂酸度的洗脱分离。对阴、阳离子交换剂来说，改变酸度实际上就是通过

改变洗脱剂的 $H^+$ 或 $OH^-$ 浓度,使被交换结合的离子逆向交换脱出,达到分离离子的目的。对氧化、还原性交换剂则是利用 pH 的改变,使原交换反应产物稳定性下降,分解洗脱出待分离的离子。

(3)利用配位剂洗脱分离。许多有机酸和无机酸对金属离子有选择性配位作用,形成不同稳定性的配合物或配合物离子,当其稳定性大于被交换结合的离子稳定性时,就可利用配位剂作洗脱剂从交换剂上洗脱并夺取已被交换结合的离子。一般能与配位剂形成最稳定配合物的离子优先被洗脱下来。具有配位作用的无机酸有 HF、HCl、HBr、HI、HSCN 及 $H_2SO_4$,有机酸则大多具有配位作用。

(4)利用有机溶剂增强洗脱分离能力。与水溶液相比,有机溶剂可大大提高金属离子与配位剂形成配合物的稳定性,有利于实施离子的有效分离。如在稀盐酸洗脱时,逐步加入丙酮(从 40% 到 95%),可在阳离子交换柱中依次分离出锌(Ⅱ)、铁(Ⅱ)、钴(Ⅱ)、铜(Ⅱ)和锰(Ⅱ)离子,这是因为在有机溶剂中金属阳离子与无机阴离子形成配合物比在水中要容易且配合物稳定得多。

## (八)色谱分离法

色谱法的基本原理是利用混合物各组分在某一物质中的吸附或溶解性能(分配)的不同,或亲和性的差异,使混合物的溶液流经该物质时进行反复的吸附或分配等作用,从而使各组分分开。色谱分离的效率远远高于萃取、分馏、重结晶等一般方法,且适用于微量物质的分离和性质极其相似组分的分离。因此本法已广泛用于无机物分子及离子、有机物分子及离子、生命基本物质的分离与分析。

色谱法按分离原理可分为吸附色谱、分配色谱、离子交换色谱、凝胶渗透(过滤)色谱、亲和色谱五类,按分离操作方式可分为柱色谱(含毛细管电泳)、薄层色谱和纸色谱三类。

**1. 色谱法分类及分离原理**

按分离原理,色谱法分为吸附色谱、分配色谱、离子交换色谱、凝胶色谱和亲和色谱。

(1)吸附色谱。是以氧化铝、硅胶等为吸附剂,将一些物质从溶液中吸附到它们的表面,再用溶剂洗脱或展开,利用不同物质在吸附剂和溶剂之间分布情况的不同进行分离。

(2)分配色谱。是利用混合物组分在两种互不相溶的液体中分布情况不同而进行分离。这样的分离不经过吸附程序,仅由溶剂的萃取来完成,相当于一种连续性溶剂萃取方法。选用与待分离液不互溶的试剂,涂于载体表面形成固定相,利用待分离的不同组分在原溶剂和作为固定相的试剂中的不同分配系数或分配比实施分配分离。常用于气相、液相混合物的分离。若分离物质为极性化合物,则流动相选用非极性溶剂,固定相选用极性试剂,此色谱称为正相分配色谱。反之,对非极性物质的分离可用极性溶剂(如水)作流动相,与水不互溶的非极性有机溶剂为固定相,称之为反相分配色谱。

(3)离子交换色谱。以离子交换剂为固定相,利用其与流动相中待分离离子的交换反应或配位反应的强弱获取不同的迁移速度,达到物质分离的目的。

(4)凝胶色谱。该色谱也称凝胶渗透(过滤)色谱,是以凝胶作为固定相,当分离物通过时,小分子组分渗透于凝胶二维空间网状结构孔径内,形成流速慢的迁移,比网状结构孔径大的分子通过胶粒之间的间隙随溶剂快速畅通流动,造成大分子先出、小分子随后的逆向筛分分离效果。另外，通过凝胶本身的亲油性、亲水性可选择性地分离极性、非极性物质。

(5)亲和色谱。是一种用于生物大分子分离的有效分离方法。通常蛋白质等生物大分子具有识别和选择性地与一些原子基团或分子(称为配体)配位成复合物的性质。若固定配体或生物大分子中一方作为固定相，则可利用它们间的亲和作用生成复合物而达到分离的目的，典型的例子是利用抗体(或抗原)来分离抗原(或抗体)。

上述5种色谱分离技术各有其特点和使用范围。用色谱法分离时应按待分离物的性质、相对分子质量的大小选用合适的方法，可获得事半功倍的效果。

**2. 柱色谱、薄层色谱和纸色谱**

(1)柱色谱。柱色谱是通过色谱柱来实现分离的(图2-70)。在色谱柱内装有固体吸附剂(固定相)如氧化铝或硅胶。液体样品从柱顶加入，当液体流经吸附剂时，由于吸附剂表面对液体中各组分吸附能力不同而按一定的顺序吸附。然后从柱顶加入洗脱剂(流动相)，样品中的各组分随洗脱剂按一定的顺序从色谱柱下端流出，根据不同颜色分段收集。如为无色物质，可用紫外光照射，收集会发出荧光的组分，否则就要分段收集洗脱液，再分别进行鉴定。

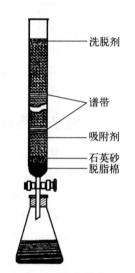

图2-70 柱色谱装置图

① 吸附剂的选择：化合物的吸附能力与分子的极性有关，极性越强，吸附能力越大，分子中含有极性较大的基团，其吸附能力也越强。常用的吸附剂有氧化铝、硅胶、氧化镁、碳酸钙、活性炭等，用得最多的是氧化铝。氧化铝分为酸性、中性和碱性3种，分别用于酸性、中性和碱性化合物的分离。吸附剂的活性与其含水量有关，含水量越低，活性越高。氧化铝的活性分5级，其含水量(%)分别为0、3、6、10、15。将氧化铝放在高温炉(350~400 ℃)中烘3 h,得无水物。氧化铝对各种化合物的吸附性能请参见第87~89页"吸附分离法"的相关内容。

② 溶剂的选择：溶剂分为溶解样品的溶剂和洗脱剂。吸附剂吸附能力的大小取决于溶解样品的溶剂和吸附剂的性质，选择溶剂时还要考虑到被分离混合物各组分的极性和溶解度。通常是先将要分离的样品溶于非极性溶剂中，从柱顶加入。然后用稍大极性的溶剂使各组分在柱中形成若干谱带，再用极性更大的溶剂洗脱被吸附的物质。为了提高洗脱效果，有时也使用混合溶剂。溶剂的洗脱能力请参见第87~89页"吸附分离法"的相关内容。

③ 装柱：层析柱的尺寸可根据处理量来决定，但柱高与直径的比一般为10∶1。

柱子中的吸附剂必须装填均匀，空气必须严格排除。有两种装填方法。

a. 湿法：将吸附剂和溶剂制成浆再倒入柱中。

b. 干法：将吸附剂缓慢地倒入柱中，同时不断拍动玻璃柱或抽真空，使填充紧密。

已经湿润的柱子不应再让它变干，因为变干后吸附剂可能从玻璃管壁离开而形成裂沟。

(2)薄层色谱。薄层色谱法是一种微量快速的分析分离方法，它具有灵敏、快速、准确等优点。

薄层色谱的原理和柱层析一样，属于固-液吸附层析类型。通常是把吸附剂放在玻璃板上成为一个薄层，作为固定相，以有机溶剂作为流动相。实验时，把要分离的混合物滴在薄层析板的一端,用适当的溶剂展开(图 2-71)。当溶剂流经吸附剂时,由于各物质被吸附的强弱不同,就以不同的速率随着溶剂移动。展开一定时间后,让溶剂停止流动,混合物中各组分就停留在薄层板上显示出一个个色斑的色谱图。若各组分无色,可喷洒一定的显色剂使之显色(图 2-72)。

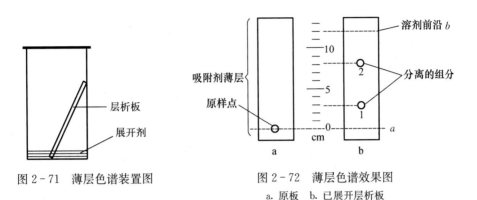

图 2-71　薄层色谱装置图

图 2-72　薄层色谱效果图
a. 原板　b. 已展开层析板

混合物中各物质在薄板上随溶剂移动的相对距离称为比移值($R_f$ 值)。

$$R_f = \frac{\text{原点到斑点中心的距离}}{\text{原点到溶剂前沿的距离}} = \frac{b}{a}$$

图 2-72 中：

$$R_f(\text{化合物 1}) = \frac{3.0 \text{ cm}}{12 \text{ cm}} = 0.25$$

$$R_f(\text{化合物 2}) = \frac{8.4 \text{ cm}}{12 \text{ cm}} = 0.70$$

在一定条件下,各物质具有一定的 $R_f$ 值。不同物质在相同条件下,具有不同的 $R_f$ 值。因此,可利用 $R_f$ 值对物质进行定性鉴定。但物质的 $R_f$ 值常因吸附剂的种类和活性、薄层的厚度、展开剂及温度等的不同而异。所以在鉴定样品时,常用已知成分做对照实验,在同一个薄层板上进行层析,然后通过比较 $R_f$ 值,对物质做定性鉴定。将斑点的面积大小和颜色的深浅与标准物的对照还可进行定量分析。

(3) 纸色谱。纸色谱是一种比较简单的色层层析法,这种方法就是利用不同物质在两种互不相溶的溶剂中溶解度的不同而达到分离的目的。实验是在特制的滤纸上进行(图 2-73)。滤纸可视作惰性载体,吸附在滤纸上的水作为固定相,而有机溶剂作流动相。将要分离的混合物点在滤纸的一端,随着展开剂的移动,由于各组分在两相中的分配系数不同,各组分就以不同速度在滤纸上随展开剂移动。展开剂停止移动,各组分就停留在滤纸的不同位置上(图 2-74)。若各组分无色,可根据其性质,喷上显色剂,以观察斑点的位置。用 $R_f$ 值表示各组分的移动率：

$$R_f = \frac{b}{a} \tag{2-10}$$

式中,$a$ 为溶剂移动的距离;$b$ 为各组分移动的距离。

各组分的 $R_f$ 值随实验条件而变化,因此在鉴定时常常采用标准样品对照。此法一般适用于微量有机物质($5 \sim 500 \mu g$)的定性分析,分离出来的色点也能用比色方法定量。

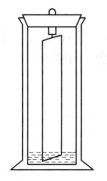

图 2-73 纸色谱效果装置图

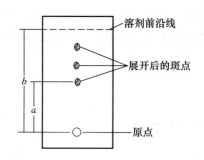

图 2-74 纸色谱效果图

## (九)电化学分离法

电化学分离是利用分子或离子的电学性质，在外电场的作用下进行迁移或电极反应来分离物质的一种方法，常见方法有电解、电泳、电渗析及自发性还原沉积4种。

**1. 电解分离** 该法利用溶液中各离子具有不同的析出电位，在控制电位的条件下使不同离子还原(氧化)，以单质或化合物形式沉积于电极，再逆向控制电位使单质或化合物在另外的电解槽中电解氧化(还原)出该离子，达到分离物质的目的。常用设备为可调直流稳定电源、电压表及电流表，用来控制电解槽的电压或电流。

**2. 电泳分离** 该法利用带电质点在直流电场中的定向迁移速度因质点性质而异的特点来实施物质的分离。常用电泳分离方法有纸电泳、乙酸纤维薄膜电泳、溶胶层(柱)电泳、凝胶层(柱)电泳等。在这些非流动性支持介质存在下，各种带电的离子、分子、无机物、有机物都可通过其在稳定电场下迁移速度的快慢不同达到分离。常用设备为电泳仪，可调节低、中、高电压的直流电源和配套使用的电泳槽(管)。电极要求为惰性铂金电极。

影响电泳分离效果的因素有质点的性质、溶液介质的性质和电场强度[电场强度指单位距离(cm)的电位梯度，对固定电极距离的电泳槽，电压越高，越利于加快带电质点的迁移速度。常压电泳电场强度为 $2\sim10\ \text{V}\cdot\text{cm}^{-1}$，总电压为 $100\sim500\ \text{V}$；高压电泳总电压高达 $500\sim1\,000\ \text{V}$，电场强度为 $20\sim200\ \text{V}\cdot\text{cm}^{-1}$]。一般迁移分离中，质点所带电荷越大、半径越小并近球形，则在电场作用下迁移速度越快，反之越慢。另外，存在于支持介质中的溶液离子强度越小，溶液黏度越小，带电质点越容易迁移。在电泳分离中合适的溶液离子强度为 $0.02\sim0.2$。离子强度可通过式(2-11)进行计算：

$$I = \frac{1}{2}\sum cZ^2 \qquad (2-11)$$

式中，$I$ 为离子强度；$c$ 为离子浓度；$Z$ 为离子电荷数。

**3. 电渗析分离** 电渗析分离实质上是一种膜分离技术，固膜分离中离子交换膜可选择性渗透不同电性的离子，如阳离子交换膜选择性渗透阳离子，阴离子交换膜选择性渗透阴离子，外加的直流电场可加速阴离子、阳离子的定向迁移。如果在溶液中同时设置阴、阳离子交换膜，则在电场作用下可使阴、阳离子定向分布于膜的一侧，达到浓缩分离的目的。

**4. 自发性还原沉积** 该法是利用各物质的氧化还原电位不同(或称电位序不同)，通过自发的还原反应来分离溶液中的某些成分。如铁在硫酸铜水溶液中使铜还原沉积，金属锡使铜(Ⅱ)离子还原沉积于锡固体表面得以分离，都是利用两元素氧化还原电位的差异使不活泼金属离子自发还原沉淀于活泼金属单质之上。

# 第三部分

# 化学技能训练实验

## 一、基本技能训练实验

### 实验 1　化学实验安全知识及玻璃仪器的洗涤和使用

**一、实验目的**

(1)了解化学实验课学习方法与教学基本要求。
(2)了解化学实验室安全知识，掌握化学实验室规则和要求。
(3)认识常见仪器，熟悉其名称、规格、主要用途及使用注意事项。
(4)练习并掌握常用玻璃仪器的使用、洗涤和干燥方法。

**二、实验原理**

(1)化学实验课学习方法与教学基本要求，请参见第1页相关内容。
(2)实验室安全知识，请参见第4~6页相关内容。
(3)仪器的认领，请参见第11~19页相关内容。
(4)玻璃仪器的洗涤，请参见第45~46页相关内容。
(5)容量瓶、移液管和吸量管的使用，请参见第67~68页相关内容。

**三、实验仪器和材料**

**1. 仪器**　锥形瓶、烧杯(250 mL)、酒精灯、铁架台、量筒(100 mL、10 mL)、塑料洗瓶、吸量管(20 mL)、移液管(25 mL)、容量瓶(100 mL)、滴瓶、自由夹、螺旋夹。

**2. 材料**　水、氯化钠。

**四、实验内容**

(1)观看实验室安全教育视频。
(2)练习使用移液管及吸量管正确移取一定体积的液体。
(3)练习使用容量瓶配制浓度为 $0.1\ mol \cdot L^{-1}$ 的氯化钠溶液。
(4)练习移取蒸馏水并正确使用自由夹或螺旋夹。
(5)练习清洗玻璃仪器并干燥。

**五、思考题**

(1)玻璃仪器清洗干净的标准是什么？
(2)量具是否可以用毛刷清洗？
(3)酒精灯使用过程中的注意事项有哪些？

(4)称量固体试剂需要注意什么?

## 实验 2  玻璃管加工和塞子钻孔

**一、实验目的**
(1)学会酒精喷灯的使用。
(2)学会玻璃管(棒)的截、弯、拉、熔光等基本操作。
(3)练习塞子钻孔操作和制作洗瓶。

**二、实验操作规范**
请参见第 54~55 页"玻璃工操作与塞子的配制"的相关内容,掌握其规范操作。

**三、实验仪器和材料**
**1. 仪器**  酒精喷灯、三角锉、钻孔器、石棉网、洗瓶、玻璃管、玻璃棒。
**2. 材料**  橡皮塞、软木塞。

**四、实验内容及要求**
(1)截 8 根 15 cm 长的玻璃管和 5 根 15 cm 长的玻璃棒,截头需熔光。
(2)拉细 3 根玻璃管,制作 6 根长 10 cm 的毛细管,制作 2 根长 10~12 cm 的滴管。
(3)制作角度为 45°、60°、90°、120°的弯管各一根。
(4)选择适合制作洗瓶的橡皮塞和软木塞各一个钻孔,孔径要与玻璃管直径相匹配。
(5)制作一个洗瓶。

**五、思考题**
(1)为了保证安全,在加工玻璃管时应注意哪些问题?
(2)弯曲和拉细玻璃管时应如何加热玻璃管?
(3)如何弯曲小角度的玻璃管?
(4)塞子钻孔时应如何选择钻孔器?如何操作?

## 实验 3  分析天平的称量练习

**一、实验目的**
(1)学习分析天平的基本操作和常用称量方法(直接称量法、固定质量称量法和减量法)。
(2)经过 3 次称量练习后,要求达到:固定质量称量法称 1 个试样的时间在 3 min 内;减量法称 1 个试样的时间在 5 min 内,倾样次数不超过 3 次,连续称 2 个试样的时间不超过 8 min,并做到称出的两份试样的质量均在 0.15~0.35 g。
(3)培养准确、整齐、简明地记录实验原始数据的习惯,不可涂改数据,不可将测量数据记录在实验记录本以外的任何地方。

**二、实验原理**
请参见第 21~28 页"分析天平"的相关内容。

**三、实验仪器和试剂**
**1. 仪器**  分析天平、台秤(托盘天平)、称量瓶、烧杯(50 mL)、牛角匙。
**2. 试剂**  石英砂或粗食盐粉末试样。

**四、实验步骤**
**1. 固定质量称量法**  称取 0.500 0 g 石英砂或粗食盐试样 3 份,称量方法如下:

(1)准备干燥洁净的小烧杯一只(或称量纸)放置于电子天平秤盘中央,关好天平门,去皮(清零)。

(2)轻轻抖动药匙将试样慢慢加到小烧杯的中央,至所需质量,关闭天平门,待仪器稳定读数,记录数据。如此反复练习2~3次。

**2. 递减称量法**  称取 0.15~0.35 g 试样 3 份。

(1)取 3 个洁净、干燥的小烧杯,分别在分析天平上称准至 0.1 mg,记录为 $m_1$。

(2)取 1 个洁净、干燥的称量瓶,先在台秤上粗称其大致质量,然后加入约 1.2 g 试样。在分析天平上准确称量其质量,记录为 $m_2$;估计一下样品的体积,转移 0.15~0.35 g 试样(约占试样总体积的 1/3)至第一个已知质量的空的小烧杯中,称量并记录称量瓶和剩余试样的质量 $m_3$。以同样方法再转移 0.15~0.35 g 试样至另外 2 只烧杯中,记录数据。

(3)分别准确称量 3 个已有试样的小烧杯,记录其质量为 $m_4$。

(4)参照实验报告的格式认真记录实验数据并计算实验结果。

若称量结果未达到要求,应寻找原因,再做称量练习,并进行计时,检验称量操作的正确、熟练程度。

要求:$||m_2-m_3|-|m_4-m_1||<0.0004$ g。

### 五、数据记录和处理

(1)固定质量称量法。

**样品名称:** _____

| 项目名称 | 1 | 2 | 3 |
|---|---|---|---|
| $m_{(试样)}$/g | | | |

(2)递减称量法(称取 0.15~0.35 g 试样 3 份)。

| 项目名称 | 1 | 2 | 3 | |
|---|---|---|---|---|
| $m_{1(烧杯)}$/g | | | | |
| $m_{2倾倒前(称量瓶+试样)}$/g | | | | |
| $m_{3倾倒后(称量瓶+试样)}$/g | | | | |
| $m_{4(烧杯+取出试样)}$/g | | | | |
| $(m_2-m_3)$/g | | | | |
| $(m_4-m_1)$/g | | | | |
| $(|m_2-m_3|-|m_4-m_1|)$/g | | | | |

### 六、思考题

(1)用分析天平称量的方法有哪几种?固定质量称量法和递减称量法各有何优缺点?在什么情况下选用这两种方法?如使用的是电子天平,如何进行这两种方法的称重更好?

(2)在实验中记录称量数据应准确至几位?为什么?

(3)称量时,每次均应将砝码和物体放在天平盘的中央,为什么?

(4)使用称量瓶时,如何操作才能保证试样不损失?

## 实验 4　滴定分析基本操作练习

### 一、实验目的
(1)初步掌握滴定管的洗涤和正确的使用方法。
(2)通过练习滴定操作，初步掌握使用甲基橙、酚酞指示剂确定终点的方法。

### 二、实验原理
0.1 mol·L$^{-1}$ HCl(强酸)和 0.1 mol·L$^{-1}$ NaOH(强碱)相互滴定时，化学计量点的 pH 为 7.0，pH 突跃范围为 4.30～9.70。凡是在突跃范围内变色的指示剂都可以保证测定获得足够的准确度。本实验采用甲基橙(简写为 MO，变色范围 pH 3.1～4.4)和酚酞(简写为 PP，变色范围 pH 8.0～9.6)作指示剂。

请参见第 62～68 页"滴定分析基本操作"的相关内容。

### 三、实验仪器和试剂
**1. 仪器**　托盘天平，酸、碱式滴定管(50 mL)，移液管(20 mL)。
**2. 试剂**　盐酸(浓)、NaOH(固)、甲基橙指示剂(1 g·L$^{-1}$)、酚酞指示剂(2 g·L$^{-1}$)。

### 四、实验步骤
**1. 溶液的配制**
(1)0.1 mol·L$^{-1}$ NaOH 溶液的配制。称取固体 NaOH 若干克(自己计算)置于 250 mL 烧杯中，马上加入蒸馏水使之溶解，稍冷却后转入试剂瓶中，烧杯用蒸馏水冲洗 2～3 次，洗涤液一并倒入试剂瓶中，然后加入蒸馏水稀释至 200 mL。用橡皮塞塞好瓶口，充分摇匀，待用。

(2)0.1 mol·L$^{-1}$ HCl 溶液的配制。用洁净的小量筒量取若干毫升(自己计算)浓 HCl，倒入装有 50 mL 蒸馏水的 500 mL 试剂瓶中，小量筒用蒸馏水冲洗 2～3 次，洗涤液一并倒入试剂瓶中，然后加入蒸馏水稀释至 200 mL，盖上玻璃塞摇匀，待用。

**2. 酸、碱的相互滴定操作练习**
(1)练习滴定管、容量瓶、移液管的清洗和使用方法。
(2)初步练习滴定分析操作基本技术和使用甲基橙、酚酞作指示剂准确判断终点的方法。

① 碱式滴定管的准备：用 0.1 mol·L$^{-1}$ NaOH 溶液润洗碱式滴定管 2～3 次，每次 5～10 mL。装入 NaOH 溶液，排除气泡，调液面至 0.00 刻度。

② 酸式滴定管的准备：洗净一支酸式滴定管，活塞涂凡士林使之能灵活转动且不漏水。用 HCl 溶液润洗 3 次，每次用 5～10 mL。再将 HCl 溶液倒满滴定管，排除下端气泡，调节液面至 0.00 刻度处。

③ 酸式滴定管操作：用碱管放出 NaOH 溶液 20.00 mL 于 250 mL 锥形瓶中，放出速度约 10 mL·min$^{-1}$，即每秒钟 3～4 滴，加入 2～3 滴甲基橙指示剂，用 0.1 mol·L$^{-1}$ HCl 溶液滴定至黄色突变为橙色。记下读数，平行滴 3 份。

④ 碱式滴定管操作：用酸管放出 HCl 溶液 20.00 mL 于 250 mL 锥形瓶中，加 2～3 滴酚酞指示剂，用 0.1 mol·L$^{-1}$ NaOH 溶液滴定至微红色，并保持 30 s 不褪色为终点。平行滴定 3 份。要求滴定体积相同的 HCl 溶液时，消耗 NaOH 溶液的体积最大差值小于 ±0.04 mL。

### 五、思考题
1. 碱式滴定管排完气泡后,应先松开手指,还是先将乳胶管放直再松手?为什么?
2. 酸式滴定管在使用前应做哪些方面的准备?

## 实验 5　酸、碱标准溶液的配制和比较滴定

### 一、实验目的
(1)学习酸、碱溶液的配制方法。
(2)练习滴定技术,学会终点的判断和酸、碱体积比的计算。

### 二、实验原理
$0.1\ mol \cdot L^{-1}$ HCl 溶液(强酸)和 $0.1\ mol \cdot L^{-1}$ NaOH(强碱)相互滴定时,化学计量点时的 pH 为 7.0,滴定的 pH 突跃范围为 4.30~9.70,选用在突跃范围内变色的指示剂,可保证测定有足够的准确度。甲基橙(MO)的 pH 变色区域是 3.1(红)~4.4(黄),酚酞(PP)的 pH 变色区域是 8.0(无色)~9.6(红)。在指示剂不变的情况下,一定浓度的 HCl 溶液和 NaOH 溶液相互滴定时,所消耗的体积之比 $\dfrac{V_{HCl}}{V_{NaOH}}$ 应是一定的,改变被滴定溶液的体积,此体积之比应基本不变。借此可以检验滴定操作技术和判断终点的能力。

### 三、实验仪器和试剂
**1. 仪器**　托盘天平,酸、碱式滴定管,移液管。
**2. 试剂**　HCl(浓)、NaOH(固)、甲基橙溶液($1\ g \cdot L^{-1}$)、酚酞溶液($2\ g \cdot L^{-1}$)。

### 四、实验步骤
**1. 溶液配制**
(1) $0.1\ mol \cdot L^{-1}$ HCl 溶液。见实验 4。
(2) $0.1\ mol \cdot L^{-1}$ NaOH 溶液。见实验 4。

**2. 酸碱溶液的相互滴定**
(1)用 $0.1\ mol \cdot L^{-1}$ NaOH 溶液润洗碱式滴定管 2~3 次,每次用 5~10 mL 溶液,然后将 NaOH 溶液倒入滴定管中,液面调节至 0.00 刻度。

(2)用 $0.1\ mol \cdot L^{-1}$ HCl 溶液润洗酸式滴定管 2~3 次,每次用 5~10 mL 溶液,然后将 HCl 溶液倒入滴定管中,调节液面至 0.00 刻度。

(3)在 250 mL 锥形瓶中加入约 20 mL NaOH 溶液、2~3 滴甲基橙指示剂,用酸管中的 HCl 溶液进行滴定操作练习。务必熟练掌握操作。练习过程中,可以不断补充 NaOH 和 HCl 溶液,反复进行,直至操作熟练后,再进行(4)、(5)、(6)的实验步骤。

(4)由碱管中放出 NaOH 溶液 20.00 mL 于锥形瓶中,放出速度为 10 mL·$min^{-1}$,即每秒滴入 3~4 滴溶液,加入 2~3 滴甲基橙指示剂,用 $0.1\ mol \cdot L^{-1}$ HCl 溶液滴定至黄色突变为橙色,记下读数。平行滴定 3 份。数据以表格形式记录。计算体积比 $\dfrac{V_{HCl}}{V_{NaOH}}$,要求相对偏差在±0.2%以内。

(5)用移液管吸取 20.00 mL $0.1\ mol \cdot L^{-1}$ HCl 溶液于 250 mL 锥形瓶中,加 2~3 滴酚酞指示剂。用 $0.1\ mol \cdot L^{-1}$ NaOH 溶液滴定至溶液呈微红色,此红色保持 30 s 不褪色即为终点。如此平行测定 3 份,要求 3 次所消耗 NaOH 溶液的体积最大差值不超过

±0.04 mL。

(6)同(5)操作，改变指示剂，选用百里酚蓝-甲酚红混合指示剂。平行测定3份，3次所消耗NaOH溶液的体积最大差值不超过±0.04 mL。

### 五、数据记录和处理

(1)酸滴碱的结果。

| 记录项目 | | 平行1 | 平行2 | 平行3 |
|---|---|---|---|---|
| $V_{NaOH}$/mL | | | | |
| 指示剂： | $V_{(HCl)1}$/mL | | | |
| | $V_{(HCl)2}$/mL | | | |
| | $\Delta V_{(HCl)}$/mL | | | |
| | $x_i$ | | | |
| | $\bar{x}_i$ | | | |

酸滴碱时，HCl与NaOH相互滴定的体积比：

$$\frac{V_{酸}}{V_{碱}} = x_i \tag{3-1}$$

$$\frac{\bar{V}_{HCl}}{\bar{V}_{NaOH}} = \frac{x_1 + x_2 + x_3}{3} \tag{3-2}$$

(2)碱滴酸的结果。

| 记录项目 | | 平行1 | 平行2 | 平行3 |
|---|---|---|---|---|
| $V_{HCl}$/mL | | | | |
| 指示剂： | $V_{(NaOH)1}$/mL | | | |
| | $V_{(NaOH)2}$/mL | | | |
| | $\Delta V_{(NaOH)}$/mL | | | |
| | $x_i$ | | | |
| | $\bar{x}_i$ | | | |

碱滴酸时，NaOH与HCl相互滴定的体积比：

$$\frac{V_{碱}}{V_{酸}} = x_i \tag{3-3}$$

$$\frac{\bar{V}_{NaOH}}{\bar{V}_{HCl}} = \frac{x_1 + x_2 + x_3}{3} \tag{3-4}$$

### 六、注意事项

(1)用实验4方法配制NaOH溶液对于初学者比较方便，但不严格。因为市售的NaOH常因吸收$CO_2$而混有少量$Na_2CO_3$，以致在分析结果中导致误差。如果要求严格，必须设法除去$CO_3^{2-}$。

(2)NaOH溶液腐蚀玻璃，不能使用玻璃塞，否则长久放置，瓶子打不开，且浪费试剂，一定要使用橡皮塞。长久放置的NaOH标准溶液，应装入广口瓶中，瓶塞上部装一碱石灰装置，以防止吸收 $CO_2$ 和水分。

（3）如甲基橙由黄色转变为橙色终点不好观察，可用 3 个锥形瓶比较：一锥形瓶中放入 50 mL 水，滴入 1 滴甲基橙，呈现黄色；另一锥形瓶中加入 50 mL 水，滴入 1 滴甲基橙，滴入 1/4 或 1/2 滴 0.1 mol·L$^{-1}$ HCl 溶液，则为橙色；另取一锥形瓶，其中加入 50 mL 水，滴入 1 滴甲基橙，滴入 1 滴 0.1 mol·L$^{-1}$ NaOH，则呈现黄色。比较后有助于确定橙色。

### 七、思考题

（1）配制 NaOH 溶液时，应选用何种天平称取试剂？为什么？

（2）HCl 溶液和 NaOH 溶液能直接配制准确浓度吗？为什么？

（3）在滴定分析实验中，滴定管、移液管为何需要用滴定剂和要移取的溶液润洗几次？滴定中使用的锥形瓶是否也要用滴定剂润洗，为什么？

（4）HCl 溶液与 NaOH 溶液定量反应完全后，生成 NaCl 和水，为什么用 HCl 滴定 NaOH 时采用甲基橙作为指示剂，而用 NaOH 滴定 HCl 溶液时采用酚酞（或其他适当的指示剂）作为指示剂？

## 实验 6　物质熔点的测定

### 一、实验目的

（1）了解熔点测定的意义。

（2）掌握毛细管法测定熔点的操作。

### 二、实验原理

每种晶体有机化合物都具有一定的熔点。熔点定义为固液两态在大气压下平衡的温度。一种纯化合物从开始熔化（始熔）至完全熔化（全熔）的温度范围叫熔点距，也叫熔点范围或熔程，一般不超过 0.5 ℃。纯物质有固定的熔点，测定有机化合物的熔点是鉴定其纯度的经典方法。

对纯净的有机化合物进行持续加热，其温度会逐渐升高，当达到熔点时，开始有少量液体出现，而后固液相平衡；继续加热，温度即不再变化，此时加热所提供的热量使固相不断转变为液相，两相间仍保持平衡；最后固体熔化后，继续加热则温度线性上升。因此，这一方法的关键是控制好加热速度，使整个熔化过程尽可能接近于两相平衡条件，以精确测定化合物的熔点。纯物质熔点的高低只与其本身的结构有关，与测定时所用的结晶的数量无关。某些有机化合物只有分解点，因其在加热尚未达到熔点前，即局部分解，分解物的作用与可熔性杂质相似，因此这一类化合物没有恒定的熔点。分解的迟早、快慢与加热的速率有关，所以加热的情况决定此类化合物分解点的高低，往往是加热快时，测得的分解点较高，加热慢时，则分解点低。可熔性杂质对固体有机化合物熔点的影响是使其熔点降低，扩大其熔点的间隔，所以当含有杂质时，会使其熔点下降，且熔点距较宽。

需要注意的是，在实验中，温度计上的温度读数与实际数值之间常有一定的偏差，这可能源于温度计的毛细孔径或刻度不准确等制作质量问题。另外，全浸式温度计的刻度是在温度计液线全部均匀受热的情况下刻出的，而测熔点时仅有部分液线受热，因而露出的液线温度较全部受热者低。为了校正温度计，可选用纯有机化合物的熔点作为标准或选用一标准温度计校正。选择数种已知熔点的纯化合物为标准，测定它们的熔点，以观察到的熔点作纵坐标,测得的熔点与已知熔点的差值作横坐标,画成曲线,即可从曲线上读出任一温度的校正值。

### 三、实验仪器和试剂

**1. 仪器** b形管(提勒管)、温度计、酒精灯、毛细管、表面皿、玻璃棒、40 cm长玻璃管(直径3 mm以上)、铁架台。

**2. 试剂** 苯甲酸(AR)、尿素(AR)、浓硫酸。

### 四、实验步骤

熔点的测定常用毛细管法(图3-1)。

**1. 装样** 取少量结晶提纯的苯甲酸放在表面皿上,用玻璃棒的圆头研成细末并聚为一堆,同时取内径约1 mm,长6~7 mm的一端封闭的毛细管一根[1],使开口向下,向研细了的药粉堆上轻插数次,药粉即被压入毛细管中。然后再使毛细管开口向上,轻轻地在桌面上敲击,以使粉末落入和填紧管底(或沿着直立的玻璃管内壁滑下数次,粉末即落入毛细管底)。重复数次,至毛细管装有2~3 mm高药粉柱为止[2]。

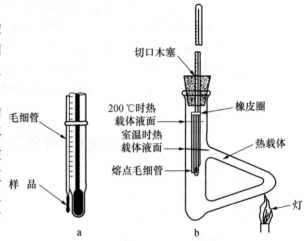

图3-1 熔点测定装置图

**2. 测定** 在毛细管壁上均匀地涂抹一层浓硫酸,将毛细管粘在温度计上,并使装样部分和温度计水银球处在同一水平位置(图3-1a)。温度计插入配有缺口木塞的提勒管中,温度计刻度应面向木塞缺口,其水银球位于提勒管上下两叉管口之间(图3-1b)。提勒管中装有硫酸溶液,溶液高达上叉管处即可[3]。用酒精灯在图示部加热,受热的溶液做沿管上升运动,从而使整个管内浴液呈对流循环,使得温度较均匀。当温度上升到与被测物的熔点相差10~15 ℃时,减小火焰,使温度每分钟上升1~2 ℃。升温速度不宜太快,特别是当温度接近该样品的熔点时,升温速度更不能快。一般情况是,开始升温时速度可稍快些,一般为5 ℃·min$^{-1}$,但接近该样品熔点时,升温速度要慢,一般为1~2 ℃·min$^{-1}$。加热过程中注意观察,样品开始萎缩(塌落)并非熔化开始的指示信号,实际的熔化开始于能看到第一滴液体时,记下此时的温度,到所有晶体完全消失呈透明液体时再记下这时的温度,这两个温度的范围即为该样品的熔点范围。

每次测定都必须用新的熔点管另装样品,不能将已测过熔点的熔点管冷却使其中的样品固化后再做第二次测定。因为有时某些物质会产生部分分解或转变成具有不同熔点的其他结晶形式。

测熔点时每个样品至少测两次(两次数值一致)。如果要测定未知物的熔点,应先对样品做一次粗测,粗测时加热可快,了解其大致的熔点范围,然后另装一根毛细管样品,做精密的测定,第二次测定时,浴液温度必须下降20 ℃左右才能进行。

按上述操作步骤测定苯甲酸、尿素以及苯甲酸与尿素混合物的熔点,并利用测熔点的方法确定未知物是苯甲酸还是尿素。

熔点测好后，温度计的读数须对照温度计校正图进行校正。

## 五、注释

[1]熔点管本身要干净，管壁不能太厚，封口要均匀。初学者容易出现的问题：封口一端发生弯曲和封口端壁太厚，所以在毛细管封口时，一端在火焰上加热时要尽量让毛细管接近垂直方向，火焰温度不宜太高，最好用酒精灯断断续续地加热，封口要圆滑，以不漏气为原则。

[2]样品一定要干燥，并要研成细末，往毛细管内装样品时，一定要反复冲撞夯实，管外样品要用干净的纸擦拭干净。

[3]使用浓硫酸作热浴液（加热介质）要特别小心，不能让有机物碰到浓硫酸，否则使溶液颜色变深，有碍熔点的观察。若出现这种情况，可加入少许硝酸钾晶体共热后使之脱色。采用浓硫酸作热浴液，适用于测熔点在 220 ℃ 以下的样品。若要测熔点在 220 ℃ 以上的样品，可用其他热浴液。

## 六、思考题

(1)测熔点时，若有下列情况将产生什么结果？
① 熔点管壁太厚。
② 熔点管底部未完全封闭，尚有一针孔。
③ 熔点管不洁净。
④ 样品未完全干燥或含有杂质。
⑤ 样品研得不细或装得不紧密。
⑥ 加热太快。

(2)是否可以使用第一次测熔点时已经熔化了的有机样品再做第二次测定？为什么？

(3)测定熔点有什么意义？

(4)已测得甲、乙两样品的熔点均为 130 ℃，将它们以任何比例混合后测得的熔点都仍为 130 ℃，这说明什么问题？

# 实验 7 沸点的测定

## 一、实验目的

(1)了解测定沸点的意义。
(2)掌握微量法测定沸点的原理和方法。

## 二、实验原理

由于分子运动，液体的分子有从表面逸出的倾向。这种倾向随着温度的升高而增大。如果把液体置于密闭的真空体系中，液体分子持续不断地逸出并在液面上部形成蒸气，从而使分子由液体逸出的速率与分子由蒸气中回到液体中的速率相等，使其蒸气保持一定的压力。液面上达到饱和的蒸气，称为饱和蒸气，它对液面所施加的压力称为饱和蒸气压。实验证明，液体的蒸气压只与温度有关，即液体在一定温度下具有一定的蒸气压。蒸气压是指液体与它的蒸气平衡时的压力，与体系中存在的液体和蒸气的绝对量无关。

当液体中溶入其他物质时，无论这种溶质是固体、液体还是气体，无论其挥发性的大小，溶剂的蒸气压总是降低，而所形成的溶液的沸点则与溶质的性质有关。在一定压力下，凡纯净化合物，必有一个固定的沸点，因此，一般可以利用测定化合物的沸点来鉴别某一化合物是否纯净。但必须指出，具有固定沸点的物质不一定为纯净的化合物。

### 三、实验仪器和试剂

**1. 仪器**　温度计、酒精灯、b形管、毛细管、沸点管。

**2. 试剂**　苯、甲苯、浓硫酸。

### 四、实验步骤

**1. 装样**　滴3滴待测液于长60~70 mm、直径3~4 mm的一端封口的玻璃管中，在管中放入一根长80~90 mm、直径为1~2 mm的顶端封闭的毛细管，然后用橡皮圈将玻璃管附着于温度计上(图3-2)。将整套装置放入热浴中(与测熔点相同)。

**2. 加热**　热浴加热，温度缓慢上升，将会有小气泡从毛细管中经液面逸出，继续加热至达到液体的沸点时，会有大量气泡连续快速逸出。停止加热，气泡逸出速度减慢。注意观察，当气泡恰好停止外逸，液体刚要进入毛细管的瞬间(最后一个气泡刚欲缩回毛细管的瞬间)，记下温度计上的温度，即为该液体的沸点。每支毛细管只可用于一次测定，一个样品测定需重复2~3次，测得的平行数据相差应不超过1℃。

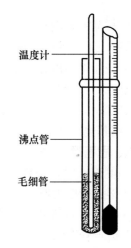

图3-2　微量法测定沸点装置图

**3. 测定**　按上述操作步骤测定甲苯的沸点。

**4. 测毕**　待硫酸冷却至室温后，把温度计及玻璃管取下，将硫酸倒入原来的试剂瓶中。温度计、玻璃管及b形管冲洗干净后放回原处。

### 五、思考题

微量法测定沸点时，如遇到以下情况，结果将如何？

① 沸点管内管空气未排除干净。

② 沸点管内管顶端未封好。

③ 加热速度太快。

## 实验8　旋光度的测定

### 一、实验目的

(1) 了解旋光仪的构造和测定原理。

(2) 掌握旋光仪的使用方法。

(3) 学习比旋光度的计算。

### 二、实验原理

某些有机化合物因是手性分子，能使偏振光振动平面旋转而显旋光性。比旋光度是物质的特性常数之一，测定旋光度，可以检测旋光性物质的纯度和含量。测定旋光度的仪器叫旋光仪(请参见第39~40页"旋光仪"的相关内容)。

### 三、实验仪器和试剂

**1. 仪器**　旋光仪、容量瓶(100 mL)、烧杯。

**2. 试剂**　蒸馏水、葡萄糖。

### 四、实验步骤

**1. 旋光仪零点的校正**　将样品管洗好,装上蒸馏水,使液面凸出管口,将玻璃盖沿管口边缘轻轻平推盖好,不能带入气泡,然后旋上螺丝帽盖,不漏水,不要过紧,过紧会使玻璃盖产生扭力,如管内有空隙,会影响测定结果。将样品管擦干,放入旋光仪内,罩上盖子,开启钠光灯,将刻度盘旋转到零点附近,旋转粗动、微动手轮,使圆形视场内各部分的亮度均匀一致,记下读数。重复操作至少 5 次,取其平均值,若零点相差太大,应重新校正。

**2. 旋光度的测定**　准确称取 10.00 g 葡萄糖样品,在 100 mL 容量瓶中配成溶液,依上法测定其旋光度(测定之前必须用该溶液润洗旋光管 2 次)。这时所得的读数与零点之间的差值即为该物质的旋光度。记下样品管的长度及溶液的温度,然后按下式计算其比旋光度 $[\alpha]_\lambda^t$。

$$[\alpha]_\lambda^t = \frac{\alpha}{l \cdot c} \times 100 \tag{3-5}$$

式中,$t$ 为测定时样品溶液的温度(℃);$\alpha$ 为测得的旋光度;$l$ 为旋光管的长度(dm);$c$ 为浓度(g·100 mL$^{-1}$);$\lambda$ 为钠光的波长。

在测定旋光度时,若刻度盘的转动方向是顺时针方向,为右旋,用"+"号表示;反之为左旋,用"-"号表示。需要注意的是,对观察者来说,偏振面顺时针的旋转为向右(+),这样测得的 +α 值,既符合右旋 α 值,也可以代表 α±n×180° 的所有值,因为偏振面在旋光仪中旋转 α 后,它所在的平面和从这个角度向左或向右旋转 n 个 180° 后所在平面完全重合。所以观察值为 α 时,实际角度可以是 α±n×180°。例如,读数为 +38°,实际读数可能为 218° 或 -142° 等。如此,在测定一个未知物时,至少要做改变浓度或盛液管长度的测定。如观察值为 38°,在稀释 5 倍后,读数为 7.6°,则此未知物的 α 应为 7.6°×5=38°。

### 五、思考题
(1) 为什么在样品测定前要检查旋光仪的零点?
(2) 若样品管中,光路通过的部分含有气泡会对实验结果产生怎样的影响?

## 实验 9　折射率的测定

### 一、实验目的
(1) 了解阿贝折射仪的构造。
(2) 掌握测定折射率的原理和方法。

### 二、实验原理

折射率是物质的特性常数,固体、液体、气体都有折射率。对于液体有机化合物,折射率是重要的物理常数之一,是有机化合物纯度的标志,也用于鉴定未知有机物。某一物质的折射率随入射光线波长、测定温度、被测物质结构、压力等因素而变化,所以表示折射率时需注明光线波长 D、测定温度 $t$,常表示为 $n_D^t$,D 表示钠灯的 D 线波长(589.3 nm),通常大气压的变化对折射率影响不大,一般的测定不考虑压力影响。用于测定液态化合物折射率的仪器是 Abbe(阿贝)折射仪,对于透明液体,折射率数据的测定能够直接读到小数点后第四位,精确度高,可重复性大(请参见第 37~39 页"折射仪"的相关内容)。

### 三、实验仪器和试剂

**1. 仪器**　阿贝折射仪、恒温水浴(准确度 0.1 ℃)。

**2. 试剂**　重蒸馏水、丙酮、1-溴代萘、乙醚、待测液。

### 四、实验步骤

**1. 校正**　将 Abbe 折射仪置于干燥洁净的台面上，在棱镜外套上装好温度计，连接超级恒温水浴，通入恒温水，一般为 20 ℃或 25 ℃。当恒温后，松开锁钮，开启下面棱镜，使其镜面处于水平位置，滴加 1～2 滴丙酮于镜面上，合上棱镜，使难挥发的污物溢走，再打开棱镜，用擦镜纸(不能用滤纸)轻轻擦拭镜面。待镜面干后，校正标尺刻度。操作时严禁用手触摸光学零件。

① 用重蒸馏水校正：打开棱镜，滴加 1～2 滴重蒸馏水于镜面上，关紧棱镜，转动左面刻度盘，使读数镜内标尺读数等于重蒸馏水的折射率($n_D^{20}=1.332\,99$，$n_D^{25}=1.332\,5$)[1]，调节反射镜，使入射光进入棱镜组，从测量望远镜中观察，使视场最亮，调节测量镜，使视场清晰。转动消色散镜调节器，消除色散，再用一特制的小螺丝刀旋动右面镜筒下方的方形螺旋，使明暗界线和十字交叉重合，校正工作结束。

② 用标准折射玻璃块校正：将棱镜打开使成水平，将少许 1-溴代萘($n=1.66$)置于光滑棱镜上，玻璃块就黏附于镜面上，使玻璃块直接对准反射镜，然后按照①中所述方法进行操作。

**2. 测定**　准备工作做好后，打开棱镜，用滴管把 2～3 滴待测液体均匀地滴在磨砂面棱镜上，要求液体无气泡并充满视场。转动反射镜使视场最亮。轻轻转动左面的刻度盘，并在右镜筒内找到明暗分界或彩色光带，再转动消色散镜调节器至看到清晰的分界线。转动左面刻度盘，使分界线对准十字交叉点，并读折射率，重复 3 次，记录数据，读数的差值不得超过±0.000 2，所得读数的平均值为待测液体的折射率。测量完毕，用乙醚清洗棱镜，放回木箱保存。

### 五、注释

[1] 如果测定温度不是标准温度，可根据式(3-6)计算标准温度下的折射率：

$$n_D^{20}=n_D^t-a(t-20) \tag{3-6}$$

式中，$t$ 为测定时的温度；$a$ 为校正系数；D 为钠光灯 D 线(589.3 nm)。

### 六、思考题

(1) 为什么有时在目镜中看不到半明半暗？

(2) 若出现弧形光环，可能是什么原因？

## 实验 10　液体密度的测定

### 一、实验目的

(1) 掌握物质密度的测量方法。

(2) 学会正确地选择、使用密度测量仪器，学会调节恒温水浴。

(3) 学会测定己醇及易挥发双液系己醇-丙酮溶液的密度。

### 二、实验原理

物质的密度是化学测量中常测的重要物理参数，针对待测体系，恰当地选择测量方法和正确地使用仪器，方可准确地获取体系的参数值。

测量物质密度的仪器有密度计、密度瓶(管)和韦氏密度天平 3 种，其中用于精密测量物质密度的是密度瓶(管)和韦氏密度天平，见图 3-3、图 3-4 和图 3-5。

 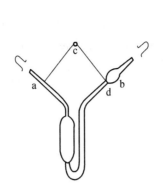 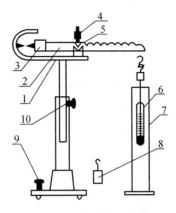

图 3-3 密度瓶　　　　图 3-4 密度管　　　　图 3-5 韦氏密度天平
1. 托架　2. 横梁　3. 平稳调节器
4. 灵敏度调节器　5. 玛瑙刀座
6. 浮锤　7. 玻筒　8. 等重砝码
9. 水平调节螺丝　10. 紧固螺丝

**1. 密度瓶法**　密度瓶可用于固体、难挥发试剂及溶液密度的测量,它是基于称量定体积物质的质量,进而计算出该物质的绝对密度 $\rho^t$。

测量中先称取空密度瓶的质量 $m_0$,再在瓶中注入待测物质,恒温后称重得 $m_2$,若瓶容积 $V$ 已知,则由下式可求待测物质的绝对密度 $\rho^t$:

$$\rho^t = \frac{m_2 - m_0}{V} \tag{3-7}$$

由于瓶容积随温度而变,故常测量待测物质与标准物质(常以水为标准物)的相对密度 $d^t$,即

$$d^t = \frac{m_2 - m_0}{m_1 - m_0} \tag{3-8}$$

式中,$m_1$ 为标准物质和瓶的总质量。

再查表得标准物质的绝对密度,由下式计算出待测物质的绝对密度:

$$\rho^t = \frac{m_2 - m_0}{m_1 - m_0} \cdot \rho^t_{标} \tag{3-9}$$

此关系式可用于液体绝对密度和固体堆密度的测量。固体堆密度指不考虑固体粉末间空隙及固体骨架结构造成的空洞容积和空度偏差的表观密度 $\rho^t_{堆}$。若需测量固体的真密度 $\rho^t_{真}$,则应按下述程序操作。

先称空瓶质量 $m_0$,后称固样加瓶质量 $m_2$(注意固体试样无须在瓶内装满,视样品密度而定),再在 $m_2$ 的基础上向瓶内注入与固体试样不相互溶的已知密度的标准液体物质(如水、苯、己醇等),填补固体颗粒间隙并注满定容积密度瓶后,恒温称重得 $m_3$。最后再称空瓶加纯标准液体物质恒温后质量 $m_1$,根据式(3-10)可求该固体物质的真密度:

$$\rho^t_{真} = \frac{m_2 - m_0}{(m_1 - m_0) - (m_3 - m_2)} \cdot \rho^t_{标} \tag{3-10}$$

**2. 密度管法**　密度管是测量易挥发试剂和溶液密度的专用仪器(图 3-4)。其测量原理

和操作程序与密度瓶相同。操作时，先称空管质量 $m_0$。再将图 3-4 中 a 支管口插入待测液中，由 b 支管口慢慢抽气取入液体，直至 b 端小球也充满液体。然后盖上 a、b 端磨口小帽，置恒温槽中恒温 10 min。液体定容时在槽内倾斜密度管，使 b 高 a 低。由 a 支管口用滤纸吸取多余液体，直至 b 支管端液面达刻度线 d。迅速盖上两端磨口小帽，取出擦干后称重即可得 $m_2$，同法操作标准液体得 $m_1$，依据式(3-9)求出试样的绝对密度。

上述两法测量中未考虑称重中空气浮力的作用。在高精度的密度测量中若考虑空气浮力对称重的影响，应依据式(3-11)进行密度计算：

$$\rho^t = \frac{m_2 - m_0 + V\rho_{空}}{m_1 - m_0 + V\rho_{空}} \cdot \rho_{标}^t \tag{3-11}$$

式中，$V$ 为称量瓶的容积(mL)；$\rho_{空} = 0.0012\ \text{g} \cdot \text{mL}^{-1}$，为空气的平均密度。

**3. 韦氏密度天平法** 韦氏密度天平的测量原理是基于阿基米德原理，即液体的浮力正比于所排液体的质量。韦氏天平可称量定体积浮锤($V=5$ mL)在液体中的浮力引起的失重量 $m$，则该液体密度可由式(3-12)求出：

$$\rho^t = \frac{m}{V} \tag{3-12}$$

测量时按图 3-5 安装天平。通过水平调节螺丝调节天平的水平位置，再悬挂浮锤于挂钩上，通过浮锤调整天平梁平衡（在空气中），即梁短臂末端指针对准固定指针。之后校正天平，采用向量筒中注入已知温度为$(20\pm0.1)$℃的纯水（注意注入体积应能使浮锤平衡时所连金属丝浸入深度 15 mm），当浮锤置入其中时，因浮力上浮。此时通过在天平长臂上不同刻度处选挂不同质量马蹄形砝码使天平恢复平衡，读取所加砝码质量总和，若读数在 $1.0000\pm0.0004$ 范围内，天平可正常使用。注意该天平砝码质量有 4 种，分别为 5、0.5、0.05、0.005 g。由于浮锤体积为 5 mL，故该组砝码在长臂梁不同刻度处相对密度的量不同，5 g 砝码在 10 刻度处为 $1\ \text{g} \cdot \text{mL}^{-1}$，在 1 刻度处为 $0.1\ \text{g} \cdot \text{mL}^{-1}$，依此类推。

试样测量时步骤、方法与校正时相同。仅是在量筒中注入同体积试液代替校正时的纯水。该天平所获取的读数并非试液真实密度，称为视密度 $\rho'$，试样的真实密度 $\rho^t$ 可由式(3-13)计算：

$$\rho^t = \rho'(\rho_{水}^{20} - 0.0012) + 0.0012 \tag{3-13}$$

式中，$\rho_{水}^{20}$ 是校正时纯水的绝对密度；0.0012 是空气的密度。此关系式中空气密度的引入是由于天平调整平衡时是在空气浮力下进行，天平校正和试样称量时又无空气浮力存在，空气的浮力对测定过程产生影响，故

$$\rho' = \frac{\rho^t - 0.0012}{\rho_{水}^{20} - 0.0012} \tag{3-14}$$

式(3-14)整理后可得式(3-13)。

### 三、实验仪器和试剂

**1. 仪器** 密度瓶(管)、韦氏密度天平、恒温水浴。

**2. 试剂** 己醇(AR)、水(二级)、己醇-丙酮溶液(30%)。

### 四、实验步骤

(1)准确调节恒温水槽温度为$(20\pm0.1)$℃。

(2)选择仪器测量己醇的 $\rho^{20}$，重复测量 3 次。
(3)选择仪器测量己醇-丙酮的 $\rho^{20}$，重复测量 3 次。
(4)上述测量中以水为标准物进行。$\rho_{水}^{20}=0.998\,2\;\mathrm{g\cdot mL^{-1}}$。

## 五、数据记录和处理

(1)按实验直接测量数据和间接测量数据，设计实验数据记录表格并进行数据处理。说明应用的仪器及计算公式，计算出己醇、己醇-丙酮(30%)溶液的密度。

(2)将实验结果与文献中的公认值进行比较，计算其相对偏差，并说明引起偏差的原因。

## 六、思考题

(1)如何调节恒温槽到指定温度？
(2)物质密度的测定方法主要有哪些？它们的应用范围有何区别？

# 实验 11　凝固点降低法测定溶质的摩尔质量

## 一、实验目的

(1)了解凝固点降低法测定溶质摩尔质量的原理和方法，加深对稀溶液依数性的认识。
(2)练习温度计和移液管的使用。

## 二、实验原理

凝固点降低是稀溶液的依数性之一。难挥发非电解质稀溶液的凝固点下降与溶质的质量摩尔浓度($b_B$)成正比：

$$\Delta T_f = T_f^* - T_f = K_f \cdot b_B \tag{3-15}$$

式中，$\Delta T_f$ 为凝固点降低值；$T_f^*$ 为纯溶剂的凝固点；$T_f$ 为溶液的凝固点；$K_f$ 为溶剂的摩尔凝固点下降常数。如果溶剂和溶质的质量分别为 $m_A$、$m_B$，溶质的摩尔质量为 $M$，则上式可表示为

$$\Delta T_f = K_f \times \frac{m_B}{m_A M} \times 1\,000 \tag{3-16}$$

$$M = K_f \times \frac{1\,000\,m_B}{\Delta T_f m_A} \tag{3-17}$$

通过实验测定纯溶剂和溶液的凝固点，即可求得溶质的摩尔质量。

凝固点的测定可采用过冷法。将纯溶剂逐渐降温至过冷，然后促使其结晶，当晶体生成时，放出凝固热，使系统温度保持相对恒定，直至全部液体凝固后，温度才会下降。相对恒定的温度即为纯溶剂的凝固点。溶液和纯溶剂的冷却曲线不完全相同，这是因为溶液达到凝固点时，随着溶剂的结晶析出，溶液的浓度不断增大，凝固点逐渐降低，所以水平段向下倾斜。将斜线延长使之与过冷以前的曲线相交，则交点的温度为溶液的凝固点。为了保证凝固点测定的准确性，每次测定要尽可能控制到相同的过冷程度，这样才能使析出晶体的量相差不大，温度回升基本一致，从而测得较为准确的凝固点。

## 三、实验仪器和试剂

**1. 仪器**　大烧杯、大试管、精密温度计、搅拌棒、铁架台、伸缩夹、秒表。

**2. 试剂**　萘(固体)、环己烷。

## 四、实验步骤

**1. 纯环己烷凝固点的测定**　实验装置见图 3-6。用干燥的移液管吸取 25.00 mL 环己

烷置于干燥的大试管中，插入温度计和搅拌棒，调节温度计的高度，使水银球距离管底约1 cm，记下环己烷初始温度。然后将大试管插入装有冰水混合物的大烧杯中（试管内液面必须低于冰水混合物的液面）。开始记录时间并上下移动试管中的搅拌棒，每隔15 s记录一次温度。当冷至比环己烷的凝固点（6.5 ℃）高出2 ℃左右时，停止搅拌，待环己烷液过冷到凝固点以下约0.5 ℃再继续进行搅拌（开始有晶体析出时，由于放出了凝固热，环己烷液温度略有回升），一直记录至温度明显下降。取出大试管，用手温热试管下部，使环己烷完全熔化，重复上述操作，再次测定环己烷的凝固点（两次测定值之差应小于0.1 ℃），取其平均值。

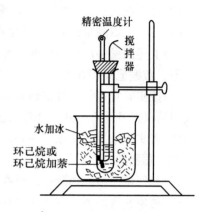

图3-6 凝固点测定实验装置

**2. 萘-环己烷溶液凝固点的测定** 称取萘1～1.5 g（准确至0.01 g）倒入装有25.00 mL环己烷的大试管中，插入温度计和搅拌棒，用手温热试管并充分搅拌，使萘完全溶解。按上述实验方法和要求，测定萘-环己烷溶液的凝固点。回升后的温度不像纯环己烷那样保持恒定，而是缓慢下降。一直记录至温度明显下降。重复测定一次，取其平均值。

### 五、数据记录和处理

**1. 纯环己烷**

| 时间/s | | | | | | | | | | |
|---|---|---|---|---|---|---|---|---|---|---|
| 温度/℃ | | | | | | | | | | |

**2. 萘-环己烷溶液**

| 时间/s | | | | | | | | | | |
|---|---|---|---|---|---|---|---|---|---|---|
| 温度/℃ | | | | | | | | | | |

以温度为纵坐标，时间为横坐标画出冷却曲线，求出纯环己烷及萘-环己烷溶液的凝固点 $T_f^*$ 和 $T_f$。

根据测得的 $T_f^*$ 及 $T_f$，计算出萘的摩尔质量 $M$。

### 六、思考题

(1) 为什么纯溶剂和溶液的冷却曲线不同？如何根据冷却曲线确定凝固点？

(2) 测定凝固点时，大试管中的液面应高于还是低于冰水浴的液面？当溶液温度在凝固点附近时为何不能搅拌？

(3) 严重的过冷现象为什么会给实验结果带来较大误差？

(4) 用凝固点降低法测定物质的摩尔质量，选择溶剂时应考虑哪些因素？常用溶剂的凝固点和 $K_f$ 值见表3-1。

表 3-1　几种常用溶剂的凝固点和 $K_f$ 值

| 物质 | 凝固点/℃ | $K_f/(\mathrm{K \cdot kg \cdot mol^{-1}})$ | 物质 | 凝固点/℃ | $K_f/(\mathrm{K \cdot kg \cdot mol^{-1}})$ |
|---|---|---|---|---|---|
| 水 | 0.0 | 1.86 | 环己烷 | 6.5 | 20.2 |
| 苯 | 5.5 | 5.12 | 樟脑 | 179.5 | 40.0 |

## 实验 12　醋酸电离度和电离常数的测定（pH 法）

### 一、实验目的
(1) 掌握测定醋酸电离度和电离常数的原理和方法。
(2) 学习酸度计、滴定管和容量瓶的使用方法。

### 二、实验原理
醋酸（$CH_3COOH$）在水中是弱电解质，存在着下列电离平衡：
$$HAc(aq) + H_2O(l) \rightleftharpoons H_3O^+(aq) + Ac^-(aq)$$
或简写为
$$HAc(aq) \rightleftharpoons H^+(aq) + Ac^-(aq)$$
其电离平衡常数为
$$K_a^{\ominus} = \frac{\left(\dfrac{c_{H^+}}{c^{\ominus}}\right)\left(\dfrac{c_{Ac^-}}{c^{\ominus}}\right)}{\dfrac{c_{HAc}}{c^{\ominus}}} = \frac{\dfrac{c_0}{c^{\ominus}}\alpha^2}{1-\alpha}$$

当 $\alpha < 5\%$ 时
$$K_a^{\ominus} \approx \frac{c_0}{c^{\ominus}}\alpha^2$$
$$\alpha = \frac{c_{H^+}}{c_0} \tag{3-18}$$

在一定温度下，用酸度计测定一系列已知浓度的 HAc 溶液的 pH，由 $pH = -\lg\dfrac{c_{H^+}}{c^{\ominus}}$ 换算出 $\dfrac{c_{H^+}}{c^{\ominus}}$。根据 $c_{H^+} = c_0\alpha$，即可求得一系列对应的 $\alpha$ 和 $K_a^{\ominus}$ 值。这一系列 $K_a^{\ominus}$ 值应近似为一常数，取其平均值，即为该温度时 HAc 的电离常数 $K_a^{\ominus}$。

### 三、实验仪器和试剂
**1. 仪器**　pH 计（酸度计）、酸（碱）式滴定管（50 mL）、移液管（25 mL、20 mL）、铁架台、小烧杯（6 只，50 mL）、滴定管夹、吸耳球、温度计。

**2. 试剂**　HAc（0.1 mol·L$^{-1}$）、NaOH（0.100 0 mol·L$^{-1}$ 标准溶液）、NaAc（0.1 mol·L$^{-1}$）、pH=4 的邻苯二甲酸氢钾标准缓冲溶液、pH=6.86 的混合磷酸盐标准缓冲溶液、酚酞（1%）。

### 四、实验步骤
**1. HAc 标准溶液的配制和标定**　用移液管准确取出 20.00 mL 0.100 0 mol·L$^{-1}$ NaOH 标准溶液 2 份分别放入锥形瓶中，加入 2~3 滴酚酞指示剂，用 0.1 mol·L$^{-1}$ HAc 溶液滴定，同时不断旋摇锥形瓶使反应均匀。直至溶液中红色褪去即为终点，记录消耗 HAc 溶液的体积。计算 HAc 溶液的准确浓度。

**2. 配制不同浓度的醋酸溶液** 在 4 只干燥的小烧杯中，用酸式滴定管加入标准醋酸溶液 48.00 mL、24.00 mL、12.00 mL、6.00 mL，再从装有蒸馏水的碱式滴定管中往后面的 3 只烧杯中依次加入 24.00 mL、36.00 mL、42.00 mL 蒸馏水（使各溶液的总体积为 48.00 mL），混合均匀。求出各 HAc 溶液的准确浓度。

**3. 校正 pH 计** 用 pH＝6.86 的混合磷酸盐标准缓冲溶液和 pH＝4 的邻苯二甲酸氢钾标准缓冲溶液校正 pH 计（酸度计）。

**4. pH 的测定** 用 pH 计（酸度计）测定上述各 HAc 溶液（由稀到浓）的 pH。记录各溶液的 pH 及实验时的室温。

**5. 醋酸-醋酸钠缓冲溶液 pH 的测定** 分别用酸式滴定管和 20 mL 的移液管往小烧杯中加入 20.00 mL 0.1 mol·L$^{-1}$ 的 HAc 溶液和 20.00 mL 0.1 mol·L$^{-1}$ 的 NaAc 溶液，混合均匀，用 pH 计测定该缓冲溶液的 pH，并计算该缓冲溶液中 HAc 的电离度。

## 五、数据记录和处理

**1. HAc 标准溶液的配制和标定**

室温：_____ ℃

| 滴定次数 | I | II |
|---|---|---|
| NaOH 用量/mL | | |
| HAc 体积(终)/mL | | |
| HAc 体积(初)/mL | | |
| HAc 用量/mL | | |
| $c$(HAc) | | |
| $\bar{c}$(HAc) | | |
| 相对平均偏差 | | |

**2. 计算各醋酸溶液的电离度和电离常数**

室温：_____ ℃

| 溶液编号 | $V$(HAc)/mL | $V$(H$_2$O)/mL | $c$(HAc)/(mol·L$^{-1}$) | pH | $\alpha$ | $K_a^{\ominus}$(HAc) | |
|---|---|---|---|---|---|---|---|
| | | | | | | 测定值 | 平均值 |
| 1 | | | | | | | |
| 2 | | | | | | | |
| 3 | | | | | | | |
| 4 | | | | | | | |

**3. 醋酸-醋酸钠缓冲溶液 pH 的测定**

$$pH=$$
$$\alpha=$$

## 六、思考题

（1）如果改变所测 HAc 溶液的浓度和温度，对 HAc 的电离度和电离常数有无影响？

(2) 不同浓度 HAc 溶液的电离度是否相同？电离常数是否相同？

(3) 测定溶液 pH 还有哪些方法？

## 实验 13　化学反应速率与活化能

### 一、实验目的

(1) 了解浓度、温度、催化剂对化学反应速率的影响。

(2) 掌握过二硫酸铵与碘化钾反应速率的测定方法，并根据实验数据计算该反应的反应级数、速率常数和活化能。

### 二、实验原理

在水溶液中，过二硫酸铵与碘化钾发生如下反应：

$$(NH_4)_2S_2O_8 + 3KI = (NH_4)_2SO_4 + K_2SO_4 + KI_3$$

$$S_2O_8^{2-} + 3I^- = 2SO_4^{2-} + I_3^- \qquad (1)$$

该反应速率方程：

$$v = kc_{S_2O_8^{2-}}^m c_{I^-}^n \qquad (3-19)$$

式中，$v$ 是此浓度条件下反应的瞬时速率；$k$ 是反应速率常数；$m$ 与 $n$ 分别是 $S_2O_8^{2-}$ 和 $I^-$ 的反应级数。实验过程中只能测定在一定时间间隔($\Delta t$)内反应的平均速率 $\bar{v}$，若 $\Delta t$ 时间内 $S_2O_8^{2-}$ 浓度的变化为 $\Delta c_{S_2O_8^{2-}}$，则平均速率：

$$\bar{v} = -\frac{\Delta c_{S_2O_8^{2-}}}{\Delta t} \qquad (3-20)$$

实验中 $\Delta t$ 时间内反应物 $S_2O_8^{2-}$ 浓度变化很小，则可近似用平均速率代替瞬时速率：

$$\bar{v} = kc_{S_2O_8^{2-}}^m c_{I^-}^n = -\frac{\Delta c_{S_2O_8^{2-}}}{\Delta t} \qquad (3-21)$$

本实验通过改变反应物 $S_2O_8^{2-}$ 和 $I^-$ 的初始浓度，测定消耗 $\Delta c_{S_2O_8^{2-}}$ 所需的时间间隔($\Delta t$)，计算出反应速率，进而确定该反应的反应级数、速率方程和反应速率常数。为了能够测定出在 $\Delta t$ 时间内 $S_2O_8^{2-}$ 浓度的变化量，需要在反应系统中加入定量的 $Na_2S_2O_3$ 溶液和淀粉溶液，以指示 $S_2O_8^{2-}$ 浓度的变化。因此，在反应(1)进行的同时，系统还发生如下反应：

$$2S_2O_3^{2-} + I_3^- = S_4O_6^{2-} + 3I^- \qquad (2)$$

反应(2)进行得非常快，几乎在瞬间完成，而反应(1)较之慢得多。因此，由反应(1)生成的 $I_3^-$ 立即与 $S_2O_3^{2-}$ 反应，生成无色的 $S_4O_6^{2-}$ 和 $I^-$，而不至于使 $I_3^-$ 与淀粉发生显色反应。但当 $S_2O_3^{2-}$ 耗尽时，反应(1)生成的 $I_3^-$ 立即与淀粉反应而使溶液呈现特有的蓝色，以表示 $S_2O_3^{2-}$ 浓度的变化。

从反应(1)和(2)可知，当 $S_2O_8^{2-}$ 减少 1 mol 时，$S_2O_3^{2-}$ 减少 2 mol，即

$$\Delta c_{S_2O_8^{2-}} = 2\Delta c_{S_2O_3^{2-}}$$

所以

$$v = \frac{-\Delta c_{S_2O_8^{2-}}}{\Delta t} = \frac{-\Delta c_{S_2O_3^{2-}}}{2\Delta t}$$

利用上式求得 $v$ 后，对速率方程 $v = kc_{S_2O_8^{2-}}^m c_{I^-}^n$ 两端取对数得

$$\lg v = m\lg c_{S_2O_8^{2-}} + n\lg c_{I^-} + \lg k$$

保持 $c_{I^-}$ 不变，以 $\lg v$ 对 $\lg c_{S_2O_8^{2-}}$ 作图，可得一条直线，直线的斜率即为 $m$；同理，保持

$c_{S_2O_8^{2-}}$ 不变，以 $\lg v$ 对 $\lg c_{I^-}$ 作图，即可求得 $n$，则该反应的反应级数为 $m+n$。将 $m$、$n$ 代入速率方程，即可求得反应速率常数 $k$。

根据 Arrhenius 公式：

$$\lg k = -\frac{E_a}{2.303RT} + B \tag{3-22}$$

式中，$E_a$ 为反应的活化能；$R$ 为摩尔气体常数；$T$ 为热力学温度。测定不同温度时的 $k$ 值，以 $\lg k$ 对 $\frac{1}{T}$ 作图，可得一条直线，其斜率 $= -\frac{E_a}{2.303R}$，即可求出该反应的活化能 $E_a$。

### 三、实验仪器和试剂

**1. 仪器**　量筒（50 mL、10 mL）、烧杯（150 mL）、秒表、温度计（0～50 ℃）、搅拌棒。

**2. 试剂**　KI（0.20 mol·L$^{-1}$）[1]、Na$_2$S$_2$O$_3$（0.010 mol·L$^{-1}$）、(NH$_4$)$_2$S$_2$O$_8$（0.20 mol·L$^{-1}$）[2]、KNO$_3$（0.20 mol·L$^{-1}$）、(NH$_4$)$_2$SO$_4$（0.20 mol·L$^{-1}$）、Cu(NO$_3$)$_2$（0.020 mol·L$^{-1}$）、淀粉溶液（0.20%）、冰等。

### 四、实验步骤

**1. 浓度对化学反应速率的影响**　室温下，用 3 只量筒分别量取 20.0 mL 0.20 mol·L$^{-1}$ KI 溶液、8.0 mL 0.010 mol·L$^{-1}$ Na$_2$S$_2$O$_3$ 和 4.0 mL 0.20%淀粉溶液，全部倾入 150 mL 烧杯中，混合均匀。然后用另一干净量筒量取 20.0 mL 0.20 mol·L$^{-1}$ (NH$_4$)$_2$S$_2$O$_8$ 溶液，迅速倒入上述混合溶液中，同时启动秒表，不断搅动混合液，仔细观察，当溶液刚出现蓝色时，立即按停秒表，记录反应时间和室温[3]。

用相同的方法，按照表 3-2 的量进行 Ⅱ～Ⅴ 组实验。为了使实验中溶液总体积和离子强度保持一致，不足的量用 0.20 mol·L$^{-1}$ KNO$_3$ 溶液和 0.20 mol·L$^{-1}$ (NH$_4$)$_2$SO$_4$ 溶液补充。按照表 3-2 的要求记录和计算。注意，(NH$_4$)$_2$S$_2$O$_8$ 溶液总是在最后加入。

表 3-2　浓度对化学反应速率的影响　　　　室温：_____ ℃

| | 实验编号 | Ⅰ | Ⅱ | Ⅲ | Ⅳ | Ⅴ |
|---|---|---|---|---|---|---|
| 试剂体积/mL | 0.20 mol·L$^{-1}$ (NH$_4$)$_2$S$_2$O$_8$ | 20.0 | 10.0 | 5.0 | 20.0 | 20.0 |
| | 0.20 mol·L$^{-1}$ KI | 20.0 | 20.0 | 20.0 | 10.0 | 5.0 |
| | 0.010 mol·L$^{-1}$ Na$_2$S$_2$O$_3$ | 8.0 | 8.0 | 8.0 | 8.0 | 8.0 |
| | 0.20%淀粉溶液 | 4.0 | 4.0 | 4.0 | 4.0 | 4.0 |
| | 0.20 mol·L$^{-1}$ KNO$_3$ | 0.0 | 0.0 | 0.0 | 10.0 | 15.0 |
| | 0.20 mol·L$^{-1}$ (NH$_4$)$_2$SO$_4$ | 0.0 | 10.0 | 15.0 | 0.0 | 0.0 |
| 52.0 mL 混合液中反应物的初始浓度/(mol·L$^{-1}$) | (NH$_4$)$_2$S$_2$O$_8$ | | | | | |
| | KI | | | | | |
| | Na$_2$S$_2$O$_3$ | | | | | |
| | 反应时间 $\Delta t$/s | | | | | |
| | S$_2$O$_8^{2-}$ 的浓度变化 $\Delta c_{S_2O_8^{2-}}$/(mol·L$^{-1}$) | | | | | |
| | 反应速率 $v$/(mol·L$^{-1}$·s$^{-1}$) | | | | | |

**2. 温度对化学反应速率的影响**　按照表 3-2 中实验 Ⅳ 的用量，将 KI、Na$_2$S$_2$O$_3$、

KNO₃ 和淀粉溶液倒入 150 mL 烧杯中，将(NH₄)₂S₂O₈ 溶液盛入另一烧杯，然后将它们同时置于冰水浴中冷却，待到试液的温度低于室温 10℃时，将(NH₄)₂S₂O₈ 溶液迅速加到 KI 等混合溶液中，同时启动秒表，不断搅动至溶液刚出现蓝色时按停秒表，反应时间记录在表 3-3 Ⅵ栏中。

利用热水浴在高于室温 10℃时，重复上述实验，反应时间记录在表 3-3 Ⅶ栏中。

将此两次实验数据与实验Ⅳ的数据，一并汇总于表 3-3。

**表 3-3　温度对化学反应速率的影响**　　　　　　室温：_____℃

| 实验编号 | Ⅵ | Ⅳ | Ⅶ |
|---|---|---|---|
| 反应温度/℃ | | | |
| 反应时间 $\Delta t$/s | | | |
| 反应速率 $v$/(mol·L$^{-1}$·s$^{-1}$) | | | |

**3. 催化剂对化学反应速率的影响**　　按照表 3-2 中实验Ⅳ的用量，将 KI、Na₂S₂O₃、KNO₃ 和淀粉溶液倒入 150 mL 烧杯中，再加 2 滴 0.020 mol·L$^{-1}$ Cu(NO₃)₂ 溶液，搅匀后迅速加入(NH₄)₂S₂O₈ 溶液，同时计时并不断搅动至溶液刚出现蓝色时停表，记录反应时间。计算反应速率，并与实验Ⅳ的反应速率定性比较，得出结论。

## 五、数据记录和处理

**1. 反应级数和反应速率常数的计算**

| 实验编号 | Ⅰ | Ⅱ | Ⅲ | Ⅳ | Ⅴ |
|---|---|---|---|---|---|
| $\lg v$ | | | | | |
| $\lg c_{S_2O_8^{2-}}$ | | | | | |
| $\lg c_{I^-}$ | | | | | |
| $m$ | | | | | |
| $n$ | | | | | |
| 反应速率常数 $k$ | | | | | |

以 $\lg v$ 对 $\lg c_{S_2O_8^{2-}}$ 作图，直线的斜率即为 $m$；以 $\lg v$ 对 $\lg c_{I^-}$ 作图，直线的斜率即为 $n$。

**2. 反应活化能的计算**

| 实验编号 | Ⅵ | Ⅳ | Ⅶ |
|---|---|---|---|
| 反应速率常数 $k$ | | | |
| $\lg k$ | | | |
| $\dfrac{1}{T}$ | | | |
| 反应活化能 $E_a$ | | | |

以 $\lg k$ 对 $\dfrac{1}{T}$ 作图，直线的斜率 $= -\dfrac{E_a}{2.303 R}$。

## 六、注释
[1] 配制的 KI 溶液应该无色透明，否则不能使用。
[2] $(NH_4)_2S_2O_8$ 溶液应该使用新配制的。
[3] 如果试剂中混有 $Cu^{2+}$、$Fe^{3+}$ 等杂质，需事先加入几滴 0.10 mol·L$^{-1}$ 的 EDTA 加以掩蔽。

## 七、思考题
(1) 应用该实验结果，说明能否用化学反应方程式确定反应的级数。
(2) 取用试剂的量筒没有分开专用，是否影响实验结果？
(3) 如果改用 I$^-$ 浓度的变化表示反应速率，那么反应的速率常数是否一致？
(4) 在实验Ⅱ、Ⅲ、Ⅳ、Ⅴ中，加入 $KNO_3$ 或 $(NH_4)_2SO_4$ 溶液的目的是什么？

# 实验 14  CaSO$_4$ 溶度积的测定（离子交换法）

## 一、实验目的
(1) 了解离子交换法的一般原理和离子交换树脂的基本使用方法。
(2) 了解利用离子交换法测定溶度积的原理与方法。
(3) 进一步练习过滤、滴定等基本操作。

## 二、实验原理
离子交换树脂是人工合成的、含有可交换活性基团的高分子化合物。其中，含有酸性基团，能与其他物质交换阳离子的称为阳离子交换树脂；含有碱性基团，能与其他物质交换阴离子的称为阴离子交换树脂。本实验采用强酸性阳离子交换树脂与定量的 CaSO$_4$ 饱和溶液中的 $Ca^{2+}$ 在交换柱中进行离子交换，其交换反应如下：

$$2RH + Ca^{2+} = R_2Ca + 2H^+$$

交换出等物质的量的 H$^+$，然后用标准 NaOH 溶液滴定全部的酸性流出液，根据 NaOH 的消耗量，计算 CaSO$_4$ 饱和溶液中 $Ca^{2+}$ 的浓度。

$$n_{Ca^{2+}} = \frac{1}{2}n_{H^+} = \frac{1}{2}n_{OH^-}$$

$$c_{Ca^{2+}} = \frac{c_{NaOH} \cdot V_{NaOH}}{2V_{Ca^{2+}}} \qquad (3-23)$$

$$K_{sp}^{\ominus}(CaSO_4) = (c_{Ca^{2+}}/c^{\ominus})^2$$

## 三、实验仪器和试剂
**1. 仪器**  离子交换柱（图 3-7）、碱式滴定管（50 mL）、滴定管架、锥形瓶（250 mL）、温度计（50 ℃）、烧杯（500 mL、100 mL）、移液管（25 mL）、量筒（100 mL）、吸耳球、漏斗、漏斗架、螺旋夹。

**2. 试剂**  NaOH（0.005 000 mol·L$^{-1}$ 标准溶液）、HNO$_3$（1.0 mol·L$^{-1}$）、溴百里酚蓝（0.1%）、pH 试纸、CaSO$_4$ 固体（AR）、强酸性阳离子交换树脂。

**3. 其他**  定量滤纸、玻璃纤维。

## 四、实验步骤
**1. 装柱**  先将 40 g 强酸性阳离子交换树脂用去离子水浸泡 24 h。在交换柱（可用碱式滴定管代替）底部填入少量玻璃纤维，拧紧螺旋夹。往交换柱内加入数毫升去离子水，并将交换柱固定在滴定管架上。然后将浸泡过的阳离子交换树脂和去离子水调成糊状，注入交换柱。为防止离子交换树脂层中有气泡，可用长玻璃棒插入交换柱搅动树脂，以赶走树脂层中的气泡。

在使用交换树脂时，应始终使其保持湿润。因此，在任何情况下，离子交换树脂的上方都应保留足量的溶液或去离子水。

**2. 转型**  在进行离子交换之前，必须将市售的钠型离子交换树脂转变成氢型。往交换柱中注入 100 mL 1.0 mol·L$^{-1}$ HNO$_3$ 溶液，调节螺旋夹，使溶液以每分钟 30~35 滴的流速流过树脂，等到柱中 HNO$_3$ 溶液降低至接近树脂上表面时，加入去离子水淋洗树脂至淋洗液呈中性(用 pH 试纸检验)。弃去流出液。

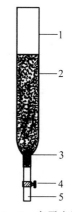

图 3-7  离子交换柱
1. 交换柱  2. 阳离子交换树脂
3. 玻璃纤维  4. 螺旋夹  5. 胶皮管

**3. CaSO$_4$ 饱和溶液的制备**  按照室温时 CaSO$_4$ 的溶解度，称取过量的分析纯 CaSO$_4$ 固体，将其溶于已经煮沸除去 CO$_2$ 的去离子水中，充分搅拌并放置过夜，使其达到沉淀溶解平衡。用定量滤纸将 CaSO$_4$ 饱和溶液过滤到干净的干燥锥形瓶中(过滤用的漏斗、玻璃棒、滤纸必须是干净、干燥的)，滤液即为 CaSO$_4$ 饱和溶液。

**4. 交换和洗涤**  用移液管准确吸取 25.00 mL CaSO$_4$ 饱和溶液，注入交换柱内，调节螺旋夹，使溶液以每分钟 20~25 滴的流速流过交换柱，用 250 mL 干净、干燥的锥形瓶承接流出液，待 CaSO$_4$ 饱和溶液液面接近树脂上表面时，用 50 mL 去离子水分批淋洗交换树脂至流出液呈中性。注意：在整个交换、洗涤的过程中，流出液始终用同一个锥形瓶承接，流出液不能损失。

**5. 滴定**  往上述流出液中加入 2~3 滴溴百里酚蓝指示剂，用标准 NaOH 溶液滴定至溶液由黄色转为亮蓝色，记录数据。

**6. 树脂的再生**  回收实验中废弃的离子交换树脂，先用去离子水洗涤，再用 100 mL 1.0 mol·L$^{-1}$ HNO$_3$ 溶液淋洗，淋洗速率为每分钟 30~40 滴，然后用去离子水淋洗至中性即可。

### 五、数据记录和处理

| 室　温/℃ | |
|---|---|
| 注入交换柱的 CaSO$_4$ 饱和溶液体积/mL | |
| 消耗的 NaOH 标准溶液的体积/mL | |
| 流出液中 H$^+$ 的物质的量/mol | |
| 饱和溶液中 $c_{Ca^{2+}}$/(mol·L$^{-1}$) | |
| CaSO$_4$ 的 $K_{sp}^{\ominus} = (c_{Ca^{2+}}/c^{\ominus})^2$ | |

### 六、思考题

(1) 离子交换树脂在转型时，如果加入的酸量不足，会造成什么后果？

(2)在进行离子交换操作时，为什么要控制流出液的流速？
(3)装柱时应该如何避免交换树脂层中产生气泡？

## 实验 15　强酸与强碱反应的摩尔焓变的测定

### 一、实验目的

(1)了解测定强酸与强碱反应的摩尔焓变的一般原理与方法。
(2)学会使用温度计和秒表。
(3)掌握作图法，分析计算实验数据。

### 二、实验原理

酸、碱发生中和反应时要放出热量。化学热力学规定：在一定温度、压力和浓度下，1 mol $H^+$(aq)与 1 mol $OH^-$(aq)反应，生成 1 mol $H_2O$(l)时所放出的热量，称为中和热。在水溶液中，强酸和强碱几乎是全部电离的，其中和反应的实质如下：

$$H^+(aq)+OH^-(aq)=H_2O(l) \quad \Delta H_{\text{中和}}^{\ominus}=-57.03 \text{ kJ}\cdot\text{mol}^{-1}$$

因此，强酸与强碱反应的中和热是相同的。而对弱酸、弱碱以及二元或多元酸碱参与的中和反应，在其反应过程中常常伴随着一定程度的电离、水解等其他类型的反应热效应，测定中和热的过程比较复杂。

本实验用磁力搅拌量热计，测定氢氧化钠与盐酸反应的中和热。在量热计中进行化学反应所产生的热量，不仅使反应体系的温度升高，而且使量热计的温度升高。故反应所放出的热量 $Q$ 可表示为

$$Q=(C_P+C'_P)\times \Delta T \quad (3-24)$$

式中，$C_P$ 为量热计的热容；$C'_P$ 为溶液的热容；$\Delta T$ 为反应前后体系温度的变化。

本实验用下述方法测量量热计的热容：在量热计中注入质量为 $m$(g)的冷水(温度为 $T_1$)，再注入相同量的热水(温度为 $T_2$)，混合均匀，测得温度为 $T_3$。已知水的比热容为 $C$，则有：

冷水吸收的热：$Q_{吸}=Cm(T_3-T_1)$

热水放出的热：$Q_{放}=Cm(T_2-T_3)$

量热计吸收热：$Q=Cm(T_2-T_3)-Cm(T_3-T_1)$

所以，量热计的热容：

$$C_P=\frac{Cm(T_2-T_3)-Cm(T_3-T_1)}{T_3-T_1}=\frac{Cm(T_2+T_1-2T_3)}{T_3-T_1} \quad (3-25)$$

严格地说，简易量热计并非绝热系统，因此在测量温度变化时会出现下列问题，即当冷水温度正在上升时，系统和环境之间已经发生了热量交换，这就使人无法准确测得最大的温度变化。这一误差，可用外推作图法加以消除，即根据实验测定数据，以温度对时间作图，所得直线为 $AB$，$BA$ 与纵坐标交于 $C$ 点，则 $C$ 点代表的温度就是系统上升的最高温度(图 3-8)。如果量热计绝热性能好，在温度升高到最高点后 3 min 内温度不降低，该温度就可认为是最高温度，而不需要用外推作图法确

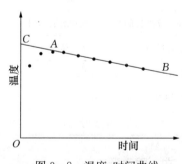

图 3-8　温度-时间曲线

定最高温度。

### 三、实验仪器和试剂

**1. 仪器**  量热计、量筒、精密温度计(0~50 ℃)、烧杯、秒表、电热套等。

**2. 试剂**  NaOH(0.2 mol·L$^{-1}$)、HCl(0.2 mol·L$^{-1}$)。

### 四、实验步骤

测量前，要对所使用的两支温度计进行校正。将两支温度计插入盛水的烧杯中，几分钟后观察温度(温度需精确到 0.1 ℃)，记下两支温度计读数的差异，在下面的实验中要将这两支温度计的读数差异考虑到温度的计算中。

**1. 测量量热计的热容 $C_P$**

(1)简易量热计仪器装配。本实验也可装配保温杯式简易量热计(图 3-9)。保温杯盖可用泡沫塑料塞或大橡皮塞代替。在温度计和搅拌棒上各套一小橡皮圈，使温度计和搅拌棒不接触杯底。也可用一只塑料杯作量热计，塑料的导热系数仅为玻璃的 1/10~1/5，可以不用保温设备(不论哪一种装置都应先测量量热计的热容)。

(2)测量。用量筒量取 100 mL 自来水倒入干燥的量热计中，盖好盖子，缓慢搅拌。几分钟后，观察温度，如果连续 3 min 温度不变化，则可认为处于热平衡状态，记录此温度($T_1$)。

量取 100 mL 自来水，注入 250 mL 烧杯中，加热。当温度升至高于冷水温度 20 ℃时，停止加热。放置半分钟，观察此热水温度。记录下准确的温度 $T_2$ 后，迅速将热水全部倒入量热计中，盖好盖子，开始搅拌。在倒入热水的同时开始计时，每 15 s 记录一次温度。当温度达到最高点后，连续观测 3 min。温度和时间记入下表。

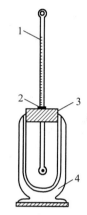

图 3-9  保温杯式简易量热装置
1. 温度计  2. 橡皮圈
3. 泡沫塑料塞  4. 保温杯

| 时间/s |  |
|---|---|
| 温度/℃ |  |

以温度对时间作图求 $T_3$。

**2. 测定氢氧化钠和盐酸反应的中和热**  倒出量热计中的水，用吸水纸吸干量热计。将 100 mL 0.2 mol·L$^{-1}$ HCl 注入量热计中，盖好盖子，缓慢搅拌，使其达到热平衡，记录温度 $T_1$。

再量取 105.0 mL 0.2 mol·L$^{-1}$ NaOH 溶液，注入 250 mL 烧杯中观测温度，要求碱液与酸的温度相同。若不相同，可用双手捂着烧杯使其温热，或用自来水冷却。迅速而小心地将碱液一次倒入量热计中，开始计时，立即盖好杯盖并不断地搅拌，记录时间和温度。当碱液的温度达到最高值时，记录温度与时间，并每隔 30 s 记录一次，当温度达到最高点后，连续观测 3 min。温度和时间记入下表。

| 时间/s |  |
|---|---|
| 温度/℃ |  |

以温度对时间作图求 $T_2$。

由于酸和碱的起始温度相同，碱稍过量能使酸完全中和，可以认为中和反应所放出的热

量完全被量热计吸收，故热平衡关系式为

$$\frac{c_{酸} \cdot V_{酸}}{1\,000} \times \Delta H_{中和} + (m_{溶液} \cdot C_{溶液} + C_P)\Delta T = 0 \quad (3-26)$$

式中，$c_{酸}$ 为酸的物质的量浓度；$V_{酸}$ 为酸的体积(mL)；$\Delta H_{中和}$ 为反应温度下的中和热 $(J \cdot mol^{-1})$；$m_{溶液}$ 为酸和碱溶液的总质量(g)；$C_{溶液}$ 为溶液的比热容 $(J \cdot g^{-1} \cdot ℃^{-1})$；$C_P$ 为量热计的热容 $(J \cdot K^{-1})$；$\Delta T$ 为反应前后温度的变化。

根据式(3-26)计算 $\Delta H_{中和}$。

### 3. 数据记录和处理

(1) 量热计热容 $C_P$ 的计算。

| | |
|---|---|
| 冷水温度 $T_1$/℃ | |
| 热水温度 $T_2$/℃ | |
| 冷热水混合后的温度 $T_3$/℃ | |
| 冷(热)水的质量 $m$/g | |
| 水的比热容 /$(J \cdot g^{-1} \cdot ℃^{-1})$ | |
| 量热计热容 $C_P$/$(J \cdot ℃^{-1})$ | |

(2) 中和热的计算。

| | |
|---|---|
| 反应前温度 $T_1$/℃ | |
| 反应后温度 $T_2$/℃ | |
| $\Delta T$/℃ | |
| 溶液的体积 $V$/mL | |
| 溶液的密度① $d$/$(g \cdot mL^{-1})$ | |
| 溶液的比热容② $C$/$(J \cdot g^{-1} \cdot ℃^{-1})$ | |
| 溶液的热容 $C_P$/$(J \cdot ℃^{-1})$ | |
| 反应放出的总热量 $Q$/kJ | |
| 生成物水的物质的量 $n$/mol | |
| 中和热 $\Delta H$/$(kJ \cdot mol^{-1})$ | |
| 相对误差/% | |

注：①、②溶液的密度与比热容可近似地用水的密度与比热容代替。

### 五、思考题

(1) 结合实验理解下列概念：体系、环境、比热容、热容、反应热、中和热。

(2) 如果用 $1.0\ mol \cdot L^{-1}$ HAc 代替 $1.0\ mol \cdot L^{-1}$ HCl 与 NaOH 反应，所测得的反应热是否一样？为什么？

(3) 试分析实验结果产生误差的原因。

# 二、物质的分离、提纯与鉴定实验

## 实验 16 粗食盐的提纯

### 一、实验目的
(1)学习提纯食盐的原理和方法及有关离子的鉴定。
(2)掌握溶解、过滤、蒸发、浓缩、结晶、干燥等基本操作。

### 二、实验原理
粗食盐中的不溶性杂质(如泥沙等)可通过溶解和过滤的方法除去。粗食盐中的可溶性杂质主要是 $Ca^{2+}$、$Mg^{2+}$、$K^+$、$SO_4^{2-}$ 等,可以选择适当的试剂使它们生成难溶化合物的沉淀而除去。首先,可在粗食盐溶液中加入过量的 $BaCl_2$ 溶液,除去 $SO_4^{2-}$。

$$Ba^{2+} + SO_4^{2-} = BaSO_4 \downarrow$$

将溶液过滤,除去 $BaSO_4$ 沉淀。在滤液中加入 NaOH 和 $Na_2CO_3$ 溶液,除去 $Ca^{2+}$、$Mg^{2+}$ 和沉淀 $SO_4^{2-}$ 时加入的过量 $Ba^{2+}$。

$$Mg^{2+} + 2OH^- = Mg(OH)_2 \downarrow$$
$$Ca^{2+} + CO_3^{2-} = CaCO_3 \downarrow$$
$$Ba^{2+} + CO_3^{2-} = BaCO_3 \downarrow$$

过滤除去沉淀。溶液中过量的 NaOH 和 $Na_2CO_3$ 可以用盐酸中和除去。粗食盐中的 KCl 和上述沉淀剂都不起作用。由于 KCl 的含量较少,依据在水中溶解度的不同,在蒸发和浓缩过程中,NaCl 先结晶出来,而 KCl 则留在溶液中。

### 三、实验仪器和试剂
**1. 仪器**　台秤、烧杯、量筒、普通漏斗、漏斗架、布氏漏斗、吸滤瓶、蒸发皿、石棉网、电热套、药匙。

**2. 试剂**　粗食盐、HCl(6 mol·L$^{-1}$)、HAc(6 mol·L$^{-1}$)、NaOH (6 mol·L$^{-1}$)、$BaCl_2$(1 mol·L$^{-1}$)、$Na_2CO_3$(饱和)、$(NH_4)_2C_2O_4$(饱和)、镁试剂、pH 试纸。

**3. 其他**　滤纸。

### 四、实验步骤
**1. 粗食盐的提纯**

(1)在台秤上称取 8.0 g 粗食盐,放在 100 mL 烧杯中,加入 30 mL 水,搅拌并加热使其溶解。至溶液沸腾时,在搅拌下逐滴加入 1 mol·L$^{-1}$ $BaCl_2$ 溶液至沉淀完全(约 2 mL)。继续加热 5 min,使 $BaSO_4$ 的颗粒长大而易于沉淀和过滤。为了试验沉淀是否完全,可将烧杯从石棉网上取下,待沉淀下降后,取少量上层清液于试管中,滴加几滴 6 mol·L$^{-1}$ HCl,再加几滴 1 mol·L$^{-1}$ $BaCl_2$ 检验。用普通漏斗过滤。

(2)在滤液中加入 1 mL 6 mol·L$^{-1}$ NaOH 和 2 mL 饱和 $Na_2CO_3$,加热至沸,待沉淀下降后,取少量上层清液放在试管中,滴加 $Na_2CO_3$ 溶液,检查有无沉淀生成。如不再产生沉淀,用普通漏斗过滤。

(3)在滤液中逐滴加入 6 mol·L$^{-1}$ HCl,直至溶液呈微酸性为止(pH 约为 5)。

(4)将滤液倒入蒸发皿中,用小火加热蒸发,浓缩至稀粥状的稠液为止,切不可将溶液蒸干。

(5)冷却后，用布氏漏斗过滤，尽量将结晶抽干。将结晶放回蒸发皿中，小火加热干燥，直至不冒水蒸气为止。

(6)将精食盐冷至室温，称重。最后把精食盐放入指定容器中。计算产率。

**2. 产品纯度的检验**　取粗食盐和精食盐各 1 g，分别溶于 5 mL 蒸馏水中，将粗食盐溶液过滤。两种澄清溶液分别盛于 3 支小试管中，组成 3 组，对照检验它们的纯度。

(1) $SO_4^{2-}$ 的检验。在第一组溶液中分别加入 2 滴 6 mol·L$^{-1}$ HCl，使溶液呈酸性，再加入 3～5 滴 1 mol·L$^{-1}$ $BaCl_2$，如有白色沉淀，证明有 $SO_4^{2-}$ 存在，记录结果，进行比较。

(2) $Ca^{2+}$ 的检验。在第二组溶液中分别加入 2 滴 6 mol·L$^{-1}$ HAc 使溶液呈酸性，再加入 3～5 滴饱和 $(NH_4)_2C_2O_4$ 溶液，如有白色 $CaC_2O_4$ 沉淀生成，证明有 $Ca^{2+}$ 存在。记录结果，进行比较。

(3) $Mg^{2+}$ 的检验。在第三组溶液中分别加入 3～5 滴 6 mol·L$^{-1}$ NaOH，使溶液呈碱性，再加入 1 滴镁试剂[1]，若有天蓝色沉淀生成，证明有 $Mg^{2+}$ 存在。记录结果，进行比较。

## 五、注释

[1] 镁试剂是一种有机染料，在碱性溶液中呈红色或紫色，但被 $Mg(OH)_2$ 沉淀吸附后，则呈天蓝色。

## 六、思考题

(1)加入 30 mL 水溶解 8 g 食盐的依据是什么？加水过多或过少有什么影响？

(2)怎样除去实验过程中所加的过量沉淀剂 $BaCl_2$、NaOH 和 $Na_2CO_3$？

(3)提纯后的食盐溶液浓缩时为什么不能蒸干？

(4)在检验 $SO_4^{2-}$ 时，为什么要加入盐酸溶液？

# 实验 17　蒸　　馏

## 一、实验目的

(1)学习蒸馏的原理和意义。

(2)掌握蒸馏装置的安装及其操作。

(3)了解蒸馏法用于沸点测定和分离提纯的原理和方法。

## 二、实验原理及装置

参见第 80～82 页"普通蒸馏"的相关内容。装置图参照图 2-64。

## 三、实验仪器和试剂

**1. 仪器**　电热套、圆底烧瓶、冷凝管、温度计、接液管、锥形瓶、铁架台、长颈漏斗。

**2. 试剂**　乙醇。

## 四、实验步骤

**1. 加样**　蒸馏装置安装好后，取下温度计，将 40 mL 乙醇经长颈漏斗加入圆底烧瓶中（避免液体流入冷凝管里），加 2～3 粒沸石防止暴沸，然后装好温度计。也可以在蒸馏装置装配前先将乙醇和沸石加入圆底烧瓶中，再按照蒸馏装置的装配顺序安装好。蒸馏前，应检查装置装配是否正确，各部分之间的连接是否紧密。

**2. 加热**[1]　缓慢通入冷却水后，开始加热。开始加热时，加热速度可以稍快。加热至沸腾后，温度计读数会快速上升，此时应调节加热速度，使馏出液的蒸出速度为每秒 1～2 滴为宜[2]。

**3. 收集与记录**　记录第一滴馏出液滴入接收瓶时的温度并收集沸点较低的前馏分。当温度升至所需沸点范围并恒定时，更换另一接收瓶收集，并记录此时的温度范围，即为馏分的沸点范围。收集馏分的沸点范围越窄，则馏分的纯度越高。一般收集馏分的温度范围在1～2 ℃，也可按规定的温度范围收集产品。

**4. 停止蒸馏与拆卸仪器**　当温度上升至超过所需范围，或烧瓶中残留液体很少时，即停止蒸馏。先移去热源，待温度降至40 ℃左右时，再关闭冷却水，然后拆卸仪器。拆卸顺序与安装顺序相反。

### 五、注释

[1]蒸馏低沸点易燃液体(如乙醚)时，绝不能用明火加热(附近也严禁有明火)，而应用预先热好的水浴加热；为保持必需的温度，可以适时地向水浴中添加热水。

[2]蒸馏速度过快，会使蒸气过热，破坏气-液平衡，影响分离效果。

### 六、思考题

(1)在进行蒸馏操作前应注意哪些问题？(从安全和效率两方面考虑)

(2)在蒸馏装置中，温度计应怎样正确安装？

(3)蒸馏时加入沸石的作用是什么？如果蒸馏前忘记加沸石，能否立即将沸石加至将近沸腾的液体中？当重新蒸馏时，用过的沸石能否继续使用？

(4)如果液体具有恒定的沸点，能否认为它是纯净的物质？

## 实验18　分　　馏

### 一、实验目的

(1)了解分馏的原理和意义。

(2)学习实验室里常用分馏的操作方法。

### 二、实验原理及装置

参见第82～83页"分馏"的相关内容。实验装置图参照图2-65。

### 三、实验仪器和试剂

**1. 仪器**　电热套、分馏柱、圆底烧瓶、温度计、冷凝管、接液管、锥形瓶(3个)、铁架台、密度计。

**2. 试剂**　50％乙醇溶液。

### 四、实验步骤

**1. 分馏**　在250 mL圆底烧瓶内放入50 mL 50％乙醇及1～2粒沸石。加热，通过调节变压器尽可能精确地控制加热速度，使馏出液以每秒1～2滴的速率蒸出。用做好标记的锥形瓶分别收集78～82 ℃、82～88 ℃及88～95 ℃各段蒸馏液。当温度达到95 ℃时停止加热(兰州地区气压较低，各分馏段及停止蒸馏温度分别降低4 ℃)。测量并记录各段馏分及残液体积(残液冷却至室温后测定)。第二和第三段馏分越少，表明分馏效果越好。

**2. 回收馏分**　将各段馏分及残液分别倒入指定的回收瓶内[1]。

**3. 测馏分**　用密度计测量各段馏分的密度。根据密度从手册中查出其乙醇的含量。

### 五、注释

[1]实验中如果使用酒精灯进行加热，将各段分馏液倒入圆底烧瓶中时必须先熄灭灯焰，让圆底烧瓶冷却几分钟，否则容易因易燃有机化合物蒸气遇到明火燃烧而造成事故。

### 六、思考题

(1)分馏和蒸馏在原理和装置上有哪些异同？如果是两种沸点很接近的液体组成的混合物，能否用分馏来提纯？

(2)若加热太快，馏出液每秒钟的滴数超过要求量，用分馏法分离两种液体的能力会显著下降，为什么？

(3)为了取得较好的分离效果，为什么分馏柱必须保持回流液？

(4)在分离两种沸点相近的液体时，为什么装有填料的分馏柱比不装填料的效率高？

(5)什么是共沸混合物？为什么不能用分馏法分离共沸混合物？

(6)在分馏时通常用水浴或油浴加热，它比直接加热有什么优点？

## 实验 19　水蒸气蒸馏

### 一、实验目的

(1)学习水蒸气蒸馏的原理及其应用。

(2)掌握水蒸气蒸馏的装置及其操作方法。

### 二、实验原理及装置

参见第 83~85 页"水蒸气蒸馏"的相关内容。实验装置图参照图 2-66。

### 三、实验仪器和试剂

**1. 仪器**　水蒸气发生器、圆底烧瓶、锥形瓶、电热套、铁架台、冷凝管、接液管、分液漏斗。

**2. 试剂**　粗苯胺、氯化钠、氢氧化钠。

### 四、实验步骤

**1. 仪器安装**　开始蒸馏前，在水蒸气发生器内加入占其容积 2/3 的水，在圆底烧瓶内加入 10 mL 苯胺，然后安装好装置。

**2. 蒸馏**　加热水蒸气发生器，并将 T 形管螺旋夹打开，当有水蒸气从 T 形管的支管冲出时，再旋紧夹子，让水蒸气通入烧瓶中，在水蒸气蒸馏过程中，可以看见一滴滴混浊液随热蒸气冷凝聚集在接收瓶中。为了使水蒸气不致在烧瓶内过多地冷凝，在蒸馏时通常也可用小火将烧瓶加热。

**3. 停止蒸馏**　当被蒸物质全部蒸出后，馏出液由混浊变澄清，此时不要立刻结束蒸馏，要再多蒸出 10~20 mL 的透明馏出液方可停止蒸馏。结束(中断)蒸馏时，一定要先打开连接于水蒸气发生器与蒸馏装置之间的 T 形管上的螺旋夹，使体系与大气相通，然后再停止加热，拆下接收瓶后，再按顺序拆除各部分装置。如果随水蒸气挥发的物质具有较高的熔点，在冷凝后易于析出固体，则应调小冷凝水的流速，使它冷凝后仍保持液态。

**4. 分液**　把馏出液用氯化钠饱和后移入分液漏斗中，分离馏出的苯胺，用粒状氢氧化钠干燥。记录所得苯胺的物理性状及产量，计算回收率，并将产品倒入指定的容器中。

### 五、思考题

(1)进行水蒸气蒸馏时，蒸气导管的末端为什么要插到接近烧瓶的底部？

(2)在水蒸气蒸馏过程中，经常要检查哪些事项？若安全管中水位上升很高，说明什么问题？应如何解决？

(3)在水蒸气蒸馏中，如何判断馏出液中有机组分在水的上层还是下层？

## 实验 20　减压蒸馏

### 一、实验目的
(1)学习减压蒸馏分离有机物的原理。
(2)掌握减压蒸馏仪器的安装和减压蒸馏的操作技术。

### 二、实验原理及装置
参见第 85~87 页"减压蒸馏"的相关内容。实验装置图参照图 2-68。

### 三、实验仪器和试剂
**1. 仪器**　克氏蒸馏头、圆底烧瓶(250 mL)、直形冷凝管、温度计、玻璃管(一端拉成 10 cm 长的毛细管,另一端带有橡皮管和螺旋夹)、水浴锅、电热套、升降台、铁架台、循环水真空泵、吸滤瓶(附橡皮塞、90°弯管及二通活塞)、量筒(100 mL)、耐压橡皮管。

**2. 试剂**　粗糠醛。

### 四、实验步骤
**1. 安装仪器**　按照图 2-68 装配仪器。真空接液管与吸滤瓶、吸滤瓶与循环水真空泵之间用耐压橡皮管连接。

**2. 检查气密性**　安装好仪器后,需先检查系统是否漏气,方法是:旋紧毛细管上端螺旋夹,减压至压力稳定以后,捏住连接真空泵的橡皮管 1 min 后松开,观察压力表有无变化,无变化说明不漏气,有变化即表示漏气。漏气可能是接头部分连接不紧密,或没有用油脂润滑好。

**3. 加样**　加入待蒸馏液体,其体积不要超过圆底烧瓶容积的 1/2。

**4. 减压**　调节螺旋夹,使液体中有连续平稳的小气泡通过(如无气泡,可能毛细管已阻塞,应予更换)。

**5. 蒸馏**　开启冷凝水,选用合适的热浴加热蒸馏。加热时,圆底烧瓶的圆球部位至少应有 2/3 浸入浴液中,在浴液中放一温度计,控制浴温比待蒸馏液体的沸点高 20~30 ℃,使每秒钟馏出 1~2 滴,在整个蒸馏过程中都要密切注意瓶颈上的温度计和压力的读数。记录蒸馏情况和压力、沸点等数据变化。

**6. 更换接收瓶**　蒸馏过程中,当一种新的组分(相同压力下的高沸点部分)开始蒸馏出来时,需要及时更换接收瓶。为此,应先降低热浴,缓缓旋开毛细管上的螺旋夹,再缓缓旋开安全瓶上的二通活塞,慢慢放入空气,使压力逐渐回零,换上一个已称重的、洁净的接收瓶。关闭安全瓶上的二通活塞,让系统有数分钟时间重新恢复减压状态。调节螺旋夹,升高热浴温度,继续蒸馏。

**7. 停止蒸馏**　蒸馏完毕,应先撤去热源,缓缓旋开毛细管上的螺旋夹,再缓缓地旋开安全瓶上的二通活塞,慢慢放入空气,使压力逐渐回零,装置内外压力平衡后,方可关闭真空泵。拆卸仪器。仪器拆开后要立即清洗以免发生玻璃接头粘连。

### 五、注意事项
(1)除了连接冷凝管的橡皮管外,均需用耐压橡皮管。要检查所用玻璃器皿不得有丝毫伤痕或裂隙,也不得在真空系统中使用薄壁玻璃仪器,如三角烧瓶等。为了确保安全,在全部减压操作过程中必须戴有机玻璃面罩或安全眼镜。

(2)在减压操作时,仪器连接处的磨口表面均应全部涂上一层薄薄的润滑脂,以免黏结,难以拆开。

(3)因有些化合物较易氧化，加热时突然放入大量空气会发生爆炸事故，所以一定要放气之后再关真空泵。

### 六、思考题

(1)一般在什么情况下使用减压蒸馏？

(2)减压蒸馏时，为何不能缺少安全瓶？

(3)开始减压蒸馏时，为什么要先抽气再加热？结束时，为什么要先移去热浴，再停止抽气？

(4)在进行减压蒸馏时，为什么必须用热浴加热，而不能直接用火加热？

(5)使用油泵减压时，应有哪些吸收和保护装置？其作用是什么？

## 实验 21　萃　　取

### 一、实验目的

(1)了解萃取法分离提纯物质的意义。

(2)学习萃取法的原理和方法。

### 二、实验原理及装置

参见第 78~80 页"萃取分离法"的相关内容。

### 三、实验仪器和试剂

**1. 仪器**　分液漏斗、铁架台(带铁环)、烧杯(50 mL)3 个、玻璃棒、表面皿、漏斗。

**2. 试剂**　苯甲酸、乙酸乙酯、氢氧化钠(5%)、浓盐酸、刚果红试纸。

**3. 其他**　滤纸。

### 四、实验步骤

用萃取法分离苯甲酸和乙酸乙酯。

(1)取 10 mL 苯甲酸和乙酸乙酯溶液置于分液漏斗中，加入 10 mL 5%氢氧化钠。塞上塞子，用右手食指末节将漏斗上端玻璃塞顶住，再用大拇指、食指和中指握住漏斗。漏斗转动时用左手的食指和中指蜷握在旋塞的柄上，使振摇过程中玻璃塞和旋塞均夹紧。上下轻轻振摇分液漏斗，每隔几秒钟将漏斗倒置(旋塞朝上)，小心打开旋塞，以平衡内外压力，重复操作 2~3 次，然后再用力振摇相当时间，使两不相溶的液体充分接触，提高萃取效率。振摇时间太短影响萃取效率[1]。将分液漏斗置于铁圈中，当溶液静置分层后，小心旋开旋塞，分出下层氢氧化钠溶液。

(2)再分别用 5 mL 5%氢氧化钠溶液提取 2 次，将 3 次所得的提取液合并在一起，这时，乙酸乙酯中的苯甲酸已绝大部分与氢氧化钠生成可溶性的钠盐而转移到氢氧化钠溶液中。

(3)在氢氧化钠提取液中，逐步加入浓盐酸处理，直至溶液能使刚果红试纸变蓝，然后再多加 1 mL，这时即有苯甲酸析出，冷却后将沉淀过滤并用少量水洗涤 2 次，将苯甲酸烘干后倒入回收瓶。分液漏斗中的乙酸乙酯倒入指定的回收瓶。

### 五、注释

[1]使用分液漏斗萃取或洗涤液体时，如果在振荡过程中由于大力振摇以致乳化，静置又难分层时，则应改变操作方法，可用右手按住漏斗口端玻璃塞，左手挡住下端旋塞平放漏

斗，前后振摇数次，然后斜置漏斗使下端朝上，旋开旋塞放出气体。

### 六、思考题

(1)影响萃取效率的因素有哪些？怎样才能选择好萃取溶剂？

(2)使用分液漏斗的目的是什么？使用时应注意哪些事项？

(3)两种不相溶的液体在分液漏斗中，相对密度大的在哪一层？下一层液体从哪里放出来？放出液体时为了不要流得太快，应该怎样操作？留在分液漏斗中的上层液体，应从哪里倾入另一容器中？

## 实验 22　重 结 晶

### 一、实验目的

(1)学习重结晶提纯固态有机化合物的原理和方法。

(2)掌握抽滤、热滤、结晶、晶体洗涤技术。

### 二、实验原理及装置

参见第 74~77 页"重结晶分离法"的相关内容。实验装置图参照图 2-57、图 2-58 和图 2-59。

### 三、实验仪器和试剂

**1. 仪器**　保温漏斗、烧杯、布氏漏斗、吸滤瓶、真空泵。

**2. 试剂**　粗苯甲酸、活性炭。

**3. 其他**　滤纸。

### 四、实验步骤

**1. 溶解和脱色**　称取 2 g 粗苯甲酸于 250 mL 烧杯中，加入 60 mL 水，加热使微沸，若不能完全溶解，再分次加入少量水(每次 10 mL 左右)，用玻璃棒搅拌，并使其保持微沸 2~3 min，直到油状物质消失为止。若溶液有色，待其稍冷后，加入约 0.2 g 活性炭，重新加热至微沸并不断搅拌，煮沸 2 min。

**2. 热过滤**　用准备好的热滤装置和一扇形滤纸，趁热过滤溶液，滤液用烧杯收集。

**3. 结晶**　过滤完毕，将烧杯放在冷水浴中冷却，使结晶完全析出。如果没有结晶析出，用玻璃棒搅动，促使结晶形成。

**4. 抽滤**　将冷却后的晶体及母液转入布氏漏斗中，用抽滤法过滤，使结晶与母液分离。用少量冷水洗涤结晶一次，吸干后将产品移到滤纸上，置于表面皿上晾干或烘干称重，计算回收率，并将纯苯甲酸倒入指定回收瓶中。

### 五、思考题

(1)重结晶提纯法的基本原理是什么？

(2)重结晶提纯法包括哪几个步骤？各步的主要目的是什么？

(3)布氏漏斗中的滤纸过大或过小行不行？为什么？

(4)在布氏漏斗中用溶剂洗涤滤饼时应注意哪些问题？

(5)如何选择重结晶溶剂？

(6)母液浓缩后所得到的晶体为什么比第一次得到的晶体纯度要差？

(7)使用有毒或易燃的溶剂进行重结晶时应注意哪些问题？

## 实验 23　柱 层 析

### 一、实验目的
学习柱色谱的原理和方法。

### 二、实验原理及装置
参见第 92 页"柱色谱"的相关内容。实验装置图参照图 2-70。

### 三、实验仪器和试剂
**1. 仪器**　20 cm×1 cm 色谱柱(或酸式滴定管)、锥形瓶。
**2. 试剂**　活性氧化铝、95％乙醇、甲基橙、亚甲基蓝、蒸馏水。
**3. 其他**　石英砂、脱脂棉、滤纸。

### 四、实验步骤
(1)取色谱柱(或酸式滴定管)一根,垂直放置,以 50 mL 锥形瓶作洗脱剂的接收器。用镊子取少许脱脂棉置于干净的色谱柱底部,轻轻塞紧,再在脱脂棉上覆盖约 5 mm 厚的石英砂(或用一张比柱内径略小的滤纸代替),关闭旋塞。按干法填料法(参见第 92 页)装入 20 g 活性氧化铝作为吸附剂。在此过程中,可用吸耳球或带橡胶塞的玻璃棒轻轻敲打柱身,使填装紧密。当装柱到柱高的 3/4 时,在上面再加一层约 5 mm 厚石英砂或滤纸来保护水平面。用 95％乙醇淋洗柱子,控制流速为每秒 4 滴,操作时一直保持此流速,注意不能使液面低于石英砂的上层。

(2)当溶剂面流至离石英砂面以上 1 mm 时,立即将含有 0.5 mg 甲基橙和 2 mg 亚甲基蓝的 95％乙醇液 1 mL 加至层析柱的顶部,待混合液下移而顶部尚未干时,立即用少许 95％乙醇作为洗脱液连续不断地冲洗,直至亚甲基蓝染料被洗出,这时可以看到层析柱中黄色的甲基橙留在柱内,即已达到甲基橙与亚甲基蓝分离的目的。

(3)换用水为洗脱液,淋洗层析柱,将甲基橙洗出。

### 五、思考题
(1)为什么已经润湿的柱子不应当再让它变干?
(2)柱中若留有空气或填装不匀,对分离效果有何影响?如何避免?
(3)柱色谱中为什么极性大的组分要用极性较大的溶剂洗脱?

## 实验 24　薄 层 层 析

### 一、实验目的
(1)学习薄层层析的基本原理。
(2)掌握薄层层析分离鉴别有机化合物的操作方法。

### 二、实验原理及装置
参见第 92～93 页"薄层色谱"的相关内容。实验装置图参照图 2-71。

### 三、实验仪器和试剂
**1. 仪器**　层析缸、玻璃板、点样毛细管、玻璃棒、烧杯(50 mL)、量筒、烘箱、干燥器。
**2. 试剂**　氧化铝 G、蒸馏水、菠菜提取液、辣椒提取液、羧甲基纤维素(CMC)、石油醚、丙酮。
**3. 其他**　大头针、直尺。

#### 四、实验步骤

**1. 制薄层板**  取 4 cm×15 cm 的干净玻璃板两块,平放在桌上。称 3 g 氧化铝 G,置于 50 mL 烧杯中,加蒸馏水 5 mL,搅拌成匀浆后,分倒在两块玻璃板的各一端,用玻璃棒来回移动,使其摊平,厚度约 0.25 mm,用食指和拇指拿住玻璃板,做前后左右振荡摆动,使氧化铝均匀地铺在玻璃板上[1],在室温下,水平放置 30 min 后,放入烘箱中,升温至 110 ℃,活化 30 min,取出,稍冷,置于干燥器中备用。

**2. 点样**  在离薄层板一端 1.5 cm 处,用大头针针尖轻轻点上两小点,作为 A、B 原点,离原点 10 cm 处做一记号。然后用毛细管将植物色素提取液(菠菜或辣椒)点在 A、B 点上,注意控制斑点的大小,使其直径为 2~3 mm[2]。

**3. 展开**  将点样后已干燥的薄层板放入层析缸中,将点有样品的一端浸泡在展开剂(石油醚:丙酮=9:1)内,一般浸到 0.5 cm 高,另一端靠在缸壁,盖好缸盖。展开剂沿薄层板由下端向上移动,在展开过程中注意观察色素分离的情况,当溶剂到达离原点 10 cm 前沿线时,取出,晾干,对着光线观察色谱图。把层析所得的色谱图画下来。

#### 五、注释

[1]玻璃板上涂层要均匀,既不应有纹路、带团粒,也不应有能看到玻璃的薄涂料点。

[2]点样时,样点应位于薄板宽度四等分的等分点附近,注意两边的样点不要靠近薄板边缘(因为边际效应,如果点样过于靠近边缘,会明显影响样品展开时的层析行为);如果样点颜色较浅,可重复点样,重复点样前必须待前次样点干燥后进行,否则样点斑点直径过大,易在分离中产生拖尾现象。

#### 六、思考题

(1)在一定的操作条件下为什么可利用 $R_f$ 值来鉴定化合物?
(2)在混合物薄层色谱中,如何判定各组分在薄层上的位置?
(3)展开剂的高度若超过了点样线,对薄层色谱有何影响?
(4)如何制备薄层板?薄层板为什么要活化?
(5)为什么在展开时不能让展开剂浸没点样点?

## 实验 25  纸上层析

#### 一、实验目的

(1)了解纸层析的原理。
(2)掌握用纸层析分离有机物的基本操作方法。

#### 二、实验原理及装置

参见第 93~94 页"纸色谱"的相关内容。实验装置图参照图 2-73。

#### 三、实验仪器和试剂

**1. 仪器**  色谱缸(或带木塞和挂钩的试剂瓶)、新华一号滤纸量筒、喷雾器、点样毛细管。

**2. 试剂**  甘氨酸(0.03 mol·L$^{-1}$)、缬氨酸(0.03 mol·L$^{-1}$)、展开剂(正丁醇:甲酸:水=15:3:2)、0.5%茚三酮试剂。

**3. 其他**  直尺、铅笔。

#### 四、实验步骤

**1. 点样**  取 2 cm×15 cm 层析滤纸一张,在距下端 1.5 cm 处用铅笔轻轻画一条与下端平行的直线，作为原点线；距原点线 10 cm 处再画一平行线，作为溶剂前沿线。在原点线上用铅笔点两小点，各距边缘 0.5 cm，作为点样的位置。用毛细管在一原点上点氨基酸标准溶液，用另一根毛细管在另一原点上点氨基酸混合液。点样的斑点直径不要超过 0.3 cm。在整个操作过程中，手和其他物质不要接触滤纸的层析部分（即展开相流经的部分）。

**2. 展开** 将滤纸挂入层析缸中，调节铁丝钩高度，使滤纸不接触展开剂。在展开剂（正丁醇∶甲酸∶水＝15∶3∶2）的蒸气中饱和 20 min。然后将铁丝下移，使滤纸浸入展开剂约 1 cm。展开剂沿纸而上升，当达到前沿线时，取出滤纸，置于 110 ℃烘箱中干燥 5 min。

**3. 显色** 将滤纸干燥，向滤纸喷洒 0.5% 茚三酮的丙酮溶液，再在烘箱中干燥 5 min，得紫色斑点。测算各斑点的 $R_f$ 值，判断混合物中含有的氨基酸种类。

### 五、思考题
(1) 纸层析法的特征和用途是什么？
(2) 影响 $R_f$ 值大小的因素有哪些？
(3) 展开前为什么需要一个饱和过程？

## 三、物质的一般性质实验

### 实验 26 溶胶与乳浊液

#### 一、实验目的
(1) 了解几种水溶胶的制备方法。
(2) 认识溶胶的聚沉、溶胶的保护和敏化。
(3) 了解乳浊液的形成和乳化作用。
(4) 了解吸附和解吸。

#### 二、实验原理
胶体溶液是一种高度分散的多相系统，凡是颗粒直径在 1~100 nm 的粒子，分散在合适的分散剂中，就能形成溶胶，所以制备溶胶时，关键在于设法得到大小适中的颗粒。主要的制备方法有凝聚法和分散法。

溶胶中加入电解质后，系统中的反离子浓度增加，能够中和胶粒的电荷，破坏溶胶的吸附双电层，使胶粒发生聚沉；加热也可以降低溶胶的稳定性，使溶胶聚沉。

加入适量高分子溶液可以增加胶体的稳定性，这种现象称为高分子的保护作用。但是，加入的高分子溶液量太小时，会降低胶体的稳定性，促使其聚沉，这种现象称为敏化作用。

固体吸附剂在溶液中的吸附，取决于吸附质的结构和性质，同时也与吸附质的溶解度有关。

#### 三、实验仪器和试剂
**1. 仪器** 试管、离心试管、滴管、烧杯、酒精灯、石棉网、搅拌棒、量筒、离心机。

**2. 试剂** $FeCl_3$（2%）、酒石酸锑钾（0.4%）、$H_2S$（饱和）、NaCl（0.01 mol·L$^{-1}$、20%）、$BaCl_2$（0.01 mol·L$^{-1}$）、$AlCl_3$（0.01 mol·L$^{-1}$）、0.5% 白明胶、植物油、肥皂水、甲基紫（0.1%）、活性炭、乙醇（95%）。

#### 四、实验步骤
**1. 溶胶的制备**
(1) 氢氧化铁溶胶的制备。在 250 mL 烧杯中加入 25 mL 蒸馏水，加热至沸，边搅拌边滴加 2% $FeCl_3$ 溶液 4 mL,继续煮沸 1 min,即得深红色的 $Fe(OH)_3$ 溶胶。保留溶胶,供后面实验使用。

(2)三硫化二锑溶胶的制备。在 250 mL 烧杯中加入 25 mL 0.4% 酒石酸锑钾溶液,然后边搅拌边滴加饱和 $H_2S$ 溶液,直至生成橙红色的 $Sb_2S_3$ 溶胶为止。保留溶胶,供后面实验使用。

**2. 溶胶的聚沉**

(1)电解质对溶胶的聚沉。取 3 支试管,各加入 20 滴 $Sb_2S_3$ 溶胶,然后分别加入 0.01 mol·$L^{-1}$ NaCl、0.01 mol·$L^{-1}$ $BaCl_2$、0.01 mol·$L^{-1}$ $AlCl_3$ 溶液,每加一滴要充分振荡,直至聚沉现象刚刚开始(溶胶变混浊或颜色变浅),记录溶胶开始聚沉时加入电解质的量。比较并解释这三种电解质对 $Sb_2S_3$ 溶胶的聚沉作用。

(2)溶胶的互相聚沉。在 1 支试管中加入 20 滴 $Fe(OH)_3$ 溶胶,然后滴加 $Sb_2S_3$ 溶胶,边滴加边振荡,直至出现聚沉现象,记录溶胶的滴数比,解释原因。

(3)温度对溶胶稳定性的影响。在 1 支试管中加入 30 滴 $Sb_2S_3$ 溶胶,煮沸数分钟,冷却后观察有何变化。解释原因。

**3. 高分子溶液对溶胶稳定性的影响** 取 3 支试管,按表 3-4 数据加入试剂,记录开始聚沉时所需 20% NaCl 的量(滴)。

表 3-4 实验数据及数据记录

| 试管编号 | $Fe(OH)_3$ 量/滴 | 蒸馏水量/滴 | 白明胶量/滴 | 20% NaCl 量/滴 | 结 论 |
|---|---|---|---|---|---|
| 1 | 20 | 9 | 1 | | |
| 2 | 20 | 10 | 0 | | |
| 3 | 20 | 0 | 10 | | |

**4. 乳浊液和乳化作用** 取 2 支大试管,第一支加入 3 mL $H_2O$、1 mL 植物油,第二支中加入 3 mL $H_2O$、1 mL 植物油,再加入 1 mL 肥皂水,同时用力振荡 2 支试管,观察现象,静置后再观察,比较并解释 2 支试管中的现象。

**5. 吸附和解吸** 在 1 支离心试管中加入 30 滴 0.1% 甲基紫溶液,再加入 1 小勺活性炭,充分搅拌,离心分离,观察试管中溶液的颜色;用倾析法弃去溶液,再往试管中加入 30 滴 95% 乙醇,充分搅拌,离心分离,观察溶液颜色,解释原因。

**五、思考题**

(1)制备溶胶时,为什么强调边搅拌边滴加?

(2)使用离心机应注意什么?

(3)理解下列概念:聚沉、保护作用、敏化作用、乳化作用、吸附、解吸。

# 实验 27 电离平衡和沉淀平衡

**一、实验目的**

(1)掌握弱电解质电离平衡的特点及其移动。

(2)学习缓冲溶液的配制及性质。

(3)理解酸碱反应及影响酸碱反应的主要因素。

(4) 理解难溶电解质的多相平衡及溶度积规则。

## 二、实验原理

**1. 弱电解质的电离平衡及其移动** 弱电解质在水溶液中存在着电离平衡。如 HAc：

$$HAc(aq) \rightleftharpoons H^+(aq) + Ac^-(aq)$$

$$K_a^\ominus = \frac{[c(H^+)/c^\ominus][c(Ac^-)/c^\ominus]}{c(HAc)/c^\ominus}$$

如果在平衡系统中加入含有相同离子的强电解质，即增大 $H^+$ 或 $Ac^-$ 的浓度，则平衡就向生成 HAc 分子的方向移动，使弱电解质 HAc 的电离度降低，这种现象称为同离子效应。

**2. 缓冲溶液** 如果系统中同时存在弱酸及其共轭碱（如 HAc 和 NaAc）或弱碱及其共轭酸（如 $NH_3 \cdot H_2O$ 和 $NH_4Cl$），则当加入少量的强酸、强碱或适当稀释时，系统的 pH 基本不变，这种溶液称为缓冲溶液。

缓冲溶液 pH 的计算公式：

$$pH = pK_a^\ominus - \lg \frac{c(HB)/c^\ominus}{c(B^-)/c^\ominus}$$

**3. 弱酸、弱碱和水的反应** 弱酸、弱碱及两性物质，在水溶液中都能和水发生反应，从而使水溶液呈酸性或碱性。例如：

$$Ac^-(aq) + H_2O \rightleftharpoons HAc(aq) + OH^-(aq)$$

$$NH_4^+(aq) + H_2O \rightleftharpoons NH_3 \cdot H_2O + H^+(aq)$$

反应生成的共轭酸(碱)越弱，反应越强烈。根据同离子效应，向溶液中加入 $OH^-$ 或 $H^+$ 可以抑制反应的进行。弱酸、弱碱和水的反应是吸热反应，加热可促使反应的进行。

有些酸碱混合时，可以加剧酸碱和水的反应。例如，$NH_4Cl$ 溶液与 $Na_2CO_3$ 溶液混合，$Al_2(SO_4)_3$ 溶液与 $Na_2CO_3$ 溶液混合，其反应如下：

$$NH_4^+ + CO_3^{2-} + H_2O = NH_3 \cdot H_2O + HCO_3^-$$

$$2Al^{3+} + 3CO_3^{2-} + 3H_2O = 2Al(OH)_3 \downarrow + 3CO_2 \uparrow$$

改变浓度及温度等外界条件，可使这类平衡发生移动。

**4. 难溶电解质的多相平衡** 难溶电解质在一定温度下与其饱和溶液中的相应离子处于平衡状态，称为沉淀溶解平衡。例如：

$$AgCl(s) \rightleftharpoons Ag^+(aq) + Cl^-(aq)$$

$$K_{sp}^\ominus(AgCl) = \frac{c(Ag^+)}{c^\ominus} \cdot \frac{c(Cl^-)}{c^\ominus}$$

根据溶度积规则可以判断沉淀的生成和溶解：

$Q > K_{sp}^\ominus$，有沉淀生成或反应后溶液为过饱和溶液；

$Q = K_{sp}^\ominus$，达到沉淀溶解平衡，为饱和溶液；

$Q < K_{sp}^\ominus$，不饱和溶液，无沉淀生成或沉淀继续溶解。

利用溶度积规则，可以使沉淀溶解或转化。若降低饱和溶液中某种离子的浓度，使离子积小于其溶度积，沉淀便溶解，反之，则有沉淀生成。沉淀的转化一般是溶液中溶解度大的难溶电解质易转化为溶解度小的难溶电解质。

## 三、实验仪器和试剂

**1. 仪器** 试管、离心试管、试管夹、酒精灯、滴管、离心机。

**2. 试剂**　HCl(0.1 mol·L$^{-1}$、2 mol·L$^{-1}$和6 mol·L$^{-1}$)、HAc(0.1 mol·L$^{-1}$和2 mol·L$^{-1}$)、甲基橙指示剂、Zn粒、pH试纸、NH$_3$·H$_2$O(0.1 mol·L$^{-1}$、1 mol·L$^{-1}$和6 mol·L$^{-1}$)、酚酞指示剂、MgCl$_2$(0.1 mol·L$^{-1}$)、NaAc(0.1 mol·L$^{-1}$和固体)、NaOH(1 mol·L$^{-1}$)、NH$_4$Cl(0.1 mol·L$^{-1}$和固体)、Na$_2$CO$_3$(饱和溶液)、NaCl(0.1 mol·L$^{-1}$)、Al$_2$(SO$_4$)$_3$(饱和溶液)、BaCl$_2$(0.1 mol·L$^{-1}$和0.0001 mol·L$^{-1}$)、(NH$_4$)$_2$C$_2$O$_4$(0.0001 mol·L$^{-1}$和饱和溶液)、K$_2$CrO$_4$(0.05 mol·L$^{-1}$)、AgNO$_3$(0.1 mol·L$^{-1}$)、Na$_2$S(0.1 mol·L$^{-1}$)、HNO$_3$(6 mol·L$^{-1}$)。

### 四、实验步骤

**1. 电离平衡**

(1) 比较盐酸与醋酸的酸性强弱。

① 分别在2支试管中加入0.1 mol·L$^{-1}$ HCl溶液和0.1 mol·L$^{-1}$ HAc溶液各1 mL，再各加1滴甲基橙指示剂，观察溶液颜色。

② 用pH试纸分别测定0.1 mol·L$^{-1}$ HCl溶液和0.1 mol·L$^{-1}$ HAc溶液的pH。

③ 分别在2支试管中加0.1 mol·L$^{-1}$ HCl溶液和0.1 mol·L$^{-1}$ HAc溶液各1 mL，再各加1粒Zn，观察2支试管中反应的情况。

(2) 同离子效应。

① 取2支小试管，各加入1 mL蒸馏水、2滴6 mol·L$^{-1}$ NH$_3$·H$_2$O及1滴酚酞指示剂，混合均匀，溶液呈何色？在一试管中加入NH$_4$Cl(固)少许，摇动后与另一试管比较，有何变化？为什么？

② 取2支小试管，各加入1 mL蒸馏水、2滴2 mol·L$^{-1}$ HAc溶液及1滴甲基橙，混合均匀，溶液呈何色？在一支试管中加入少量固体NaAc，观察溶液颜色的变化。试说明两试管颜色不同的原因。

③ 取2支小试管，各加入5滴0.1 mol·L$^{-1}$ MgCl$_2$溶液，在其中一支试管中再加入5滴饱和NH$_4$Cl溶液，然后分别在这2支试管中加入5滴6 mol·L$^{-1}$ NH$_3$·H$_2$O。观察两试管发生的现象有何不同，为什么？

(3) 缓冲溶液的配制和性质。

① 在一支试管中加入2 mL 0.1 mol·L$^{-1}$ HAc和2 mL 0.1 mol·L$^{-1}$ NaAc溶液，混匀后，用pH试纸测定其pH。将此溶液分成4份，第一份加1滴0.1 mol·L$^{-1}$ HCl，第二份加1滴0.1 mol·L$^{-1}$ NaOH，第三份稀释1倍，第四份作为前三份的对照，再分别测出它们的pH，解释实验结果。

② 用0.1 mol·L$^{-1}$氨水和0.1 mol·L$^{-1}$ NH$_4$Cl溶液，配制pH＝9.4的缓冲溶液10 mL。配制好后，验证其有无缓冲能力(预先计算好理论体积比)。

(4) 弱酸、弱碱与水的反应。

① 取少量固体NaAc溶于少量水中，加1滴酚酞溶液，观察溶液颜色。在小火上加热观察溶液颜色有何变化，说明原因。

② 在一装有1 mL饱和Al$_2$(SO$_4$)$_3$溶液的试管中，滴加饱和Na$_2$CO$_3$溶液，有何现象？试解释原因，并写出反应方程式。

**2. 沉淀平衡**

(1) 沉淀的生成。

① 取5滴0.1 mol·L$^{-1}$ BaCl$_2$溶液于离心试管中，加入3滴饱和(NH$_4$)$_2$C$_2$O$_4$溶液，观

察沉淀的生成。试用溶度积规则解释。

② 取 5 滴 0.000 1 mol·L$^{-1}$ BaCl$_2$ 溶液于离心试管中，加入 3 滴 0.000 1 mol·L$^{-1}$ (NH$_4$)$_2$C$_2$O$_4$ 溶液，观察有无沉淀生成，为什么？

(2)沉淀的溶解。

① 取 5 滴 0.1 mol·L$^{-1}$ BaCl$_2$ 溶液于离心试管中，加入 3 滴饱和(NH$_4$)$_2$C$_2$O$_4$ 溶液，观察沉淀的生成。离心分离，弃去上层清液，在沉淀上滴加 6 mol·L$^{-1}$ HCl 溶液，有什么现象？写出反应方程式。

② 取 0.1 mol·L$^{-1}$ AgNO$_3$ 溶液 10 滴于试管中，加入 1.0 mol·L$^{-1}$ 的氨水 4 滴，振荡，观察沉淀的生成。继续加入 6.0 mol·L$^{-1}$ 的氨水，有什么现象产生？写出反应方程式。

③ 取 0.1 mol·L$^{-1}$ AgNO$_3$ 溶液 5 滴于试管中，加入 0.1 mol·L$^{-1}$ Na$_2$S 溶液 10 滴，有何现象？离心分离，弃去溶液，在沉淀上加入 6 mol·L$^{-1}$ HNO$_3$ 溶液，水浴加热，又有什么变化？写出反应方程式。

(3)分步沉淀。在离心试管中加入 1 mL 0.1 mol·L$^{-1}$ NaCl 溶液和 1 mL 0.05 mol·L$^{-1}$ K$_2$CrO$_4$ 溶液，然后逐渐滴入 0.1 mol·L$^{-1}$ AgNO$_3$ 溶液，边加边振荡，观察形成沉淀后颜色的变化，试以溶度积原理解释原因。

(4)沉淀的转化。取 0.1 mol·L$^{-1}$ AgNO$_3$ 溶液 5 滴于试管中，加入 0.1 mol·L$^{-1}$ NaCl 溶液 10 滴，有何种颜色的沉淀生成？离心分离，弃去上层清液，沉淀中滴加 0.1 mol·L$^{-1}$ Na$_2$S 溶液，有何现象？为什么？

## 五、思考题

(1)简述缓冲溶液的缓冲原理。

(2)平衡的相互转化有哪几种方式？

# 实验 28　氧化还原反应与电化学

## 一、实验目的

(1)了解电极电势与氧化还原反应的关系。

(2)认识反应物浓度、介质的酸度、催化剂等因素对氧化还原反应的影响。

(3)了解原电池及电解池的构成。

## 二、实验原理

氧化还原反应就是电子转移的反应，氧化剂在反应中得到电子，还原剂在反应中失去电子。这种得失电子能力的大小或者说其氧化还原能力的强弱，可用它们的氧化态和其对应的还原态(如 Fe$^{3+}$/Fe$^{2+}$，Cu$^{2+}$/Cu)所组成的电对的电极电势($\varphi$)的相对大小来衡量。一个电对的电极电势值越大，其氧化态的氧化能力越强，还原态的还原能力越弱，反之亦然。所以，根据相应电对的电极电势的大小，便可判断一个氧化还原反应进行的方向和程度(即计算氧化还原反应的标准平衡常数)。

影响电极电势的因素很多，温度一定时，浓度和压力对电极电势的影响可以用能斯特方程来表达。

对任意一电极反应：

$$Ox + ne \rightleftharpoons Red$$

在 298.15 K 时，表示电极电势与物质浓度关系的能斯特方程式如下：

$$\varphi_{\text{Ox/Red}} = \varphi^{\ominus}_{\text{Ox/Red}} + \frac{0.0591}{n} \lg \frac{c(\text{Ox})/c^{\ominus}}{c(\text{Red})/c^{\ominus}}$$

所以，氧化态或还原态浓度的改变都会使其电对的电极电势发生变化。

有的电极反应，特别是一些含氧酸根离子参加的氧化还原反应，经常有 $H^+$ 参与，介质的酸度也会影响其电对的电极电势，例如：

$$MnO_4^- + 8H^+ + 5e \rightleftharpoons Mn^{2+} + 4H_2O$$

$$\varphi_{MnO_4^-/Mn^{2+}} = \varphi^{\ominus}_{MnO_4^-/Mn^{2+}} + \frac{0.0591}{5} \lg \frac{[c(MnO_4^-)/c^{\ominus}][c(H^+)/c^{\ominus}]^8}{c(Mn^{2+})/c^{\ominus}}$$

$c(H^+)$ 增大，其电对的电极电势增大，$MnO_4^-$ 的氧化能力增强。

此外，根据化学平衡移动原理，当改变氧化剂、还原剂或介质的酸度时（如加入沉淀剂、配位体及改变溶液酸度等），都能使氧化还原平衡发生移动。

如果将氧化还原反应设计在一个特定的装置中进行，电子的转移便能形成有秩序的电子流，这种把化学能转化成电能的装置称为原电池。原电池由两个半电池组成。每个半电池中，氧化态物质和还原态物质组成电极，如图 3-10 所示为铜-锌原电池。将电能转化为化学能的装置称为电解池，如图 3-11 所示。

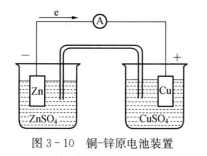

图 3-10　铜-锌原电池装置　　　　图 3-11　电解池装置

### 三、实验仪器和试剂

**1. 仪器**　试管、离心试管、表面皿、滴管、烧杯、酒精灯、量筒（10 mL）、离心机、铜片、锌片、铜导线、盐桥、电位计。

**2. 试剂**　KI（0.1 mol·L$^{-1}$）、FeCl$_3$（0.1 mol·L$^{-1}$）、CCl$_4$、KBr（0.1 mol·L$^{-1}$）、H$_2$SO$_4$（1 mol·L$^{-1}$）、H$_2$O$_2$（3%）、KMnO$_4$（0.01 mol·L$^{-1}$）、HNO$_3$（2 mol·L$^{-1}$ 和浓）、NaOH（0.1 mol·L$^{-1}$ 和 6 mol·L$^{-1}$）、奈斯勒试剂、CuSO$_4$（0.5 mol·L$^{-1}$）、Na$_2$SO$_3$（0.5 mol·L$^{-1}$）、NaF（10%）、H$_2$C$_2$O$_4$（0.2 mol·L$^{-1}$）、MnSO$_4$（0.5 mol·L$^{-1}$）、ZnSO$_4$（0.5 mol·L$^{-1}$）、Na$_2$S（0.1 mol·L$^{-1}$）、KIO$_3$（0.1 mol·L$^{-1}$）、淀粉溶液（0.2%）、浓氨水、KCl（饱和）、NH$_4$F（0.2 mol·L$^{-1}$）、Na$_2$SO$_4$（0.5 mol·L$^{-1}$）、酚酞、Zn 粒、红色石蕊试纸。

### 四、实验步骤

**1. 电极电势与氧化还原反应的关系**　往试管中加入 0.5 mL 0.1 mol·L$^{-1}$ KI 溶液和 5 滴 0.1 mol·L$^{-1}$ FeCl$_3$ 溶液，摇匀后加入 0.5 mL CCl$_4$ 充分振荡，观察 CCl$_4$ 层（下层）颜色有无变化。用 0.1 mol·L$^{-1}$ KBr 溶液代替 KI 溶液进行同样实验，反应能否发生？根据实验结果确定 $\varphi(Br_2/Br^-)$、$\varphi(I_2/I^-)$、$\varphi(Fe^{3+}/Fe^{2+})$ 三个电对的电极电势的相对大小。

根据上面两个实验的结果说明电极电势与氧化还原反应方向的关系。

**2. 氧化性与还原性的相对性**

（1）$H_2O_2$ 的氧化性。在试管中加入 2 滴 0.1 mol·L$^{-1}$ KI 溶液和 3 滴 1 mol·L$^{-1}$ 的 $H_2SO_4$ 溶液，然后滴入 2 滴 3% $H_2O_2$ 溶液，摇动，观察溶液颜色的变化。再加入 0.5 mL $CCl_4$ 振荡，观察 $CCl_4$ 层颜色，解释原因。

（2）$H_2O_2$ 的还原性。在试管中加入 2 滴 0.01 mol·L$^{-1}$ $KMnO_4$ 溶液、3 滴 1 mol·L$^{-1}$ $H_2SO_4$ 溶液，然后滴入 3% $H_2O_2$ 至溶液褪色，解释原因。

**3. 影响氧化还原反应的因素**

（1）浓度对氧化还原反应的影响。往两个各盛一粒锌粒的试管中，分别加入 0.5 mL 浓 $HNO_3$ 和 0.5 mL 2 mol·L$^{-1}$ $HNO_3$ 溶液，观察所发生的现象。写出反应方程式。注意，它们的反应产物不同，浓 $HNO_3$ 被还原后的主要产物可通过观察气体产物的颜色来判断，稀 $HNO_3$ 的还原产物可用下列检验溶液中是否有 $NH_4^+$ 生成的办法来确定。

① 气室法：将 5 滴被检验溶液滴入一表面皿中心，再加 3 滴 6 mol·L$^{-1}$ NaOH 溶液，混匀，在另一块较小的表面皿中心黏附一小条湿润的红色石蕊试纸，把它盖在大表面皿上做成气室。将此气室放在水浴上微热 2 min，若石蕊试纸变蓝，则表明有 $NH_4^+$ 存在。

② 奈氏试剂法：取 1 滴被检验溶液于离心试管中，加 1 滴奈斯勒试剂，若生成红棕色沉淀，则表示有 $NH_4^+$（$NH_4^+$ 浓度小时仅呈棕黄色溶液）。

（2）温度对氧化还原反应的影响。在 2 支试管中各加入 3 滴 0.01 mol·L$^{-1}$ $KMnO_4$ 溶液和 5 滴 1.0 mol·L$^{-1}$ $H_2SO_4$ 溶液，将其中一支试管放在水浴中加热几分钟，然后在 2 支试管中同时加入 5 滴 0.2 mol·L$^{-1}$ $H_2C_2O_4$ 溶液。比较两组混合溶液颜色变化的快慢，并做出解释。

（3）催化剂对氧化还原反应速率的影响  取 3 支试管，各加入 10 滴 0.2 mol·L$^{-1}$ 的 $H_2C_2O_4$ 和 10 滴 1 mol·L$^{-1}$ 的 $H_2SO_4$ 溶液，然后在 1 号试管中加入 1 滴 0.5 mol·L$^{-1}$ 的 $MnSO_4$ 溶液，在 2 号试管中加入 5 滴 0.2 mol·L$^{-1}$ 的 $NH_4F$ 溶液，3 号试管中不加。最后在 3 支试管中各加入 5 滴 0.01 mol·L$^{-1}$ 的 $KMnO_4$ 溶液，比较 3 支试管中紫色褪去的快慢（$F^-$ 与 $Mn^{2+}$ 可形成配离子）。

（4）酸度对氧化还原反应的影响。在 3 支试管中先各加入 0.5 mL 0.5 mol·L$^{-1}$ $Na_2SO_3$ 溶液，然后在第一支试管中加入 0.5 mL 1 mol·L$^{-1}$ $H_2SO_4$ 溶液，第二支试管中加入 0.5 mL 水，第三支试管中加入 0.5 mL 6 mol·L$^{-1}$ NaOH 溶液，再往 3 支试管中各滴 2 滴 0.01 mol·L$^{-1}$ $KMnO_4$ 溶液，观察有何不同现象。

$$2MnO_4^- + 5SO_3^{2-} + 6H^+ = 2Mn^{2+} + 5SO_4^{2-} + 3H_2O（无色）$$
$$2MnO_4^- + 3SO_3^{2-} + H_2O = 2MnO_2 + 3SO_4^{2-} + 2OH^-（褐色）$$
$$2MnO_4^- + SO_3^{2-} + 2OH^- = 2MnO_4^{2-} + SO_4^{2-} + H_2O（绿色）$$

**4. 氧化还原平衡的移动**

（1）酸碱反应与氧化还原反应。在试管中加入 0.5 mL 0.1 mol·L$^{-1}$ KI 溶液和 2 滴 0.1 mol·L$^{-1}$ $KIO_3$，再加入 3 滴淀粉溶液，混匀后观察溶液颜色有无变化。再加入 2～3 滴 1 mol·L$^{-1}$ $H_2SO_4$ 溶液酸化混合液，观察又有何变化。最后加入 2～3 滴 6 mol·L$^{-1}$ NaOH 使溶液显碱性，观察颜色的变化。解释原因。

$$5KI + KIO_3 + 3H_2SO_4 = 3I_2 + 3K_2SO_4 + 3H_2O$$

$$3I_2 + 6NaOH = 5NaI + NaIO_3 + 3H_2O$$

(2) 沉淀反应与氧化还原反应。在1支试管中加入2滴0.5 mol·L$^{-1}$ CuSO$_4$溶液和2滴0.1 mol·L$^{-1}$ Na$_2$S溶液，观察产物的颜色和状态。离心分离，弃去清液，再往沉淀中加入1 mL浓HNO$_3$，并在水浴上加热，观察沉淀是否溶解。写出反应方程式。

(3) 配位反应与氧化还原反应。在1支试管中加入5滴0.1 mol·L$^{-1}$ FeCl$_3$溶液，逐滴加入10% NaF溶液至溶液变为无色，再加入10滴0.1 mol·L$^{-1}$ KI溶液和10滴CCl$_4$，振荡，静置片刻，观察CCl$_4$层颜色，并和实验步骤1中的结果进行比较，试解释原因。

**5. 原电池的构成、电动势的粗略测定及影响因素**　按图3-10装配Cu-Zn原电池，在2个50 mL的小烧杯中，分别加入20 mL 0.5 mol·L$^{-1}$的CuSO$_4$溶液和20 mL 0.5 mol·L$^{-1}$的ZnSO$_4$溶液，在CuSO$_4$溶液中插入Cu片，在ZnSO$_4$溶液中插入Zn片，两溶液用盐桥[1]连通，两极各连一铜导线，Cu极与电位计的正极相连，Zn极与电位计的负极相连，测量其电动势，记录读数。

在CuSO$_4$溶液中滴加浓氨水，不断搅拌，直至生成的沉淀完全溶解，测量Cu-Zn原电池的电动势。在ZnSO$_4$溶液中滴加浓氨水，不断搅拌，直至生成的沉淀完全溶解，测量其电动势。

在CuSO$_4$溶液中滴加0.1 mol·L$^{-1}$的NaOH，不断搅拌，直至生成沉淀，测量其电动势。在ZnSO$_4$溶液中滴加0.1 mol·L$^{-1}$的NaOH，不断搅拌，直至生成沉淀，测量其电动势。观察电极电位有什么变化，解释原因。

**6. 电解**　将Cu-Zn原电池改装为图3-11的装置。第3个烧杯中装入0.5 mol·L$^{-1}$的Na$_2$SO$_4$溶液，将原电池的两个铜导线插入Na$_2$SO$_4$溶液中（两极不能相碰），加入1滴酚酞。2 min后观察现象，并解释原因。

### 五、注释

[1] 盐桥的制备方法：称取1 g琼脂，放在100 mL饱和KCl溶液中浸泡一会儿，加热成糊状，趁势倒入U形玻璃管中（里面不能留有气泡），冷却后即成。制好的盐桥不用时可浸泡在饱和KCl溶液中保存。表3-5为KCl在不同温度下的溶解度。

表3-5　KCl在不同温度下的溶解度

| $t$/℃ | 10 | 20 | 30 | 40 | 50 |
|---|---|---|---|---|---|
| 溶解度(100 g水)/g | 20.9 | 31.6 | 45.7 | 63.9 | 85.5 |

### 六、思考题

(1) 电极电势受哪些因素的影响？其中哪些在本实验中得到了验证？

(2) 在实验中，CCl$_4$在反应体系中起何作用？

(3) H$_2$O$_2$为什么既可作氧化剂又可作还原剂？何种情况下作为氧化剂？何种情况下作为还原剂？

(4) 为什么重铬酸钾能氧化浓盐酸中的氯离子，而不能氧化氯化钠溶液中的氯离子？

(5) 原电池的正极与电解池的阳极以及原电池的负极与电解池的阴极，其电极反应的本质是否相同？

## 实验 29  配合物的生成和性质

### 一、实验目的
(1) 了解复盐和配合物、简单离子和配离子的区别，加深对配位化合物特征的理解。
(2) 了解配离子的解离平衡及其移动。
(3) 了解配合物的一些实际应用。

### 二、实验原理
配位化合物是由内界(中心离子与配位体组成的配离子)与外界(其他离子)组成的。配位化合物简称配合物，它与复盐不同，在水溶液中解离出的配离子十分稳定，只有很少的一部分解离成简单离子，而复盐则全部解离为简单离子。如：

配位化合物：$[Cu(NH_3)_4]SO_4 = [Cu(NH_3)_4]^{2+} + SO_4^{2-}$

复盐：$Fe_2(SO_4)_3 \cdot (NH_4)_2SO_4 \cdot 24H_2O = 2Fe^{3+} + 4SO_4^{2-} + 2NH_4^+ + 24H_2O$

配离子在水溶液中存在配位和解离的平衡。例如：

$$Ag^+ + 2NH_3 \rightleftharpoons [Ag(NH_3)_2]^+$$

$$K_f^\ominus = \frac{c\{[Ag(NH_3)_2]^+\}/c^\ominus}{\dfrac{c(Ag^+)}{c^\ominus} \cdot \left[\dfrac{c(NH_3)}{c^\ominus}\right]^2}$$

式中，$K_f^\ominus$ 为配合物的稳定常数，只与配合物的本性及温度有关，而与浓度无关。
对于同种类型的配离子，配合物的稳定常数越大，表示配离子越稳定。

根据化学平衡移动原理，当改变中心离子或配位体的浓度时(如加入沉淀剂、改变溶液浓度及溶液酸度等)，都能使配位平衡发生移动。

螯合物又称内配合物，它是由中心离子和多基配位体配位而成的具有环状结构的配合物。许多金属离子的螯合物具有特征的颜色，且难溶于水，易溶于有机溶剂。如 $Ni^{2+}$ 和丁二酮肟配位生成的螯合物为鲜红色沉淀，该反应适宜的 pH 在 5~10，酸度过大时，因酸效应过大而使配位体的配位能力下降；酸度太小时，又导致金属离子的水解反应发生。

$$Ni^{2+} + 2 \begin{matrix} H_3C-C=NOH \\ H_3C-C=NOH \end{matrix} \rightleftharpoons \text{[螯合物结构]} \downarrow + 2H^+$$

### 三、实验仪器和试剂
**1. 仪器**  试管。
**2. 试剂**  $NH_3 \cdot H_2O$(1.0 mol·L$^{-1}$、6 mol·L$^{-1}$)、$BaCl_2$(0.1 mol·L$^{-1}$)、NaOH(0.1 mol·L$^{-1}$、2 mol·L$^{-1}$)、$CuSO_4$(0.05 mol·L$^{-1}$、0.1 mol·L$^{-1}$)、$FeCl_3$(0.1 mol·L$^{-1}$)、$K_3[Fe(CN)_6]$(0.1 mol·L$^{-1}$)、$NH_4SCN$(0.1 mol·L$^{-1}$)、KI(0.1 mol·L$^{-1}$)、$AgNO_3$(0.1 mol·L$^{-1}$)、KBr(0.1 mol·L$^{-1}$)、$Na_2S_2O_3$(0.1 mol·L$^{-1}$)、$NH_4F$(2 mol·L$^{-1}$和固)、$Na_2S$(0.1 mol·L$^{-1}$)、$(NH_4)_2C_2O_4$(0.1 mol·L$^{-1}$)、NaCl(0.5 mol·L$^{-1}$)、$HNO_3$(6.0 mol·L$^{-1}$)、$FeSO_4$(0.1 mol·L$^{-1}$)、

邻菲罗啉(0.25%)、$CoCl_2$(0.1 mol·$L^{-1}$)、$NH_4SCN$(固)、戊醇、丁二酮肟(1%)、$Ni(NO_3)_2$(0.05 mol·$L^{-1}$)、$CCl_4$、$NH_4F$(固)。

## 四、实验步骤

### 1. 配离子的形成和配合物的结构

(1)在两支试管中各加入5滴0.1 mol·$L^{-1}$ $CuSO_4$溶液,然后在其中一支试管中加入2滴0.1 mol·$L^{-1}$ $BaCl_2$溶液,在另一支试管中加入2滴0.1 mol·$L^{-1}$ NaOH溶液,观察现象。

(2)另取一支试管加入10滴0.1 mol·$L^{-1}$ $CuSO_4$溶液,滴加 6 mol·$L^{-1}$ $NH_3·H_2O$,边加边振荡,开始生成浅蓝色$Cu_2(OH)_2SO_4$沉淀,继续加入氨水,沉淀溶解生成深蓝色溶液后,再多加5滴氨水。观察现象,解释原因。保留此溶液,用于实验步骤3。

$$2Cu^{2+}+SO_4^{2-}+2NH_3·H_2O=Cu_2(OH)_2SO_4\downarrow+2NH_4^+$$

$$Cu_2(OH)_2SO_4+8NH_3·H_2O=2[Cu(NH_3)_4]^{2+}+2OH^-+SO_4^{2-}+8H_2O$$

### 2. 复盐和配盐

(1)取10滴0.1 mol·$L^{-1}$ $FeCl_3$溶液于试管中,然后加入2滴0.1 mol·$L^{-1}$ $NH_4SCN$溶液,即得血红色的$[Fe(SCN)_x]^{3-x}$配离子($x$为1~6的一个数),此为$Fe^{3+}$的特效反应,可用于鉴定$Fe^{3+}$的存在。保留此溶液,用于实验步骤4(4)。

$$Fe^{3+}+xSCN^-=[Fe(SCN)x]^{3-x}$$

(2)取2支试管,分别加入10滴铁铵矾溶液和10滴$K_3[Fe(CN)_6]$溶液,然后各加入2滴0.1 mol·$L^{-1}$ $NH_4SCN$溶液,观察现象,说明原因,写出反应方程式。

### 3. 配离子的解离
将实验步骤1(2)中制得的$[Cu(NH_3)_4]SO_4$溶液分成两份,在其中一份中加入2滴0.1 mol·$L^{-1}$ NaOH溶液,另一份中加入2滴0.1 mol·$L^{-1}$ $Na_2S$溶液,观察现象并解释原因,写出配离子的解离方程式。

### 4. 配位平衡的移动

(1)配位平衡与沉淀溶解平衡(本实验过程中要求生成量尽量少,以刚刚生成沉淀为宜)。在盛有10滴0.1 mol·$L^{-1}$ $AgNO_3$溶液的试管中,加入10滴0.5 mol·$L^{-1}$ NaCl溶液,静置,倾去上层清液,按下列顺序连续实验:

边摇边滴加 6 mol·$L^{-1}$ $NH_3·H_2O$至沉淀刚好溶解。

加入5滴0.1 mol·$L^{-1}$ KBr溶液,有何沉淀生成?

静置,倾去上层清液,滴加 0.1 mol·$L^{-1}$ $Na_2S_2O_3$溶液至沉淀刚好溶解。

滴加0.1 mol·$L^{-1}$ KI溶液后又有何现象?通过上面实验,比较$S_{AgCl}$、$S_{AgBr}$、$S_{AgI}$三者溶解度的大小和$[Ag(NH_3)_2]^+$、$[Ag(S_2O_3)_2]^{3-}$配离子稳定性的大小,并写出有关反应方程式。

(2)配位平衡与氧化还原反应(发生色变)。取2支试管,分别加入数滴0.1 mol·$L^{-1}$ $FeCl_3$溶液,其中1支试管中加入少量固体$NH_4F$。然后在每支试管中滴加0.1 mol·$L^{-1}$ KI溶液数滴并加5滴$CCl_4$,观察溶液的颜色并解释原因。

(3)配位平衡与介质酸碱性。取10滴0.1 mol·$L^{-1}$ $AgNO_3$溶液于试管中,加入4滴1.0 mol·$L^{-1}$氨水,振荡,观察沉淀的生成;继续加入6.0 mol·$L^{-1}$氨水至沉淀溶解,再多加15滴,就制成了$[Ag(NH_3)_2]^+$溶液;将所得溶液分放于两支试管中,第一支试管中加入5滴0.1 mol·$L^{-1}$ NaCl溶液,第二支试管中加入3滴0.1 mol·$L^{-1}$ KI溶液,观察比较,加以说明。在第一支试管中再加入数滴6.0 mol·$L^{-1}$ $HNO_3$溶液,又有何现象发生,解释原因。有关反应如下:

$$2Ag^+ + 2NH_3 + H_2O = Ag_2O\downarrow + 2NH_4^+$$
$$Ag_2O + 4NH_3 + H_2O = 2[Ag(NH_3)_2]^+ + 2OH^-$$
$$[Ag(NH_3)_2]^+ + I^- = AgI\downarrow + 2NH_3$$
$$[Ag(NH_3)_2]^+ + Cl^- + 2H^+ = AgCl\downarrow + 2NH_4^+$$

(4)配合物之间的转化。取实验步骤2(1)中制得的$[Fe(SCN)_x]^{3-x}$溶液5滴,往溶液中滴加2 mol·L$^{-1}$ NH$_4$F直到溶液颜色完全褪去。写出反应方程式。比较以上两种$Fe^{3+}$配合物的稳定性。

**5. 配合物的应用**

(1)鉴定离子。在一支试管中加入5滴0.1 mol·L$^{-1}$ FeSO$_4$和3滴0.25%的邻菲罗啉溶液,溶液变成橘红色表示存在$Fe^{2+}$。$Fe^{3+}$无此反应。

(2)掩蔽作用。在定性鉴定或定量分析中,如果遇到干扰离子,常常利用形成配合物的方法将干扰离子掩蔽起来。例如,$Co^{2+}$与$SCN^-$反应生成$[Co(SCN)_4]^{2-}$,该配合物易溶于戊醇而呈蓝色,利用这一性质可以鉴定$Co^{2+}$。若$Co^{2+}$溶液中含有$Fe^{3+}$,则因生成血红色的$[Fe(SCN)_x]^{3-x}$配离子而将$[Co(SCN)_4]^{2-}$配离子的蓝色掩盖起来。在这种情况下,可利用$Fe^{3+}$与$F^-$生成更稳定的无色$[FeF_6]^{3-}$配离子,把$Fe^{3+}$掩蔽起来,从而消除$Fe^{3+}$的干扰。

取2支试管,分别加入0.1 mol·L$^{-1}$ FeCl$_3$和0.1 mol·L$^{-1}$ CoCl$_2$各2滴,然后加少许NH$_4$SCN固体,有何现象发生? 在其中一支中逐滴加入2 mol·L$^{-1}$ NH$_4$F溶液,边滴加边振荡试管至血红色褪尽后,加入10滴戊醇,观察颜色的变化,解释原因。(这个反应也可用来鉴定$Co^{2+}$的存在)

**6. 螯合物的形成** 在试管中加入5滴0.05 mol·L$^{-1}$ Ni(NO$_3$)$_2$溶液、1滴2.0 mol·L$^{-1}$ NaOH溶液,再加入2滴1‰丁二酮肟溶液,观察现象,说明原因。

### 五、思考题

(1)配离子是怎样形成的? 它与简单离子有何区别? 如何证明?

(2)影响配合物稳定性的主要因素有哪些? 在有过量氨存在的$[Cu(NH_3)_4]^{2+}$溶液中,加入NaOH或HCl稀溶液对配合物各有何影响?

(3)KSCN溶液检测不出K$_3$[Fe(CN)$_6$]溶液中的$Fe^{3+}$,Na$_2$S溶液不能与K$_4$[Fe(CN)$_6$]溶液中的$Fe^{2+}$反应生成FeS沉淀,这是否表示这两种配合物溶液中不存在$Fe^{3+}$和$Fe^{2+}$?

(4)配位剂与螯合剂有何区别和联系? 什么叫螯合物? 有什么特征?

(5)在$Fe^{3+}$溶液中加入KSCN溶液后,再加入EDTA溶液,会发生什么现象? 哪种配位体对$Fe^{3+}$的配位能力强?

(6)为什么Na$_2$S溶液不能使K$_4$[Fe(CN)$_6$]溶液产生FeS沉淀,而饱和H$_2$S溶液能使铜氨配合物溶液产生CuS沉淀?

## 实验30 非金属元素(卤素、氧、硫)

### 一、实验目的

(1)验证并掌握卤素单质、卤素离子、过氧化氢和硫代硫酸钠的重要性质。

(2)了解次氯酸盐和氯酸盐的氧化性以及酸度对它们氧化性的影响。

(3)了解难溶硫化物的生成规律及溶解性。

(4)掌握$Cl^-$、$Br^-$、$I^-$混合离子的分离以及$S^{2-}$、$SO_4^{2-}$、$S_2O_3^{2-}$离子的鉴定原理和方法。

## 二、实验原理

卤素是周期系ⅦA族元素。价层电子构型为 $ns^2np^5$,通常氧化数是 $-1$,在一定条件下,也可形成氧化数为 $+1$、$+3$、$+5$、$+7$ 的化合物。

卤素单质都是氧化剂,它们的氧化性强弱顺序:$F_2 > Cl_2 > Br_2 > I_2$;卤素离子的还原性强弱顺序:$I^- > Br^- > Cl^- > F^-$。

卤素的含氧酸根都具有氧化性,次氯酸盐是强氧化剂,因此,它具有漂白、杀菌作用。氯酸盐在中性溶液中没有明显的氧化性,但在酸性介质中能表现出明显的氧化性。例如,$KClO_3$ 在酸性介质中能将 KI 氧化成 $I_2$。

$$KClO_3 + 6I^- + 6H^+ = 3I_2 + Cl^- + 3H_2O$$

$Cl^-$、$Br^-$、$I^-$ 能和 $Ag^+$ 生成难溶于水的 AgCl(白色)、AgBr(淡黄色)、AgI(黄色),且都不溶于稀 $HNO_3$。AgCl 在 $NH_3 \cdot H_2O$ 和 $(NH_4)_2CO_3$ 溶液中,因生成 $[Ag(NH_3)_2]^+$ 配离子而溶解,AgBr 和 AgI 则不溶。利用这一性质可以将 AgCl 和 AgBr、AgI 分离。在分离出 AgBr、AgI 后的溶液中,再加入 $HNO_3$ 酸化,则 AgCl 又重新沉淀:

$$[Ag(NH_3)_2]^+ + Cl^- + 2H^+ = AgCl \downarrow + 2NH_4^+$$

$Br^-$ 和 $I^-$ 可以用 $Cl_2$ 氧化为 $Br_2$ 和 $I_2$ 后,再加以鉴定。

氧和硫是周期系ⅥA族元素,价层电子构型为 $ns^2np^4$。

氧在化合物中氧化数通常是 $-2$。在 $H_2O_2$ 分子中,氧的氧化数是 $-1$,介于 0 和 $-2$ 之间,因此 $H_2O_2$ 既有氧化性又有还原性,并以氧化性为主。它在酸性溶液中的氧化性较在碱性溶液中的氧化性强,但遇到强氧化剂,如 $KMnO_4$ 时,又表现出还原性。例如:

$$H_2O_2 + 2I^- + 2H^+ = I_2 + 2H_2O$$

$$2MnO_4^- + 5H_2O_2 + 6H^+ = 2Mn^{2+} + 5O_2 + 8H_2O$$

硫在化合物中常见的氧化数有 $-2$、$+2$、$+4$ 和 $+6$。处于中间氧化数的硫同样既有氧化性又有还原性。$Na_2S_2O_3$ 是一种中等强度的还原剂,能将 $I_2$ 还原为 $I^-$,而本身被氧化为 $Na_2S_4O_6$;较强的氧化剂如氯可将 $Na_2S_2O_3$ 氧化为 $Na_2SO_4$。例如:

$$2Na_2S_2O_3 + I_2 = Na_2S_4O_6 + 2NaI$$

$$Na_2S_2O_3 + 4Cl_2 + 5H_2O = Na_2SO_4 + H_2SO_4 + 8HCl$$

$Na_2S_2O_3$ 在酸性溶液中不稳定,迅速分解析出单质 S,并放出 $SO_2$ 气体:

$$Na_2S_2O_3 + 2HCl = 2NaCl + S \downarrow + SO_2 \uparrow + H_2O$$

$S_2O_3^{2-}$ 具有较强的配位作用,能与许多金属离子形成稳定的配合物:

$$Ag^+ + 2S_2O_3^{2-} = [Ag(S_2O_3)_2]^{3-}$$

金属硫化物一般除了ⅠA、ⅡA族金属硫化物外,其余大部分为难溶硫化物,并且多数具有颜色。有的可溶于稀酸(如 ZnS),有的不溶于稀酸但在硝酸中溶解(如 CuS),有的在王水中才能溶解(如 HgS)。

### 三、实验仪器和试剂

**1. 仪器**  试管、离心试管、滴管、烧杯(250 mL)、酒精灯、离心机。

**2. 试剂**  HCl(0.1 mol·L$^{-1}$、2 mol·L$^{-1}$、6 mol·L$^{-1}$ 和浓),$H_2SO_4$(3 mol·L$^{-1}$),$HNO_3$(6 mol·L$^{-1}$ 和浓),KCl(0.1 mol·L$^{-1}$),KBr(0.1 mol·L$^{-1}$),KI(0.1 mol·L$^{-1}$),$AgNO_3$(0.1 mol·L$^{-1}$),$FeCl_3$(0.1 mol·L$^{-1}$),$KClO_3$(饱和),$(NH_4)_2CO_3$(2%),$Cl^-$、$Br^-$、$I^-$ 混合溶液,氨水,溴水,$CCl_4$,淀粉试液(1%),$H_2O_2$(3%),$Ba(OH)_2$(饱和),

$KMnO_4$(0.1 mol·L$^{-1}$), $Na_2S$(0.1 mol·L$^{-1}$), $ZnSO_4$(0.1 mol·L$^{-1}$), $CdSO_4$(0.1 mol·L$^{-1}$), $CuSO_4$(0.1 mol·L$^{-1}$), $Hg(NO_3)_2$(0.1 mol·L$^{-1}$), $Na_2S_2O_3$(0.1 mol·L$^{-1}$), $BaCl_2$(0.1 mol·L$^{-1}$), $Na_2[Fe(CN)_5NO]$(1%), 碘水(0.1 mol·L$^{-1}$), $Na_2SO_4$(0.1 mol·L$^{-1}$), 氯水, $Pb(Ac)_2$试纸, Zn粉, $MnO_2$(固), 漂白粉(固), 淀粉-KI试纸。

## 四、实验步骤

### 1. 卤素单质氧化性的比较

(1)氯与溴氧化性的比较。取1支试管,加入2滴0.1 mol·L$^{-1}$ KBr溶液,再加入0.5 mL $CCl_4$,然后逐滴加入氯水,边加边振荡,观察$CCl_4$层的颜色。

(2)溴与碘氧化性的比较。取1支试管,加入3滴0.1 mol·L$^{-1}$ KI溶液,再加入0.5 mL $CCl_4$,然后逐滴加入溴水,边加边振荡,观察$CCl_4$层的颜色。

(3)氯与碘氧化性的比较。取1支试管,加入3滴0.1 mol·L$^{-1}$ KI溶液,再加入0.5 mL $CCl_4$,然后逐滴加入氯水,边加边振荡,观察$CCl_4$层的颜色。

解释以上实验现象,写出反应方程式。根据以上实验结果,说明卤素单质氧化性强弱的递变顺序。

### 2. 卤素离子还原性的比较

(1)$Br^-$与$I^-$还原性的比较。取2支试管,分别加入3滴0.1 mol·L$^{-1}$ KBr溶液和0.1 mol·L$^{-1}$ KI溶液,然后各加入0.5 mL $CCl_4$和5滴0.1 mol·L$^{-1}$ $FeCl_3$溶液,观察$CCl_4$层的颜色。

(2)$Br^-$与$Cl^-$还原性的比较。取1支试管,加入0.1 mol·L$^{-1}$ KBr溶液,再加入5滴3 mol·L$^{-1}$ $H_2SO_4$溶液和少许$MnO_2$粉末,加热片刻,放置,观察溶液颜色变化。取上层清液,加入0.5 mL $CCl_4$,振荡,观察$CCl_4$层的颜色。另取一支试管,加入1 mL 0.1 mol·L$^{-1}$ KCl溶液,再加入5滴3 mol·L$^{-1}$ $H_2SO_4$溶液和少许$MnO_2$粉末,加热片刻,观察实验现象。用润湿的淀粉-KI试纸检验有无$Cl_2$生成。

解释以上实验现象,写出反应方程式。根据以上实验结果,说明$Cl^-$、$Br^-$与$I^-$还原性强弱的递变顺序。

### 3. 氯的含氧酸盐的性质

(1)次氯酸盐的氧化性。取少量漂白粉固体放入干燥洁净的试管中,加入1 mL 2 mol·L$^{-1}$ HCl溶液,振荡,用润湿的淀粉-KI试纸检验生成的气体。解释实验现象,写出反应方程式。

(2)氯酸盐的氧化性。取2支试管,各加入1 mL $KClO_3$饱和溶液,一支试管中加入5滴3 mol·L$^{-1}$ $H_2SO_4$溶液,另一支试管中不加。然后各加入5滴0.1 mol·L$^{-1}$ KI溶液和2滴1%淀粉试液,振荡,观察并解释实验现象,写出反应方程式。

### 4. $Cl^-$、$Br^-$与$I^-$混合液的分离和鉴定

(1)AgX沉淀的生成。取1支试管,加入5滴混合液,再加入2滴6 mol·L$^{-1}$ $HNO_3$溶液,然后逐滴加入0.1 mol·L$^{-1}$ $AgNO_3$溶液至沉淀完全,离心分离,弃去清液。沉淀用蒸馏水洗涤2次(每次用水4~5滴),搅拌后再离心分离,弃去洗液(用毛细吸管吸取)。

(2)$Cl^-$的鉴定。往上述步骤(1)得到的沉淀上加入1 mL 2%$(NH_4)_2CO_3$溶液,充分搅拌。此时,AgCl转化为$[Ag(NH_3)_2]^+$而溶解,AgBr和AgI仍为沉淀。离心分离,保留沉淀。将清液转入试管中,逐滴加入6 mol·L$^{-1}$ $HNO_3$酸化,如有白色沉淀生成,表示有$Cl^-$

存在。

(3) $Br^-$ 与 $I^-$ 的鉴定。将上述步骤(2)保留的沉淀用蒸馏水洗涤 2 次，弃去洗液。往沉淀上加入 10 滴水和少量锌粉，充分搅拌(此时 Zn 与 AgBr、AgI 作用，Ag 被置换出来，$Br^-$ 与 $I^-$ 进入溶液)，离心分离。吸取清液于另一支试管中，加入 0.5 mL $CCl_4$，再逐滴加入氯水，每加 1 滴充分振荡，若 $CCl_4$ 层呈紫红色，表示有 $I^-$ 存在，继续加入氯水至紫红色褪去，$CCl_4$ 层呈橙黄色则表示有 $Br^-$ 存在。

**5. $H_2O_2$ 的性质**

(1) $H_2O_2$ 的酸性。取 1 支试管，加入 5 mL 饱和 $Ba(OH)_2$ 溶液，再加入等体积的 3% $H_2O_2$ 溶液，观察 $BaO_2 \cdot 8H_2O$ 的析出。写出反应方程式。

(2) $H_2O_2$ 的分解。取 1 支试管，加入 2 mL 3% $H_2O_2$ 溶液，观察是否有气泡产生。然后加入少量 $MnO_2$ 粉末，观察有什么变化。在试管口用火柴余烬检验气体产物。写出反应方程式，说明 $MnO_2$ 对 $H_2O_2$ 分解反应的作用。

(3) $H_2O_2$ 的氧化性。取 1 支试管，加入 0.5 mL 0.1 mol·$L^{-1}$ KI 溶液、2 滴 3 mol·$L^{-1}$ $H_2SO_4$ 和 5 滴 3% $H_2O_2$ 溶液，观察溶液的颜色变化。然后加入 2 滴 1% 淀粉试液，有何现象？解释实验现象。写出反应方程式。

(4) $H_2O_2$ 的还原性。取 1 支试管，加入 0.5 mL 0.1 mol·$L^{-1}$ $KMnO_4$ 溶液和 2 滴 3 mol·$L^{-1}$ $H_2SO_4$ 溶液，再逐滴加入 3% $H_2O_2$ 溶液，边加边振荡，溶液的颜色有何变化？解释实验现象。写出反应方程式。

**6. 难溶硫化物的生成和溶解**

(1) 难溶硫化物的生成。取 4 支离心试管，分别加入 0.5 mL 0.1 mol·$L^{-1}$ $ZnSO_4$、0.1 mol·$L^{-1}$ $CdSO_4$、0.1 mol·$L^{-1}$ $CuSO_4$ 和 0.1 mol·$L^{-1}$ $Hg(NO_3)_2$ 溶液，再各加入 2 滴 0.1 mol·$L^{-1}$ $Na_2S$ 溶液，观察产物的颜色和状态。分别离心分离，弃去清液，保留沉淀供以下步骤(2)使用。

(2) 难溶硫化物的溶解。

① 往 ZnS 沉淀中加入 1 mL 0.1 mol·$L^{-1}$ HCl 溶液，沉淀是否溶解？写出反应方程式。

② 往 CdS 沉淀中加入 1 mL 0.1 mol·$L^{-1}$ HCl 溶液，沉淀是否溶解？如不溶解，离心分离，弃去清液，再往沉淀中加入 1 mL 6 mol·$L^{-1}$ HCl 溶液，观察沉淀是否溶解。写出反应方程式。

③ 往 CuS 沉淀中加入 1 mL 6 mol·$L^{-1}$ HCl 溶液，沉淀是否溶解？如不溶解，离心分离，弃去清液，再往沉淀中加入 1 mL 浓 $HNO_3$，并在水浴上加热，观察沉淀是否溶解。写出反应方程式。

④ 用蒸馏水把 HgS 沉淀洗净，离心，吸去清液，然后往沉淀中加入 1 mL 浓 $HNO_3$，沉淀是否溶解？如不溶解，再加入 3 mL 浓 HCl，振荡，观察沉淀是否溶解。写出反应方程式。

比较 4 种金属硫化物与酸作用的情况，讨论它们的沉淀和溶解的条件，并解释原因。

**7. $Na_2S_2O_3$ 的性质**

(1) 遇酸分解。取 1 支试管，加入 0.5 mL 0.1 mol·$L^{-1}$ $Na_2S_2O_3$ 溶液，再逐滴加入 2 mol·$L^{-1}$ HCl 溶液，观察实验现象。写出反应方程式。

(2) 还原性。

① 取 1 支试管，加入 5 滴碘水，再逐滴加入 0.1 mol·$L^{-1}$ $Na_2S_2O_3$ 溶液，观察实验现

象。写出反应方程式。

② 取 1 支试管，加入 5 滴 0.1 mol·L⁻¹ $Na_2S_2O_3$ 溶液，再加入数滴氯水，充分振荡。设法证明有 $SO_4^{2-}$ 生成。写出反应方程式。

(3) 配位性。取 1 支试管，加入 3 滴 0.1 mol·L⁻¹ $AgNO_3$ 溶液，再逐滴加入 0.1 mol·L⁻¹ $Na_2S_2O_3$ 溶液，边加边振荡，直至生成的沉淀完全溶解，解释实验现象，写出反应方程式。

**8. 离子鉴定**

(1) $S^{2-}$ 的鉴定。

① 取 1 支试管，加入 5 滴 0.1 mol·L⁻¹ $Na_2S$ 溶液，再加入 2 滴 2 mol·L⁻¹ HCl 溶液，用润湿的 $Pb(Ac)_2$ 试纸在试管口检验。若试纸变黑，证明有 $S^{2-}$ 存在。

② 取 1 支试管，加入 5 滴 0.1 mol·L⁻¹ $Na_2S$ 溶液，再加入 2 滴新配制的 1% $Na_2[Fe(CN)_5NO]$[亚硝酰五氰合铁(Ⅲ)酸钠]溶液，溶液变成紫红色，证明有 $S^{2-}$ 存在。

(2) $SO_4^{2-}$ 的鉴定。取 1 支试管，加入 5 滴 0.1 mol·L⁻¹ $Na_2SO_4$ 溶液，再加入 2 滴 2 mol·L⁻¹ HCl 溶液，然后逐滴加入 0.1 mol·L⁻¹ $BaCl_2$ 溶液。若生成白色沉淀，证明有 $SO_4^{2-}$ 存在。

(3) $S_2O_3^{2-}$ 的鉴定。取 1 支试管，加入 1 mL 0.1 mol·L⁻¹ $Na_2S_2O_3$ 溶液，再逐滴加入 0.1 mol·L⁻¹ $AgNO_3$ 溶液至有白色 $Ag_2S_2O_3$ 沉淀产生。此沉淀不稳定，迅速由白变黄再变棕，最后变为黑色($Ag_2S$)。证明有 $S_2O_3^{2-}$ 存在。

**五、思考题**

(1) $AgNO_3$ 和 $Na_2S_2O_3$ 在水溶液中的反应，什么情况下生成黑色 $Ag_2S$ 沉淀？什么情况下生成 $[Ag(S_2O_3)_2]^{3-}$ 配离子？

(2) 如何分离鉴定 $S^{2-}$、$SO_4^{2-}$ 和 $S_2O_3^{2-}$？

(3) 实验室制备 $H_2S$ 气体，为什么用 FeS 与盐酸反应而不用 FeS 与硝酸反应？为什么也不用 CuS 与盐酸反应？

(4) $Br_2$ 能从含有 $I^-$ 的溶液中置换出 $I_2$，而 $I_2$ 又能从 $KBrO_3$ 溶液中置换出 $Br_2$。二者有无矛盾？为什么？

(5) 在 $Br^-$ 和 $I^-$ 的鉴定实验中，开始加入氯水，$CCl_4$ 层出现紫红色(有 $I_2$ 析出)，为什么继续加入氯水，$CCl_4$ 层紫红色又褪去？

# 实验 31 常见离子的定性鉴定方法

**一、实验目的**

掌握常见阴、阳离子鉴定的原理和方法。

**二、实验原理**

(一)常见阳离子的鉴定方法

**1. $NH_4^+$**　$NH_4^+$ 与奈斯勒试剂($K_2[HgI_4]$+KOH)反应生成红棕色的沉淀：

$$NH_4^+ + 2[HgI_4]^{2-} + 4OH^- = HgO \cdot HgNH_2I(s) + 7I^- + 3H_2O$$

奈斯勒试剂是 $K_2[HgI_4]$ 的碱性溶液，如果溶液中有 $Fe^{3+}$、$Cr^{3+}$、$Co^{2+}$ 和 $Ni^{2+}$ 等离子，能与 KOH 反应生成深色的氢氧化物沉淀，干扰 $NH_4^+$ 的鉴定，为此可改用下述方法：在原试液中加入 NaOH 溶液，并微热，用滴加奈斯勒试剂的滤纸条检验逸出的氨气，由于 $NH_3(g)$ 与奈斯勒试剂作用，使滤纸上出现红棕色斑点：

$$NH_3(g)+2[HgI_4]^{2-}+3OH^-=HgO\cdot HgNH_2I(s)+7I^-+2H_2O$$

鉴定步骤：

(1) 取 10 滴试液于试管中，加入 $2.0\ mol\cdot L^{-1}$ NaOH 溶液使呈碱性，微热，并用滴加奈斯勒试剂的滤纸检验逸出的气体，如有红棕色斑点出现，表示有 $NH_4^+$ 存在。

(2) 取 10 滴试液于试管中，加入 $2.0\ mol\cdot L^{-1}$ NaOH 溶液碱化，微热，并用润湿的红色石蕊试纸（或 pH 试纸）检验逸出的气体，如试纸显蓝色，则表示有 $NH_4^+$ 存在。

**2. $K^+$**　$K^+$ 与 $Na_3[Co(NO_2)_6]$（俗称钴亚硝酸钠）在中性或稀醋酸介质中反应，生成亮黄色 $K_2Na[Co(NO_2)_6]$ 沉淀：

$$2K^++Na^++[Co(NO_2)_6]^{3-}=K_2Na[Co(NO_2)_6](s)$$

强酸与强碱均能使试剂分解，妨碍鉴定，因此，在鉴定时必须将溶液调节至中性或微酸性。$NH_4^+$ 也能与试剂反应生成橙色 $(NH_4)_3[Co(NO_2)_6]$ 沉淀，故干扰 $K^+$ 的鉴定。为此，可在水浴中加热 2 min，以使橙色沉淀完全分解。

$$NO_2^-+NH_4^+=N_2(g)+2H_2O$$

加热时，黄色的 $K_2Na[Co(NO_2)_6]$ 无变化，从而消除了 $NH_4^+$ 的干扰。

鉴定步骤：取 3~4 滴试液于试管中，加入 4~5 滴 $0.5\ mol\cdot L^{-1}$ $Na_2CO_3$ 溶液，加热，使有色离子变为碳酸盐沉淀，离心分离，在所得清液中加入 $6.0\ mol\cdot L^{-1}$ HAc 溶液，再加入 2 滴 $Na_3[Co(NO_2)_6]$ 溶液，最后将试管放入沸水浴中加热 2 min，若试管中有黄色沉淀，表示有 $K^+$ 存在。

**3. $Na^+$**　$Na^+$ 与 $Zn(Ac)_2\cdot UO_2(Ac)_2$（醋酸铀酰锌）在中性或醋酸酸性介质中反应生成淡黄色结晶状醋酸铀酰锌钠沉淀：

$$Na^++Zn^{2+}+3UO_2^{2+}+8Ac^-+HAc+9H_2O=$$
$$NaAc\cdot Zn(Ac)_2\cdot 3UO_2(Ac)_2\cdot 9H_2O(s)+H^+$$

在碱性溶液中，$UO_2(Ac)_2$ 可生成 $(NH_4)_2U_2O_7$ 或 $K_2U_2O_7$ 沉淀，在强酸性溶液中，醋酸铀酰锌钠沉淀的溶解度增大，因此，鉴定反应必须在中性或微酸性溶液中进行。其他金属离子有干扰可加 EDTA 配位掩蔽。

鉴定步骤：取 3 滴试液于试管中，加 $6.0\ mol\cdot L^{-1}$ 氨水中和至碱性，再加 $6.0\ mol\cdot L^{-1}$ HAc 溶液酸化，然后加 3 滴饱和 EDTA 溶液和 6~8 滴醋酸铀酰锌，充分振荡，放置片刻，其中有淡黄色晶状沉淀生成，表示有 $Na^+$ 存在。

**4. $Mg^{2+}$**　$Mg^{2+}$ 与镁试剂Ⅰ（对硝基苯偶氮间苯二酚）在碱性介质中反应，生成蓝色螯合物沉淀。有些能生成深色氢氧化物沉淀的金属离子对鉴定有干扰，可用 EDTA 配位掩蔽。

鉴定步骤：取 1 滴试液于点滴板上，加 2 滴饱和 EDTA 溶液搅拌后，加 1 滴镁试剂Ⅰ、1 滴 $6.0\ mol\cdot L^{-1}$ NaOH 溶液，如有蓝色沉淀生成，表示有 $Mg^{2+}$ 存在。

**5. $Ca^{2+}$**　$Ca^{2+}$ 与乙二醛双缩(2-羟基苯胺)，简称 GBHA，在 pH=12~12.6 下反应生成红色螯合物沉淀，沉淀能溶于 $CHCl_3$ 中，$Ba^{2+}$、$Sr^{2+}$、$Ni^{2+}$、$Co^{2+}$、$Cu^{2+}$ 等与 GBHA 反应生成有色沉淀，但不溶于 $CHCl_3$，故它们对 $Ca^{2+}$ 鉴定无干扰，而 $Cd^{2+}$ 干扰。

鉴定步骤：取 1 滴试液于试管中，加入 1 滴 $CHCl_3$，加入 4 滴 0.2% GBHA、2 滴 $6.0\ mol\cdot L^{-1}$ NaOH 溶液和 2 滴 $1.5\ mol\cdot L^{-1}$ $Na_2CO_3$ 溶液，振荡试管，如果 $CHCl_3$ 层显红

色，表示有 $Ca^{2+}$ 存在。

**6. $Al^{3+}$** $Al^{3+}$ 与铝试剂(金黄色素三羧)在 pH=6~7 介质中反应，生成红色絮状螯合物沉淀，$Cu^{2+}$、$Bi^{3+}$、$Fe^{3+}$、$Cr^{3+}$、$Ca^{2+}$ 等干扰反应，$Fe^{3+}$、$Bi^{3+}$ 可预先加 NaOH 使之生成 $Fe(OH)_3$、$Bi(OH)_3$ 而除去，$Cr^{3+}$、$Cu^{2+}$ 与铝试剂的螯合物能被氨水分解，$Ca^{2+}$ 与铝试剂的螯合物能被 $(NH_4)_2CO_3$ 转化为 $CaCO_3$。

鉴定步骤：取 4 滴试液于试管中，加 $6.0\ mol·L^{-1}$ NaOH 溶液碱化，并过量 2 滴，加入 2 滴 3% $H_2O_2$，加热 2 min，离心分离，用 $6.0\ mol·L^{-1}$ HAc 溶液酸化，调 pH 为 6~7，加 3 滴铝试剂，振荡后，放置片刻，加 $6.0\ mol·L^{-1}$ 氨水碱化，置于水浴上加热，如有橙红色(有 $CrO_4^{2-}$ 存在)物质生成，可离心分离。用去离子水洗涤沉淀。如沉淀为红色，表示有 $Al^{3+}$ 存在。

**7. $Sn^{2+}$**

(1) 与 $HgCl_2$ 反应。$SnCl_2$ 溶液中 Sn(II) 主要以 $SnCl_4^{2-}$ 形式存在。$SnCl_4^{2-}$ 与适量 $HgCl_2$ 反应生成白色 $Hg_2Cl_2$ 沉淀：

$$SnCl_4^{2-} + 2HgCl_2 = SnCl_6^{2-} + Hg_2Cl_2(s)$$

如果 $SnCl_4^{2-}$ 过量，则沉淀先变为灰色，即 $Hg_2Cl_2$ 与 Hg 的混合物，最后变为黑色的 Hg：

$$SnCl_4^{2-} + Hg_2Cl_2(s) = SnCl_6^{2-} + 2Hg(s)$$

加入铁粉，可使许多电极电位大的电对的氧化态离子还原为金属原子，预先分离，从而消除干扰。

鉴定步骤：取 2 滴试液于试管中，加 2 滴 $6.0\ mol·L^{-1}$ HCl 溶液，加少许铁粉，在水浴中加热至作用完全，气泡不再发生为止。吸取清液于另一干净试管中，加入 2 滴 $HgCl_2$，如有白色沉淀生成，表示有 $Sn^{2+}$ 存在。

(2) 与甲基橙反应。$SnCl_4^{2-}$ 与甲基橙在浓 HCl 介质中加热进行反应，甲基橙被还原为氢化甲基橙而褪色。

鉴定步骤：取 2 滴试液于试管中，加入 2 滴浓 HCl 及 1 滴 0.01% 甲基橙，如甲基橙褪色，表示有 $Sn^{2+}$ 存在。

**8. $Pb^{2+}$** $Pb^{2+}$ 与 $K_2CrO_4$ 在稀 HAc 溶液中反应生成难溶的 $PbCrO_4$ 黄色沉淀：

$$Pb^{2+} + CrO_4^{2-} = PbCrO_4(s)$$

沉淀溶于 NaOH 溶液及浓 $HNO_3$：

$$PbCrO_4(s) + 3OH^- = Pb(OH)_3^- + CrO_4^{2-}$$

$$2PbCrO_4(s) + 2H^+ = 2Pb^{2+} + Cr_2O_7^{2-} + H_2O$$

沉淀难溶于稀 HAc、稀 $HNO_3$ 及 $NH_3·H_2O$。

$Ba^{2+}$、$Bi^{3+}$、$Hg^{2+}$ 和 $Ag^+$ 等离子在 HAc 溶液中也能与 $CrO_4^{2-}$ 作用生成有色沉淀，所以，这些离子的存在对 $Pb^{2+}$ 的鉴定有干扰。可先加入 $H_2SO_4$ 溶液，使 $Pb^{2+}$ 生成 $PbSO_4$ 沉淀，再用 NaOH 溶液溶解 $PbSO_4$，使 $Pb^{2+}$ 与其他难溶硫酸盐(如 $BaSO_4$、$SrSO_4$ 等)分开。

鉴定步骤：取 4 滴试液于试管中，加入 2 滴 $6.0\ mol·L^{-1}$ $H_2SO_4$ 溶液，加热，振荡，使 $Pb^{2+}$ 沉淀完全，离心分离。在沉淀中加入过量 $6.0\ mol·L^{-1}$ NaOH 溶液，并加热 1 min，使 $PbSO_4$ 转化为 $Pb(OH)_3^-$，离心分离。在清液中加入 $6.0\ mol·L^{-1}$ HAc 溶液，再加入 2 滴 $0.1\ mol·L^{-1}$ $K_2CrO_4$ 溶液，如有黄色沉淀，表示有 $Pb^{2+}$ 存在。

**9. $Cr^{3+}$** 使 $Cr^{3+}$ 生成过氧化铬 $CrO(O_2)_2$。

(1)$Cr^{3+}$ 在碱性介质中可被 $H_2O_2$ 或 $Na_2O_2$ 氧化为 $CrO_4^{2-}$：
$$2[Cr(OH)_4]^- + 3H_2O_2 + 2OH^- = 2CrO_4^{2-} + 8H_2O$$

(2)加 $HNO_3$ 酸化，溶液由黄色变为橙色：
$$2CrO_4^{2-} + 2H^+ = Cr_2O_7^{2-} + H_2O$$

(3)在含有 $Cr_2O_7^{2-}$ 的酸性溶液中，加戊醇(或乙醚)和少量 $H_2O_2$，振荡后，戊醇层呈蓝色：
$$Cr_2O_7^{2-} + 4H_2O_2 + 2H^+ = 2CrO(O_2)_2 + 5H_2O$$

蓝色的 $CrO(O_2)_2$ 在水溶液中不稳定，在戊醇中较稳定，且溶液 pH 应控制在 2~3，当酸度过大(pH<1)时，溶液变蓝绿色($Cr^{3+}$ 颜色)。
$$4CrO(O_2)_2 + 12H^+ = 4Cr^{3+} + 7O_2(g) + 6H_2O$$

鉴定步骤：取 2 滴试液于试管中，加 2.0 mol·L$^{-1}$ NaOH 溶液至生成沉淀又溶解，再多加 2 滴。加 3% $H_2O_2$ 溶液，微热，溶液呈黄色。冷却后再加 5 滴 3% $H_2O_2$ 溶液，加 1 mL 戊醇(或乙醚)，最后慢慢滴加 6.0 mol·L$^{-1}$ $HNO_3$ 溶液(注意，每加 1 滴 $HNO_3$ 都必须充分振荡)。如戊醇层呈蓝色，表示有 $Cr^{3+}$ 存在。

**10. $Mn^{2+}$** $Mn^{2+}$ 在稀 $HNO_3$ 或稀 $H_2SO_4$ 介质中可被 $NaBiO_3$ 氧化为紫红色 $MnO_4^-$。过量的 $Mn^{2+}$ 会将生成的 $MnO_4^-$ 还原为 $MnO(OH)_2(s)$。$Cl^-$ 及其他还原剂存在，对 $Mn^{2+}$ 的鉴定有干扰，因此不能在 HCl 溶液中鉴定 $Mn^{2+}$。

鉴定步骤：取 2 滴试液于试管中，加 6.0 mol·L$^{-1}$ $HNO_3$ 溶液酸化，加少量 $NaBiO_3$ 固体，振荡后，静置片刻，如溶液呈紫红色，表示有 $Mn^{2+}$ 存在。

**11. $Fe^{2+}$** $Fe^{2+}$ 与 $K_3[Fe(CN)_6]$ 溶液在 pH<7 的溶液中反应，生成深蓝色沉淀(滕氏蓝)：
$$xFe^{2+} + xK^+ + x[Fe(CN)_6]^{3-} = [KFe(Ⅲ)(CN)_6Fe(Ⅱ)]_x(s)$$

$[KFe(CN)_6Fe]_x$ 沉淀能被强碱分解，生成红棕色 $Fe(OH)_3$ 沉淀。

鉴定步骤：取 1 滴试液于点滴板上，加入 1 滴 2.0 mol·L$^{-1}$ HCl 溶液酸化，加入 1 滴 0.1 mol·L$^{-1}$ $K_3[Fe(CN)_6]$ 溶液，如出现蓝色沉淀，表示有 $Fe^{2+}$ 存在。

**12. $Fe^{3+}$**

(1)与 KSCN 或 $NH_4SCN$ 反应。$Fe^{3+}$ 与 $SCN^-$ 在稀酸介质中反应，生成可溶于水的深红色 $[Fe(SCN)_n]^{3-n}$ 离子：
$$Fe^{3+} + nSCN^- = [Fe(SCN)_n]^{3-n} \quad (n=1\sim 6)$$

$[Fe(SCN)_n]^{3-n}$ 能被碱分解，生成红棕色 $Fe(OH)_3$ 沉淀，故反应要在酸性溶液中进行。$HNO_3$ 具有氧化性，可使 $SCN^-$ 受到破坏：
$$3SCN^- + 13NO_3^- + 10H^+ = 3CO_2(g) + 3SO_4^{2-} + 16NO(g) + 5H_2O$$

鉴定步骤：取 1 滴试液于点滴板上，加入 1 滴 2.0 mol·L$^{-1}$ HCl 酸化，加入 1 滴 0.1 mol·L$^{-1}$ KSCN 溶液，如溶液显红色，表示有 $Fe^{3+}$ 存在。

(2)与 $K_4[Fe(CN)_6]$ 反应。$Fe^{3+}$ 与 $K_4[Fe(CN)_6]$ 反应生成蓝色沉淀(普鲁士蓝)：
$$xFe^{3+} + xK^+ + x[Fe(CN)_6]^{4-} = [KFe(Ⅲ)(CN)_6Fe(Ⅱ)]_x$$

沉淀不溶于稀酸，但能被浓 HCl 分解，也能被 NaOH 溶液转化为红棕色的 $Fe(OH)_3$ 沉淀。

鉴定步骤：取 1 滴试液于点滴板上，加入 1 滴 2.0 mol·L$^{-1}$ HCl 溶液及 1 滴 0.1 mol·L$^{-1}$ K$_4$[Fe(CN)$_6$]，如立即生成蓝色沉淀，表示有 Fe$^{3+}$ 存在。

**13. Co$^{2+}$**　Co$^{2+}$ 在中性或微酸性溶液中与 KSCN 反应生成蓝色的[Co(SCN)$_4$]$^{2-}$ 离子：

$$Co^{2+} + 4SCN^- = [Co(SCN)_4]^{2-}$$

该配离子在水溶液中不稳定，但在丙酮溶液中较稳定，Fe$^{3+}$ 的干扰可用 NaF 来掩蔽。大量 Ni$^{2+}$ 存在，溶液呈浅蓝色干扰反应。

鉴定步骤：取 5 滴试液于试管中，加入数滴丙酮，再加少量 KSCN 或 NH$_4$SCN 晶体，充分振荡，若溶液呈鲜艳的蓝色，表示有 Co$^{2+}$ 存在。

**14. Ni$^{2+}$**　Ni$^{2+}$ 与丁二酮肟在弱碱性溶液中反应，生成鲜红色螯合物沉淀。大量的 Co$^{2+}$、Fe$^{2+}$、Fe$^{3+}$、Cu$^{2+}$ 等离子因为与试剂反应生成有色的沉淀，故干扰 Ni$^{2+}$ 的鉴定，可预先分离这些离子。

鉴定步骤：取 5 滴试液于试管中，加入 5 滴 2 mol·L$^{-1}$ 氨水碱化，加入 1% 丁二酮肟溶液，若出现鲜红色沉淀，表示有 Ni$^{2+}$ 存在。

**15. Cu$^{2+}$**　Cu$^{2+}$ 与 K$_4$[Fe(CN)$_6$] 在中性或弱酸性介质中反应，生成红棕色 Cu$_2$[Fe(CN)$_6$] 沉淀：

$$2Cu^{2+} + [Fe(CN)_6]^{4-} = Cu_2[Fe(CN)_6](s)$$

沉淀难溶于稀 HCl、HAc 及稀 NH$_3$·H$_2$O，但易溶于浓 NH$_3$·H$_2$O：

$$Cu_2[Fe(CN)_6](s) + 8NH_3 = 2[Cu(NH_3)_4]^{2+} + [Fe(CN)_6]^{4-}$$

沉淀易被 NaOH 溶液转化为 Cu(OH)$_2$：

$$Cu_2[Fe(CN)_6](s) + 4OH^- = 2Cu(OH)_2 + [Fe(CN)_6]^{4-}$$

Fe$^{3+}$ 干扰 Cu$^{2+}$ 的鉴定，可加 NaF 掩蔽 Fe$^{3+}$，或加 6.0 mol·L$^{-1}$ 氨水及 1.0 mol·L$^{-1}$ NH$_4$Cl 使 Fe$^{3+}$ 生成 Fe(OH)$_3$ 沉淀，将 Fe(OH)$_3$ 完全分离出去，而 Cu$^{2+}$ 生成[Cu(NH$_3$)$_4$]$^{2+}$ 留在溶液中，用 HCl 溶液酸化后，再加 K$_4$[Fe(CN)$_6$] 检验 Cu$^{2+}$。

鉴定步骤：取 1 滴试液于点滴板上，加入 2 滴 0.1 mol·L$^{-1}$ K$_4$[Fe(CN)$_6$] 溶液，若生成红棕色沉淀，表示有 Cu$^{2+}$ 存在。

**16. Zn$^{2+}$**　Zn$^{2+}$ 在强碱性溶液中与二苯硫腙反应生成粉红色螯合物。生成的螯合物在水溶液中难溶，显粉红色，在 CCl$_4$ 中易溶，显棕色。

鉴定步骤：取 2 滴试液于试管中，加入 5 滴 6.0 mol·L$^{-1}$ NaOH 溶液、10 滴 CCl$_4$、2 滴二苯硫腙溶液，振荡，如果水层中显粉红色，CCl$_4$ 层由绿色变为棕色，表示有 Zn$^{2+}$ 存在。

**17. Hg$^{2+}$、Hg$_2^{2+}$**

(1) Hg$^{2+}$ 能被 Sn$^{2+}$ 逐步还原，最后还原为金属汞，沉淀由白色(Hg$_2$Cl$_2$)变为灰色或黑色(Hg)：

$$2HgCl_2 + SnCl_4^{2-} = Hg_2Cl_2(s) + SnCl_6^{2-}$$
$$Hg_2Cl_2 + SnCl_4^{2-} = 2Hg(s) + SnCl_6^{2-}$$

鉴定步骤：取 2 滴试液，加入 2~3 滴 0.1 mol·L$^{-1}$ SnCl$_2$ 溶液，若生成白色沉淀，并逐渐转变为灰色或黑色，表示有 Hg$^{2+}$ 存在。

(2) Hg$^{2+}$ 能与 KI、CuSO$_4$ 溶液反应生成橙红色 Cu$_2$[HgI$_4$] 沉淀：

$$Hg^{2+} + 4I^- = [HgI_4]^{2-}$$

$$2Cu^{2+} + 4I^- = 2CuI(s) + I_2$$
$$2CuI(s) + [HgI_4]^{2-} = Cu_2[HgI_4](s) + 2I^-$$

为了除去黄色的 $I_2$,可用 $Na_2SO_3$ 还原 $I_2$:
$$SO_3^{2-} + I_2 + H_2O = SO_4^{2-} + 2H^+ + 2I^-$$

鉴定步骤:取 2 滴试液,加入 2 滴 4% KI 溶液和 2 滴 $CuSO_4$ 溶液,加少量 $Na_2SO_3$ 固体,如生成橙红色 $Cu_2[HgI_4]$ 沉淀,表示有 $Hg^{2+}$ 存在。

(3) $Hg_2^{2+}$:可将 $Hg_2^{2+}$ 氧化为 $Hg^{2+}$,再鉴定 $Hg^{2+}$。欲将 $Hg_2^{2+}$ 从混合正离子中分离出来,常常加稀 HCl 使 $Hg_2^{2+}$ 生成 $Hg_2Cl_2$ 沉淀。在常见正离子中还有 $Ag^+$、$Pb^{2+}$ 的氯化物难溶于水。由于 $PbCl_2$ 溶解度较大,可溶于热水,可与 $Hg_2Cl_2 \cdot AgCl$ 分离,在 $Hg_2Cl_2 \cdot AgCl$ 沉淀中加 $HNO_3$ 和稀 HCl 溶液,AgCl 不溶解,$Hg_2Cl_2$ 溶解,同时被氧化为 $HgCl_2$,从而使 $Hg_2^{2+}$ 与 $Ag^+$ 分离:
$$3Hg_2Cl_2(s) + 2HNO_3 + 6HCl = 6HgCl_2 + 2NO(g) + 4H_2O$$

鉴定步骤:取 3 滴试液于试管中,加入 3 滴 $2.0\ mol \cdot L^{-1}$ HCl 溶液,充分振荡,置水浴中加热 1 min,趁热分离,沉淀用热 HCl 水(1 mL 水加入 1 滴 $2.0\ mol \cdot L^{-1}$ HCl 溶液配成)洗 2 次,于沉淀中加入 2 滴浓 $HNO_3$ 及 1 滴 $2.0\ mol \cdot L^{-1}$ HCl 溶液,振荡,并加热 1 min,则 $Hg_2Cl_2$ 溶解,而 AgCl 沉淀不溶解,离心分离,于溶液中加 2 滴 4% KI 溶液、2 滴 2% $CuSO_4$ 溶液及少量 $Na_2SO_3$ 固体。如生成橙红色 $Cu_2[HgI_4]$ 沉淀,表示有 $Hg_2^{2+}$ 存在。

(二) 常见阴离子的鉴定方法

**1. $CO_3^{2-}$** 将试液酸化后产生的 $CO_2$ 气体导入 $Ba(OH)_2$ 溶液,能使 $Ba(OH)_2$ 溶液变混浊。$SO_3^{2-}$ 对 $CO_3^{2-}$ 的检出有干扰,可在酸化前加入 $H_2O_2$ 溶液,使 $SO_3^{2-}$、$S^{2-}$ 氧化为 $SO_4^{2-}$:
$$SO_3^{2-} + H_2O_2 = SO_4^{2-} + H_2O$$
$$S^{2-} + 4H_2O_2 = SO_4^{2-} + 4H_2O$$

鉴定步骤:取 10 滴试液于试管中,加入 10 滴 3% $H_2O_2$ 溶液,置于水浴中加热 3 min,如果检验溶液中无 $SO_3^{2-}$、$S^{2-}$ 存在,可向溶液中一次加入半滴管 $6.0\ mol \cdot L^{-1}$ HCl 溶液,并立即插入吸有饱和 $Ba(OH)_2$ 溶液的带塞滴管,使滴管口悬挂 1 滴溶液,观察溶液是否变混浊,或者向试管中插入蘸有 $Ba(OH)_2$ 溶液的带塞的镍铬丝小圈,若镍铬小圈上的液膜变混浊,表示有 $CO_3^{2-}$ 存在。

**2. $NO_3^-$** $NO_3^-$ 与 $FeSO_4$ 溶液在浓 $H_2SO_4$ 介质中反应生成棕色 $[FeNO]SO_4$:
$$6FeSO_4 + 2NaNO_3 + 4H_2SO_4 = 3Fe_2(SO_4)_3 + 2NO(g) + Na_2SO_4 + 4H_2O$$
$$FeSO_4 + NO = [FeNO]SO_4$$

$[FeNO]^{2+}$ 在浓 $H_2SO_4$ 与试液层界面处生成棕色环状,故称"棕色环"法。

$Br^-$、$I^-$ 及 $NO_2^-$ 等干扰 $NO_3^-$ 的鉴定。加稀 $H_2SO_4$ 及 $Ag_2SO_4$ 溶液,使 $Br^-$、$I^-$ 生成沉淀后分离出去,在溶液中加入尿素,并微热,可除去 $NO_2^-$:
$$2NO_2^- + CO(NH_2)_2 + 2H^+ = 2N_2(g) + CO_2(s) + 3H_2O$$

鉴定步骤:取 10 滴试液于试管中,加入 5 滴 $2.0\ mol \cdot L^{-1}$ $H_2SO_4$ 溶液、1 mL $0.02\ mol \cdot L^{-1}$ $Ag_2SO_4$ 溶液,离心分离。在清液中加入少量尿素固体,并微热,在溶液中加入少量 $Ag_2SO_4$ 固体,振荡溶解后,将试管斜持,慢慢沿试管壁滴入 1 mL 浓 $H_2SO_4$。若 $H_2SO_4$ 层与水溶液层的界面处有"棕色环"出现,则表示有 $NO_3^-$ 存在。

## 3. $NO_2^-$

(1) $NO_2^-$ 与 $FeSO_4$ 在 HAc 介质中反应，生成棕色 $[FeNO]SO_4$：

$$Fe^{2+} + NO_2^- + 2HAc = Fe^{3+} + NO(g) + H_2O + 2Ac^-$$
$$Fe^{2+} + NO = [Fe(NO)]^{2+}$$

鉴定步骤：取 5 滴试液于试管中，加入 10 滴 $0.02 \ mol \cdot L^{-1} \ Ag_2SO_4$ 溶液，若有沉淀生成，离心分离。在清液中加少量 $FeSO_4$ 固体，振荡溶解后，加入 10 滴 $2.0 \ mol \cdot L^{-1}$ HAc 溶液，若溶液呈棕色，表示有 $NO_2^-$ 存在。

(2) $NO_2^-$ 与硫脲在稀 HAc 介质中反应生成 $N_2$ 和 $SCN^-$：

$$CS(NH_2)_2 + HNO_2 = N_2(g) + H^+ + SCN^- + 2H_2O$$

生成的 $SCN^-$ 在稀 HCl 介质中与 $FeCl_3$ 反应生成红色 $[Fe(SCN)_n]^{3-n}$。$I^-$ 干扰 $NO_2^-$ 的鉴定，可预先加 $Ag_2SO_4$ 溶液使 $I^-$ 生成 AgI 而分离除去。

鉴定步骤：取 5 滴试液于试管中，加入 10 滴 $0.02 \ mol \cdot L^{-1} \ Ag_2SO_4$ 溶液，离心分离。在清液中加入 3~5 滴 $6.0 \ mol \cdot L^{-1}$ HAc 溶液和 10 滴 8% 硫脲溶液，振荡，再加入 5~6 滴 $2.0 \ mol \cdot L^{-1}$ HCl 溶液及 1 滴 $0.1 \ mol \cdot L^{-1} \ FeCl_3$ 溶液，若溶液显红色，表示有 $NO_2^-$ 存在。

## 4. $PO_4^{3-}$

$PO_4^{3-}$ 与 $(NH_4)_2MoO_4$ 溶液在酸性介质中反应，生成黄色的磷钼酸铵沉淀：

$$PO_4^{3-} + 3NH_4^+ + 12MoO_4^{2-} + 24H^+ = (NH_4)_3PO_4 \cdot 12MoO_3 \cdot 6H_2O(s) + 6H_2O$$

$S^{2-}$、$S_2O_3^{2-}$、$SO_3^{2-}$ 等还原性离子存在时，能使 Mo(Ⅳ) 还原成低氧化态化合物。因此，需预先加 $HNO_3$，并于水浴中加热，以除去这些干扰离子：

$$SO_3^{2-} + 2NO_3^- + 2H^+ = SO_4^{2-} + 2NO_2(g) + H_2O$$
$$3S^{2-} + 2NO_3^- + 8H^+ = 3S(s) + 2NO(g) + 4H_2O$$
$$S_2O_3^{2-} + 2NO_3^- + 2H^+ = SO_4^{2-} + S(s) + 2NO_2(g) + H_2O$$

鉴定步骤：取 5 滴试液于试管中，加入 10 滴浓 $HNO_3$，并置于沸水中加热 1~2 min，稍冷后，加入 20 滴 $(NH_4)_2MoO_4$ 溶液，并在水浴中加热至 40~50 ℃，若有黄色沉淀产生，表示有 $PO_4^{3-}$ 存在。

## 5. $SO_3^{2-}$

在中性介质中，$SO_3^{2-}$ 与 $Na_2[Fe(CN)_5NO]$、$ZnSO_4$、$K_4[Fe(CN)_6]$ 三种溶液反应生成红色沉淀，其组成尚不清楚。在酸性溶液中，红色沉淀消失，因此，如溶液为酸性必须用氨水中和。$S^{2-}$ 干扰 $SO_3^{2-}$ 的鉴定，可加入 $PbCO_3(s)$ 使 $S^{2-}$ 生成 PbS 沉淀：

$$PbCO_3(s) + S^{2-} = PbS(s) + CO_3^{2-}$$

鉴定步骤：取 10 滴试液于试管中，加入少量 $PbCO_3$ 固体，振荡，若沉淀由白色变为黑色，再加入少量 $PbCO_3$ 固体，直到沉淀呈灰色为止。离心分离，保留清液。在点滴板上，加饱和 $ZnSO_4$ 溶液、$0.1 \ mol \cdot L^{-1} \ K_4[Fe(CN)_6]$ 溶液及 1% 的 $Na_2[Fe(CN)_5NO]$ 溶液各 1 滴，再加 1 滴 $2.0 \ mol \cdot L^{-1}$ 氨水溶液，将溶液调至中性。若出现红色沉淀，表示有 $SO_3^{2-}$ 存在。

## 6. $SO_4^{2-}$、$S_2O_3^{2-}$、$S^{2-}$、$Cl^-$、$Br^-$、$I^-$  见实验 30。

### 三、实验仪器和试剂

**1. 仪器** 试管、离心试管、点滴板、离心机、搅拌棒。

**2. 试剂** $NaOH(2 \ mol \cdot L^{-1}$、$6 \ mol \cdot L^{-1})$、氨水($6 \ mol \cdot L^{-1}$)、HCl ($2 \ mol \cdot L^{-1}$、$6 \ mol \cdot L^{-1}$)、$H_2SO_4(1 \ mol \cdot L^{-1}$、$2.0 \ mol \cdot L^{-1})$、HAc ($6 \ mol \cdot L^{-1}$)、$KI(0.1 \ mol \cdot L^{-1})$、

KSCN(固体、0.1 mol·L$^{-1}$)、K$_2$CrO$_4$(0.1 mol·L$^{-1}$)、SnCl$_2$(0.2 mol·L$^{-1}$)、H$_2$S(饱和溶液)、K$_4$[Fe(CN)$_6$](0.1 mol·L$^{-1}$)、奈斯勒试剂、铝试剂、二苯硫腙、NH$_4$F(固体)、氯水、CCl$_4$。

#### 四、实验内容
(1)试剂瓶中盛装的可能是下列离子的单独溶液,请加以鉴别:
Ag$^+$、Pb$^{2+}$、Fe$^{3+}$、Ni$^{2+}$、Ba$^{2+}$、Fe$^{3+}$、Co$^{2+}$、Al$^{3+}$、NH$_4^+$、Cu$^{2+}$、Zn$^{2+}$、Hg$^{2+}$。
(2)有一瓶溶液,标签丢失,怀疑其为 NaBr 溶液,请加以鉴别。

## 实验 32  过渡系元素(铁、钴、镍)

#### 一、实验目的
(1)掌握铁、钴、镍低氧化态的还原性和高氧化态的氧化性。
(2)掌握铁、钴、镍的主要配合物的生成和性质。

#### 二、实验原理
铁、钴、镍是周期系第Ⅷ族元素第一个三元素组,它们的原子最外层电子数都是 2 个,次外层电子尚未排满,因此显示可变的化合价,它们的性质相似。

铁、钴、镍氧化数为 +2 的氢氧化物显碱性,具有不同的颜色:Fe(OH)$_2$ 呈白色,Co(OH)$_2$ 呈粉红色,Ni(OH)$_2$ 呈苹果绿色。空气中的氧对它们的作用情况各不相同:Fe(OH)$_2$ 迅速地被氧化为红棕色的 Fe(OH)$_3$,Co(OH)$_2$ 缓慢地被氧化成褐色的 Co(OH)$_3$,而 Ni(OH)$_2$ 则与空气中的氧不发生作用,只有被强氧化剂(如 Cl$_2$、Br$_2$ 等)氧化才生成 NiO(OH)。反应如下:

$$4Fe(OH)_2 + O_2 + 2H_2O = 4Fe(OH)_3$$
$$4Co(OH)_2 + O_2 + 2H_2O = 4Co(OH)_3$$
$$2Ni(OH)_2 + Cl_2 + 2OH^- = 2NiO(OH) + 2Cl^- + 2H_2O$$

铁、钴、镍都能生成不溶于水的氧化数为 +3 的氧化物和相应的氢氧化物。Fe(OH)$_3$ 和酸生成 Fe$^{3+}$,而 Co(OH)$_3$ 和 Ni(OH)$_3$ 与盐酸反应时,不能生成相应的盐,因为它们的盐极不稳定,很容易分解,并放出氯气。反应如下:

$$Fe(OH)_3 + 3H^+ = Fe^{3+} + 3H_2O$$
$$2Co(OH)_3 + 6H^+ + 10Cl^- = 2[CoCl_4]^{2-} + Cl_2 \uparrow + 6H_2O$$
$$2Ni(OH)_3 + 6H^+ + 10Cl^- = 2[NiCl_4]^{2-} + Cl_2 \uparrow + 6H_2O$$

对于 Fe(OH)$_2$、Co(OH)$_2$、Ni(OH)$_2$,其还原性依次递减。

铁系元素还能生成很多配合物,其中常用的有 K$_4$[Fe(CN)$_6$] 和 K$_3$[Fe(CN)$_6$],钴和镍亦能生成配合物,如 [Co(NH$_3$)$_6$]Cl$_3$、K$_3$[Co(NO$_2$)$_6$]、[Ni(NH$_3$)$_6$]SO$_4$ 等。其中,Co(Ⅱ) 的配合物不稳定,容易被氧化为 Co(Ⅲ) 的配合物,而 Ni 的配合物以 +2 价的较稳定。

Fe$^{3+}$ 还与 F$^-$ 形成比 [Fe(NCS)]$^{2+}$ 更加稳定的无色的 [FeF$_6$]$^{3-}$,Co$^{2+}$ 与 F$^-$ 不形成稳定的配位化合物,因此在 Fe$^{3+}$、Co$^{2+}$ 混合离子鉴定时可用 NH$_4$F 作为掩蔽剂将 Fe$^{3+}$ 掩蔽起来。

通常对于 Fe$^{2+}$ 的鉴定,加入赤血盐,出现蓝色沉淀:

$$Fe^{2+} + K^+ + [Fe(CN)_6]^{3-} = KFe[Fe(CN)_6] \downarrow$$

对于 Fe$^{3+}$ 的鉴定,加入 KSCN,溶液变血红色:

$$Fe^{3+} + nSCN^- = [Fe(SCN)_n]^{3-n} \quad (n = 1 \sim 6)$$

对于 $Co^{2+}$ 的鉴定,加入浓 KSCN,并用丙酮或戊醇萃取,溶液成宝石蓝色:

$$Co^{2+} + 4SCN^- = [Co(SCN)_4]^{2-}$$

对于 $Ni^{2+}$ 的鉴定,在略显碱性的介质中加入丁二酮肟,出现鲜红色沉淀:

### 三、实验仪器和试剂

**1. 仪器** 试管、试管夹、滴管、试管架、离心试管、量筒、离心机。

**2. 试剂** 氯水、$H_2SO_4$(6 mol·L$^{-1}$)、$(NH_4)_2Fe(SO_4)_2$(0.1 mol·L$^{-1}$)、KSCN(0.1 mol·L$^{-1}$)、$(NH_4)_2Fe(SO_4)_2 \cdot 6H_2O$ 晶体、NaOH(2 mol·L$^{-1}$、6 mol·L$^{-1}$)、$CoCl_2$(0.1 mol·L$^{-1}$)、HCl(2 mol·L$^{-1}$)、$NiSO_4$(0.1 mol·L$^{-1}$)、浓盐酸、淀粉碘化钾试纸、$K_4[Fe(CN)_6]$(0.1 mol·L$^{-1}$)、$FeCl_3$(0.1 mol·L$^{-1}$)、$K_3[Fe(CN)_6]$(0.1 mol·L$^{-1}$)、$CoCl_2$(0.5 mol·L$^{-1}$)、$NH_4Cl$(1 mol·L$^{-1}$)、氨水(2 mol·L$^{-1}$、6 mol·L$^{-1}$)、丁二酮肟(1%)。

### 四、实验步骤

**1. 铁(Ⅱ)、钴(Ⅱ)、镍(Ⅱ)的还原性**

(1)铁(Ⅱ)的还原性。

① 酸性介质:向盛有 0.5 mL 氯水的试管中加入 3 滴 6 mol·L$^{-1}$ $H_2SO_4$ 溶液,然后滴加 0.1 mol·L$^{-1}$ 的 $(NH_4)_2Fe(SO_4)_2$ 溶液,观察现象,写出反应式,然后向溶液中加入 1 滴 0.1 mol·L$^{-1}$ 的 KSCN 溶液,观察现象。

② 碱性介质:向盛有 2 mL 蒸馏水的试管中加入 3 滴 6 mol·L$^{-1}$ $H_2SO_4$ 溶液煮沸,以除去溶解于其中的空气,而后加入少量 $(NH_4)_2Fe(SO_4)_2 \cdot 6H_2O$ 晶体。另取一试管加入 3 滴 6 mol·L$^{-1}$ 的 NaOH 溶液煮沸,冷却后,用一长滴管吸取 6 mol·L$^{-1}$ 的 NaOH 溶液,并将滴管嘴插入 $Fe^{2+}$ 溶液底部,慢慢放出碱液,观察产物的颜色和状态。振荡后放置一段时间,观察又有何变化,写出反应方程式。产物留待实验步骤 2 用。

(2)钴(Ⅱ)的还原性。向盛有 1 mL 0.1 mol·L$^{-1}$ $CoCl_2$ 溶液的试管中滴加 2 mol·L$^{-1}$ 的 NaOH 溶液,观察现象并记录。将所得沉淀分成两份,一份于空气中放置,留待实验步骤 2 使用。一份加入 2 mol·L$^{-1}$ 的 HCl 溶液,观察现象并记录。

(3)镍(Ⅱ)的还原性。向盛有 1 mL 0.1 mol·L$^{-1}$ $NiSO_4$ 溶液的试管中滴加 2 mol·L$^{-1}$ 的 NaOH 溶液,观察现象并记录。将所得沉淀分成两份,一份于空气中放置,留待实验步骤 2 使用。一份加入 2 mol·L$^{-1}$ 的 HCl 溶液,观察现象并记录。

**2. 铁(Ⅲ)、钴(Ⅲ)、镍(Ⅲ)的氧化性** 将前面实验中保留下来的 $Fe(OH)_3$、$Co(OH)_3$、$Ni(OH)_3$ 沉淀中均加入浓盐酸,振荡后观察变化,并使用淀粉-碘化钾试纸检验所生成的气体。

### 3. 配合物的生成

(1)铁的配合物。向盛有 1 mL 0.1 mol·L$^{-1}$ K$_4$[Fe(CN)$_6$]溶液的试管中滴加 2 mol·L$^{-1}$ 的 NaOH 溶液数滴，观察是否有 Fe(OH)$_2$ 沉淀产生。在盛有 1 mL 0.1 mol·L$^{-1}$ 的 FeCl$_3$ 溶液中滴加 1~2 滴 0.1 mol·L$^{-1}$ 的 K$_4$[Fe(CN)$_6$]溶液，观察现象并解释。

向盛有 1 mL 0.1 mol·L$^{-1}$ K$_3$[Fe(CN)$_6$]溶液的试管中滴加 2 mol·L$^{-1}$ 的 NaOH 溶液数滴，观察是否有 Fe(OH)$_3$ 沉淀产生。在盛有 1 mL 0.1 mol·L$^{-1}$ FeSO$_4$ 溶液的试管中滴加 1~2 滴 0.1 mol·L$^{-1}$ 的 K$_3$[Fe(CN)$_6$]溶液，观察现象并解释。

(2)钴的配合物。向盛有 1 mL 0.5 mol·L$^{-1}$ CoCl$_2$ 溶液的试管中，滴加数滴 1 mol·L$^{-1}$ 的 NH$_4$Cl 溶液和过量的 6 mol·L$^{-1}$ 的氨水，观察[Co(NH$_3$)$_6$]Cl$_2$ 溶液的颜色，静置片刻，观察颜色的变化，解释并写出反应方程式。

(3)镍的配合物。向试管中加入 5 滴 0.1 mol·L$^{-1}$ 的 NiSO$_4$ 溶液，之后加入 5 滴 2 mol·L$^{-1}$ 的氨水，再加入 1 滴 1% 丁二酮肟，观察现象并解释。

### 五、思考题

(1)制取 Co(OH)$_3$、Ni(OH)$_3$ 时，为什么要以钴(Ⅱ)、镍(Ⅱ)为原料在碱性条件下氧化，而不用钴(Ⅲ)、镍(Ⅲ)直接制取？

(2)鉴别 Fe$^{3+}$、Fe$^{2+}$、Co$^{2+}$、Ni$^{2+}$ 常用什么方法？

(3)变色硅胶中含有什么成分？为什么干燥时为蓝色，吸水后变为红色？

## 实验 33 有机化合物官能团实验

### 一、实验目的

掌握卤代烃、芳香烃、醇、酚、醛和酮的主要化学性质及鉴定方法。

### 二、实验原理

在有机化学实验中，除测定有机物的某些物理常数(熔点、沸点、密度等)外，官能团的分析也很重要。尤其是官能团的定性实验，操作简便，花时少，反应快，可立即知道结果，所以是有机化学实验中不可缺少的方法。官能团的定性是利用有机化合物中官能团所具有的不同特性，与某些试剂作用产生特殊的颜色或沉淀等现象来区别有机物，所以定性实验要求反应迅速，现象明显，对某一官能团有专一性。

有机反应大多是分子反应，分子中直接发生变化的部分一般局限在官能团上，具有同一官能团的不同化合物由于受到分子其他部分的影响，反应产生的现象不可能完全相同，所以，有机定性实验中意外情况也是常有的。

在进行有机化合物性质实验时，试剂、试样的用量虽不像定量分析那样要求十分准确，但也不可粗枝大叶，应尽量按实验操作的要求进行，否则达不到预期的结果。

本实验对于巩固所学过的基本原理、基本知识和化合物的性质，加深印象和理解，理论联系实际等都有重要意义。

**1. 卤代烃的性质** 卤代烃是烃类的卤素衍生物，在卤代烃分子中，卤原子的化学活泼性主要由其结构决定。离子键的卤化物中的卤素活性最大，例如胺的氢卤酸盐(RNH$_3$X)、酰卤(RCOX)极易与硝酸银溶液作用，生成卤化银沉淀。在卤代烷中，烷基结构影响卤素的活性。与苯环或双键碳原子直接相连的卤原子不活泼，一般不能被其他原子或基团取代。叔碳原子上的卤素的活泼性比伯碳原子上的要大，卤素连在双键原子上时也非常活泼，能与硝

酸银溶液反应生成沉淀。在含有相同卤原子的卤代烷中，烷基的反应活性可简单表示为

$$CH_2=CH-CH_2- \\ C_6H_5CH_2- \quad >R_2CH->RCH_2-> \quad CH_2=CH- \\ R_3C- \qquad\qquad\qquad\qquad\qquad\qquad C_6H_5-$$

在烷基结构相同时，不同的卤素表现出不同的活泼性，其中以碘代物最活泼，氟代物最不活泼，它们的活性次序如下：

$$RI>RBr>RCl>RF$$

**2. 芳香烃的性质** 苯是芳烃中最简单又最重要的化合物。由近代物理学的研究知道，苯分子的 6 个原子以 $sp^2$ 杂化轨道相互重叠形成 6 个碳碳 σ 键，又各以 $sp^2$ 杂化轨道与氢原子的 s 轨道重叠形成 6 个碳氢 σ 键，因此 6 个碳原子正好形成一个正六边形且所有的碳原子和氢原子都在同一平面上，同时，每个碳原子还有一个垂直于此平面的 p 轨道，每个 p 轨道上有一个电子，在基态下，这 6 个 p 电子形成一个大 π 键，因此苯环是一个很稳定的闭合共轭体系，由于电子云均匀地分布在整个分子中，所以苯分子中并无单、双键之分。

苯环结构上的特殊性反映在性质上主要是苯的芳香性。苯在通常情况下不易被氧化，难起加成反应，相反，苯却易发生卤代、磺化、烷基化等取代反应。

带有侧链的芳烃，由于侧链的影响，其化学性质比苯活泼，在氧化时，不管侧链多长，其氧化产物总是苯甲酸。

**3. 醇的性质** 醇的官能团是羟基，由于氧原子的电负性大，所以 C—O 键和 O—H 键具有明显的极性，多数反应发生在这两个部位。

醇分子中羟基上的氢原子相当活泼，可以被活泼金属钠取代，生成易水解的醇钠并放出氢气。

$$2ROH + 2Na \longrightarrow 2RONa + H_2$$
$$RONa + H_2O \longrightarrow ROH + NaOH$$

醇与氢卤酸作用生成相应的卤化物，在醇的定性检验中有其独特的作用。醇的结构对反应速率有明显的影响，伯、仲、叔醇与盐酸-无水氯化锌试剂（卢卡斯试剂）作用的反应式如下：

$$R_3COH + HCl \xrightarrow[25\,℃]{ZnCl_2} R_3CCl \qquad 立即反应$$

$$R_2CHOH + HCl \xrightarrow[25\,℃]{ZnCl_2} R_2CHCl \qquad 缓慢反应$$

$$RCH_2OH + HCl \xrightarrow[25\,℃]{ZnCl_2} \qquad\qquad 不反应$$

醇的氧化，依其类别不同，难易程度不同。伯醇氧化生成醛，继续氧化生成羧酸；仲醇氧化生成酮；叔醇一般难被氧化。

$$RCH_2OH \xrightarrow{[O]} RCOOH$$
$$R_2CHOH \xrightarrow{[O]} R_2C=O$$
$$R_3COH \xrightarrow{[O]} 不反应$$

**4. 酚的性质** 在苯酚的分子中，羟基中氧原子的 p 轨道与苯环的 π 轨道形成 p-π 共轭

体系，使电子云向苯环方向转移，结果使氧原子电子云密度降低，氢氧之间电子云向氧原子偏移，氢氧间键的极性增强易电离出氢原子，因而显示一定的弱酸性，能与强碱反应，生成酚盐（而醇则不与强碱反应）。例如：

$$C_6H_5-OH + NaOH \longrightarrow C_6H_5-ONa + H_2O$$

苯酚是弱酸，故酚钠与酸甚至是碳酸作用也析出游离的苯酚：

$$C_6H_5-ONa + CO_2 + H_2O \longrightarrow C_6H_5-OH + NaHCO_3$$

由于羟基的影响，苯环变得活泼，邻位和对位上氢原子易被其他原子和基团取代。例如苯酚与溴水反应时，很快就生成白色的 2,4,6-三溴苯酚[1]。

$$C_6H_5OH \xrightarrow{Br_2/H_2O} 2,4,6\text{-三溴苯酚} \downarrow$$

大多数酚与三氯化铁有特殊的颜色反应，而且各种酚产生不同的颜色，多数酚呈现红、蓝、紫或绿色。颜色的产生是由于形成电离度很大的配合物[2]。例如：

$$6C_6H_5OH + FeCl_3 \longrightarrow 3H^+ + 3HCl + [Fe(OC_6H_5)_6]^{3-}$$

**5. 醛和酮的性质** 醛和酮都是烃的羰基化合物，分子中都含有羰基 ($\diagdown$C=O)，因此两者的许多化学性质相同，如能与 2,4-二硝基苯肼、羟氨、亚硫酸等发生作用。

醛、酮与 2,4-二硝基苯肼作用时生成黄色、橙红色的 2,4-二硝基苯腙沉淀：

$$\underset{(R')H}{\overset{R}{>}}C=O + H_2NHN-C_6H_3(NO_2)_2 \longrightarrow \underset{(R')H}{\overset{R}{>}}C=N-NH-C_6H_3(NO_2)_2 \downarrow + H_2O$$

2,4-二硝基苯腙是有固定熔点的结晶，易于从反应体系中析出，因此本反应既可作为检验醛、酮的定性实验，又可作为醛、酮衍生物的一种制备方法。

醛或甲基酮与亚硫酸氢钠会发生加成反应，加成产物以结晶形式析出，将加成产物与稀盐酸或稀碳酸钠溶液共热，则分解为原来的醛或甲基酮，所以这一反应可用来鉴别和提纯醛或甲基酮。

$$\underset{(H_3C)H}{\overset{R}{>}}C=O + NaHSO_3 \longrightarrow \underset{(H_3C)H}{\overset{R}{>}}\underset{SO_3H}{\overset{O^-Na^+}{\underset{|}{C}}} \rightleftharpoons \underset{(H_3C)H}{\overset{R}{>}}\underset{SO_3Na}{\overset{OH}{\underset{|}{C}}}$$

$\alpha$-羟基磺酸钠

醛分子中，羰基上还有一个容易被氧化的氢原子，酮分子中羰基上连有 2 个烃基，不连有活泼的氢原子。由于具有不同结构，故两者表现出不同的化学性质。

醛具有还原性，它极易被氧化，甚至可被弱氧化剂氧化。常用的弱氧化剂有托伦试剂

（银氨溶液）和斐林试剂。而酮则不被弱氧化剂氧化，因此，这一反应是区别醛、酮的常用方法之一。

醛与斐林(Fehling)试剂反应，析出红色氧化亚铜沉淀[3]。

$$RCHO + Cu^{2+} + OH^- \longrightarrow RCOO^- + Cu_2O + H_2O$$

醛还能还原氢氧化银的氨溶液——银氨溶液（托伦试剂），使银镜析出。

$$RCHO + Ag(NH_3)_2OH \longrightarrow Ag\downarrow + RCOO^- + NH_3 + H_2O$$

醛和酮分子中，烃基α-位的氢受羰基的影响，变得比较活泼，容易与卤素起取代反应，甲醛不含有烃基，所以不能发生卤代反应。过量卤素可取代α-碳上的第二、第三个氢原子，如

$$(R)H-\overset{O}{\underset{\|}{C}}-CH_3 \xrightarrow{X_2/OH^-} (R)H-\overset{O}{\underset{\|}{C}}-CH_2X \xrightarrow{X_2/OH^-} \cdots \xrightarrow{X_2/OH^-} (R)H-\overset{O}{\underset{\|}{C}}-CX_3$$

一个鉴别甲基酮的简便方法是次碘酸钠的实验。凡具有 $CH_3CO-$ 基团或易被次碘酸钠氧化成这种基团的化合物均能与碘的碱性溶液作用，生成黄色的碘仿沉淀。

$$(R)H-\overset{O}{\underset{\|}{C}}-CH_3 \xrightarrow{I_2/OH^-} (R)H-\overset{O}{\underset{\|}{C}}-O^- + CHI_3\downarrow （黄色晶体）$$

### 三、实验仪器和试剂

**1. 仪器** 试管、烧杯、三脚架、石棉网、酒精灯。

**2. 试剂** 硝酸银（5%）、氯苯、氯化苄、溴丁烷、硝酸（5%）、溴的四氯化碳溶液（3%）、苯、甲苯、铁粉、高锰酸钾（0.5%）、稀硫酸（1:5）、浓硫酸、浓硝酸、金属钠、无水乙醇、酚酞（1%）、正丁醇、仲丁醇、叔丁醇、卢卡斯试剂、苯酚（固体、1%）、蓝色石蕊试纸、饱和水杨酸、三氯化铁（2%）、2,4-二硝基苯肼试液、甲醛、乙醛、丙酮、饱和亚硫酸氢钠、苯甲醛、碘溶液、氢氧化钠（5%）、斐林试剂Ⅰ、斐林试剂Ⅱ、托伦试剂。

### 四、实验步骤

**1. 卤代烃的性质** 各取 10 滴 5%硝酸银溶液于 3 支试管中，分别加 2~3 滴氯苯、氯化苄和溴丁烷，振荡后静置 5 min，观察现象，若无沉淀可煮沸片刻，生成白色沉淀，加入 1 滴5%硝酸，沉淀不溶者视为正反应，若煮沸后只稍微出现混浊而无沉淀（加 5%硝酸又全溶解）则视为负反应。

**2. 芳香烃的性质**

（1）与溴的作用。取干试管 2 支，各加入 3~5 滴 3%溴的四氯化碳溶液，然后在第一支试管中加入苯 15 滴，在第二支试管中加入甲苯 15 滴，振荡约1 min后，观察有无反应，如未反应，可在 40~50 ℃温水浴中（不可在沸水上加热）温热 3~5 min，静置后观察现象，比较结果。

（2）在铁的催化下与溴的作用。取干试管 1 支，加入铁粉 0.5 g 及苯 10 滴。然后加入 3%溴的四氯化碳溶液 1 滴，用力振荡，至溴的颜色消失时再加溴溶液 1 滴，振荡，如此分几次加溴溶液振荡，直到最后加入半滴溴溶液并经长时间振荡而溴的颜色不消失为止。将试管中的反应生成物倾入盛有 2 mL 水的试管中，观察现象[4]。

（3）与氧化剂的作用。取试管 2 支，各加入 2 滴 0.5%高锰酸钾溶液及 10 滴 1:5 稀硫酸，混合均匀后，在第一支试管中加入苯 5 滴，在第二支试管中加入甲苯 5 滴，振荡 2~

3 min(必要时60 ℃水浴加热)，比较结果。

(4)硝化反应。取干试管1支，加入浓硝酸10滴，然后慢慢加入浓硫酸20滴，冷却后，均分至2支试管中，在第一支试管中滴加苯10滴，在第二支试管中滴加甲苯10滴，振荡5 min后观察现象，将2支试管放入50~60 ℃温水浴中加热10~15 min，然后将反应生成物慢慢倾入盛2~3 mL冷水的2支试管中(小心冲出)，观察现象，并小心嗅其气味[5]。

**3. 醇的性质**

(1)醇钠的生成。取一小块金属钠，用滤纸吸干表面的煤油，用小刀切去外皮后，马上放入盛有0.5 mL无水乙醇的干燥试管中，观察现象，反应完毕(如钠未反应完，则回收入盛金属钠的瓶中)，加入2 mL水，振荡，加1%酚酞试液1滴，观察现象[6]。

(2)卢卡斯实验。取正丁醇、仲丁醇、叔丁醇[7]各5~6滴，分别放入3支干燥试管中，各加卢卡斯试剂(盐酸-氯化锌试剂)10滴，振荡，若有变混浊、最后分层者，为何醇？不能作用者，为何醇？

(3)醇的氧化。取0.5%高锰酸钾溶液5滴，加1∶5稀硫酸15滴混匀，然后匀为3管，在3管中同时分别加入伯丁醇、仲丁醇、叔丁醇各5滴，同时振荡3管，观察现象并予以解释。

**4. 酚的性质**

(1)酚的弱酸性。在试管中加入0.1 g苯酚(固体)，加水1 mL，振荡。部分溶解后，取一滴饱和溶液滴在蓝色石蕊试纸上，观察蓝色石蕊试纸的反应。当试管的苯酚溶液呈过饱和时(即呈乳浊状或有少量固体苯酚)，滴加5%氢氧化钠溶液数滴，则苯酚完全溶解，形成清亮溶液。再向试管中滴加稀硫酸(1∶5)至酸性时，出现什么现象？为什么？

(2)溴化。取试管1支，加入1%苯酚溶液5滴，逐滴加入15滴饱和溴水，溴水不断褪色，观察有无沉淀析出。

(3)三氯化铁实验。在2支试管中分别加入5滴1%的苯酚和饱和水杨酸，再加入2%三氯化铁水溶液1~2滴，观察颜色变化。

**5. 醛和酮的性质**

(1)与2,4-二硝基苯肼的反应。在3支试管中各加入10滴2,4-二硝基苯肼试液[8]，分别加入甲醛、乙醛和丙酮2~3滴，振荡，如不立即生成沉淀，可微热半分钟，再振荡，冷却片刻观察沉淀的生成。

(2)与亚硫酸氢钠的作用。取干试管2支，各加入饱和亚硫酸氢钠溶液2 mL，然后在一支试管中加入丙酮1 mL，在另一支试管中加入苯甲醛1 mL，用力振荡3 min。混合液是否有发热现象？将试管置于冷水中冷却10~20 min，如有结晶析出，表明是正性反应。

(3)丙酮的溴代作用。在干燥试管中加入3%溴的四氯化碳溶液10滴，加丙酮2~3滴，温水浴上小心加热。观察现象，解释原因。

(4)碘仿反应。取试管3支，分别加入甲醛、乙醛、丙酮各5滴，再分别加入碘溶液10滴，混合均匀，再慢慢滴加5%氢氧化钠溶液，至碘的颜色恰好褪掉为止。观察现象并比较结果。

(5)与斐林试剂的反应。在3支试管中，分别加斐林试剂Ⅰ和斐林试剂Ⅱ各5滴，混合均匀，然后分别加入甲醛、乙醛和苯甲醛3~4滴，在沸水浴上加热，观察现象。

(6)银镜反应。取3支试管，先用5%氢氧化钠溶液1~3 mL煮沸洗涤，后用自来水冲洗，再用蒸馏水充分洗涤，分别加入银氨溶液（托伦试剂）10 滴，再加甲醛、乙醛、丙酮各 5 滴，将试管编号，置于热水浴上温热数分钟，观察现象，比较结果。

## 五、注释

[1] 这个反应并非酚的特有反应，一切含有易被溴取代的氢原子化合物，以及一切易被溴水氧化的化合物，如芳胺和硫醇均有这个反应。

[2] 烯醇类化合物都能与三氯化铁发生颜色反应（多数为红紫色）。

[3] 甲醛的还原性更强，能将二价铜还原为金属而成"铜镜"。

[4] 因溶解有溴而显淡黄色。

[5] 硝基及硝基甲苯均有苦杏仁味，有剧毒。

[6] 此反应并非醇的特有反应，凡是含有活泼氢原子的化合物都能发生此反应。

[7] 叔丁醇熔点 25 ℃，如为固体，可置水浴上熔化。

[8] 2,4-二硝基苯肼有毒，操作时要小心。如不慎弄在手上，先用少量醋酸擦拭，再用水冲洗。

## 六、思考题

设计一套鉴定方法，区别甲醛、丙醇、甲酸、丙酮、乙醛、苯甲醛、异丙醇。

# 实验 34　糖和蛋白质的性质实验

## 一、实验目的

(1) 进一步学习糖和蛋白质的性质。

(2) 掌握糖类化合物和蛋白质的鉴别方法。

## 二、实验原理

**1. 糖的性质**　糖类化合物是指多羟基醛和多羟基酮以及它们的缩合物。通常分为单糖（葡萄糖、果糖）、双糖（蔗糖、麦芽糖）和多糖（淀粉、纤维素）。

糖类化合物一个比较普遍的定性反应是莫力许反应，即在浓硫酸存在下，糖与 $\alpha$-萘酚作用生成紫色环，紫色环生成的原因通常认为是糖被浓硫酸脱水生成糠醛或其衍生物，后者进一步与 $\alpha$-萘酚缩合成有色物质。

在水溶液中，单糖的环形结构与开链结构建立动态平衡，例如：

$\alpha$-D-葡萄糖（环式）　　D-葡萄糖（链式）　　$\beta$-D-葡萄糖（环式）

单糖在冷的稀碱溶液中，能产生互变异构现象。鉴于上述原因，单糖均能与斐林、托伦试剂反应。故单糖都为还原性糖。

己醛糖和己酮糖在强酸作用下生成羟甲基糖醚的速度不同。在一定条件下，酮糖比醛糖快 15~20 倍，羟甲基糖醚能与间苯二酚形成红色配合物，醛糖反应较慢，颜色较浅（呈黄色或浅红色）。故可用此反应区别醛糖和酮糖。

双糖由两个单糖组成，其结合方式不同，有的有还原性，有的则没有。麦芽糖、乳糖、纤维二糖等分子里有一个半缩醛羟基，属还原糖。蔗糖分子里没有半缩醛羟基，所以没有还原性。

多糖都是非还原性糖，如淀粉、纤维素等，它们都是葡萄糖分子缩合而成的高分子化合物。葡萄糖以 $\alpha$-1,4 苷键连接的为淀粉，以 $\beta$-1,4 苷键连接的为纤维素，两者均无还原性。但若水解为麦芽糖、纤维二糖、葡萄糖，就显还原性。淀粉与碘反应呈蓝色，借此反应可以鉴定淀粉。

**2. 蛋白质的性质**　蛋白质是高分子化合物，粒子比较大，直径一般在 1~100 nm，属于胶体质点范围之内，因此蛋白质的水溶液具有胶体性质。

蛋白质分子表面有许多亲水基团，如羟基、氨基、亚氨基、羰基、羧基等。这些基团使蛋白质粒子高度水化，形成了一层水化膜；在一定的 pH 溶液中，蛋白质分子表面一般都带有电荷。两种因素的共同作用使蛋白质具有一定程度的稳定性。强电解质的浓溶液能使蛋白质从胶体溶液中沉淀出来，因为强电解质在水中全部电解成离子。这些离子的水合能力很强，会破坏蛋白质分子的水化膜。同时，胶体粒子上所带的电荷被这些离子抵消，故相互凝聚而沉降。这种作用叫盐析作用。盐析作用是可逆变化。

蛋白质具有精细的立体结构，外界条件（紫外光、超声波、酸碱、重金属盐及一些有机溶剂）能使蛋白质的构象发生变化，其理化性质也随之改变。这种结构改变了的蛋白质称为变性蛋白。这种变性作用是不可逆变化。

蛋白质分子中的某些特殊结构，如苯核、酚基、肽键等可与某些特殊试剂作用，生成有色物质，利用这些颜色反应，可检验蛋白质分子中具有哪些特殊结构的氨基酸。

### 三、实验仪器和试剂

**1. 仪器**　试管、烧杯、三脚架、石棉网、酒精灯。

**2. 试剂**　葡萄糖(2%)、蔗糖(2%)、果糖(2%)、麦芽糖(2%)、淀粉(2%)、$\alpha$-萘酚酒精溶液(5%)、浓硫酸、斐林试剂Ⅰ、斐林试剂Ⅱ、银氨溶液、间苯二酚、碘溶液、蛋白质溶液、饱和硫酸铵溶液、95%乙醇、硫酸铜(2%)、硝酸银(2%)、饱和苦味酸溶液、单宁酸(5%)、氢氧化钠(20%)、浓硝酸、米伦试剂、茚三酮(0.1%)。

### 四、实验步骤

**1. 糖的性质**

(1) 与 $\alpha$-萘酚的颜色反应。取 3 支试管，分别盛 2%葡萄糖溶液、蔗糖溶液和淀粉溶液各 5 滴。各加 5%$\alpha$-萘酚酒精溶液 2 滴，振荡后，将试管倾斜，沿试管壁加入 10 滴浓硫酸（不能摇动），浓硫酸沉底，静置片刻，观察硫酸与水层交界处是否形成紫色环。

(2) 与斐林试剂反应。在 4 支试管中分别加斐林Ⅰ和斐林Ⅱ溶液各 5 滴，混合均匀，依次分别加 5 滴 2%葡萄糖、2%果糖、2%蔗糖、2%麦芽糖溶液。在试管上编号，振荡后，置于水浴上加热，注意颜色的变化及是否有沉淀析出。

(3) 与银氨溶液的反应（托伦实验）。在洗净的 4 支试管中分别加入 10 滴银氨溶液，再分别加入 2 滴 2%葡萄糖、2%果糖、2%蔗糖、2%麦芽糖溶液，在温水浴上加热，观察现象。

(4) 与间苯二酚溶液的反应（西列凡诺夫反应）。取试管 4 支，各加间苯二酚试液（西列凡诺夫试剂)10滴,分别加入2%葡萄糖、2%果糖、2%蔗糖、2%麦芽糖溶液3~4滴,在试管上编号,混合均匀后,将各试管同置沸水浴上加热,仔细观察颜色变化。

(5)淀粉与碘的反应。在1支试管中盛1 mL淀粉溶液,加1滴碘溶液,观察现象。冷却后又会出现什么现象?

**2. 蛋白质的性质**

(1)蛋白质的盐析作用。在1支试管中加入1 mL蛋白质溶液及2 mL饱和硫酸铵溶液,振荡,混合液变混浊,取混浊液1 mL,倾入另一支试管中,再加水2~3 mL,振荡后观察现象[1],解释原因。

(2)浓醇对蛋白质的作用。取1支试管,加入1 mL蛋白质溶液及95%乙醇2 mL,振荡,静置数分钟,溶液变混浊,取混浊液1 mL于另一试管中,加水2 mL,振荡后比较盐析现象。

(3)与重金属盐的作用。取2支试管,各注入蛋白质溶液1 mL,依次加入2%硫酸铜、2%硝酸银2~3滴,观察有何现象产生。

(4)与生物碱试剂的作用。取2支试管,各加入蛋白质溶液1 mL,然后在一支试管中滴加饱和苦味酸溶液3~5滴,另一支试管中滴加5%单宁酸溶液3~4滴,观察结果。

(5)双缩脲反应。取1 mL蛋白质溶液放在试管中,加入1 mL 20%氢氧化钠溶液,摇匀后,滴加2%硫酸铜溶液1滴(勿过量),观察现象,解释原因。

(6)黄蛋白反应。取1 mL蛋白质溶液放在试管中,加2~3滴浓硝酸,出现白色沉淀或混浊物。然后在水浴上加热(防止冲出),煮沸5 min,观察现象。将混合液冷却后,滴加8~10滴20%氢氧化钠,使呈碱性,产生什么变化?这个反应说明蛋白质分子中含有什么基本结构?可能含有哪些氨基酸?

(7)米伦反应。取1支试管,加入蛋白质溶液1 mL及3~4滴米伦试剂,混合均匀,慢慢加热,观察现象。

(8)茚三酮反应。取1支试管,加入1 mL蛋白质溶液及3~4滴0.1%茚三酮溶液,摇匀,在沸水浴中加热,观察现象。

**四、注释**

[1] 各种蛋白质盐析的难易程度不同,例如,卵球蛋白在半饱和硫酸铵溶液中沉淀,而卵清蛋白则在饱和硫酸铵溶液中沉淀。

**五、思考题**

(1)设计鉴别下列化合物的方案,并说明理由:葡萄糖、果糖、淀粉、木糖、蔗糖、麦芽糖。

(2)氨基酸和蛋白质均有双缩脲反应,对吗?为什么?

# 四、测定及分析实验

## 实验35 酸碱溶液浓度的标定

**一、实验目的**

(1)掌握滴定操作并学会正确判断滴定终点。

(2)学会配制和标定酸碱标准溶液的方法。

## 二、实验原理

### (一)碱标准溶液的配制与标定

**1. 配制** 碱标准溶液常用 NaOH,有时也用 KOH,但 NaOH 应用最多。固体 NaOH 有很强的吸水性而且容易吸收空气中的二氧化碳,使其浓度发生变化,因此碱标准溶液通常不是直接配制的,而是先配制成近似浓度($0.01 \sim 1 \ mol \cdot L^{-1}$),然后用基准物质进行标定以确定其准确浓度。

**2. 标定** 用于标定碱液的常用基准物质有草酸和邻苯二甲酸氢钾等。

(1)邻苯二甲酸氢钾($KHC_8H_4O_4$)。容易得到纯品,在空气中不吸水,易溶于水,保存时不变质,摩尔质量大($204.2 \ g \cdot mol^{-1}$),是一种较理想的基准物质。邻苯二甲酸氢钾在 $100 \sim 125 \ ℃$ 干燥 2 h 后备用。温度超过 125 ℃ 则会脱水形成邻苯二甲酸酐。

邻苯二甲酸氢钾标定 NaOH 溶液的反应式如下:
$$KHC_8H_4O_4 + NaOH = KNaC_8H_4O_4 + H_2O$$

反应的产物是 $KNaC_8H_4O_4$,计量点时溶液显弱碱性(pH 约为 9.1),可选用酚酞作为指示剂。

(2)草酸($H_2C_2O_4 \cdot 2H_2O$)。容易制备,价格便宜,在 5%~95% 的相对湿度之间能保持稳定状态,不会因风化而失去结晶水,故可将草酸保存在磨口玻璃瓶中。

草酸标定 NaOH 的反应如下:
$$H_2C_2O_4 + 2NaOH = Na_2C_2O_4 + 2H_2O$$

计量点时 pH 为 8.4,溶液呈弱碱性,pH 突跃范围为 7.7~10.0,可选用酚酞作为指示剂。

### (二)酸标准溶液的配制与标定

**1. 配制** 市售盐酸的密度为 $1.19 \ g \cdot mL^{-1}$,其物质的量浓度约为 $12 \ mol \cdot L^{-1}$。配制时先用浓盐酸配成所需近似浓度,然后用基准物质进行标定,以获得准确浓度。由于浓盐酸具有挥发性,配制时所取 HCl 的量应适当多些。

**2. 标定** 用于标定 HCl 溶液的常用基准物质有无水碳酸钠和硼砂等。

(1)无水碳酸钠($Na_2CO_3$)。碳酸钠作为基准物质的主要优点是容易提纯、价格便宜,但其摩尔质量较小($105.99 \ g \cdot mol^{-1}$)。碳酸钠具有吸湿性,故使用前必须在 $270 \sim 300 \ ℃$ 电烘箱内加热 1 h,置于干燥器[1]中备用。

无水碳酸钠标定 HCl 的反应如下:
$$Na_2CO_3 + 2HCl = 2NaCl + H_2O + CO_2 \uparrow$$

计量点时 pH 突跃范围为 3~3.5,可选用甲基红或甲基橙作为指示剂。

(2)硼砂($Na_2B_4O_7 \cdot 10H_2O$)。硼砂作为基准物质的优点是吸湿性小、易制备成纯品、摩尔质量较大($381.37 \ g \cdot mol^{-1}$)。但是由于含结晶水,当空气中湿度小于 39% 时,明显风化而失水生成五水化合物,故应将硼砂基准物质置于干燥器内进行干燥。

硼砂标定 HCl 的反应如下:
$$5H_2O + Na_2B_4O_7 + 2HCl = 2NaCl + 4H_3BO_3$$

化学计量点时生成酸性很弱的硼酸,此时溶液的 pH 为 5.1,可选甲基红作为指示剂。

### 三、实验仪器和试剂

**1. 仪器** 分析天平、干燥器、称量瓶、台秤、滴定管(50 mL)、锥形瓶(250 mL)、烧杯(250 mL)、量筒(10 mL、100 mL)、容量瓶(100 mL)、洗瓶。

**2. 试剂** 无水碳酸钠(基准)、浓盐酸、氢氧化钠、邻苯二甲酸氢钾、酚酞(0.2%)、甲基橙(0.2%)、硼砂、草酸。

### 四、实验步骤

**1. 配制 200 mL 0.1 mol·L$^{-1}$ HCl 溶液**

**2. 配制 200 mL 0.1 mol·L$^{-1}$ NaOH 溶液**

**3. HCl 溶液的标定**

(1) 用无水 $Na_2CO_3$ 标定。准确称取 0.12~0.15 g 基准试剂无水 $Na_2CO_3$ 3 份,分别置于 250 mL 锥形瓶中,标上标号,加 20~30 mL 蒸馏水溶解后,加 1~2 滴 0.2%甲基橙至溶液呈黄色。分别用盐酸溶液滴定至溶液由黄色突变为橙色,即为终点。记录每次滴定时消耗盐酸的体积 $V$(mL),根据基准物无水 $Na_2CO_3$ 的质量,计算 HCl 标准溶液的浓度[2]。

(2) 用硼砂($Na_2B_4O_7 \cdot 10H_2O$)标定。准确称取 0.38~0.48 g 基准试剂硼砂($Na_2B_4O_7 \cdot 10H_2O$)3 份,分别置于 250 mL 锥形瓶中,标上标号,加 20~30 mL 蒸馏水溶解后,加 1~2 滴 0.2%甲基红至溶液呈黄色。分别用 HCl 溶液滴定至溶液由黄色突变为微红色,即为终点。记录每次滴定时消耗 HCl 溶液的体积 $V$(mL),根据基准物硼砂($Na_2B_4O_7 \cdot 10H_2O$)的质量,计算 HCl 标准溶液的浓度。

**4. NaOH 溶液的标定**

(1) 用邻苯二甲酸氢钾标定。准确称取 0.40~0.50 g 基准试剂邻苯二甲酸氢钾($KHC_8H_4O_4$)3 份,分别置于 250 mL 锥形瓶中,标上标号,加 20~30 mL 蒸馏水溶解后,加 2~3 滴 0.2%酚酞指示剂(溶液无色)。分别用 NaOH 溶液滴定至溶液呈微红色,半分钟内不褪色即为终点(注:时间稍长,微红色将慢慢褪去,是由于溶液吸收空气中的 $CO_2$ 形成 $H_2CO_3$)。记录每次滴定时消耗 NaOH 溶液的体积 $V$(mL),计算 NaOH 标准溶液的浓度。

(2) 用草酸标定。准确称取 0.15~0.20 g 基准试剂草酸($H_2C_2O_4 \cdot 2H_2O$)3 份,分别置于 250 mL 锥形瓶中,标上标号,加 20~30 mL 蒸馏水溶解后,加 2~3 滴 0.2%酚酞指示剂。分别用 NaOH 溶液滴定至溶液呈微红色,半分钟内不褪色即为终点。记录每次滴定时消耗 NaOH 溶液的体积 $V$(mL),计算 NaOH 标准溶液的浓度。

### 五、数据记录和处理

**1. HCl 溶液的标定**

| 记录项目 | | 平行 1 | 平行 2 | 平行 3 |
| --- | --- | --- | --- | --- |
| $m_1$(称量瓶+基准)/g | | | | |
| $m_2$(称量瓶+基准)/g | | | | |
| $m_{基准}$/g | | | | |
| 指示剂:_____ | $V_{(HCl)1}$/mL | | | |
| | $V_{(HCl)2}$/mL | | | |
| | $\Delta V_{HCl}$/mL | | | |
| $c_{HCl}$/(mol·L$^{-1}$) | | | | |
| $\bar{c}_{HCl}$/(mol·L$^{-1}$) | | | | |
| $S$ | | | | |
| $S_r$/% | | | | |

$$c_{HCl}=2\times\frac{m_{Na_2B_4O_7\cdot 10H_2O}}{M_{Na_2B_4O_7\cdot 10H_2O}}\times\frac{1\,000}{V_{HCl}} \tag{3-27}$$

$$c_{HCl}=2\times\frac{m_{Na_2CO_3}}{M_{Na_2CO_3}}\times\frac{1\,000}{V_{HCl}} \tag{3-28}$$

**2. NaOH 溶液的标定**

| 记录项目 | | 平行 1 | 平行 2 | 平行 3 |
|---|---|---|---|---|
| $m_{1(称量瓶+基准)}/g$ | | | | |
| $m_{2(称量瓶+基准)}/g$ | | | | |
| $m_{基准}/g$ | | | | |
| 指示剂：_____ | $V_{(NaOH)1}/mL$ | | | |
| | $V_{(NaOH)2}/mL$ | | | |
| | $\Delta V_{NaOH}/mL$ | | | |
| $c_{NaOH}/(mol\cdot L^{-1})$ | | | | |
| $\bar{c}_{NaOH}/(mol\cdot L^{-1})$ | | | | |
| $S$ | | | | |
| $S_r/\%$ | | | | |

$$c_{NaOH}=\frac{m_{KHC_8H_4O_4}}{M_{KHC_8H_4O_4}}\times\frac{1\,000}{V_{NaOH}} \tag{3-29}$$

$$c_{NaOH}=2\times\frac{m_{H_2C_2O_4\cdot 2H_2O}}{M_{H_2C_2O_4\cdot 2H_2O}}\times\frac{1\,000}{V_{NaOH}} \tag{3-30}$$

## 六、注释

[1] 干燥器的准备和使用：干燥器是一种具有磨口盖子的厚质玻璃器皿，磨口上涂有一薄层凡士林，使其更好地密合。底部放适当的干燥剂，其上架有洁净的带孔瓷板，以便放置坩埚和称量瓶等。

准备干燥器时要用干抹布将内壁和瓷板擦抹干净，一般不用水，以免不能很快干燥，放入干燥剂时按图 3-12a 进行，干燥剂不要放得太满，装至干燥器下室的一半即可，太多容易沾污坩埚。

开启干燥器时，用左手按住干燥器的下部，右手握住盖的圆顶，向前小心推开器盖，见图 3-12b。盖取下时，将盖倒置在安全处。放入物体后，应及时加盖。加盖时也应该拿住盖上圆顶，平推盖严。当放入温热的坩埚时，应将盖留一缝隙，稍等几分钟再盖严；也可以前后推动器盖稍稍打开 2~3 次。搬动干燥器时，应用两手的拇指按住盖子(图 3-12c)，以防盖子滑落打碎。

图 3-12 干燥剂的装入和启盖、搬运方法

[2] 由于反应本身产生 $H_2CO_3$ 而使滴定突跃不明显，指示剂变色不够敏锐。因此，在接近滴定终点时最好将溶液煮沸，并摇动以赶走 $CO_2$，冷却后再滴定，可减小滴定误差。

## 七、思考题

(1)什么是标准溶液？要求浓度有几位有效数字？

(2)碳酸钠如果保存不当,吸收少量水分对标定 HCl 溶液浓度有何影响?
(3)溶解基准物质所用水的体积是否需要准确量取?为什么?
(4)用于标定的锥形瓶是否需要预先干燥?为什么?

## 实验 36　铵盐中氮含量的测定(甲醛法)

### 一、实验目的
(1)掌握用甲醛法测定铵盐中氮的原理和方法。
(2)熟练滴定操作和滴定终点的判断。

### 二、实验原理
铵盐是常见的无机化肥,是强酸弱碱盐,可用酸碱滴定法测定其含量,但由于 $NH_4^+$ 的酸性太弱($K_a^\ominus =5.6\times 10^{-10}$),直接用 NaOH 标准溶液滴定有困难,因此生产和实验室中广泛采用甲醛法测定铵盐中的含氮量。

甲醛法是基于甲醛与一定量铵盐作用,生成相当量的酸($H^+$)和六次甲基四胺,反应如下:

$$2(NH_4)_2SO_4+6HCHO = (CH_2)_6N_4+6H_2O+2H_2SO_4$$

所生成的 $H^+$ 可用 NaOH 标准溶液滴定,滴定后生成的六次甲基四胺是一种很弱的碱($K_b^\ominus =8\times 10^{-10}$),故可以酚酞为指示剂。

如果试样中含游离酸,应事先中和除去。

### 三、实验仪器和试剂
**1. 仪器**　台秤、分析天平、称量瓶、碱式滴定管(50 mL)、锥形瓶(250 mL)、量筒(10 mL、100 mL)、容量瓶(100 mL)、烧杯(250 mL)。

**2. 试剂**　NaOH(固)、酚酞指示剂(0.1%)、硫酸铵试样、甲醛(40%中性)。

### 四、实验步骤
**1. 0.1 mol·L$^{-1}$ NaOH 溶液的配制与标定**
(1)配制 200 mL 0.1 mol·L$^{-1}$ NaOH 溶液。
(2)用邻苯二甲酸氢钾标定 NaOH 溶液(参考实验 35)。

**2. 甲醛溶液的处理**　甲醛受空气氧化所致常含有微量甲酸,应除去,否则产生正误差。处理方法如下:取原装甲醛(40%)的上层清液于烧杯中,用水稀释 1 倍,加入 1~2 滴 0.1%酚酞指示剂,用 0.1 mol·L$^{-1}$ NaOH 溶液中和至甲醛溶液呈淡红色。

**3. 试样中含氮量的测定**
(1)试液的制备。用差减法准确称取 0.55~0.60 g($NH_4$)$_2SO_4$ 试样于烧杯中,加 30.0 mL蒸馏水溶解,定量转移至 100.0 mL 容量瓶中定容,摇匀。
(2)测定。用移液管吸取 20.00 mL($NH_4$)$_2SO_4$ 试液于锥形瓶中。加入 5 mL 18%中性 HCHO,放置 5 min 后,加入 1~2 滴酚酞,用 NaOH 标准溶液滴定至终点(微红),0.5 min 不褪色。平行测定 3 次。

**4. 记录读数,计算氮含量**　记录所消耗 NaOH 溶液的体积 $V$(mL)。根据 NaOH 标准溶液的浓度和滴定消耗的体积,计算试样中氮的含量。

### 五、数据记录和处理
**1. NaOH 溶液的标定(参考实验 35)**

## 2. 铵盐中含氮量的计算

| 记录项目 | | 平行1 | 平行2 | 平行3 |
|---|---|---|---|---|
| $m_{1(称量瓶+铵盐)}/g$ | | | | |
| $m_{2(称量瓶+铵盐)}/g$ | | | | |
| $m_{铵盐}/g$ | | | | |
| 定容体积$V_{铵盐}/mL$ | | | | |
| 指示剂：_____ | $V_{(NaOH)1}/mL$ | | | |
| | $V_{(NaOH)2}/mL$ | | | |
| | $\Delta V_{NaOH}/mL$ | | | |
| $\bar{w}_N/\%$ | | | | |
| $S$ | | | | |
| $S_r/\%$ | | | | |
| $\bar{w}_{理论N}/\%$ | | | | |
| $E_r/\%$ | | | | |

$$w_N = \frac{c_{NaOH} \times V_{NaOH} \times M_N}{m_{试样}} \times \frac{100.0 \text{ mL}}{20.00 \text{ mL}} \times 10^{-3} \qquad (3-31)$$

式中，$m_{试样}$为铵盐试样的质量，单位g；$M_N$为氮原子的摩尔质量（14.01 g·mol$^{-1}$）。

## 六、注意事项

(1) 市售HCHO中常有微量HCOOH，因此，使用前必须先以酚酞为指示剂，用NaOH中和。

(2) 如果试样中含有游离酸，也应用NaOH中和。但此时的指示剂应选用甲基红，终点颜色由红变橙。

(3) $NH_4^+$与HCHO的反应在室温下进行较慢，加入HCHO后须放置5 min，再滴定。

## 七、思考题

(1) 铵盐中的氮能否用NaOH直接滴定？为什么？

(2) 为什么中和甲醛中的游离酸是以酚酞作指示剂？而中和铵盐溶液中的游离酸却用甲基红作指示剂？

(3) $NH_4HCO_3$中含氮量的测定，能否用甲醛法？

# 实验37 EDTA标准溶液的配制与标定

## 一、实验目的
(1) 学习EDTA标准溶液的配制和标定方法。
(2) 掌握配位滴定的原理，了解其特点。

## 二、实验原理

乙二胺四乙酸（EDTA）难溶于水，22 ℃时其溶解度为0.02 g·(100 mL)$^{-1}$（约为0.005 mol·L$^{-1}$），难以满足常量分析对浓度的要求，故通常使用其二钠盐（$Na_2H_2Y \cdot 2H_2O$，仍简称为EDTA）配制标准溶液。乙二胺四乙酸二钠盐的溶解度为11.1 g·(100 mL)$^{-1}$（22 ℃），可以配成浓度为0.3 mol·L$^{-1}$的溶液，其水溶液的pH≈4.4，通常采用间接法配制标准溶液。

市售的二级试剂，其水分含量一般为 0.3%～0.5%，可在 80 ℃时干燥12 h而除去。若在高于上述温度下进行干燥，结晶水也同样会失去，如在120 ℃下烘干，即可得到不含结晶水的 $Na_2H_2Y$(摩尔质量为 336.24 g·$mol^{-1}$)，其组成完全符合计量关系。通常不采用这种办法，原因是不含结晶水的 EDTA，其吸湿性很强。

有时若需要采用直接法配制 EDTA 二钠盐标准溶液，可按下述方法进行 EDTA 二钠盐的精制。

取 EDTA 二钠盐(二级或三级试剂)10 g，溶于 100 mL 水中，加入酒精(二级试剂)至产生持久不消失的沉淀为止。过滤，弃去此沉淀。在滤液中加入 1 倍酒精，此时即析出 $Na_2H_2Y·2H_2O$ 的结晶沉淀，滤出，先用丙酮(二级试剂)洗涤，再用乙醚(二级试剂)洗涤。最后在 80 ℃下烘 5 h。将制得的 $Na_2H_2Y·2H_2O$ 试剂保存于放有浓 $H_2SO_4$ 或无水 $CaCl_2$ 的干燥器中备用。

经过以上处理后得到的 EDTA 二钠盐，可以直接称取一定质量，配成所需要的浓度。

上述配制方法适用于许多研究工作。对日常使用的标准溶液，EDTA 二钠盐可以不经精制或不烘干，而采用间接方法配制。然后再根据测定对象的不同，使用不同的基准试剂，对 EDTA 溶液浓度进行标定。

标定 EDTA 溶液常用的基准物质有 Zn、Pb、Bi、Cu、Cd、Fe、Hg、Mg、Ni、ZnO、$Bi_2O_3$、$CaCO_3$、$CaC_2O_4·H_2O$、$CaSO_4·2H_2O$、$MgSO_4·7H_2O$、$Mg(Ac)_2·4H_2O$、PbO、$Pb(NO_3)_2$、$ZnSO_4·7H_2O$、$Zn(Ac)_2·3H_2O$ 等。作为基准用的纯金属，其纯度最好在 99.99%以上(一般也应在 99.95%以上)，亦可采用光谱纯的。除 Hg 外尽可能采用未氧化的金属，如有氧化层，应先用酸洗去并用水或乙醇洗涤，最后再用乙醚或丙酮洗涤，在 110 ℃下烘干数分钟，切勿烘得过久，以免又产生氧化膜。作为基准用的氧化物或盐类，也应采用保证试剂或光谱纯等试剂，必要时还应该进行某些预处理，例如重结晶、烘干、在一定湿度的干燥器中保存等。标定 EDTA 溶液时，通常先用其中与被测物质组分相同的物质作基准物，这样滴定条件较一致，可减小误差。

EDTA 溶液若用于测定石灰石或白云石中 CaO、MgO 的含量，则宜选用 $CaCO_3$ 或 $MgSO_4·7H_2O$ 作为基准物进行标定。EDTA 溶液若用于测定 $Pb^{2+}$、$Bi^{3+}$，则宜以 ZnO 或金属 Zn 作为基准物进行标定。

配位滴定中所用的蒸馏水，应不含 $Fe^{3+}$、$Al^{3+}$、$Cu^{2+}$、$Ca^{2+}$、$Mg^{2+}$ 等杂质离子。

用各种不同基准物以不同方法标定 0.050 mol·$L^{-1}$ EDTA 溶液，其相对误差一般应在 0.2%以内；用一种方法标定 0.050 mol·$L^{-1}$ EDTA 溶液，其相对误差应在 0.15%以内。

标定 EDTA 时，先将金属或其盐溶解，调节 pH=10，加入铬黑 T 指示剂，用 EDTA 滴定。铬黑 T 和 EDTA 都能和金属离子(如 $Zn^{2+}$、$Mg^{2+}$ 等)生成配合物，但是它们的稳定性不同：

$$K^{\ominus}_{f,MY^{2-}} > K^{\ominus}_{f,MIn^-}$$

因此，当加入铬黑 T 后，它首先与金属离子结合生成稳定的酒红色配合物。当用 EDTA溶液滴定至终点时，EDTA 取代出铬黑 T 的金属配合物中的配体，而使溶液呈蓝色。根据基准物质的浓度即可计算出 EDTA 溶液的准确浓度。其反应如下：

计量点前：

$$M^{2+} + HIn^{2-} = MIn^- + H^+$$

　　　　　　蓝色　　酒红色

计量点：

$$\text{MIn}^- + \text{H}_2\text{Y}^{2-} = \text{MY}^{2-} + \text{HIn}^{2-} + \text{H}^+$$

　　　酒红色　　　　　　　　　　　　　蓝色

若用被测定的金属或金属盐作基准物质来进行标定，最为理想。因为这样标定和测定所用配位反应相同，实验条件相同，误差可以抵消，从而可提高分析的准确度。

EDTA 标准溶液是比较稳定的，但若过长时间储藏于玻璃容器中，EDTA 会溶解少量玻璃中的 $Ca^{2+}$ 而生成 $CaY^{2-}$，使 EDTA 浓度慢慢降低。因此，若要长时间储存 EDTA 标准溶液，应该用聚乙烯之类的塑料容器，或者在使用一段时间后，做一次检查性的标定。

### 三、实验仪器和试剂

**1. 仪器**　酸式滴定管(50 mL)、烧杯(250 mL)、移液管(20 mL)、量筒(10 mL)、玻璃搅拌棒、锥形瓶(250 mL)、容量瓶(100.0 mL)。

**2. 试剂**　乙二胺四乙酸二钠(AR)、$CaCO_3$(AR)、钙指示剂、NaOH(10%、固)、浓氨水、HCl(6 mol·$L^{-1}$、浓)。

### 四、实验步骤

**1. 0.01 mol·$L^{-1}$ $Ca^{2+}$ 标准溶液的配制**　置碳酸钙基准物质于称量瓶中，在 110 ℃ 干燥 2 h 后，在干燥器中冷却。准确称取 0.10～0.12 g 于 250 mL 烧杯中，盖上表面皿，加水润湿，再从杯嘴边逐滴加数滴 6 mol·$L^{-1}$ HCl 至完全溶解，加热煮沸，用蒸馏水冲洗表面皿上的溶液洗入烧杯中，冷却后定量地移入 100 mL 容量瓶中定容，计算 $Ca^{2+}$ 的准确浓度。

**2. 0.01 mol·$L^{-1}$ EDTA 溶液的配制**　在台秤上称取 0.6 g 分析纯 EDTA 二钠盐，放于 250 mL 烧杯中，加少量水溶解后稀释至 150 mL，待用。

**3. EDTA 溶液的标定**　用移液管取 20.00 mL 标准钙溶液，置于 250 mL 锥形瓶中，加入约 25 mL 水、10 mL 10% NaOH 溶液(调 pH=12)及约 10 mg(米粒大小)钙指示剂至溶液呈蓝色，摇匀后，用 EDTA 溶液滴定至由红色变成蓝色，即到达终点。记录所用 EDTA 的体积，并重复 2 次。

### 五、数据记录和处理

EDTA 溶液的标定：

| 记录项目 | | 平行 1 | 平行 2 | 平行 3 |
| --- | --- | --- | --- | --- |
| $m_{1(称量瓶+基准)}$/g | | | | |
| $m_{2(称量瓶+基准)}$/g | | | | |
| $m_{基准}$/g | | | | |
| 定容体积/mL | | | | |
| $c_{基准}$/(mol·$L^{-1}$) | | | | |
| 移取基准标准液体积/mL | | | | |
| 指示剂：_____ | $V_{(EDTA)1}$/mL | | | |
| | $V_{(EDTA)2}$/mL | | | |
| | $\Delta V_{EDTA}$/mL | | | |
| $c_{EDTA}$/(mol·$L^{-1}$) | | | | |
| $\bar{c}_{EDTA}$/(mol·$L^{-1}$) | | | | |
| S | | | | |
| $S_r$/% | | | | |

$$c_{EDTA} = \frac{c_{Ca^{2+}} \times V_{Ca^{2+}}}{V_{EDTA}} \tag{3-32}$$

### 六、思考题

(1)配位滴定中为什么需要加入缓冲溶液?

(2)EDTA 二钠盐 $Na_2H_2Y \cdot 2H_2O$ 在水溶液中呈酸性还是碱性?

## 实验 38　自来水中钙、镁含量的测定

### 一、实验目的

(1)掌握水硬度的测定原理及方法。

(2)了解金属指示剂的特点,掌握铬黑 T 及钙指示剂的应用。

### 二、实验原理

水的硬度表示钙、镁盐含量的多少。

水的硬度分为暂时硬度和永久硬度。"暂时硬度"主要是由钙、镁的酸式盐所形成,煮沸时分解成碳酸盐沉淀而失去其硬度。"永久硬度"主要是由钙、镁的硫酸盐、氯化物及硝酸盐等形成,不能用煮沸方法除去。

暂时硬度和永久硬度之和称为"总硬度",即水中钙、镁离子的总浓度。由镁离子形成的硬度称为"镁硬度",由钙离子形成的硬度称为"钙硬度"。

硬度对工业用水影响很大,尤其是锅炉用水,硬度较高的水要经过软化处理并经滴定分析达到一定标准后才能输入锅炉。生活用水中硬度过高会影响肠胃的消化功能,我国生活饮用水卫生标准中规定硬度(以 $CaCO_3$ 计)不得超过 $450 \, mg \cdot L^{-1}$。

世界各国表示水硬度的方法不尽相同,表 3-6 列出了一些国家水硬度单位的换算关系。

表 3-6　一些国家水硬度单位换算表

| 硬度单位 | $mmol \cdot L^{-1}$ | 德国硬度 | 法国硬度 | 英国硬度 | 美国硬度 |
| --- | --- | --- | --- | --- | --- |
| $1 \, mmol \cdot L^{-1}$ | 1.000 00 | 2.804 0 | 5.005 0 | 3.511 0 | 50.050 |
| 1 德国硬度 | 0.356 63 | 1.000 0 | 1.784 8 | 1.252 1 | 17.848 |
| 1 法国硬度 | 0.199 82 | 0.560 3 | 1.000 0 | 0.701 5 | 10.000 |
| 1 英国硬度 | 0.284 83 | 0.798 7 | 1.425 5 | 1.000 0 | 14.255 |
| 1 美国硬度 | 0.019 98 | 0.056 0 | 0.100 0 | 0.070 2 | 1.000 |

水的硬度常以氧化钙的量来表示,在我国一般用以下两种方法。一种以度(°)表示:1 硬度单位表示 10 万份水中含 1 份 CaO(即每升水中含10 mg CaO)。这种硬度表示方法称作德国度。另一种是以每升水中 CaO 的物质的量($mmol \cdot L^{-1}$)表示。

EDTA 配位滴定法测定水中钙、镁是测定水的硬度应用最广泛的标准方法。

(1)总硬度(钙、镁总量)的测定。在 pH=10 的氨性缓冲溶液中,以铬黑 T 为指示剂,用 EDTA 滴定钙、镁总量。EDTA 首先与 $Ca^{2+}$ 配位,而后与 $Mg^{2+}$ 配位:

$$H_2Y^{2-} + Ca^{2+} = 2H^+ + CaY^{2-} \quad (pK=10.59)$$

$$H_2Y^{2-} + Mg^{2+} = MgY^{2-} + 2H^+ \quad (pK=8.69)$$

终点时:　　　　$MgIn^- + H_2Y^{2-} = MgY^{2-} + HIn^{2-} + H^+$

　　　　　　　　酒红色　　　　　　　　　　　纯蓝色

由于铬黑T与$Mg^{2+}$显色的灵敏度高,与$Ca^{2+}$显色的灵敏度低($\lg K_{CaIn}=5.40$,$\lg K_{MgIn}=7.00$),所以当水样中$Mg^{2+}$的含量较低时,用铬黑T作指示剂往往得不到敏锐的终点。这时可在EDTA标准溶液中加入适量$Mg^{2+}$(标定前加入$Mg^{2+}$,对测定结果有无影响?)或在缓冲溶液中加入一定量的Mg-EDTA盐,利用置换滴定法的原理来提高终点变色的敏锐性。加入的MgY发生下列置换反应:

$$MgY^{2-}+Ca^{2+}=CaY^{2-}+Mg^{2+}$$

$Mg^{2+}$与铬黑T显很深的红色。滴定到终点时EDTA夺取Mg-铬黑T中的$Mg^{2+}$,又形成$MgY^{2-}$,游离出指示剂$HIn^{2-}$,颜色变化明显。

(2)钙硬度的测定。在pH>12时,$Mg^{2+}$生成$Mg(OH)_2$沉淀,在用沉淀掩蔽法掩蔽$Mg^{2+}$后,用EDTA单独滴定$Ca^{2+}$。钙指示剂与$Ca^{2+}$显红色,灵敏度高,在pH12~13滴定$Ca^{2+}$时,终点呈指示剂自身的蓝色。终点时反应:

$$CaIn^-+H_2Y^{2-}=CaY^{2-}+HIn^{2-}+H^+$$

红色　　　　　　　　　　纯蓝色

镁硬度为总硬度与钙硬度之差。

### 三、实验仪器和试剂

**1. 仪器**　碱式滴定管(50 mL)、移液管(50 mL、20 mL)、锥形瓶(250 mL)、量筒(10 mL)。

**2. 试剂**　EDTA($0.01\ mol\cdot L^{-1}$)、$NH_3$-$NH_4Cl$(pH=10)的缓冲溶液[1]、NaOH($2\ mol\cdot L^{-1}$或10%)、铬黑T指示剂、钙指示剂、水样。

### 四、实验步骤

**1. EDTA的配制与标定**　用实验37标定的EDTA标准溶液。

**2. 钙、镁总量的测定**　用移液管吸取50.00 mL水样于250 mL锥形瓶中,加入pH=10的$NH_3$-$NH_4Cl$缓冲溶液5 mL、3滴铬黑T指示剂,用EDTA标准溶液滴定至溶液由酒红色变为纯蓝色即为终点。记录EDTA用量$V_{总\text{-}EDTA}$,再重复测定3次。

**3. 钙含量的测定**　用移液管吸取50.00 mL水样于250 mL锥形瓶中,加入$2\ mol\cdot L^{-1}$氢氧化钠溶液3 mL,充分振荡,放置数分钟,再加入钙指示剂约10 mg(米粒大小)[以免$Mg^{2+}$与指示剂生成沉淀与$Mg(OH)_2$共沉淀,使终点不好观察]。用EDTA标准溶液滴至由红色突变为纯蓝色即为终点。记录EDTA标准溶液的用量$V_{Ca\text{-}EDTA}$,再重复测定3次。

注:如果待测水样中存在$Cu^{2+}$,可加入2% $Na_2S$溶液1 mL,使$Cu^{2+}$生成CuS沉淀,过滤之。若有$Fe^{3+}$、$Al^{3+}$存在,可加入1~3 mL三乙醇胺掩蔽。

### 五、数据记录和处理

**1. 总硬度的测定**

| 记录项目 | | 平行1 | 平行2 | 平行3 |
| --- | --- | --- | --- | --- |
| 移取水样体积/mL | | | | |
| 指示剂:_____ | $V_{(EDTA)初}$/mL | | | |
| | $V_{(EDTA)末}$/mL | | | |
| | $\Delta V_{总\text{-}EDTA}$/mL | | | |
| 水的硬度/($mmoL\cdot L^{-1}$) | | | | |
| 平均值 | | | | |

(续)

| 记录项目 | 平行1 | 平行2 | 平行3 |
|---|---|---|---|
| 水的硬度/(°) | | | |
| 平均值 | | | |
| $S$/(°) | | | |
| $S_r$/% | | | |

$$水的硬度(mmol \cdot L^{-1}) = \frac{c_{EDTA} \times V_{总\text{-}EDTA}}{V_{水样}} \times 10^3 \quad (3-33)$$

$$水的硬度(德国度"°") = \frac{c_{EDTA} \times V_{总\text{-}EDTA} \cdot M_{CaO}}{10 \times V_{水样}} \times 10^3 \quad (3-34)$$

注：上述计算式中 $V$ 的单位均为 mL。

**2. $Ca^{2+}$、$Mg^{2+}$ 含量的计算**　由实验中所消耗 EDTA 标准溶液的体积，分别按下式计算水中 $Ca^{2+}$、$Mg^{2+}$ 含量($mg \cdot L^{-1}$)。

| 记录项目 | | 平行1 | 平行2 | 平行3 |
|---|---|---|---|---|
| 移取水样体积/mL | | | | |
| 指示剂：_____ | $V_{(EDTA)1}$/mL | | | |
| | $V_{(EDTA)2}$/mL | | | |
| | $\Delta V_{Ca\text{-}EDTA}$/mL | | | |
| 钙含量/(mg·L$^{-1}$) | | | | |
| 钙含量平均值 | | | | |
| $S$ | | | | |
| $S_r$/% | | | | |
| 镁含量/(mg·L$^{-1}$) | | | | |
| 镁含量平均值 | | | | |
| $S$ | | | | |
| $S_r$/% | | | | |

$$\rho(Ca^{2+})(mg \cdot L^{-1}) = \frac{c_{EDTA} \times V_{Ca\text{-}EDTA} \times 40.08}{50.00} \times 10^3 \quad (3-35)$$

$$\rho(Mg^{2+})(mg \cdot L^{-1}) = \frac{c_{EDTA} \times (V_{总} - V_{Ca})_{EDTA} \times 24.30}{50.00} \times 10^3 \quad (3-36)$$

注：上述计算式中 $V$ 的单位均为 mL。

### 六、注释

[1] 27 g $NH_4Cl$ 溶于适量水中，加浓氨水 175 mL，稀释至 500 mL。

### 七、思考题

(1) 什么叫水的硬度？水的硬度单位有哪几种表示方法？

(2) 钙镁配位滴定的原理是什么？

## 实验 39　$KMnO_4$ 标准溶液的配制与标定

### 一、实验目的

(1) 学习 $KMnO_4$ 溶液的配制方法和保存条件。

(2) 掌握用 $Na_2C_2O_4$ 标定 $KMnO_4$ 的原理、方法及滴定条件。

## 二、实验原理

在酸性介质中，$KMnO_4$ 的电极电势较高，是一种强氧化剂，而且自身可作指示剂。但是 $KMnO_4$ 不易提纯，故常用间接法配制，用具有还原性的 $Na_2C_2O_4$、$H_2C_2O_4 \cdot 2H_2O$、$As_2O_3$、$(NH_4)_2Fe(SO_4)_2 \cdot 2H_2O$ 等基准物质标定。其中，以 $Na_2C_2O_4$ 最常用，化学反应如下：

$$2MnO_4^- + 5C_2O_4^{2-} + 16H^+ = 10CO_2 + 2Mn^{2+} + 8H_2O$$

生成的 $Mn^{2+}$ 对以上反应有催化作用。反应刚开始时，由于 $Mn^{2+}$ 的浓度很小，反应速度很慢，故需将 $Na_2C_2O_4$ 的酸性溶液加热到 75~85 ℃，趁热用 $KMnO_4$ 采用先慢后快的方式滴定。滴定至溶液呈现微红色且在 1 min 内不褪色即为终点。

## 三、实验仪器和试剂

**1. 仪器**  烧杯、锥形瓶、酸式滴定管、棕色试剂瓶、量筒（10 mL、100 mL）。

**2. 试剂**  $H_2SO_4$（3 mol·L$^{-1}$）、$KMnO_4$（CP）、$Na_2C_2O_4$（AR，在 105~110 ℃的温度下烘干 2 h 备用）或 $H_2C_2O_4 \cdot 2H_2O$（AR）。

## 四、实验步骤

**1. 0.02 mol·L$^{-1}$ $KMnO_4$ 溶液的配制**  在台秤上称取约 0.8 g 的高锰酸钾，倒入烧杯中，加适量蒸馏水，加热，使其溶解，再用蒸馏水稀释至 250 mL，加热煮沸，并保持微沸状态 1 h，冷却后用微孔玻璃漏斗或普通漏斗加玻璃毛过滤，滤液储存于清洁带塞的棕色瓶中备用，最好将溶液于室温下静置 2~3 d 后过滤备用。

**2. $KMnO_4$ 标准溶液的标定**  准确称取 0.13~0.16 g 基准物质 $Na_2C_2O_4$（或 $H_2C_2O_4 \cdot 2H_2O$ 0.16~0.18 g）两份，分别置于两只 250 mL 锥形瓶中，加 30.0 mL 蒸馏水使之溶解。加入 10.0 mL 3 mol·L$^{-1}$ $H_2SO_4$ 溶液，加热至 75~85 ℃，趁热用 $KMnO_4$ 滴定，加入 1 滴 $KMnO_4$ 摇动锥形瓶使其褪色后再继续滴定，开始滴定时反应速度很慢，待溶液中生成的 $Mn^{2+}$ 达到一定量后，由于 $Mn^{2+}$ 的自身催化作用，使反应速度加快，如此小心滴定至溶液呈微红色在 1 min 内不消失即为终点。3 次标定结果的相对偏差应不大于 0.2%，否则需要重做。剩余的 $KMnO_4$ 储存备用。

## 五、数据记录和处理

| 记录项目 | | 平行 1 | 平行 2 | 平行 3 |
|---|---|---|---|---|
| $m_{1(称量瓶+基准)}$/g | | | | |
| $m_{2(称量瓶+基准)}$/g | | | | |
| $m_{基准}$/g | | | | |
| 指示剂： | $V_{(KMnO_4)1}$/mL | | | |
| | $V_{(KMnO_4)2}$/mL | | | |
| | $\Delta V_{KMnO_4}$/mL | | | |
| $c_{KMnO_4}$/(mol·L$^{-1}$) | | | | |
| $\bar{c}_{KMnO_4}$/(mol·L$^{-1}$) | | | | |
| S | | | | |
| $S_r$/% | | | | |

$$c_{KMnO_4} = \frac{m_{Na_2C_2O_4}}{M_{Na_2C_2O_4}} \times \frac{2}{5} \times \frac{1\,000}{V_{KMnO_4}} \qquad (3-37)$$

式中，$V$ 的单位为 mL，$m$ 的单位为 g。

### 六、思考题
(1) 标定 $KMnO_4$ 溶液时，能否用盐酸调节酸度？为什么？
(2) 标定 $KMnO_4$ 溶液时，开始加入 $KMnO_4$ 的速度太快，会造成什么后果？

## 实验 40　过氧化氢含量的测定（$KMnO_4$ 法）

### 一、实验目的
(1) 学习高锰酸钾法测定物质浓度的原理和技能。
(2) 测定过氧化氢的含量。

### 二、实验原理
$H_2O_2$ 是医药上的消毒剂。在稀硫酸溶液中，过氧化氢在室温条件下能定量地被高锰酸钾氧化，因此可用高锰酸钾法测定过氧化氢的含量。化学反应如下：

$$5H_2O_2 + 2MnO_4^- + 6H^+ = 2Mn^{2+} + 5O_2\uparrow + 8H_2O$$

滴定刚开始时，一定要注意滴定速度的掌握，采用先快后慢的方式进行。待滴定达到终点时，根据 $KMnO_4$ 溶液的准确浓度和滴定时消耗的体积，即可计算出溶液中 $H_2O_2$ 的含量。

在生物化学中，常用此法间接测定过氧化氢酶的含量。因为生物体中存在的过氧化氢酶能分解 $H_2O_2$，故适量的 $H_2O_2$ 与过氧化氢酶发生作用后，在酸性条件下用标准 $KMnO_4$ 溶液滴定残余的 $H_2O_2$。

### 三、实验仪器和试剂
**1. 仪器**　锥形瓶（250 mL）、酸式滴定管（50 mL）、移液管（20 mL）、量筒（10 mL、100 mL）。

**2. 试剂**　$H_2SO_4$（3 mol·L$^{-1}$）、$KMnO_4$（CP）、$H_2O_2$ 样品（用移液管移取 10.00 mL 30% $H_2O_2$ 溶液于 2 000 mL 容量瓶中，定容后备用）。

### 四、实验步骤
用移液管移取 20.00 mL $H_2O_2$ 样品 3 份，分别置于两只锥形瓶中，各加 10 mL 3 mol·L$^{-1}$ $H_2SO_4$ 溶液及 30 mL 蒸馏水，用标准 $KMnO_4$ 溶液滴定至溶液微红色在 1 min 内不消失即为终点。

### 五、数据记录和处理

| 记录项目 | | 平行 1 | 平行 2 | 平行 3 |
| --- | --- | --- | --- | --- |
| 移取试样体积/mL | | | | |
| 指示剂：_____ | $V_{(KMnO_4)1}$/mL | | | |
| | $V_{(KMnO_4)2}$/mL | | | |
| | $\Delta V_{KMnO_4}$/mL | | | |
| $H_2O_2$ 含量/[g·(100 mL)$^{-1}$] | | | | |
| 平均值 | | | | |
| $S$ | | | | |
| $S_r$/% | | | | |

稀释液浓度[g·(100 mL)$^{-1}$]：

$$H_2O_2 \text{ 含量} = \frac{\dfrac{5}{2}\left(c_{MnO_4^-} \times \dfrac{V_{MnO_4^-}}{1\,000}\right) \times M_{H_2O_2}}{20.00} \times 100 \qquad (3-38)$$

原始液浓度[g·(100 mL)$^{-1}$]：

$$H_2O_2 \text{ 含量} = \frac{\frac{5}{2}\left(c_{MnO_4^-} \times \frac{V_{MnO_4^-}}{1\,000}\right) \times M_{H_2O_2} \times 200}{20.00} \times 100 \quad (3-39)$$

注：上述计算式中 $V$ 的单位均为 mL。

### 六、思考题

(1) 用 $KMnO_4$ 法测定 $H_2O_2$ 的含量时，能否用稀硝酸或盐酸控制溶液酸度？为什么？

(2) 如果滴定用的锥形瓶及取 $H_2O_2$ 样品的移液管不洁，会有什么影响？

## 实验 41 亚铁盐中铁含量的测定（$K_2Cr_2O_7$ 法）

### 一、实验目的

(1) 掌握 $K_2Cr_2O_7$ 标准溶液的配制方法。

(2) 掌握测定亚铁盐中铁含量的方法。

### 二、实验原理

在酸性介质中，$K_2Cr_2O_7$ 作为氧化剂将亚铁盐溶液中的 $Fe^{2+}$ 氧化成 $Fe^{3+}$，本身还原生成 $Cr^{3+}$。其化学反应如下：

$$6Fe^{2+} + Cr_2O_7^{2-} + 14H^+ = 6Fe^{3+} + 2Cr^{3+} + 7H_2O$$

该滴定反应计量点时的电位 $\varphi = 1.26$ V，突跃范围为 $0.95 \sim 1.31$ V。滴定时，用二苯胺磺酸钠作指示剂（$\varphi_{变色点} = \varphi^{\ominus} = 0.85$ V），必须加入 $H_3PO_4$ 或 $NaF$，使 $Fe^{3+}$ 生成 $[Fe(HPO_4)_2]^-$ 或 $[FeF_6]^{3-}$，以降低 $Fe^{3+}/Fe^{2+}$ 电对的电极电位，并消除 $Fe^{3+}$ 黄色的干扰。终点时，溶液的颜色由绿色变为蓝紫色。

用邻二氮菲作指示剂（$\varphi_{变色点} = \varphi^{\ominus} = 1.05$ V），由于还原态的红色变为氧化态的浅蓝色不敏锐，$\varphi_{溶液} > 1.11$ V 才能看到明显的颜色变化，所以应在 $1.25$ mol·L$^{-1}$ $H_2SO_4$ 溶液中滴定（可使滴定突跃范围的上限上移），终点时，溶液的颜色由红色变为浅蓝色。

### 三、实验仪器和试剂

**1. 仪器**  酸式滴定管（50 mL）、烧杯（250 mL）、锥形瓶（250 mL）、容量瓶（100 mL）、移液管（20 mL）、量筒（10 mL、100 mL）。

**2. 试剂**  $K_2Cr_2O_7$（AR）、$H_2SO_4$（3 mol·L$^{-1}$）、Fe 试样（$FeSO_4 \cdot 7H_2O$）。

### 四、实验步骤

**1. 0.017 mol·L$^{-1}$ $K_2Cr_2O_7$ 标准溶液的配制**  准确称取烘干过的分析纯 $K_2Cr_2O_7$ $0.48 \sim 0.54$ g，倒入烧杯，加少量蒸馏水溶解，然后定量转移至 100 mL 容量瓶中，定容，摇匀，计算其准确浓度。

**2. 测定亚铁盐中铁含量**  准确称取 $0.55 \sim 0.65$ g 的亚铁盐（$FeSO_4 \cdot 7H_2O$）样品 3 份，分别倒入两只锥形瓶中，各加 3 mol·L$^{-1}$ $H_2SO_4$ 溶液 14.0 mL 及 20.0 mL 蒸馏水，加邻二氮菲指示剂 $3 \sim 4$ 滴，用 $K_2Cr_2O_7$ 标准溶液滴定至溶液由红色刚好变为稳定的浅蓝色即为终点，或者将样品用 10 mL 3 mol·L$^{-1}$ $H_2SO_4$ 溶液和 20.0 mL 蒸馏水溶解，加 0.2% 的二苯胺磺酸钠 $6 \sim 8$ 滴，用 $K_2Cr_2O_7$ 滴定至深绿色，再加磷酸 5 mL，然后继续用 $K_2Cr_2O_7$ 小心滴定至突变为紫蓝色为终点。

## 五、数据记录和处理

### 1. $K_2Cr_2O_7$ 标准溶液的配制

| 记录项目 | 数据 |
| --- | --- |
| $m_{1(称量瓶+K_2Cr_2O_7)}/g$ | |
| $m_{2(称量瓶+K_2Cr_2O_7)}/g$ | |
| $m_{K_2Cr_2O_7}/g$ | |
| 定容体积/mL | |
| $c_{K_2Cr_2O_7}/(mol \cdot L^{-1})$ | |

### 2. 测定亚铁盐中铁含量

| 记录项目 | | 平行1 | 平行2 | 平行3 |
| --- | --- | --- | --- | --- |
| $m_{1(称量瓶+样品)}/g$ | | | | |
| $m_{2(称量瓶+样品)}/g$ | | | | |
| $m_{样品}/g$ | | | | |
| 指示剂：_____ | $V_{(K_2Cr_2O_7)1}/mL$ | | | |
| | $V_{(K_2Cr_2O_7)2}/mL$ | | | |
| | $\Delta V_{K_2Cr_2O_7}/mL$ | | | |
| $w_{Fe}/\%$ | | | | |
| $\bar{w}_{Fe}/\%$ | | | | |
| $w_{Fe理}/\%$ | | | | |
| $S$ | | | | |
| $S_r/\%$ | | | | |
| $E_r/\%$ | | | | |

$$w_{Fe} = \frac{6 \times c_{Cr_2O_7^{2-}} \times V_{Cr_2O_7^{2-}} \times M_{Fe}}{m_{样} \times 1\,000} \times 100\% \qquad (3-40)$$

$$w_{Fe理} = \frac{M_{Fe}}{M_{FeSO_4 \cdot 7H_2O}} \times 100\% \qquad (3-41)$$

注：上述计算式中 $V$ 的单位均为 mL，$m$ 的单位为 g。

## 六、思考题

(1) 用 $K_2Cr_2O_7$ 法测定亚铁盐中的铁时，为什么要加入一定量的磷酸？可以用盐酸吗？
(2) 试写出计算 $K_2Cr_2O_7$ 溶液准确浓度的公式。

# 实验42　$Na_2S_2O_3$ 和 $I_2$ 标准溶液的配制与标定

## 一、实验目的

(1) 掌握 $Na_2S_2O_3$ 和 $I_2$ 标准溶液的配制方法。
(2) 掌握标定 $Na_2S_2O_3$ 和 $I_2$ 标准溶液的原理及方法。

## 二、实验原理

市售的 $I_2$ 不纯，$Na_2S_2O_3 \cdot 5H_2O$ 晶体含有少量的 S、$Na_2SO_3$、$Na_2SO_4$ 等杂质，故

$Na_2S_2O_3$ 和 $I_2$ 的标准溶液均采用间接法配制。

配好的 $Na_2S_2O_3$ 和 $I_2$ 溶液,先进行比较滴定,求出二者的体积比,然后标定其中一种溶液的浓度,就可以算出另外一种溶液的浓度。$Na_2S_2O_3$ 的标定比较容易,可选的氧化剂很多,常用的有 $K_2Cr_2O_7$、$KBrO_3$、$KIO_3$、$KMnO_4$ 等。其中,$K_2Cr_2O_7$ 法最为方便、准确。

准确称取一定量的 $K_2Cr_2O_7$,配制成溶液后,加入过量的 KI,放置一段时间后,在酸性溶液中用可溶性淀粉溶液作指示剂,用 $Na_2S_2O_3$ 快速滴定生成的 $I_2$。

$$6I^- + Cr_2O_7^{2-} + 14H^+ = 3I_2 + 2Cr^{3+} + 7H_2O \tag{1}$$

$$2S_2O_3^{2-} + I_2 = S_4O_6^{2-} + 2I^- \tag{2}$$

$I^-$ 在反应式(1)中被氧化为 $I_2$,又在反应式(2)中被还原为 $I^-$,就反应的总体而言,$I^-$ 没有发生变化,相当于 $K_2Cr_2O_7$ 氧化了 $Na_2S_2O_3$。$K_2Cr_2O_7$ 与 $Na_2S_2O_3$ 的计量关系:

$$K_2Cr_2O_7 \Leftrightarrow 6Na_2S_2O_3$$

由此,根据 $Na_2S_2O_3$ 消耗的体积和称取的 $K_2Cr_2O_7$ 质量,就可以算出 $c_{Na_2S_2O_3}$。

## 三、实验仪器和试剂

**1. 仪器** 酸(碱)式滴定管(50 mL)、烧杯(250 mL)、研钵、碘量瓶、棕色试剂瓶、锥形瓶(250 mL)、量筒(10 mL)。

**2. 试剂** $Na_2S_2O_3 \cdot 5H_2O$(AR)、$I_2$(AR)、KI(AR)、$Na_2CO_3$(AR)、HCl(6 mol·L$^{-1}$)、0.5%淀粉指示剂、$K_2Cr_2O_7$(AR 或 0.016 67 mol·L$^{-1}$标准液)。

## 四、实验步骤

**1. 0.05 mol·L$^{-1}$ $I_2$ 溶液的配制** 用台秤称取 1.6 g $I_2$ 和 3.0 g KI 置于小研钵或小烧杯中,加水少许,研磨或搅拌至 $I_2$ 全部溶解后,加水稀释至130 mL,储藏于棕色瓶中,盖紧玻璃塞,摇匀后放置于暗处,待以后进行标定。

在配制 $I_2$ 溶液时,一般要加入一定量的 KI,其目的是通过将 $I_2$ 转化为 $I_3^-$,增加 $I_2$ 的溶解度,降低 $I_2$ 的挥发性。

**2. 0.1 mol·L$^{-1}$ $Na_2S_2O_3$ 溶液的配制** 用台秤称取 3.1 g $Na_2S_2O_3 \cdot 5H_2O$,溶于适量新煮沸的冷蒸馏水中,加 0.02 g $Na_2CO_3$,稀释至 130.0 mL,保存于棕色瓶中,置于暗处,6~10 d后进行标定。

在配制 $Na_2S_2O_3$ 溶液时,加入 $Na_2CO_3$ 是为了防止微生物等因素对 $Na_2S_2O_3$ 的分解。

**3. $Na_2S_2O_3$ 溶液浓度的标定**

(1)方法一。用移液管移取 20.00 mL 0.016 67 mol·L$^{-1}$ $K_2Cr_2O_7$ 标准溶液 2 份,分别放入 250 mL 锥形瓶中,加 0.8 g KI 固体和 6 mol·L$^{-1}$ HCl 溶液 4.0 mL,摇匀后盖上表面皿,放于暗处 5 min 后加 50.0 mL 水冲稀,加入 2.0 mL 0.5%淀粉指示剂,用 $Na_2S_2O_3$ 溶液滴定至溶液由蓝色变为 $Cr^{3+}$ 的亮绿色即为终点。

(2)方法二。准确称取已烘干的 $K_2Cr_2O_7$(AR)0.10~0.12 g 2 份,分别放入 250 mL 锥形瓶中。加 10~20 mL 水溶解后,再加 0.8 g KI 固体(或20 mL 10%的 KI 溶液)和 6 mol·L$^{-1}$ HCl 溶液 5.0 mL,摇匀后盖上表面皿,放于暗处 5 min 后加 50.0 mL 水冲稀,加入 2.0 mL 0.5%淀粉指示剂,用碱式滴定管中的 $Na_2S_2O_3$ 溶液滴定至溶液由蓝色变为 $Cr^{3+}$ 的亮绿色即为终点。

**4. $I_2$ 溶液浓度的标定** 由酸式滴定管准确放出 20.00 mL 待标定的 $I_2$ 溶液于 250 mL 锥形瓶中,加 30.0 mL 蒸馏水,用 $Na_2S_2O_3$ 标准溶液滴定至溶液呈浅黄色时,加入 0.5%淀粉指示剂 2.0 mL，继续用 $Na_2S_2O_3$ 溶液滴定至蓝色恰好消失，即为终点。平行标定 2～3 次，相对偏差应不大于 0.2%。

## 五、结果计算

$$c_{Na_2S_2O_3} = \frac{6 \times \dfrac{m_{K_2Cr_2O_7}}{M_{K_2Cr_2O_7}} \times 10^3}{V_{Na_2S_2O_3}} \quad (3-42)$$

或

$$c_{Na_2S_2O_3} = \frac{6 \times c_{K_2Cr_2O_7} \times V_{K_2Cr_2O_7}}{V_{Na_2S_2O_3}} \quad (3-43)$$

注：上述计算式中 $V$ 的单位均为 mL，$m$ 的单位为 g。

## 六、思考题

(1) 用 $K_2Cr_2O_7$ 作基准试剂标定 $Na_2S_2O_3$ 溶液时，为什么要加入过量的 KI 和 HCl 溶液？为什么放置一定时间后才能加水稀释？如果：①加 KI 溶液而不加 HCl 溶液，②加酸后不放置于暗处，③不放置或少放置一定时间即加水冲稀，会产生什么影响？

(2) 用 $Na_2S_2O_3$ 滴定 $I_2$ 和用 $I_2$ 滴定 $Na_2S_2O_3$ 时，都用淀粉作指示剂，为什么要在不同的时候加入？终点的颜色有什么不同？

(3) 使用的淀粉指示剂的量为什么要多达 2 mL？和其他滴定法一样，只加几滴行不行？

## 实验 43　$AgNO_3$ 和 $NH_4SCN$ 标准溶液的配制与标定

### 一、实验目的

(1) 学会和掌握 $AgNO_3$ 和 $NH_4SCN$ 标准溶液的配制方法。
(2) 学会和掌握 $AgNO_3$ 和 $NH_4SCN$ 标准溶液的标定方法。

### 二、实验原理

**1. $AgNO_3$ 标准溶液的配制与标定**　$AgNO_3$ 标准溶液可以直接用干燥的优级纯试剂配制。将优级纯的 $AgNO_3$ 晶体置于烘箱中，在 110 ℃烘干 2 h，以除去吸湿水。然后称取一定质量烘干的 $AgNO_3$，溶解后注入一定体积的容量瓶中，加水定容至刻度，即得到一定浓度的标准溶液。

$AgNO_3$ 与有机物接触易起还原作用，所以 $AgNO_3$ 溶液应储存于玻塞试剂瓶中，滴定时也必须使用酸式滴定管。$AgNO_3$ 有腐蚀性，应注意勿与皮肤接触。

$AgNO_3$ 见光易分解，析出黑色的金属银：

$$2AgNO_3 \longrightarrow 2Ag\downarrow + 2NO_2\uparrow + O_2\uparrow$$

所以 $AgNO_3$ 标准溶液应储存于棕色瓶中，放置于暗处，保存过久的 $AgNO_3$ 标准溶液，使用前应重新标定。

一般的硝酸银试剂中，往往含有水分、金属银、有机物、氧化银、亚硝酸银及游离酸、不溶物等杂质，因此，用不纯的硝酸银试剂配制的溶液，必须进行标定。标定 $AgNO_3$ 溶液最常用的基准物质为 NaCl，但是 NaCl 容易吸收空气中的水分，所以在使用时应在 500～600 ℃烘箱中烘干，冷却后，保存于干燥器中备用。

标定 $AgNO_3$ 溶液的方法，最好用此标准溶液测定试样的方法相同，这样可以消除系统误差。

**2. $NH_4SCN$ 标准溶液的配制与标定**　硫氰酸铵试剂一般含有杂质，且易潮解，所以只能用标定法配制标准溶液。

标定 $NH_4SCN$ 溶液最简便的方法：取一定体积的 $AgNO_3$ 标准溶液，用铁铵矾作指示剂，用配制的 $NH_4SCN$ 溶液滴定。

用 NaCl 作基准试剂，采用佛尔哈德法，可以同时标定 $AgNO_3$ 和 $NH_4SCN$ 两种溶液。先准确称取一定量的优级纯 NaCl，溶于水，加入一定体积的过量 $AgNO_3$ 溶液，以铁铵矾作指示剂，用 $NH_4SCN$ 溶液回滴过量的 $AgNO_3$，再用 $NH_4SCN$ 溶液直接滴定一定体积的 $AgNO_3$ 溶液，测得两溶液的体积比。由以上测定结果，即可计算两种溶液的准确浓度。

### 三、实验仪器和试剂

**1. 仪器**  酸式滴定管(50 mL)、移液管(20 mL)、锥形瓶(250 mL)、量筒(10 mL)。

**2. 试剂**  $AgNO_3$(CP)、NaCl 基准试剂[1]、$K_2CrO_4$(5%)[2]、$NH_4SCN$(CP)、$HNO_3$(5 mol·L$^{-1}$)、40%铁铵矾溶液[3]。

### 四、实验步骤

**1. 0.05 mol·L$^{-1}$ $AgNO_3$ 溶液的配制**  称取 $AgNO_3$ 1.27 g，溶于 150 mL 水中，摇匀后，储存于带玻塞的棕色试剂瓶中。

**2. 0.05 mol·L$^{-1}$ $NH_4SCN$ 溶液的配制**  称取 $NH_4SCN$ 0.4 g，溶于 100 mL 水中。

**3. 0.05 mol·L$^{-1}$ $AgNO_3$ 溶液的标定**  准确称取 0.26～0.32 g 烘干过的基准试剂 NaCl 于小烧杯中，定量转移到 100 mL 容量瓶中，稀释至刻度。取此溶液 20.00 mL 3 份，分别置于 250 mL 锥形瓶中，加水 25.0 mL，加 5% $K_2CrO_4$ 溶液 1.0 mL，在充分摇动下，用 $AgNO_3$ 溶液滴定直至溶液微呈砖红色即为终点。记录 $AgNO_3$ 溶液的用量。根据 NaCl 的质量和 $AgNO_3$ 溶液的用量计算 $AgNO_3$ 溶液的准确浓度。

**4. 0.05 mol·L$^{-1}$ $NH_4SCN$ 溶液的标定**  用移液管吸取 $AgNO_3$ 标准溶液 20.00 mL 3 份，分别置于 250 mL 锥形瓶中，各加 5 mol·L$^{-1}$ $HNO_3$ 4.0 mL、铁铵矾指示剂 1.0 mL。在充分摇动下，用 $NH_4SCN$ 溶液滴定，直至溶液出现浅红色摇动也不褪去，即为终点。根据 $AgNO_3$ 标准溶液的浓度和体积及滴定用去的 $NH_4SCN$ 溶液的体积，计算 $NH_4SCN$ 溶液的准确浓度。

### 五、结果计算

$$c_{AgNO_3} = \frac{\frac{m_{NaCl}}{M_{NaCl}} \times \frac{20}{100}}{V_{AgNO_3}} \times 1\,000 \tag{3-44}$$

$$c_{NH_4SCN} = \frac{c_{AgNO_3} \times V_{AgNO_3}}{V_{NH_4SCN}} \tag{3-45}$$

### 六、注意事项

(1) 常用的去离子水中含有微量的 $Cl^-$，所以在使用前应先用 $AgNO_3$ 溶液检查，证明不含 $Cl^-$ 的水才能用来配制 $AgNO_3$ 溶液。

(2) 滴定反应要在 $HNO_3$ 介质中进行，以防止指示剂中 $Fe^{3+}$ 发生水解而析出沉淀。

### 七、注释

[1] 使用前先在 500～600 ℃烘干 2～3 h，保存于干燥器内备用。

[2] 称取 5 g $K_2CrO_4$ 溶于 100 mL 水中。

[3] 40 g $NH_4Fe(SO_4)_2·12H_2O$ 溶于适量水中，然后用 1.0 mol·L$^{-1}$ $HNO_3$ 稀释至

100.0 mL。

### 八、思考题

(1) 在酸碱滴定、配位滴定、氧化还原滴定法中,指示剂的用量都是几滴溶液,而沉淀滴定法中 $K_2CrO_4$ 或铁铵矾指示剂的用量达 1.0 mL,为什么?

(2) 为什么标定 $AgNO_3$ 溶液要在一定的酸度条件下进行?如果酸度超出要求范围,如何进行调节?

(3) 滴定完毕后,用过 $AgNO_3$ 溶液的滴定管和移液管清洗时,能否按一般洗涤程序,先用自来水洗再用蒸馏水冲?为什么?

## 实验 44  可溶性氯化物中氯含量的测定(莫尔法)

### 一、实验目的

(1) 学习 $AgNO_3$ 标准溶液的配制和标定。
(2) 掌握用莫尔法进行沉淀滴定的原理、方法和实验操作。

### 二、实验原理

某些可溶性氯化物中氯含量的测定常采用莫尔法。此法是在中性或弱碱性溶液(pH=6.5~10.5)中,以 $K_2CrO_4$ 为指示剂,以 $AgNO_3$ 标准溶液进行滴定。由于 $Ag_2CrO_4$ 比 $AgCl$ 沉淀的溶解度大,因此,溶液中首先析出 $AgCl$ 沉淀。当 $AgCl$ 定量沉淀后,过量 1 滴 $AgNO_3$ 溶液即与 $CrO_4^{2-}$ 生成砖红色 $Ag_2CrO_4$ 沉淀,指示达到终点。主要反应式如下:

$$Ag^+ + Cl^- = AgCl\downarrow (白色) \qquad K_{sp}^{\ominus}=1.77\times 10^{-10}$$

$$2Ag^+ + CrO_4^{2-} = Ag_2CrO_4\downarrow (砖红色) \qquad K_{sp}^{\ominus}=1.12\times 10^{-12}$$

滴定必须在中性或弱碱性溶液中进行,最适宜的 pH 范围为 6.5~10.5,如果有铵盐存在,为避免生成 $[Ag(NH_3)_2]^+$,溶液的 pH 需保持在 6.5~7.2(当 $NH_4^+$ 浓度大于 0.1 mol·L$^{-1}$ 时便不能用莫尔法测定 $Cl^-$),$CrO_4^{2-}$ 在溶液中存在下列平衡:

$$2H^+ + 2CrO_4^{2-} = 2HCrO_4^- = Cr_2O_7^{2-} + H_2O$$

酸度过高(pH<6.5)平衡向右移动,$CrO_4^{2-}$ 浓度下降,大部分转变为 $Cr_2O_7^{2-}$,不产生 $Ag_2CrO_4$ 沉淀。如果溶液碱性太强(pH>10.0),则会形成 $Ag_2O$ 沉淀。

指示剂的用量对滴定的准确判断有影响,如果 $K_2CrO_4$ 加入过多或过少,使 $K_2CrO_4$ 浓度过高或过低,$Ag_2CrO_4$ 沉淀的析出就会偏早或偏迟,使终点提前或延迟出现。一般 $K_2CrO_4$ 控制在 0.005 mol·L$^{-1}$ 为宜。凡是能与 $Ag^+$ 生成难溶性化合物或配合物的阴离子都干扰测定,如 $PO_4^{3-}$、$AsO_4^{3-}$、$S^{2-}$、$CO_3^{2-}$、$CrO_4^{2-}$ 等。其中 $H_2S$ 可加热煮沸除去,将 $SO_3^{2-}$ 氧化成 $SO_4^{2-}$ 后不再干扰测定。大量 $Cu^{2+}$、$Ni^{2+}$、$Co^{2+}$ 等有色离子将影响终点观察。凡是能与 $CrO_4^{2-}$ 指示剂生成难溶化合物的阳离子也干扰测定,如 $Ba^{2+}$、$Pb^{2+}$ 能与 $CrO_4^{2-}$ 分别生成 $BaCrO_4$ 和 $PbCrO_4$ 沉淀。$Ba^{2+}$ 的干扰可加入过量的 $Na_2SO_4$ 消除。

### 三、实验仪器和试剂

**1. 仪器** 酸式滴定管(50 mL)、容量瓶(100 mL)、锥形瓶(250 mL)、移液管(20 mL)、吸量管(1.0 mL 或 5.0 mL)、烧杯(250 mL)、量筒(10 mL)。

**2. 试剂** $K_2CrO_4$(5%)、$AgNO_3$(CP)、NaCl(GR)、NaCl(粗)。

### 四、实验步骤

**1. 0.05 mol·L$^{-1}$ $AgNO_3$ 溶液的配制和标定** 见实验 43。

**2. 试样分析**　准确称取 0.30~0.35 g NaCl 试样置于烧杯中,加水溶解后,转入 100 mL 容量瓶中,用水稀释至刻度,摇匀。

用移液管移取 25.00 mL 试液于 250 mL 锥形瓶中,加 25.0 mL 水,用吸量管加入 1.00 mL $K_2CrO_4$ 溶液,在不断摇动下,用 $AgNO_3$ 标准溶液滴定至溶液出现砖红色,即为终点。平行测定 3 份,计算试样中氯的含量。

实验完毕,将装 $AgNO_3$ 溶液的滴定管先用蒸馏水冲洗 2~3 次,再用自来水洗净,以免 AgCl 残留于管内。

### 五、结果计算

根据试样质量和滴定中消耗 $AgNO_3$ 标准溶液的体积,按下式计算试样中氯的含量:

$$c_{AgNO_3} = \frac{\frac{m_{NaCl}}{M_{NaCl}} \times \frac{20}{100}}{V_{AgNO_3}} \times 1000 \tag{3-46}$$

$$\text{Cl 含量} = \frac{c_{AgNO_3} \times V_{AgNO_3} \times \frac{M_{Cl}}{1000} \times \frac{100}{25}}{m_{NaCl}} \times 100\% \tag{3-47}$$

注:上述计算式中 $V$ 的单位均为 mL,$m$ 的单位为 g。

### 六、思考题

(1) 莫尔法测氯时,为什么溶液的 pH 须控制在 6.5~10.5?

(2) 以 $K_2CrO_4$ 作指示剂时,指示浓度过大或过小对测定有何影响?

## 实验 45　邻二氮菲分光光度法测定铁

### 一、实验目的

(1) 学习如何选择吸光光度分析的实验条件。

(2) 掌握吸光光度法测定铁的原理和方法。

(3) 掌握分光光度计的构造和使用方法。

### 二、实验原理

721 及 722 型分光光度计的使用方法请参见第 32~35 页"分光光度计"的相关内容。

二价铁和水溶液中的邻二氮菲反应,生成一种很稳定的橙红色螯合物,其 $\lg K_\text{稳}^\ominus =21.3$,在 508 nm 波长下有最大吸收,且遵守朗伯-比耳定律,摩尔吸光系数 $\varepsilon = 1.1 \times 10^4$。在 pH3~9 的范围内(一般将酸度控制在 pH=5~6 的范围内),颜色的深度不受影响,且可稳定半年之久。最小检出浓度是 50 $\mu g \cdot L^{-1}$(用 1 cm 吸收池)或 10 $\mu g \cdot L^{-1}$(用 5 cm 吸收池)。二价铁与邻二氮菲反应时,3 mol 的邻二氮菲与 1 mol 亚铁离子螯合,其反应式如下:

$$Fe^{2+} + 3 \underset{\text{phen}}{\text{N}\diagdown\diagup\text{N}} \longrightarrow \left[ \underset{\text{(phen)}_3}{\text{N}\diagdown\text{Fe}\diagup\text{N}} \right]^{2+}$$

本方法有很高的选择性,相当于含铁量 40 倍的 $Sn^{2+}$、$Al^{3+}$、$Ca^{2+}$、$Mg^{2+}$、$Zn^{2+}$、$SiO_3^{2-}$,20 倍的 $Cr^{3+}$、$Mn^{2+}$、V(V)、$PO_4^{3-}$,5 倍的 $Co^{2+}$、$Cu^{2+}$ 等均不干扰测定。加入盐酸羟胺可消除氧化剂的干扰。铋、镉、汞、钼、银能把邻二氮菲沉淀下来,当加入大量过量

的邻二氮菲时，它们也不干扰测定。

### 三、实验仪器和试剂

**1. 仪器** 容量瓶(50 mL)、量筒(10 mL)、吸量管(10 mL)、721 或 722 型分光光度计。

**2. 试剂** 浓盐酸(AR)、100 $\mu g \cdot L^{-1}$ 铁储备液[1](方法①、②任选一种)、10 $\mu g \cdot mL^{-1}$ 铁标准溶液(可用铁储备液稀释配制)、邻二氮菲溶液[2](0.15%新配制的水溶液)、盐酸羟胺(1.0%水溶液，用时现配)、醋酸钠(1.0 $mol \cdot L^{-1}$)、盐酸(1∶1 或 6 $mol \cdot L^{-1}$)、氢氧化钠(0.1 $mol \cdot L^{-1}$)。

### 四、实验步骤

**1. 最佳吸收波长的选择** 取 2 只 50 mL 容量瓶(或比色管)，分别标号 0、1 号。用吸量管吸取 0 mL、2.00 mL 10 $\mu g \cdot mL^{-1}$ 铁标准溶液，分别置于 2 只容量瓶中，再依次分别加入 1.0 mL 1.0%盐酸羟胺溶液，摇匀，加入 2.0 mL 0.15%邻二氮菲溶液、5.0 mL 1.0 $mol \cdot L^{-1}$ 醋酸钠溶液，以水稀释至刻度，摇匀，放置 10 min。

用 1 cm 比色皿，以试剂空白(0 号溶液)为参比，在 440~560 nm，用分光光度计每隔 20 nm 测定一次吸光度(500~520 nm 每隔 5 nm 测定一次)。将所获得数据以波长为横坐标，吸光度为纵坐标，绘制吸收曲线($A$-$\lambda$)，从曲线选择测量铁的适宜波长(即最大吸收波长)。

注意：在每改变一次测定波长时，均需用参比溶液重新调零，并随时检查零点是否正确。测定数据记录在表格内。试剂空白不要倒掉，以备后用。

**2. 测定条件的选择**

(1)显色时间的影响。在 50 mL 容量瓶(或比色管)中，分别加入 2.0 mL 10 $\mu g \cdot mL^{-1}$ 铁标准溶液、1.0 mL 1.0%盐酸羟胺溶液、2.0 mL 0.15%邻二氮菲溶液和 5.0 mL 1 $mol \cdot L^{-1}$ 醋酸钠溶液，以水稀释至刻度，摇匀。以试剂空白为参比，立即在 510 nm 波长下用 1 cm 比色皿测定吸光度。然后放置 5 min、10 min、30 min、60 min、120 min，测定相应的吸光度。绘制 $A$-$t$ 曲线，判断此配合物稳定性的情况。

(2)显色剂浓度的影响。取 7 只 50 mL 容量瓶(或比色管)，各加入 2.0 mL 10 $\mu g \cdot mL^{-1}$ 铁标准溶液和 1.0 mL 1.0%盐酸羟胺溶液，摇匀，分别加入 0.10、0.30、0.50、0.80、1.00、2.00 和 4.00 mL 邻二氮菲溶液，然后加入 5.0 mL 1.0 $mol \cdot L^{-1}$ 醋酸钠溶液，以水稀释至刻度，摇匀，放置 10 min。用 1 cm 比色皿，在选定的最佳波长(510 nm)下，以蒸馏水为参比，分别测其吸光度。以显色剂邻二氮菲的体积($V$)为横坐标，相应的吸光度为纵坐标，绘制吸光度-试剂用量($A$-$V$)曲线，以确定测定过程中应加入的最佳试剂量。

(3)溶液酸度的影响。在 9 只 50 mL 容量瓶(或比色管)中，分别加入 2.0 mL 10 $\mu g \cdot mL^{-1}$ 铁标准溶液、1.0 mL 1.0%盐酸羟胺和 2.0 mL 0.15%邻二氮菲溶液，从滴定管中分别加入 0、2、5、8、10、20、25、30 和 40 mL 0.1 $mol \cdot L^{-1}$ NaOH 溶液，摇匀。以水稀释至刻度，摇匀。用精密 pH 试纸测定各溶液的 pH。最后在 510 nm 波长下，用 1 cm 比色皿，以蒸馏水为空白，测其吸光度。绘制 $A$-pH 曲线，确定最适宜 pH 区间。

**3. 铁含量的测定**

(1)标准曲线的绘制。在 6 只 50 mL 容量瓶(或比色管)中，用吸量管分别加入 0、2.00、4.00、6.00、8.00 和 10.00 mL 铁标准溶液(10 $\mu g \cdot mL^{-1}$)，分别加入 1.0 mL 1.0%盐酸羟胺溶液、2.0 mL 0.15%邻二氮菲溶液和 5.0 mL 1.0 $mol \cdot L^{-1}$ 醋酸钠溶液，以水稀释至刻度，摇匀。静置 10 min，在步骤 1 选定的最大吸收波长(约 510 nm)下，用 1 cm 比色皿，以试剂空白为参比,测各溶液的吸光度,并绘制标准曲线。

(2)未知液中铁含量的测定。在1只50 mL容量瓶(或比色管)中,移取5.00 mL未知样溶液,按上述步骤显色后,在相同条件下测量吸光度,由标准曲线上查出试液中相当于铁的质量,然后计算试样中微量铁的含量。

注意:试样中铁含量的测定和标准曲线的绘制时,配制溶液和测量吸光度应同时进行。

### 五、数据记录和处理

分光光度计型号:　　　　　比色皿厚度:

**1. 吸收曲线的制作及最佳吸收波长的选择**

| | 波长 $\lambda$/nm | | | | | | | | |
|---|---|---|---|---|---|---|---|---|---|
| | 440 | 460 | 480 | 500 | 505 | 510 | 515 | 520 | 540 | 560 |
| 吸光度 $A$ | | | | | | | | | | |

邻二氮菲亚铁配合物的最大吸收波长 $\lambda_{max}=$ 　　　nm。

**2. 测定条件的选择**

(1)显色时间的影响。

| | 显色时间 $t$/min | | | | |
|---|---|---|---|---|---|
| | 5 | 10 | 30 | 60 | 120 |
| 吸光度 $A$ | | | | | |

(2)显色剂浓度的影响。

| | 显色剂体积 $V$/mL | | | | | | |
|---|---|---|---|---|---|---|---|
| | 0.10 | 0.30 | 0.50 | 0.80 | 1.00 | 2.00 | 4.00 |
| 吸光度 $A$ | | | | | | | |

(3)溶液酸度的影响。

| | NaOH 体积 $V$/mL | | | | | | | |
|---|---|---|---|---|---|---|---|---|
| | 0 | 2 | 5 | 8 | 10 | 20 | 25 | 30 |
| pH | | | | | | | | |
| 吸光度 $A$ | | | | | | | | |

**3. 铁含量的测定**

| 记录项目 | 铁标准溶液 | | | | | | 待测试液 |
|---|---|---|---|---|---|---|---|
| | 1 | 2 | 3 | 4 | 5 | 6 | 7 |
| 加入体积/mL | | | | | | | |
| $\rho(Fe^{2+})$/(mg·L$^{-1}$) | | | | | | | |
| 吸光度 $A$ | | | | | | | |

### 六、注释

[1] 铁储备液的制备方法：

① 用电解铁丝或"专供标定用的铁丝"，擦去表面氧化物（擦亮）。准确称取 100.0 mg 于小烧杯中，加入 6 mol·L$^{-1}$ H$_2$SO$_4$ 溶液 10.0 mL，溶解后，定量转移至 1 L 容量瓶中，以蒸馏水稀释至刻度，摇匀，此溶液的浓度为 100 μg·L$^{-1}$。

② 用硫酸亚铁铵配制，先把 10.0 mL 浓硫酸慢慢加到 50.0 mL 蒸馏水中，然后准确称取 0.702 0 g Fe(NH$_4$)$_2$(SO$_4$)$_2$·6H$_2$O，放入上述准备好的硫酸水溶液中，溶解后，定量转移至 1 L 容量瓶中，用蒸馏水稀释至刻度，摇匀。

[2] 100 mL 水中加入 2 滴浓盐酸及计算量的邻二氮菲，邻二氮菲很易溶解。不加盐酸时，可加热至 80 ℃助溶。如溶液颜色变暗，就不能用了。

### 七、思考题

(1) 本实验量取各种试剂时应分别采用何种量器较为合适？为什么？

(2) 试对所做条件实验进行讨论并选择适宜的测量条件。

(3) 实验中盐酸羟胺和 NaAc 的作用是什么？若用 NaOH 代替 NaAc 有什么缺点？

(4) 从实验测出的吸光度求铁含量的根据是什么？如何求得？

(5) 制作标准曲线和进行其他条件实验时，加入试剂的顺序能否任意改变？为什么？

## 实验 46　磷酸盐中磷含量的测定（分光光度法）

### 一、实验目的

(1) 掌握比色分析的基本原理及方法。

(2) 学会分光光度计的使用方法。

### 二、实验原理

721 及 722 型分光光度计的使用方法参见第 32～35 页"分光光度计"的相关内容。

测定试液中低含量的磷，常用钼蓝比色法。在含有少量磷酸根的酸性溶液中加入钼酸铵和酒石酸锑钾，溶液中的磷与钼酸铵和锑盐形成黄色的锑磷钼混合杂多酸，其组成比为 $n(P):n(Sb):n(Mo)=1:2:12$（结构尚不十分清楚），此杂多酸在常温下可被抗坏血酸还原为钼蓝。此法服从朗伯-比耳定律的浓度范围如下：以五氧化二磷计，0.1～1.4 mg·L$^{-1}$；以磷计，0.04～0.6 mg·L$^{-1}$。测定的适宜酸度为 H$^+$ 浓度 0.55～0.75 mol·L$^{-1}$，显色时间为 30～60 min，适宜的温度为 20～60 ℃，颜色可稳定 24 h。

溶液颜色的深浅与磷的含量成正比。待显色完全后，用分光光度计分别测定标准溶液系列的吸光度，绘制出磷的工作曲线。测得待测溶液的吸光度后，在工作曲线上查得相应的浓度。

### 三、实验仪器和试剂

**1. 仪器**　721 或 722 型分光光度计、容量瓶（50 mL 或比色管）、量筒（10 mL）、吸量管（10 mL）。

**2. 试剂**　钼锑抗混合显色剂[1]、磷标准溶液（10 mg·L$^{-1}$）[2]。

### 四、实验步骤

**1. 标准曲线的绘制**　用 10 mL 吸量管分别吸取 10 mg·L$^{-1}$ 的五氧化二磷标准溶液 0、1.00、2.00、3.00、4.00、5.00、6.00 mL，置于 7 个洁净的 50 mL 容量瓶（或比色管）中，

各加入钼锑抗混合显色剂 5.00 mL,加水稀释至刻度线,摇匀。采用 1 cm 比色皿,在波长 650 nm 下,用分光光度计上测量其吸光度。以吸光度为纵坐标,$P_2O_5$ 浓度为横坐标,绘制出测定磷的工作曲线。

**2. 试样中磷的测定**　准确称取一定量的试样溶解后定容至 100 mL,吸取 5.00 mL 试样溶液置于 50 mL 容量瓶中,用与标准曲线的绘制中相同的方法显色后,测定吸光度,在工作曲线上查出相应的 $P_2O_5$ 浓度。

### 五、数据记录和处理

|  | 磷标准溶液 | | | | | | | 待测试液 | |
|---|---|---|---|---|---|---|---|---|---|
|  | 1 | 2 | 3 | 4 | 5 | 6 | 7 | 试样1 | 试样2 |
| 加入体积/mL |  |  |  |  |  |  |  |  |  |
| 吸光度 $A$ |  |  |  |  |  |  |  |  |  |
| 浓度 $c/(\text{mg} \cdot \text{L}^{-1})$ |  |  |  |  |  |  |  |  |  |

(1)由工作曲线上查出 $c_{x_1,测}$ 和 $c_{x_2,测}$。

(2)由 $c_{x,原} = \dfrac{c_{x,测} \times 50}{5}$ 求出 $c_{x_1,原}$ 和 $c_{x_2,原}$。

(3)根据待测液五氧化二磷的浓度,由下式计算试样中五氧化二磷的含量:

$$P_2O_5 \text{ 的含量} = \frac{c_{x,原} \times \text{显色体积}}{m_{样} \times 10^6} \times 100\% \qquad (3-48)$$

### 六、注释

[1](1)硫酸钼锑储备液制备方法如下:

① 3.25 mol·L$^{-1}$ 硫酸溶液:180.6 mL 分析纯浓硫酸,在搅拌下缓缓加入 400.0 mL 蒸馏水中,冷却。

② 称取分析纯钼酸铵 20 g,加少量水溶解后,稀释至 300.0 mL。

③ 0.5% 酒石酸锑钾溶液 100 mL。

硫酸钼锑储备液:将①溶液在搅拌下缓缓倒入②溶液中,加入③溶液后稀释至 1 L。

(2)钼锑抗混合显色剂的制备:取硫酸钼锑储备液 100.0 mL,加入 1.5 g 抗坏血酸,用时新制,1 d 之内有效。

[2]磷标准溶液:称取优级纯磷酸二氢钾 0.479 3 g,溶于蒸馏水中,定量移入 250 mL 容量瓶中,稀释至刻度摇匀。此溶液每毫升含五氧化二磷 1 mg,吸取上述磷标准溶液 5.0 mL 于 500 mL 容量瓶中,加水稀释至刻度,此溶液为 10 mg·L$^{-1}$ 五氧化二磷标准溶液。

### 七、思考题

(1)如显色剂抗坏血酸溶液放置时间过久,对测定有何影响?

(2)如样品中含磷量较高,不服从朗伯-比耳定律,应如何处理才能得到较满意的结果?

# 第四部分

# 综合性和设计性实验

## 一、综合性实验

### 实验 47 硫代硫酸钠的制备

**一、实验目的**

(1) 了解用微波辐射法制备 $Na_2S_2O_3 \cdot 5H_2O$ 的方法。

(2) 掌握 $S_2O_3^{2-}$ 的定性鉴定。

**二、实验原理**

微波是一种高频率的电磁波,其频率范围在 300~300 000 MHz(相应的波长为 1 mm~100 cm),介于无线电波和红外辐射之间。微波具有波动性、高频性、热特性和非电离性四大基本特性,能够透射到分子内部使偶极分子以极高的频率振荡,使极性分子高速旋转,分子间不断碰撞和摩擦产生热,能量利用率高,加热迅速、均匀,而且可防止物质在加热过程中分解变质。

$Na_2S_2O_3 \cdot 5H_2O$ 俗称海波,又名大苏打,为无色透明的单斜晶体,密度为 1.729 g·cm$^{-3}$,易溶于水,不溶于乙醇,具有较强的还原性和配位能力。主要用于照相业作定影剂,其次作鞣革时重铬酸盐的还原剂,还用作氰化物的解毒剂。其制备方法较多,其中亚硫酸钠法是工业和实验室中的主要制备方法。

$$Na_2SO_3 + S + 5H_2O = Na_2S_2O_3 \cdot 5H_2O$$

反应液经脱色、过滤、浓缩结晶、减压过滤、干燥得到产品。

**三、实验仪器和试剂**

**1. 仪器** 微波炉、电子天平、抽滤瓶、布氏漏斗、真空泵、聚四氟乙烯套罐(100 mL)、烧杯、表面皿、量筒。

**2. 试剂** 亚硫酸钠、硫粉、硝酸银(0.1 mol·L$^{-1}$)、淀粉溶液(1%)。

**四、实验步骤**

**1. 微波照射合成硫代硫酸钠** 以亚硫酸钠和硫黄为原料合成硫代硫酸钠的最佳条件是:亚硫酸钠与硫黄的物质的量之比为 1:2.6,反应温度 130 ℃,反应时间 9 min。

称取 6.0 g 无水亚硫酸钠和 2.0 g 硫黄粉于 100 mL 聚四氟乙烯套罐中,加入 30 mL 去离子水,套上外罐,放上聚四氟乙烯保护膜,拧紧罐盖,置于微波炉中,在 750 W 功率下,微波照射 9 min,并将温度维持在 130 ℃。稍冷后,打开罐盖,趁热过滤,用去离子水洗涤,承接滤液至蒸发皿中,于 50 ℃水浴蒸发浓缩至溶液呈微黄色混浊,冷却,结晶,减压过滤,晶体用乙醇洗涤,用滤纸吸干后,产品置于表面皿称重,计算产率。

**2. 定性鉴定 $S_2O_3^{2-}$** 取一粒硫代硫酸钠晶体于试管中,加入几滴去离子水使之溶解,再滴加 $0.1\ mol\cdot L^{-1}\ AgNO_3$ 溶液,观察现象,写出反应方程式。

### 五、思考题
(1)硫黄粉稍过量,为什么?
(2)减压过滤后晶体要用乙醇来洗涤,为什么?

## 实验 48　硫酸亚铁铵的制备及纯度分析

### 一、实验目的
(1)了解硫酸亚铁铵的制备方法。
(2)练习台秤的使用以及加热、溶解、过滤、蒸发、结晶、干燥等基本操作。
(3)学习使用目视比色法检验产品。

### 二、实验原理
铁溶于稀硫酸中,生成硫酸亚铁:
$$Fe+H_2SO_4=FeSO_4+H_2\uparrow$$

硫酸亚铁与等物质的量的硫酸铵在水溶液中作用,生成溶解度小于$(NH_4)_2SO_4$ 和 $FeSO_4$ 的硫酸亚铁铵$[FeSO_4(NH_4)_2SO_4\cdot 6H_2O]$复盐,通过浓缩就可得到纯度较高的硫酸亚铁铵晶体。
$$FeSO_4+(NH_4)_2SO_4+6H_2O=Fe(NH_4)_2(SO_4)_2\cdot 6H_2O$$

硫酸亚铁铵晶体又叫摩尔盐,是浅绿色单斜晶体,加热至 100 ℃左右时失去结晶水,在空气中不易被氧化,稳定性高于硫酸亚铁,故在定量分析中常用作基准物质直接配制标准溶液或标定未知溶液浓度。

目视比色法是确定杂质含量的一种常用方法,在确定杂质含量后便能定出产品级别。将产品配成溶液,与其标准溶液进行比色,如果产品溶液的颜色比某一标准溶液的颜色浅,就可确定杂质含量低于该标准溶液中含量,即低于某一规定的限度,所以这种方法又称限量分析。本实验仅做摩尔盐中 $Fe^{3+}$ 的限量分析。

### 三、实验仪器和试剂
**1. 仪器** 台秤、布氏漏斗、吸滤瓶、烧杯、酒精灯、三脚架、石棉网、铁架台、量筒、表面皿、蒸发皿、洗瓶、玻璃棒。

**2. 试剂** $H_2SO_4(3\ mol\cdot L^{-1})$、$HCl(2\ mol\cdot L^{-1})$、$(NH_4)_2SO_4$(固)、$Na_2CO_3(10\%)$、$KSCN(1\ mol\cdot L^{-1})$、铁屑、$Fe^{3+}$ 标准溶液。

**3. 其他** 滤纸。

### 四、实验步骤
**1. 铁屑表面油污的去除** 称取 2.0 g 铁屑,放入烧杯中,加入 15.0 mL 10% 的 $Na_2CO_3$ 溶液,用小火缓缓加热约 10 min,倾析除去碱液,使用蒸馏水冲洗干净铁屑,并用滤纸吸干,备用。

**2. 硫酸亚铁溶液的制备** 称取已处理过的铁屑 1.0 g,放入烧杯中,加入 20.0 mL $3\ mol\cdot L^{-1}$ 的 $H_2SO_4$ 溶液,盖上表面皿,放在石棉网上用小火加热,直至铁屑与硫酸反应不再有气泡冒出为止。在加热过程中应及时向烧杯中加水，以补充被蒸发掉的水分，以防 $FeSO_4$ 析出。趁热减压过滤，用热蒸馏水分三次洗涤烧杯及漏斗中的残渣(每次 5～10 mL 热水)，将洗涤液并入滤液中，滤液立即转移至蒸发皿中，备用。洗涤后的残渣与滤纸一起烘干、称重，计算出参加反应的铁屑的质量。

**3. 硫酸亚铁铵的制备** 计算出硫酸亚铁的理论产量及制备硫酸亚铁铵所需硫酸铵的质量，按计算量称取硫酸铵固体，配制成饱和溶液(硫酸铵的溶解度为 70.6 g)，加到硫酸亚铁溶液中，混合均匀后，在溶液中滴加 3 mol·L$^{-1}$ 的 $H_2SO_4$ 溶液调节 pH 在 1 左右，而后将调整了 pH 的溶液放在石棉网上小火加热，蒸发浓缩至表面出现晶体膜为止(蒸发过程中切不可搅动溶液)，放置，自然冷却至室温，即得到浅蓝绿色的硫酸亚铁铵晶体。用布氏漏斗减压过滤，尽可能抽干，使用 95% 的乙醇 5.0 mL 洗涤晶体，继续抽滤，用滤纸吸干晶体上残留的母液，称重，计算产率。

**4. 纯度检验** 称取 1.00 g 制得的产品置于 25 mL 比色管中，用 15.0 mL 不含溶解氧的蒸馏水溶解，用 1 mL 移液管分别取 3 mol·L$^{-1}$ 的 $H_2SO_4$ 和 1.0 mol·L$^{-1}$ 的 KSCN 各 1.00 mL 加到比色管中，加不含溶解氧的蒸馏水至刻度，摇匀，与标准溶液[1]比较，从而确定产品中 $Fe^{3+}$ 含量所对应的级别(表 4-1)。

表 4-1 不同等级硫酸亚铁铵中 $Fe^{3+}$ 的含量

| 规 格 | Ⅰ级 | Ⅱ级 | Ⅲ级 |
|---|---|---|---|
| 含 $Fe^{3+}$ 量/(mg·mL$^{-1}$) | 0.05 | 0.1 | 0.2 |

## 五、注释

[1]标准溶液配制(由实验室提供)

(1)在分析天平上称取 $NH_4Fe(SO_4)_2·12H_2O$ 0.215 8 g，用少量蒸馏水溶解，并加入 7 mL 3 mol·L$^{-1}$ 的 $H_2SO_4$，转移至 250 mL 容量瓶中，用蒸馏水稀释至刻度，摇匀，即得含 $Fe^{3+}$ 0.1 mg·mL$^{-1}$ 的标准溶液。

(2)用移液管分别移取 0.1 mg·mL$^{-1}$ 的 $Fe^{3+}$ 标准溶液 0.50 mL、1.00 mL、2.00 mL 至 3 个 25 mL 比色管中，而后各加入 1 mL 1.0 mol·L$^{-1}$ 的 $NH_4SCN$ 溶液，用蒸馏水均稀释至刻度，混匀盖好后则分别得到Ⅰ级、Ⅱ级、Ⅲ级的标准溶液。

## 六、思考题

(1)在铁屑与稀硫酸反应的过程中，为什么一定要注意通风？
(2)本实验中，最好使用不含氧的蒸馏水，为什么？
(3)为什么要在酸性环境中制备硫酸亚铁铵？
(4)计算硫酸亚铁铵的产率时，应该以铁的用量为准还是以硫酸铵的用量为准？为什么？

# 实验 49 磺基水杨酸合铁(Ⅲ)配合物的组成及稳定常数的测定

## 一、实验目的

(1)了解光度法测定配合物的组成及其稳定常数的原理和方法。
(2)进一步理解朗伯-比耳定律，作图法求最大吸光度以及数据的处理方法。
(3)学习分光光度计的使用。

## 二、实验原理

当一束波长一定的单色光通过有色溶液时,光的一部分被溶液吸收,一部分透过溶液。对光的吸收和透过程度,通常有两种表示方法。

一种是用透光率来表示,即透过光的强度 $I_t$ 与入射光的强度 $I_0$ 之比:

$$T = \frac{I_t}{I_0} \tag{4-1}$$

另一种是用吸光度 $A$(又称消光度、光密度)来表示。它是取透光率的负对数:

$$A = -\lg T = \lg \frac{I_0}{I_t} \tag{4-2}$$

$A$ 值大表示光被有色溶液吸收的程度大,反之,$A$ 值小,光被溶液吸收的程度小。

实验结果证明:有色溶液对光的吸收程度与溶液的浓度 $c$ 和光穿过的液层厚度 $b$ 的乘积成正比,这一规律称为朗伯-比耳定律。

$$A = \varepsilon b c \tag{4-3}$$

这是比色分析方法的基础,式中 $\varepsilon$ 是吸光系数(或消光系数)。当波长一定时,它是有色物质的一个特征常数。

在给定条件下,某中心离子 M 与配位体 L 反应,生成配离子(或配合物)$ML_n$(略去电荷符号):

$$M(aq) + nL(aq) = ML_n$$

若 M 与 L 都是无色的,而只有 $ML_n$ 有色,则根据朗伯-比耳定律可知溶液的吸光度 $A$ 与配离子或配合物的浓度 $c$ 成正比。本实验采用等摩尔系列法测定系列溶液的吸光度,从而求出该配离子(或配合物)的组成和稳定常数。

配制一系列含有中心离子 M 与配位体 L 的溶液,使 M 与 L 的总浓度(mol·$L^{-1}$)保持一定,而 M 与 L 的摩尔分数做系列改变。例如,使溶液中 L 的摩尔分数依次为 0、0.1、0.2、0.3、…、0.9、1.0,而 M 的摩尔分数相应依次递减。在一定波长的单色光中分别测定该系列溶液的吸光度。有色配离子(或配合物)的浓度越大,溶液颜色越深,其吸光度越大。当 M 和 L 恰好全部形成配离子时(不考虑配离子的解离),$ML_n$ 的浓度最大,吸光度也最大。若以 $ML_n$ 溶液的吸光度 $A$ 为纵坐标、溶液中配位体的摩尔分数为横坐标作图,所得曲线出现一个高峰,如图 4-1 中所示点 $F$,它所对应的吸光度为 $A_1$。如果延长曲线两侧的直线部分,相交于点 $E$,点 $E$ 所对应的吸光度为 $A_0$,即为吸光度的极大值。$E$ 或 $F$ 所对应的配位体的摩尔分数即为 $ML_n$ 的组成。若点 $E$ 或 $F$ 所对应的配位体的摩尔分数为 0.5,则中心离子的摩尔分数为 1.0−0.5=0.5,所以

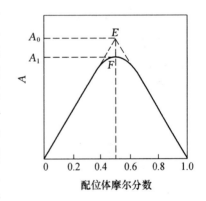

图 4-1 标准曲线

$$\frac{\text{配位体的物质的量}}{\text{中心离子的物质的量}} = \frac{\text{配位体的摩尔分数}}{\text{中心离子的摩尔分数}} = \frac{0.5}{0.5} = 1$$

由此可知,该配离子(或配合物)的组成为 ML 型。

由于配离子(或配合物)有一部分解离,则其浓度比未解离时要稍小些,点 $F$ 处实际所

测得的最大吸光度 $A$，也必小于由曲线两侧延长所得点 $E$ 处即组成全部为 ML 配合物的吸光度 $A$。因而配离子(或配合物) ML 的解离度为

$$\alpha = \frac{A_0 - A_1}{A_0} \quad (4-4)$$

配离子(或配合物) ML 的稳定常数 $K_f^{\ominus}$ 与解离度的关系如下：

$$\text{ML} = \text{M}(aq) + \text{L}(aq)$$

平衡时浓度/(mol·L$^{-1}$)　　　　$c_0 - c_0\alpha$　　$c_0\alpha$　　$c_0\alpha$

$$K_f^{\ominus} = \frac{\dfrac{c_{\text{ML}}^{eq}}{c^{\ominus}}}{\left(\dfrac{c_{\text{M}}^{eq}}{c^{\ominus}}\right)\left(\dfrac{c_{\text{L}}^{eq}}{c^{\ominus}}\right)} = \frac{1-\alpha}{c_0\alpha^2} \quad (4-5)$$

式中，$c_0$ 表示点 $E$ 所对应的配离子(或配合物)的起始浓度。

$Fe^{3+}$ 与磺基水杨酸（结构式）(可缩写为 $H_3$ssa)酸根离子能形成稳定的螯合物，螯合物的组成随 pH 不同而有差异。磺基水杨酸溶液是无色的，$Fe^{3+}$ 的浓度很小时也可认为是无色的，它们在 pH 为 2~3 时，生成紫红色的螯合物(有一个配位体)，反应可表示如下：

$$Fe^{3+}(aq) + H_2ssa^-(aq) = [Fe(ssa)] + 2H^+(aq)$$

pH 为 4~9 时，生成红色螯合物(有 2 个配位体)；pH 为 9~11.5 时，生成黄色螯合物(有 3 个配位体)；pH>12 时，有色螯合物被破坏而生成 $Fe(OH)_3$ 沉淀。

本实验是在 pH 为 2~3(用高氯酸 $HClO_4$ 来控制溶液的 pH，其优点主要是 $ClO_4^-$ 不易与金属离子配位)的条件下，测定上述配合物的组成和稳定常数。

### 三、实验仪器和试剂

**1. 仪器**　烧杯(50 mL，11 只；500 mL)、滴管、容量瓶(100 mL，2 只)、移液管(10 mL，3 支)、吸量管(10 mL，2 支)、吸耳球、玻璃棒、分光光度计。

**2. 试剂**　$HClO_4$(0.01 mol·L$^{-1}$)、磺基水杨酸(0.010 0 mol·L$^{-1}$)、硫酸高铁铵 $NH_4Fe(SO_4)_2$(0.010 0 mol·L$^{-1}$)。

**3. 其他**　滤纸。

### 四、实验步骤

**1. 溶液的配制**

(1)配制 0.001 00 mol·L$^{-1}$ $Fe^{3+}$ 溶液。使用移液管量取 10.00 mL 0.010 0 mol·L$^{-1}$ $NH_4Fe(SO_4)_2$ 溶液注入 100 mL 容量瓶中，用 $HClO_4$(0.01 mol·L$^{-1}$)溶液稀释至刻度，摇匀，备用。

(2)配制 0.001 00 mol·L$^{-1}$ 磺基水杨酸 $H_3$ssa 溶液。用移液管量取 10.0 mL 0.010 0 mol·L$^{-1}$ $H_3$ssa 溶液，注入 100 mL 容量瓶中，用 $HClO_4$(0.01 mol·L$^{-1}$)溶液稀释至刻度，摇匀，备用。

**2. 系列配离子(或配合物)溶液吸光度的测定**

(1)用移液管或吸量管按表 4-2 的体积取各溶液，分别注入已编号的干燥小烧杯中，搅

拌均匀。

表 4-2 系列配离子溶液的配制和吸光度的测定

| 溶液编号 | 0.01 mol·L$^{-1}$ HClO$_4$ 溶液体积 $V_1$/mL | 0.001 00 mol·L$^{-1}$ Fe$^{3+}$ 溶液体积 $V_2$/mL | 0.001 00 mol·L$^{-1}$ H$_3$ssa 溶液体积 $V_3$/mL | H$_3$ssa 的摩尔分数 | 吸光度 A |
|---|---|---|---|---|---|
| 1 | 10.00 | 10.00 | 0.00 | | |
| 2 | 10.00 | 9.00 | 1.00 | | |
| 3 | 10.00 | 8.00 | 2.00 | | |
| 4 | 10.00 | 7.00 | 3.00 | | |
| 5 | 10.00 | 6.00 | 4.00 | | |
| 6 | 10.00 | 5.00 | 5.00 | | |
| 7 | 10.00 | 4.00 | 6.00 | | |
| 8 | 10.00 | 3.00 | 7.00 | | |
| 9 | 10.00 | 2.00 | 8.00 | | |
| 10 | 10.00 | 1.00 | 9.00 | | |
| 11 | 10.00 | 0.00 | 10.00 | | |

(2) 接通分光光度计电源，并调整好仪器，选定波长为 500 nm 的光源(分光光度计的使用方法参见第 32~35 页"分光光度计"的相关内容)。

(3) 取 4 只厚度为 1 cm 的比色皿，往其中 1 只中加入 HClO$_4$(0.01 mol·L$^{-1}$) 溶液至约 4/5 容积处(用作空白溶液，放在比色皿框中的第一格内)；其余 3 只中分别加入各编号的待测溶液。分别测定各待测溶液的吸光度，并记录数据。每次测定必须核对，记取稳定的数值。

**3. 配离子(或配合物)的组成和稳定常数的求得**

(1) 以配合物吸光度为纵坐标、H$_3$ssa 的摩尔分数为横坐标作图，从曲线两侧直线部分延长线的交点 $E$ 所对应的溶液组成，求配合物的组成。

(2) $A$ 为交点 $F$ 所对应的吸光度，$A_0$ 为交点 $E$ 所对应的吸光度，求出配合物的解离度 $\alpha$。

(3) 将 $\alpha$ 值代入式(4-5)，求出配合物的稳定常数 $K_f^{\ominus}$。

**五、思考题**

(1) 用等摩尔系列法测定配合物组成时，为什么溶液中金属离子的物质的量与配位体的物质的量之比正好与配离子组成相同时，配离子的浓度最大？

(2) 用吸光度对配位体的体积分数作图是否可求得配合物的组成？

(3) 在测定吸光度时，如果温度变化较大，对测得的稳定常数有何影响？

(4) 实验中，每个溶液的 pH 是否一样？如不一样，对结果有何影响？

(5) 使用分光光度计要注意哪些操作？

# 实验 50　药片中维生素 C 的测定

**一、实验目的**

掌握用直接碘量法测定维生素 C 的原理和方法。

## 二、实验原理

维生素 C 可以用 $I_2$ 标准溶液直接滴定，$I_2$ 将维生素 C 分子中的烯醇式结构氧化为酮式结构：

$$\begin{array}{c} \text{H OH} \\ \text{O} \\ \text{C}-\text{C}=\text{C}-\text{C}-\text{C}-\text{CH} \\ \text{O OHOHH OHH} \end{array} + I_2 \rightleftharpoons \begin{array}{c} \text{H OH} \\ \text{O} \\ \text{C}-\text{C}-\text{C}-\text{C}-\text{C}-\text{CH} \\ \text{O O O H OHH} \end{array} + 2HI$$

以上反应可以定量进行，根据 $I_2$ 标准溶液的浓度和消耗的体积，可以计算出试样中维生素 C 的含量。用这种方法，不仅可以测定药片中维生素 C 的含量，还可以测定注射液、水果及蔬菜中维生素 C 的含量。

由于维生素 C 的还原性很强，在空气中易被氧化，在碱性介质中更易被氧化，故须加入稀醋酸，以减少副反应的发生。

## 三、实验仪器和试剂

**1. 仪器**　酸式滴定管、锥形瓶、烧杯、量筒(10 mL)、玻璃棒、洗瓶。

**2. 试剂**　维生素 C 药片、HAc(2 mol·L$^{-1}$)、0.5%淀粉溶液、$I_2$ 标准溶液。

## 四、实验步骤

准确称取 0.2 g 维生素 C 药片置于 250 mL 锥形瓶中，加入新煮沸过的冷蒸馏水 100.0 mL、10 mL 2.0 mol·L$^{-1}$ HAc、3.0 mL 0.5%淀粉溶液，立即用 $I_2$ 标准溶液滴定至呈现稳定的蓝色即为终点。

记录消耗的 $I_2$ 标准溶液的体积，并重复 2~3 次。

## 五、结果计算

$$w(C_6H_8O_6) = \frac{c_{I_2} \times V_{I_2} \times M_{C_6H_8O_6}}{m_{样}} \times 100\% \tag{4-6}$$

## 六、思考题

(1) 维生素 C 的测定液中，为什么要加入稀醋酸？

(2) 溶解样品时，为什么要用新煮沸并放冷的蒸馏水？

# 实验 51　含氮有机物中氮的测定(凯氏定氮法)

## 一、实验目的

(1) 了解含氮有机物中氮含量的测定方法和原理。

(2) 掌握凯氏定氮法中硼酸吸收法的原理和方法。

(3) 练习蒸馏装置的安装，进一步练习滴定、称量操作。

## 二、实验原理

在工农业生产和科学实验中，测定有机样品，如谷物、有机肥料、血液和乳制品中的氮，广泛采用凯氏定氮法。凯氏定氮法的原理是将含氮有机物样品用浓硫酸($H_2SO_4$)、硫酸钾($K_2SO_4$)和适量的催化剂(如 $CuSO_4$、$Hg$、$Se$ 等)加热消解，使有机氮转化为铵盐($NH_4^+$)，然后再加入浓 NaOH 溶液，经蒸馏把生成的 $NH_3$ 蒸馏出来，用过量的 2%硼酸($H_3BO_3$)溶液吸收，反应如下：

$$NH_4^+ + OH^- = NH_3 \uparrow + H_2O$$
$$NH_3 + H_3BO_3 = NH_4H_2BO_3$$

然后用 HCl 标准溶液滴定生成的 $NH_4H_2BO_3$：
$$NH_4H_2BO_3 + HCl = NH_4Cl + H_3BO_3$$

计量点时，由于溶液中存在 $NH_4Cl$ 和 $H_3BO_3$，pH 大约为 5，可用甲基红作指示剂，溶液的颜色由红色变为黄色，即为终点。

### 三、实验仪器和试剂

**1. 仪器**　凯氏烧瓶(100 mL)、蒸馏吸收装置、分析天平、酸式滴定管、移液管、容量瓶、锥形瓶。

**2. 试剂**　奶粉试样、HCl($0.050\ 00\ mol \cdot L^{-1}$ 标液)、$H_3BO_3$(2%)、$H_2SO_4$(浓)、$CuSO_4$(固)、$K_2SO_4$(固)、NaOH(50%)、溴甲酚绿-甲基红混合指示剂。

**3. 材料**　沸石或玻璃珠。

### 四、实验步骤

(1) 准确称取奶粉试样 1.0 g(精确至 0.000 1 g)，置于干燥的凯氏烧瓶中，加 8～9 g $K_2SO_4$、0.4 g $CuSO_4 \cdot H_2O$ 及 15.0 mL 浓 $H_2SO_4$ 摇匀后，加入数粒玻璃珠，缓慢加热，待试样泡沫消失后，再用大火加热 1 h，然后冷却至室温。沿瓶壁加入 50 mL 纯水，溶解生成的盐类，冷却后转移到 100 mL 容量瓶中，用少量纯水洗涤烧瓶数次，洗涤液全部并入容量瓶中，加水至刻度线，摇匀。

(2) 按图 4-2 安装好凯氏定氮装置。向蒸气发生瓶的水中加溴甲酚绿-甲基红混合指示剂 2～3 滴、浓 $H_2SO_4$ 及沸石(在整个蒸馏过程中此溶液为橙红色，否则应补加浓 $H_2SO_4$)。吸收液为 20.0 mL 2% 的 $H_3BO_3$ 溶液，其中加有 2 滴混合指示剂，接收时使装置的冷凝管下口浸入吸收液的液面下。

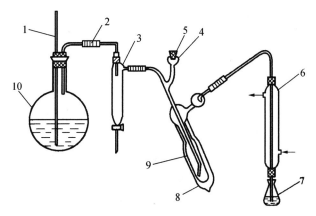

图 4-2　凯氏定氮装置
1. 安全管　2. 导管　3. 气水分离管　4. 试样入口　5. 塞子
6. 冷凝管　7. 吸收瓶　8. 隔热液套　9. 反应管　10. 蒸气发生瓶

(3) 移取 10.00 mL 消化试样，加入反应管中，用少量蒸馏水冲洗进样口，然后加 10 mL 50% NaOH 溶液于反应管中，塞好玻璃塞，防止氨逸出。从开始回流时，蒸馏 10 min。用纯水洗冷凝管下口，使洗液流入吸收液内。

(4) 用 0.05 $mol \cdot L^{-1}$ HCl 标准溶液滴定上述溶液至暗红色即为终点，记录消耗的 HCl 标准溶液的体积。

### 五、结果计算

样品中的含氮量由下式计算：

$$w(N) = \frac{c_{HCl} \times V_{HCl} \times M_N}{m_s \cdot \frac{10.00}{100} \times 1\ 000} \times 100\% \tag{4-7}$$

$$w(\text{蛋白质}) = \text{总氮量} \times K \tag{4-8}$$

式(4-7)和式(4-8)中，$w(N)$ 为样品中氮的质量分数(%)；$m_s$ 为测定样品的质量(g)；

$M_N$ 为氮的摩尔质量(g·mol$^{-1}$);$K$ 为转换因数,各种食品中蛋白质的转换因数稍有差别,乳类为 6.38,大米为 5.95,花生为 5.46 等。

### 六、思考题

(1)蒸馏出的溶液是否可以用 $H_2SO_4$ 标准溶液滴定?

(2)蒸馏的氨气是否可用 HCl 标准溶液吸收?如果用 HCl 溶液吸收将怎样?

(3)如何知道氨气已经接收完了?

## 实验 52 己二酸的合成

### 一、实验目的

(1)了解己二酸的合成方法。

(2)掌握浓缩、过滤、重结晶等操作技术。

(3)掌握用化学方法跟踪和监测实验进程。

### 二、实验原理

己二酸(ADA),又称肥酸。常温下为白色晶体,熔点 152 ℃,沸点 337.5 ℃。微带酸味,微溶于水,易溶于甲醇、乙醇、异丙醇和醚。己二酸是重要的有机合成中间体,主要用于合成纤维(尼龙-66,大约占己二酸总量的 70%),制备聚氨酯 PA-46、PA-66、PA-610,合成树脂,合成革、聚酯泡沫塑料、塑料增塑剂、润滑剂、食品添加剂、黏合剂、杀虫剂、染料、香料等,在医药领域也有广泛应用。

制备羧酸最常用的方法是烯、醇、醛等的氧化法。常用的氧化剂有硝酸、重铬酸钾的硫酸溶液、高锰酸钾、过氧化氢及过氧乙酸等。用硝酸为氧化剂,反应非常剧烈,伴有大量二氧化氮毒气放出,既危险又污染环境。

本实验采用环己醇在高锰酸钾的碱性条件下发生氧化反应,然后酸化得到己二酸。反应装置见图 4-3。

图 4-3 己二酸制备装置图

环己醇 + $KMnO_4$ + $H_2O$ ⟶ HOOC—(CH$_2$)$_4$—COOH + $MnO_2$ + KOH

### 三、实验仪器和试剂

**1. 仪器** 烧杯、滴管、抽滤瓶、水泵、布氏漏斗、铁架台、铁夹、温度计、玻璃棒、电热套。

**2. 试剂** 高锰酸钾、氢氧化钠(10%)、环己醇、亚硫酸氢钠、浓盐酸、蒸馏水。

### 四、实验步骤

(1)在 250 mL 烧杯中加入 5 mL 10% 的氢氧化钠溶液和 50 mL 水,在搅拌下加入 6 g 高锰酸钾,搅拌使高锰酸钾溶解。

(2)在搅拌下用滴管滴加 2.1 mL 环己醇,控制滴加速度,维持反应温度在 45 ℃ 左右,保持 45 ℃ 反应 1 h。

(3)小火微沸 5 min,使氧化生成的二氧化锰沉淀凝结。

(4)用玻璃棒蘸一滴反应混合物到滤纸上做点滴实验。如有高锰酸盐存在,则二氧化锰点的周围会出现紫色的环,这时可以加入少量固体亚硫酸氢钠直到点滴实验呈阴性为止。

(5)趁热抽滤混合物,滤渣二氧化锰用热水洗涤3次,合并滤液和洗涤液。

(6)向滤液中加入4 mL浓盐酸酸化,使溶液呈强酸性。

(7)小心浓缩滤液至20 mL左右,稍冷,加少量活性炭脱色,继续煮沸2 min。

(8)冷却至室温,抽滤,得白色己二酸晶体。干燥,称重后计算产率。

### 五、注意事项

(1)滴加环己醇时要慢,防止冲料。

(2)反应完后要用沸水浴加热5 min以上,否则生成的二氧化锰很容易堵塞滤纸。

(3)加活性炭时要稍冷却,否则容易引起暴沸。

(4)趁热过滤要用菊花滤纸,过滤器材要事先加热,防止产品在滤纸上析出。

(5)环己醇沸点25 ℃,在较低温度下为针状晶体,熔化时为黏稠液体,不易倒净。因此量取后可用少量水荡洗量筒,一并加入滴液漏斗中,这样既可减少器壁黏附损失,也因少量水的存在而降低环己醇的熔点,避免在滴加过程中结晶堵塞滴液漏斗。

### 六、思考题

(1)反应完成后为什么要用沸水浴加热5 min?

(2)加入亚硫酸氢钠的目的是什么?

## 实验53　乙酰苯胺的制备

### 一、实验目的

(1)掌握苯胺乙酰化反应的原理和实验操作。

(2)进一步熟悉重结晶提纯法。

### 二、实验原理

芳香族的酰胺通常用伯或仲胺同酸酐或羧酸作用来制备。用苯胺同冰醋酸共热可制备乙酰苯胺,反应式如下:

$$\text{C}_6\text{H}_5-\text{NH}_2 + \text{CH}_3\text{COOH} \xrightleftharpoons{\triangle} \text{C}_6\text{H}_5-\text{NH}-\overset{\text{O}}{\overset{\|}{\text{C}}}-\text{CH}_3 + \text{H}_2\text{O}$$

这个反应是可逆反应。在实际操作中,一般加入过量的冰醋酸,同时用分馏柱把反应中生成的水(含少量醋酸)蒸出,以提高乙酰苯胺的产率。

### 三、实验仪器和试剂

**1. 仪器**　圆底烧瓶(50 mL)、分馏柱、温度计、烧杯、布氏漏斗、抽气泵、吸滤瓶。

**2. 试剂**　苯胺(AR)、冰乙酸(AR)。

### 四、实验步骤

(1)在50 mL圆底烧瓶中,放入5 mL新蒸的苯胺和7.5 mL冰乙酸。装上分馏柱,其上端装一温度计。实验装置参照图2-65。

(2)将圆底烧瓶在石棉网上用小火加热至沸腾。控制火焰,保持温度计读数在105 ℃左右。经过40~60 min,反应所生成的水(含少量醋酸)可完全蒸出。当温度计的读数发生上下波动时,反应即达终点,停止加热。

(3)在不断搅拌下,把反应混合物趁热以细流慢慢地倒入盛有 100 mL 冷水的烧杯中,冷却,使粗乙酰苯胺成细粒状完全析出。

(4)用布氏漏斗抽滤析出的固体,再用 5~10 mL 冷水洗涤,以除去残留的酸液。

(5)把粗乙酰苯胺放入 100 mL 热水中,加热至沸腾。如果有未溶解的油珠,需补加热水,直到油珠完全溶解为止(如溶液有色,待稍冷后加入约 1 g 活性炭煮沸脱色),趁热用保温漏斗过滤。冷却滤液,析出无色片状的乙酰苯胺晶体,减压过滤,用少量水洗涤晶体,尽量抽干水分。

(6)把产物取出,放在表面皿上,在空气中晾干。

(7)称出产物质量,并计算产率。

## 五、思考题

反应时为什么要控制分馏柱上端的温度在 105 ℃左右?

## 实验54 正溴丁烷的制备

### 一、实验目的

(1)学习用溴化钠、浓硫酸和正丁醇制备正溴丁烷的原理和方法。

(2)练习带有吸收有害气体装置的回流加热操作。

### 二、实验原理

卤代烃是一类重要的有机反应中间体及溶剂。由于合成和使用上的方便,一般实验室中最常用的卤代烃是溴代烃。

正丁醇与氢溴酸反应便可得正溴丁烷,反应如下:

$$NaBr + H_2SO_4 \longrightarrow HBr + NaHSO_4$$
$$n\text{-}C_4H_9OH + HBr \longrightarrow n\text{-}C_4H_9Br$$

可能的副反应如下:

$$CH_3CH_2CH_2CH_2OH \longrightarrow CH_3CH_2CH=CH_2 + H_2O$$
$$2n\text{-}C_4H_9OH \longrightarrow (n\text{-}C_4H_9)_2O + H_2O$$

### 三、实验仪器和试剂

**1. 仪器** 圆底烧瓶、冷凝管、玻璃弯管、分液漏斗。

**2. 试剂** 浓硫酸、正丁醇、溴化钠、饱和碳酸氢钠溶液、无水氯化钙、沸石。

### 四、实验步骤

(1)在 150 mL 圆底烧瓶中放入 20 mL 水,小心加入 29 mL 浓硫酸,混合均匀后冷至室温。依次加入 15 g 正丁醇(约 18.5 mL)及 25 g 溴化钠。充分振荡后,加入几粒沸石,装上回流冷凝管,在其上端接一吸收溴化氢气体的装置,装置见图 2-55c(注意:勿使漏斗全部埋入水中,以免倒吸)。将烧瓶在石棉网上用小火加热回流 1 h,并经常摇动。冷后,拆去回流装置,改作蒸馏装置。用 50 mL 锥形瓶作接收器。烧瓶中再加入几粒沸石,在石棉网上加热,蒸出所有的正溴丁烷。

(2)将馏出液移至分液漏斗中,加入 15 mL 水洗涤[1],将下层粗产物分入另一干燥的分液漏斗中,用 10 mL 浓硫酸洗涤[2],尽量分离干净硫酸层,余下的有机层自漏斗上口倒入原来已洗净的分液漏斗中,再依次用水、饱和碳酸氢钠溶液及水各 15 mL 洗涤。将下层产物盛于干燥的 50 mL 锥形瓶中,加入约 2 g 无水氯化钙,塞紧瓶塞,干燥 1~2 h。

(3)干燥后的产物通过置有折叠滤纸的小漏斗滤入 60 mL 蒸馏瓶中,加入沸石后,在石棉网上加热蒸馏。收集 99~103 ℃的馏分。

### 五、注释

[1] 如水洗后产物呈红色,是由于浓硫酸的氧化作用生成游离溴,可加入几毫升饱和亚硫酸氢钠溶液洗涤除去。

$$2NaBr + 3H_2SO_4(浓) \longrightarrow Br_2 + SO_2 + 2NaHSO_4 + 2H_2O$$
$$Br_2 + 3NaHSO_3 \longrightarrow 2NaBr + NaHSO_4 + 2SO_2 + H_2O$$

[2] 浓硫酸能溶解存在于粗产物中的少量未反应的正丁醇及副产物正丁醚等杂质。因为在以后的蒸馏中,由于正丁醇和正溴丁烷可形成共沸物(沸点98.6 ℃,含正丁醇13%)而难以除去。

### 六、思考题

(1)加料时,先使溴化钠与浓硫酸混合,然后加正丁醇和水,可以吗?为什么?

(2)本实验有哪些副反应?应如何减少副反应的发生?

(3)回流加热后反应瓶中的内容物呈红棕色,这是什么缘故?蒸馏正溴丁烷后,残余物应趁热倒入烧杯中,为什么?

## 实验 55　乙酸乙酯的制备

### 一、实验目的

(1)了解由有机酸合成酯的一般原理和方法。

(2)掌握蒸馏、分液漏斗的使用等操作。

(3)熟练掌握液体产品的纯化方法。

### 二、实验原理

乙酸乙酯的合成方法很多,例如,可由乙酸或其衍生物与乙醇反应制取,也可由乙酸钠与卤乙烷反应来合成等。其中最常用的方法是在酸催化下由乙酸和乙醇直接酯化。常用浓硫酸、氯化氢、对甲苯磺酸或强酸性阳离子交换树脂等作催化剂。若用浓硫酸作催化剂,其用量是醇的 0.3% 即可。其反应为

$$CH_3COOH + CH_3CH_2OH \xrightarrow{浓 H_2SO_4} CH_3COOCH_2CH_3 + H_2O$$

副反应为乙醇脱水生成乙醚和乙烯的反应。为减少副反应的发生,应控制反应温度不宜过高,可采用水浴加热。

酯化反应为可逆反应,提高产率的措施:一是加入过量的乙醇,二是在反应过程中不断蒸出生成的乙酸乙酯和水,促进平衡向生成酯的方向移动。但是,乙酸乙酯、水和乙酸的共沸物沸点与乙醇的沸点接近,所以馏出物中常含有较多的乙酸和乙醇,需在提纯时逐步除去。

### 三、实验仪器和试剂

**1. 仪器**　圆底烧瓶(100 mL)、冷凝管、电热套、温度计、分液漏斗。

**2. 试剂**　冰醋酸、无水乙醇、浓硫酸、沸石、饱和氯化钙溶液、饱和碳酸钠溶液、无水硫酸镁、饱和食盐水。

### 四、实验步骤

(1)在 100 mL 圆底烧瓶中加入 19 mL(约 16.5 g)无水乙醇和 12 mL(12 g)冰醋酸,再小心地加入 5 mL 浓硫酸,混匀后,投入几粒沸石,然后装上冷凝管,装置见图 4-4。

(2)将反应瓶用水浴加热保持缓缓的回流 30 min，然后等瓶内反应物冷却后，将回流装置改成蒸馏装置(图 2-64)，接收瓶用冷水冷却。加热蒸出生成的乙酸乙酯，直到馏出液体积约为反应物总体积的 1/2 为止。

(3)在馏出液中慢慢加入饱和碳酸钠溶液，直至不再有 $CO_2$ 气体产生(约需 25 min)，然后将混合液转入分液漏斗，分去下层水溶液，酯层用 10 mL 饱和食盐水洗涤，再用 10 mL 饱和氯化钙洗涤，最后用蒸馏水洗一次，分去下层液体，酯层自漏斗上方倒入一干燥的三角瓶中，用无水硫酸镁干燥，将干燥后的酯层进行蒸馏，收集 73~78 ℃的馏分。

图 4-4 乙酸乙酯制备装置图

### 五、思考题

(1)酯化反应有何特点？本实验如何创造条件使酯化反应向生成生成物方向进行？

(2)本实验中若采用醋酸过量的做法是否合适？为什么？

## 实验 56  从茶叶中提取咖啡因

### 一、实验目的

(1)学习生物碱提取的原理和方法。
(2)掌握萃取、蒸馏、浓缩、升华及索氏提取法等基本操作。

### 二、实验原理

咖啡因(又名咖啡碱)在茶叶中含量为 2%~5%，它是一弱碱性物质，易溶于氯仿(12.5%)、水(2%)、乙醇(2%)等，它的化学名称是 1,3,7-三甲基-2,6-二氧嘌呤，其化学结构为

含结晶水的咖啡因为无色针状结晶，味苦，100 ℃时失去结晶水，并开始升华，178 ℃时升华很快。无水咖啡因的熔点为 234.5 ℃。

茶叶中的咖啡因是利用适当的溶剂(氯仿、乙醇、水等)来提取的。蒸发溶剂，可得粗咖啡因，再用升华法得纯的产品。

### 三、实验仪器和试剂

**1. 仪器**  索氏提取器、直形冷凝管、漏斗、蒸馏烧瓶(100 mL)、温度计、蒸馏头、蒸发皿。

**2. 试剂**  茶叶、氯仿(水提法用)、$CaCO_3$(水提法用)、95%乙醇(醇提法和索氏提取法用)、生石灰。

**3. 其他**  脱脂棉。

### 四、实验步骤

**1. 水提法**

(1)在一个 500 mL 圆底烧瓶中放入 10 g 茶叶、25 g $CaCO_3$ 粉末和 150 mL 水，烧瓶上装

一支球形冷凝器，装置见图2-55a。加热回流30 min。

(2) 趁热用脱脂棉过滤。

(3) 滤液冷至室温后，转移至250 mL分液漏斗中，用50 mL氯仿分两次萃取。

(4) 萃取液合并收集到150 mL蒸馏瓶中，然后在水浴上蒸馏并回收氯仿。

(5) 蒸馏完后将残余物倒入蒸发皿中，用酒精灯小火加热使部分水分蒸发。

(6) 加入2～3 g生石灰粉(生石灰起吸水和中和作用，以除去部分酸性杂质)，使成糊状，其间应不断搅拌。最后将蒸发皿放在石棉网上，用小火炒片刻，压碎块状物成粉末，务必使水分全部除去。

(7) 冷却后，擦去沾在边上的粉末，以免在升华时污染产物。蒸发皿上盖一张刺有许多小孔且孔刺向上的滤纸，再在滤纸上罩一颈部塞有脱脂棉的玻璃漏斗，装置见图2-60a。小心加热升华。当滤纸上出现白色毛状结晶时，停止加热，冷至100 ℃左右，揭开漏斗和滤纸，仔细地把附在纸上及漏斗周围的咖啡因用小刀刮下。称量所得的产物，测其熔点。

**2. 醇提法**

(1) 在一个500 mL圆底烧瓶中放入10 g茶叶和60 mL 95%乙醇，烧瓶上装一支球形冷凝管，装置见图2-55a。加热回流30 min。

(2) 趁热用脱脂棉过滤。

(3) 滤液冷至室温后，转移到100 mL蒸馏瓶中，然后蒸馏回收乙醇。当蒸馏装置温度达到90 ℃以上时，停止蒸馏。

(4) 将残余物倒入蒸发皿中，按上述步骤(6)、(7)升华提纯。

**3. 索氏提取法**

(1) 按图4-5装好提取装置。称取10 g茶叶末，放入脂肪提取器的滤纸套筒中(滤纸套大小要紧贴器壁；滤纸包茶叶末时要严紧，防止漏出堵塞虹吸管；纸套上面折成凹形，以保证回流液均匀浸润茶叶)，分别量取25 mL水和75 mL 95%乙醇于索氏提取器和圆底烧瓶中。接通冷凝水，加热提取约1 h(发生4～5次虹吸，提取液颜色很淡时，即可停止提取)。待虹吸完成时，立即停止加热。

(2) 稍冷后，改成蒸馏装置，回收提取液中的大部分乙醇(乙醇不可蒸得太干，否则残液很黏而不易转移)。趁热将瓶中的残液倾入蒸发皿，小火蒸发除去大部分溶剂。

(3) 按上述步骤(6)、(7)升华提纯。

**五、注意事项**

(1) 萃取液和生石灰焙炒时，务必使溶剂全部除去，若不除净，在下一步加热升华时会在漏斗内出现水珠。若遇此情况，则用滤纸迅速擦干漏斗内的水珠并继续升华。

(2) 在回流充分的条件下，升华操作的好坏是实验成败的关键。升华过程中始终用小火加热，温度太高会使滤纸变黑，并且产生大量烟雾而带走晶体，使产品损失。

**六、思考题**

(1) 水提法蒸除氯仿时为什么要用水浴加热？

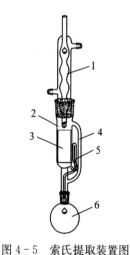

图4-5 索氏提取装置图
1. 冷凝管 2. 提取器 3. 样品室
4. 导气管 5. 虹吸管 6. 蒸馏烧瓶

(2)本实验进行升华操作时应注意什么问题?

## 实验 57　橙皮中柠檬油的提取

### 一、实验目的
(1)学习用水蒸气蒸馏法提取植物材料中易挥发油性成分的原理和方法。
(2)掌握水蒸气蒸馏、萃取、干燥等基本技术。

### 二、实验原理
柠檬、橙子与柑橘等水果的新鲜果皮中含有一种香精油,叫柠檬油,为黄色液体,有浓郁的柠檬香气。果皮中含油量为 0.35%,$\rho=0.857\sim0.862(15/4\ ℃)$,$n_D^{20}=1.474\sim1.476$,$[\alpha]_D^{20}=+57°\sim+61°$。主要成分是柠烯,含量高达80%~90%。主要香气成分是柠檬醛、$\alpha$-蒎烯、$\beta$-蒎烯等,用于配制饮料、香皂、化妆品及香精。

以粉碎的橙皮或柑橘皮为原料,利用水蒸气蒸馏,可以将香精油与水蒸气一起馏出。然后用有机溶剂进行萃取,蒸去溶剂后,即可得到柠檬油。

### 三、实验仪器和试剂
**1. 仪器**　三颈烧瓶(500 mL)、直形冷凝管、接液管、锥形瓶(50 mL、100 mL、250 mL)、漏斗(125 mL)、梨形烧瓶(50 mL)、蒸馏头、温度计(100 ℃)、水浴锅、水蒸气发生器。

**2. 试剂**　二氯甲烷、无水硫酸钠。

**3. 其他**　橙皮(新鲜)50 g。

### 四、实验步骤
将 50 g 新鲜橙皮剪成碎片后[1],放入 500 mL 三口烧瓶中,加入 250 mL 水。按图 2-66 所示安装水蒸气蒸馏装置。加热,进行水蒸气蒸馏,控制馏出速度为每秒钟 2~3 滴。馏出液约 100 mL 时[2],停止蒸馏。

将馏出液倒入分液漏斗中,用 30 mL 二氯甲烷分 3 次萃取,收集上层液。合并萃取液,放入 50 mL 干燥的锥形瓶中,加入适量无水硫酸钠,振摇至液体澄清透明为止。将干燥后的萃取液滤入干燥的 50 mL 梨形烧瓶中,安装低沸易燃物蒸馏装置。用水浴加热蒸馏,回收二氯甲烷[3]。当大部分溶剂蒸完后,再用水泵减压抽去残余的二氯甲烷[4]。烧瓶中所剩少量黄色油状液体即为柠檬油。

### 五、注释
[1]橙皮应尽量剪切得碎些,最好直接剪入烧瓶中,以防香精油损失。
[2]此时馏出液中可能还有少量油珠存在,但数量已很少,可不再继续蒸馏。
[3]也可以用旋转蒸发仪回收二氯甲烷。
[4]用减压蒸馏可以较彻底地脱除二氯甲烷。

### 六、思考题
(1)为什么可采用水蒸气蒸馏的方法提取香精油?
(2)用干的橙皮为原料提取柠檬油时,产量会大大降低,这是为什么?

## 实验 58　从槐花米中提取芦丁

### 一、实验目的
(1)学习黄酮苷类化合物的提取方法。

(2)掌握热过滤、重结晶等基本操作。

## 二、实验原理

芦丁又称芸香苷,有调节毛细血管壁渗透压的作用。临床上用作毛细血管止血药,作为高血压症的辅助治疗药物。

芦丁存在于槐花米和荞麦叶中,槐花米是槐系豆科槐属植物的花蕾,含芦丁量高达12%～16%,荞麦叶中含8%。芦丁是植物的一种黄酮类成分,是具有以下基本结构的一类化合物。就黄色色素而言,它们的分子中都有一个酮式羰基又显黄色,所以称为黄酮。

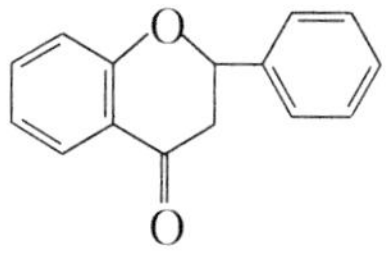

黄酮的中草药成分几乎都带有1个以上羟基,还可能有甲氧基、烃基、烃氧基等其他取代基,3、5、7、3′、4′几个位置上有羟基或甲氧基的机会最多,6、3、1′、2′等位置上有取代基的成分比较少见。黄酮类化合物结构中的羟基较多,大多数情况下是一元苷,也有二元苷。芦丁(槲皮素-3-O-葡萄糖-O-鼠李糖)是黄酮苷,为淡黄色小针状结晶,不溶于乙醇、氯仿、石油醚、乙酸乙酯、丙酮等溶剂,易溶于碱液中呈黄色,酸化后复析出。溶于浓硫酸和浓盐酸呈棕黄色,加水稀释复析出。含3个结晶水的熔点为174～178 ℃,无水物的熔点为188 ℃。其结构如下:

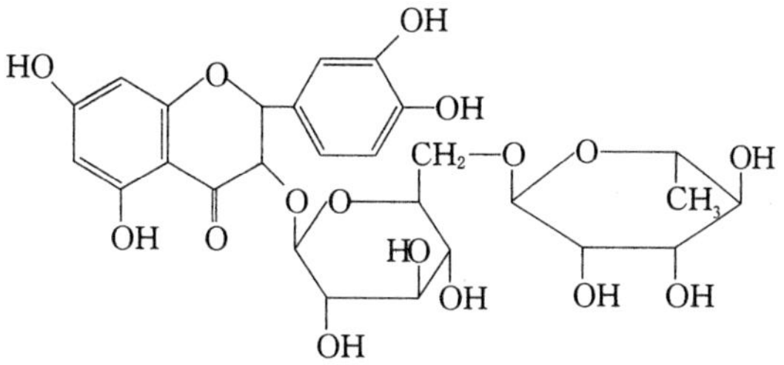

## 三、实验仪器和试剂

**1. 仪器** 研钵、烧杯、布氏漏斗、真空泵、吸滤瓶、圆底烧瓶。

**2. 试剂** 饱和石灰水溶液,15%盐酸(碱提取法),25%、95%乙醇(醇提取法),石油醚(醇提取法),丙酮(醇提取法)。

**3. 其他** 槐花米。

## 四、实验步骤

**1. 碱提取法**

(1)芦丁粗品的制备。称取3 g槐花米于研钵中研成粉状物,置于100 mL烧杯中,加入30 mL饱和石灰水溶液[1],于石棉网上加热至沸,并不断搅拌,煮沸15 min后,抽滤。滤渣再用20 mL饱和石灰水溶液煮沸10 min,抽滤。合并二次滤液,然后用15%盐酸中和(约需2 mL),调节pH为3～4[2]。放置1 h,使沉淀完全,抽滤,沉淀用水洗涤2次,得到芦丁的粗产物。

(2)芦丁精品的制备。将制得的粗芦丁置于50 mL烧杯中,加水30 mL,于石棉网上加热至沸,不断搅拌并慢慢加入约10 mL饱和石灰水溶液,调节溶液的pH为8～9,待沉淀溶解后,趁热过滤。滤液置于50 mL烧杯中,用15%盐酸调节溶液的pH为4～5,静置30 min,芦丁以浅黄色结晶析出,抽滤,产品用水洗涤2次,烘干后重约0.3 g,熔点174～

176 ℃(文献值为 174~178 ℃)。

**2. 醇提取法**

(1)芦丁粗品的制备。称取 60.0 g 槐花米在 100 mL 圆底烧瓶中，加 75%乙醇 200 mL，加热回流提取 1 h，装置见图 2-55a。抽滤，滤渣再加 75%乙醇 200 mL，加热回流 1 h，抽滤，合并滤液，减压浓缩至 80 mL，放置 24 h。抽滤，滤饼用石油醚、丙酮、95%乙醇各 5 mL 依次洗涤，得黄色芦丁粗品，干燥，称重。

(2)芦丁精品的制备。将芦丁粗品放入 600 mL 烧杯中，用 300.0 mL 去离子水加热溶解。趁热过滤，滤液放置 1 h，抽滤，所得结晶干燥，测定熔点，称重，计算得率。

### 五、注释

[1]加入饱和石灰水溶液既可以达到碱溶解提取芦丁的目的，又可以除去槐花米中大量多糖类物质。

[2]pH 过低会使芦丁形成𨦼盐而增加其水溶性，降低收率。

## 实验59　从麻黄草中提取麻黄碱

### 一、实验目的

(1)学习黄酮苷类化合物的提取方法。

(2)掌握热过滤及重结晶等基本操作。

### 二、实验原理

麻黄为麻黄科植物麻黄草或木贼麻黄(山麻黄)的干燥草质茎，是一种常用的中草药，苦涩，具有发汗解表、止咳平喘、消水肿的作用。同时也是提取麻黄生物碱的主要原料。中药麻黄含有 1%~2% 的生物碱，其中主要是 D-(－)-麻黄碱(占全碱重的 80% 左右)和 L-(＋)-麻黄碱。D-(－)-假麻黄碱是人工合成的产物。天然产物中提取出来的麻黄碱是其 4 种异构体中的两种：

L-(＋)-假麻黄碱　　D-(－)-假麻黄碱　　L-(＋)-麻黄碱　　D-(－)-麻黄碱

一般情况下是把提取到的 D-(－)-麻黄碱做成盐保存。D-(－)-麻黄碱盐酸盐为斜方针状结晶，熔点为216~220 ℃；在水中的比旋光度$[\alpha]_D^{25} = -33°$；无臭、味苦；在水中易溶，在乙醇中溶解，在氯仿或乙醚中不溶。

### 三、实验仪器和试剂

**1. 仪器**　烧瓶(250 mL)、直形冷凝管、真空接液管、锥形瓶(50 mL、100 mL、250 mL)、漏斗(125 mL)、梨形烧瓶(50 mL)、蒸馏头、温度计(100 ℃)、水蒸气发生器、烧杯(250 mL、500 mL)、抽气泵。

**2. 试剂**　麻黄草 25.0 g、0.1%盐酸、乙醚、粒状氢氧化钠、草酸、碳酸钠、氯化钠、氯化钙、丙酮或氯仿、氯化氢的无水乙醚饱和溶液、生石灰、硫酸铜。

### 四、实验步骤

**1. 溶剂提取法** 在 500 mL 烧杯中加入麻黄草 25.0 g,然后用 200 mL 0.1%盐酸溶液浸泡一昼夜以上。刚浸泡的麻黄草溶液 pH=1,浸泡一昼夜以上 pH 为 4~5,溶液呈现橘黄色。滤去麻黄草及其残渣,收集浸取液。浸取液用碳酸钠溶液调节 pH 为 5.5~6.0,减压浓缩至原体积的 1/3 左右。浓缩液用碳酸钠溶液中和至 pH 为 10,这时浓缩液有浅橘黄色絮状沉淀析出,过滤,滤液加固体氯化钠进行饱和。用 40 mL 乙醚分 2 次萃取用氯化钠饱和过的浸取液,合并乙醚萃取液。乙醚萃取液为无色透明液体,其 pH 为 8~9。最后用粒状氢氧化钠干燥。滤去干燥剂,在常压下蒸去乙醚,残余物为橘红色油状物。在残余物中加入 2~5 mL 氯化氢的无水乙醚饱和溶液,即有大量斜方针状晶体析出。待结晶完全析出后,过滤,用 10 mL 氯仿或丙酮分 3 次进行洗涤,以除去混杂在产品中的 L-(+)-假麻黄碱。产品进行干燥,挑选斜方针状结晶,测其熔点。然后把干燥好的产品置于真空干燥器内保存,产品可用无水乙醇重结晶。

**2. 水蒸气蒸馏法** 将 25.0 g 麻黄草用 200 mL 0.1%盐酸溶液浸泡一昼夜以上,然后滤去麻黄草及残渣,将浸取液浓缩至 50 mL 后,加入碳酸钠溶液使呈碱性,再用食盐饱和后进行水蒸气蒸馏,收集蒸出液,装置见图 2-66。在蒸出液中加入草酸使呈酸性,D-(−)-麻黄碱草酸盐即沉淀析出。过滤收集沉淀,母液待处理。将沉淀放入小烧杯中,加入饱和氯化钙水溶液溶解沉淀后进行过滤,然后把滤液浓缩到 50 mL 后,加入活性炭进行脱色,煮 10 min 左右,趁热滤去活性炭。将滤液进行冷却,D-(−)-麻黄碱盐酸结晶即行析出。将过滤 D-(−)-麻黄碱草酸盐沉淀后的草酸母液,按类似的方法处理就可以得到 L-(+)-假麻黄碱的盐酸结晶。

**3. 麻黄碱的鉴定实验——双缩脲反应** 取本品酸性水浸液,加碱后,用乙醚提取,分出乙醚液,常压蒸去乙醚,残留物溶于少量稀酸溶液中,加入硫酸铜数滴及氢氧化钠溶液至稍过量,则溶液呈现紫色。再加入乙醚数毫升,混合后加上塞子放置,则醚层显紫色,而水相显蓝色。这是由于麻黄碱分子中 —CH($NH_2$)—CH(OH)— 的结构与蛋白质类似,可与铜发生双缩脲反应,产物呈紫色。其螯合物可溶于有机溶剂,故醚层呈现紫色。

### 五、思考题

(1) 利用酸水浸渍提取麻黄碱时应注意什么问题?本实验提取方法有什么特点?

(2) 麻黄碱与伪麻黄碱在性质上有何差异,除本实验外,还可用何种方法将二者分离?

## 实验 60 菠菜色素的提取和分离

### 一、实验目的

(1) 通过绿色植物色素的提取和分离,了解天然物质分离提纯的方法。

(2) 通过柱色谱和薄层色谱分离操作,了解微量有机物色谱分离鉴定的原理。

(3) 掌握柱色谱和薄层色谱的原理和操作技术。

### 二、实验原理

绿色植物如菠菜叶中含有叶绿素(绿色)、胡萝卜素(橙色)和叶黄素(黄色)等多种天然色素。

叶绿素存在两种结构相似的形式,即叶绿素 a 和叶绿素 b。叶绿素 a 中一个甲基被醛基所代替即为叶绿素 b。它们都是吡咯衍生物与金属镁的络合物，是植物进行光合作用所必需的催化剂。植物中叶绿素 a 的含量通常是叶绿素 b 的 3 倍。尽管叶绿素分子中含有一些极性基团，但大的烃基结构使它易溶于石油醚等一些非极性溶剂。

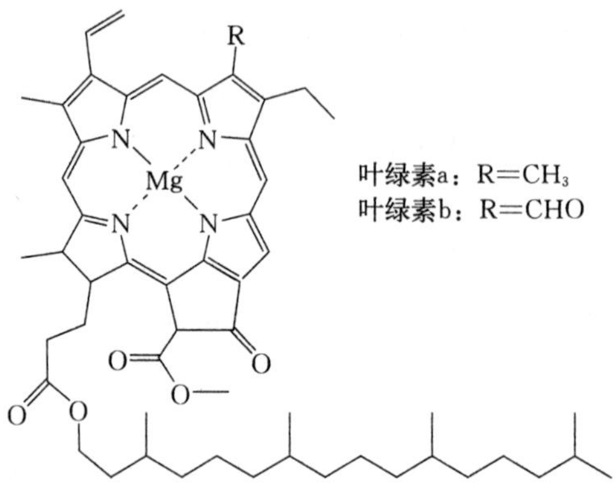

叶绿素a：R=CH$_3$
叶绿素b：R=CHO

胡萝卜素是具有长链结构的共轭多烯。它有 3 种异构体，即 α-、β- 和 γ-胡萝卜素，其中 β-胡萝卜素含量最多，也最重要。在生物体内，β-胡萝卜素受酶催化氧化即形成维生素 A。目前 β-胡萝卜素已可进行工业生产，可作为维生素 A 使用，也可作为食品工业中的色素。

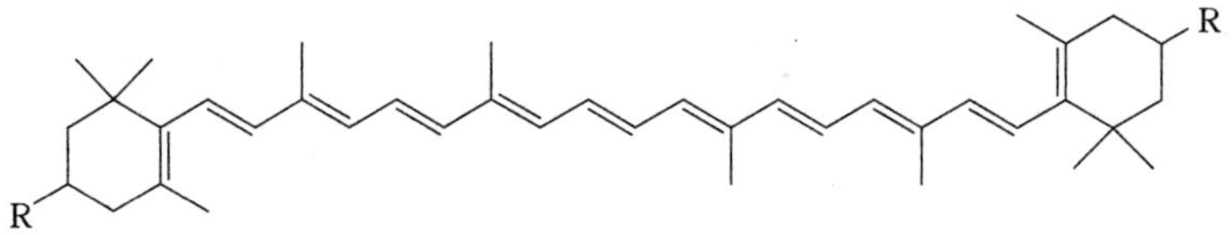

β-胡萝卜素：R=H，叶黄素：R=OH

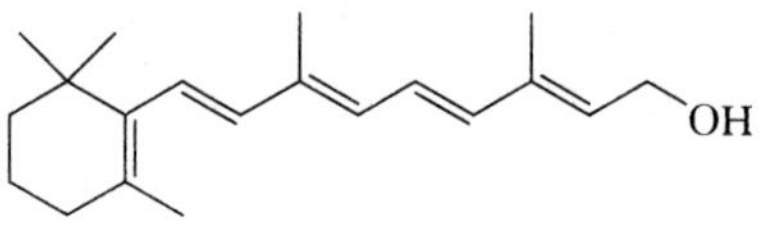

维生素A

叶黄素是胡萝卜素的羟基衍生物，它在绿叶中的含量通常是胡萝卜素的 2 倍。与胡萝卜素相比，叶黄素较易溶于醇而在石油醚中溶解度较小。

本实验从菠菜中提取上述几种色素，并通过薄层层析和柱层析进行分离。

### 三、实验仪器和试剂

**1. 仪器**　研钵、真空泵、吸滤瓶、布氏漏斗、圆底烧瓶、直形冷凝管、层析柱、层析缸。

**2. 试剂**　硅胶 G、0.5%羧甲基纤维素、中性氧化铝(150~160 目)、丁醇、乙醇、石油醚(60~90 ℃)、丙酮、无水硫酸钠、乙酸乙酯。

**3. 其他**　菠菜叶、脱脂棉。

### 四、实验步骤

**1. 菠菜色素的提取**　称取 10 g 洗净后的新鲜(或冷冻)的菠菜叶，用剪刀剪碎并与 50 mL 乙醇拌匀，在研钵中研磨约 5 min，然后用布氏漏斗抽滤，弃去滤液。将菠菜渣放回研钵，每次用 50 mL 3∶2(体积比)的石油醚-乙醇混合液提取 2 次，每次需加以研磨并且抽滤。合并深绿色提取液，转入分液漏斗中，每次用 25 mL 水洗涤 2 次，以除去萃取液中的乙醇。洗涤时要轻轻旋荡，以防止产生乳化。弃去水-乙醇层，石油醚层用无水硫酸钠干燥后滤入圆底烧瓶，在水浴上蒸馏回收大部分石油醚至体积约为 6 mL 为止。

**2. 薄层层析**　取 4 块显微载玻片，用硅胶 G 加 0.5% 羧甲基纤维素调制后制板，晾干后在 110 ℃活化 1 h。取活化后的层析板，点样后，小心放入分别加入展开剂①和②的层析缸内，盖好缸盖。待展开剂上升至规定高度时，取出层析板，在空气中晾干，用铅笔做出标记，并进行测量，分别计算出 $R_f$ 值。比较不同展开剂系统的展开效果。观察斑点在板上的位置，并排列出胡萝卜素、叶绿素和叶黄素的 $R_f$ 值的大小次序。

展开剂：① $V$(石油醚)∶$V$(丙酮)＝4∶1
　　　　② $V$(石油醚)∶$V$(乙酸乙酯)＝3∶2

**3. 柱层析**　在层析柱中加 3 cm 高的石油醚。另取少量脱脂棉，先在小烧杯中用石油醚浸湿，挤压以驱除气泡，然后放在层析柱底部，轻轻压紧，塞住底部。将 5 g 层析用的中性氧化铝(150～160 目)从玻璃漏斗中缓缓加入。小心打开柱下活塞，保持石油醚高度不变，流下的氧化铝在柱子中堆积。必要时用橡皮锤轻轻在层析柱的周围敲击，使吸附剂装得均匀致密。柱中溶剂面由下端活塞控制，既不能满溢，更不能干涸。装完后，上面再加一片圆形滤纸，打开下端活塞，放出溶剂，直到氧化铝表面溶剂剩下 1～2 mm 高时关上活塞(注意：在任何情况下，氧化铝表面不得露出液面)。

将上述菠菜色素的浓缩液用滴管小心地加到层析柱顶部，加完后，打开下端活塞，让液面下降到柱面以上 1 mm 左右，关闭活塞，加数滴石油醚，打开活塞，使液面下降，经几次反复，使色素全部进入柱体。

待色素全部进入柱体后，在柱顶小心加洗脱剂——石油醚-丙酮溶液(体积比为 9∶1)。打开活塞，让洗脱剂逐滴放出，层析即开始进行，用锥形瓶收集。当第一个有色成分即将滴出时，取另一锥形瓶收集，继续洗脱至第一个有色组分全部洗出，得橙黄色溶液，它就是胡萝卜素。

用石油醚-丙酮(体积比 7∶3)溶液作洗脱剂，分出第二个黄色带，它是叶黄素[1]。再用丁醇-乙醇-水(体积比 3∶1∶1)溶液洗脱叶绿素 a(蓝绿色)和叶绿素 b(黄绿色)。

**五、注释**

[1]叶黄素易溶于醇而在石油醚中的溶解度较小。从嫩绿菠菜得到的提取液中，叶黄素含量很少，柱色谱中不易分出黄色带。

**六、思考题**

(1)试比较叶绿素 a、叶绿素 b、叶黄素和胡萝卜素四种色素的极性，为什么胡萝卜素在层析柱中移动最快？

(2)柱层析上样和洗脱时各有哪些操作要点？

# 二、设计性实验

## 实验 61　混合碱样的分析(双指示剂法)

**一、实验目的**

(1)掌握混合碱分析的原理及方法。

(2)学会利用 $V_1$ 和 $V_2$ 的数值判断混合碱的组成。
(3)学会混合碱分析的分析结果计算。

## 二、实验原理

混合碱一般指 NaOH、NaHCO$_3$ 及 Na$_2$CO$_3$ 三种物质之间的相互混合。当用双指示剂法进行测定,酚酞变色时,NaOH 全部被反应,Na$_2$CO$_3$ 被转化为 NaHCO$_3$,混合体系中的 NaHCO$_3$ 不反应。再加入甲基橙,继续用 HCl 滴定,NaHCO$_3$ 被转化为 CO$_2$ 和 H$_2$O。

酚酞变色时:

$$NaOH + HCl = NaCl + H_2O$$
$$Na_2CO_3 + HCl = NaHCO_3 + NaCl$$

甲基橙变色时:

$$NaHCO_3 + HCl = NaCl + CO_2\uparrow + H_2O$$

根据酚酞变色时消耗的 HCl 的体积 $V_1$ 及甲基橙变色时消耗的体积 $V_2$ 的关系,即可判断出混合碱组成及其含量。

例如,由上述反应式可知,当混合碱为 NaOH 和 Na$_2$CO$_3$ 时,用双指示剂法滴定时,$V_1 > V_2$,NaOH 消耗标准酸溶液的体积为 $(V_1 - V_2)$,碳酸钠消耗标准酸溶液的体积为 $2V_2$。

根据所消耗标准酸溶液的体积及其浓度,就可分别求出混合碱中各组分的含量。

## 三、实验要求

(1)设计详细的实验方案(包括试样的预处理方法、所需的仪器试剂、实验步骤、实验结果的计算公式等)。
(2)完成实验。
(3)判断混合碱样的组成。
(4)计算混合碱样各组分的含量。

## 四、参考资料

(1)呼世斌,2003.无机及分析化学实验[M].北京:中国农业出版社.
(2)四川大学化工学院,浙江大学化学系,2003.分析化学实验[M].3 版,北京:高等教育出版社.

# 实验 62 未知物的鉴定或鉴别

## 一、实验目的

运用所学的元素及化合物的基本性质,进行常见物质的鉴定或鉴别,进一步巩固常见阳离子和阴离子重要反应的基本知识。

## 二、实验原理

当一个试样需要鉴定或一组未知物需要鉴别时,通常可根据以下几个方面进行初步判断。

### 1. 物态

(1)观察试样在常温时的状态,如果是固体要观察它的晶形。
(2)观察试样的颜色,固体试样还要观察其水溶液的颜色。
(3)闻试样的气味。

**2. 溶解性**　首先试验是否溶于水，不溶于水的固体试样，要依次用 HCl（稀、浓）、$HNO_3$（稀、浓）试验其溶解性。

**3. 酸碱性**　酸性或碱性可直接通过指示剂的反应加以判断，有时根据溶液的酸碱性可初步排除某些离子存在的可能性。

**4. 热稳定性**　观察试样常温时是否稳定，灼热时是否分解，受热时是否挥发或升华等。

**5. 鉴定或鉴别反应**　经过前面对试样的观察和初步试验，再进行相应的鉴定或鉴别反应，就能给出更准确的判断。在基础无机化学实验中鉴定反应大致采用以下几种方式：

(1) 通过与某试剂反应，生成沉淀，或沉淀溶解，或放出气体。必要时再对生成的沉淀和气体做性质试验。

(2) 显色反应。

(3) 焰色反应。

(4) 硼砂珠试验。

(5) 其他特征反应。

### 三、实验要求

(1) 区分 2 片银白色金属片：一片是铝片，一片是锌片。

(2) 鉴别 3 种氧化物：$CuO$、$PbO_2$、$MnO_2$。

(3) 未知 3 种混合液中分别含有 $Cr^{3+}$、$Mn^{2+}$、$Fe^{3+}$、$Co^{2+}$、$Ni^{2+}$ 中的大部分或全部，设计一实验方案以确定未知液中含有哪几种离子，哪几种离子不存在。

(4) 盛有以下 10 种硝酸盐溶液的试剂瓶标签被腐蚀，试加以鉴别：$AgNO_3$、$Hg(NO_3)_2$、$Hg_2(NO_3)_2$、$Pb(NO_3)_2$、$NaNO_3$、$Cd(NO_3)_2$、$Zn(NO_3)_2$、$Al(NO_3)_3$、$KNO_3$、$Mn(NO_3)_2$。

(5) 盛有下列 10 种固体钠盐的试剂瓶标签脱落，试加以鉴别：$NaNO_3$、$Na_2S$、$Na_2S_2O_3$、$Na_3PO_4$、$NaCl$、$Na_2CO_3$、$NaHCO_3$、$Na_2SO_4$、$NaBr$、$Na_2SO_3$。

### 四、参考资料

(1) 史启祯，肖新亮，1995. 无机化学与化学分析实验[M]. 北京：高等教育出版社.

(2) 南京大学化学实验教学组，1999. 大学化学实验[M]. 北京：高等教育出版社.

(3) 中山大学，1992. 无机化学实验[M]. 3 版. 北京：高等教育出版社.

(4) 武汉大学，2001. 分析化学实验[M]. 4 版. 北京：高等教育出版社.

## 实验 63　含镍废催化剂中镍的化学回收

### 一、实验目的

(1) 了解含镍废催化剂中镍的化学回收方法。

(2) 提高文献资料的查询及其综述能力。

### 二、实验原理

镍催化剂是石油化工业中催化加氢的常用催化剂，反复使用后逐渐失活变成废弃物，如果直接遗弃，既造成资源浪费，又造成环境污染，所以含镍废催化剂中镍的化学回收利用，具有很高的社会效益和经济效益。

废催化剂中含有一定量的有机物、铁、铝等物质，一般先将废催化剂焙烧除去有机物，焙烧物用碱溶解以分离 $Al(OH)_4^-$、$SiO_3^{2-}$ 等，碱不溶物溶解在酸中，调解 pH 以分离 $Fe^{3+}$、

$Ni^{2+}$ 等，最后再进一步精制得到镍盐。

### 三、实验要求
(1) 设计用化学方法从含镍废催化剂中回收制备镍盐的实验方案。
(2) 完成实验，写出实验报告。

### 四、参考资料
(1) 陈寿春，1982. 重要无机化学反应[M]. 2版. 上海：上海科学技术出版社.
(2) 唐娜娜，2005. 废弃物料中钴、镍的回收[J]. 有色矿冶(7).
(3) 张小杰，2002. 含镍废催化剂的回收利用[J]. 化工环保(2).
(4) 于振涛，2001. 废镍催化剂的回收利用[J]. 当代化工(3).

## 实验64　废干电池的综合利用

### 一、实验目的
(1) 进一步熟练无机物的实验室提取、制备、提纯、分析等方法与技能。
(2) 学习实验方案的设计。
(3) 了解废弃物中有效成分的回收利用方法。

### 二、实验原理与材料准备
日常生活中用的干电池为锌-锰干电池。其负极是作为电池壳体的锌电极，正极是被 $MnO_2$（为增强导电能力，填充有炭粉）包围着的石墨电极，电解质是氯化锌及氯化铵的糊状物，其结构见图4-6。其电池反应为

$$Zn + 2NH_4Cl + 2MnO_2 = Zn(NH_3)_2Cl_2 + 2MnOOH$$

在使用过程中，锌皮消耗最多，二氧化锰只起氧化作用，氯化铵作为电解质没有消耗，炭粉是填料。因而回收处理废干电池可以获得多种物质，如铜、锌、二氧化锰、氯化铵和炭棒等，实为变废为宝的一种可利用资源。

回收时，剥去电池外层包装纸，用螺丝刀撬去顶盖，用小刀挖去盖下面的沥青层，即可用钳子慢慢拔出炭棒（连同铜帽），可留着作电解食盐水等的电极用。

用剪刀（或钢锯片）把废电池外壳剥开，即可取出里面的黑色物质，它为二氧化锰、炭粉、氯化铵、氯化锌等的混合物。

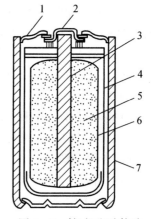

图4-6　锌-锰电池构造
1. 火漆　2. 黄铜帽　3. 石墨棒
4. 锌筒　5. 去极剂
6. 电解液　7. 厚纸壳

把这些黑色混合物倒入烧杯中，加入蒸馏水（按每节大电池加50 mL水计算），搅拌，溶解，过滤，滤液用于提取氯化铵，滤渣用于制备 $MnO_2$ 及锰的化合物。电池的锌壳可用于制锌及锌盐。剖开电池后（请同学利用课外活动时间预先分解废干电池）按老师指定从下列三项中选做一项。

### 三、从黑色混合物的滤液中提取氯化铵
**1. 要求**

(1) 设计实验方案，提取并提纯氯。
(2) 产品定性检验：①证实其为铵盐；②证实其为氯化物；③判断是否有杂质存在。
(3) 测定产品中 $NH_4Cl$ 的含量。

**2. 提示** 已知滤液的主要成分为 $NH_4Cl$ 和 $ZnCl_2$，两者在不同温度下的溶解度见表 4-3：

表 4-3 $NH_4Cl$ 和 $ZnCl_2$ 在不同温度下的溶解度(每 100 g 水，g)

| 温度/K | 273 | 283 | 293 | 303 | 313 | 333 | 353 | 363 | 373 |
|---|---|---|---|---|---|---|---|---|---|
| $NH_4Cl$ | 29.4 | 33.2 | 37.2 | 31.4 | 45.8 | 55.3 | 65.6 | 71.2 | 77.3 |
| $ZnCl_2$ | 342 | 363 | 395 | 437 | 452 | 488 | 541 | — | 461 4 |

氯化铵在 100 ℃时开始显著地挥发，338 ℃时解离，350 ℃时升华。

氯化铵与甲醛作用生成六次甲基四胺和盐酸，后者用氢氧化钠标准溶液滴定，便可求出产品中氯化铵的含量。有关反应为

$$4NH_4Cl + 6HCHO = (CH_2)_6N_4 + 4HCl + 6H_2O$$

测定步骤如下：准确称取约 0.2 g 固体 $NH_4Cl$ 产品两份，分别置于锥形瓶中，加蒸馏水 30 mL、40% 甲醛 2 mL(以酚酞为指示剂，预先用 $0.1\ mol \cdot L^{-1}$ NaOH 中和，以除去甲醛中含的甲酸)、酚酞指示剂 3~4 滴，摇匀，放置 5 min，然后用 $0.1\ mol \cdot L^{-1}$ NaOH 标准溶液滴定至溶液变红，30 s 不褪色即为终点。氯化铵的含量按下式计算：

$$w(NH_4Cl) = \frac{c_{NaOH} \times V_{NaOH} \times M_{NH_4Cl} \times 10^{-3}}{m} \times 100\%$$

式中，$c$、$V$ 分别为 NaOH 标准溶液的浓度及滴定时耗用的体积(mL)；$m$ 为 $NH_4Cl$ 试样的质量(g)。

用同样方法测定另一份试样，然后计算 $NH_4Cl$ 含量的平均值。

### 四、从黑色混合物的滤渣中提取 $MnO_2$

**1. 要求**

(1) 设计实验方案，精制二氧化锰。

(2) 设计实验方案，验证二氧化锰的催化作用。

(3) 试验 $MnO_2$ 与盐酸、$MnO_2$ 与 $KMnO_4$ 的作用。

**2. 提示** 黑色混合物的滤渣中含有二氧化锰、炭粉和其他少量有机物。将滤渣用水冲洗滤干固体，灼烧以除去炭粉和其他有机物。

粗二氧化锰中尚含有一些低价锰和少量其他金属氧化物，也应设法除去，以获得精制二氧化锰。纯二氧化锰密度 $5.03\ g \cdot cm^{-3}$，535 ℃时分解为 $O_2$ 和 $Mn_2O_3$，不溶于水、硝酸、稀硫酸中。

取精制二氧化锰做如下实验：

(1) 催化作用。二氧化锰对氯酸钾热分解反应有催化作用。

(2) 与浓 HCl 作用。二氧化锰与浓 HCl 发生如下反应：

$$MnO_2 + 4HCl = MnCl_2 + Cl_2 \uparrow + 2H_2O$$

注意：所设计的实验方法(或采用的装置)要尽可能避免引起实验室空气污染。

(3) $MnO_4^{2-}$ 的生成及其歧化反应。在大试管中加入 5 mL $0.002\ mol \cdot L^{-1}$ $KMnO_4$ 及 5 mL $2\ mol \cdot L^{-1}$ NaOH 溶液，再加入少量所制备的 $MnO_2$ 固体。验证所生成的 $MnO_4^{2-}$ 的歧化反应。

### 五、由锌壳制备 $ZnSO_4 \cdot 7H_2O$

**1. 要求**

(1) 设计实验方案，以锌单质制备七水硫酸锌。

(2) 产品定性检验：①证实为硫酸盐；②证实为锌盐；③验证不含 $Fe^{3+}$、$Cu^{2+}$。

**2. 提示**　将洁净的碎锌片以适量的酸溶解。溶液中有 $Fe^{3+}$、$Cu^{2+}$ 杂质时，设法除去。七水硫酸锌极易溶于水(在 15 ℃时，无水盐为 33.4%)，不溶于乙醇。在 39 ℃时溶于结晶水，100 ℃开始失水。在水中水解呈酸性。

## 实验 65　乙酰水杨酸(阿司匹林)的制备

### 一、实验目的
(1)学习阿司匹林制备的实验原理和实验方法。
(2)掌握回流、抽滤、结晶、洗涤等基本操作。
(3)学习应用化学文献解决实验问题。

### 二、合成提示
乙酰水杨酸是由水杨酸(邻羟基苯甲酸)和乙酸酐合成的。反应式为

$$\text{水杨酸} + (CH_3CO)_2O \xrightarrow{H^+} \text{乙酰水杨酸} + CH_3COOH$$

在生成乙酰水杨酸的同时，水杨酸分子之间可以发生缩合反应，生成少量聚合物：

$$\text{水杨酸} \longrightarrow \text{聚合物} + H_2O$$

### 三、实验要求
(1)查阅资料，设计乙酰水杨酸的合成及纯化实验方案。
(2)由指导教师审查设计方案。
(3)按指导教师批准的方案完成实验。

### 四、参考资料
(1)李吉海，2003. 基础化学实验(Ⅱ)——有机化学实验[M]. 北京：化学工业出版社.
(2)姚映钦，2004. 有机化学实验[M]. 武汉：武汉理工大学出版社.
(3)关烨第，2002. 有机化学实验[M]. 北京：北京大学出版社.
(4)李兆陇，阴金香，林天舒，2002. 有机化学实验[M]. 北京：清华大学出版社.

## 实验 66　葡萄糖酸锌的制备

### 一、实验目的
通过本实验，使学生了解由葡萄糖酸和氧化锌制备葡萄糖酸锌的方法。

### 二、合成提示
方法一：葡萄糖酸钙与硫酸锌直接反应。

$$[CH_2OH(CHOH)_4COO]_2Ca + ZnSO_4 \longrightarrow [CH_2OH(CHOH)_4COO]_2Zn + CaSO_4$$

方法二：葡萄糖酸和氧化锌反应。

$$2CH_2OH(CHOH)_4COOH + ZnO \longrightarrow [CH_2OH(CHOH)_4COO]_2Zn + H_2O$$

方法三：葡萄糖酸钙用酸处理，再与氧化锌作用得葡萄糖酸锌。

本实验采取第三种方法。

### 三、实验要求

(1)查阅资料，按方法三设计葡萄糖酸锌的合成及纯化实验方案。

(2)由指导教师审查设计方案。

(3)按指导教师批准的方案完成实验。

### 四、参考资料

李吉海，2003. 基础化学实验(Ⅱ)——有机化学实验[M]. 北京：化学工业出版社.

## 实验 67　$NaH_2PO_4$ - $Na_2HPO_4$ 混合体系中各组分含量的测定

### 一、实验目的

(1)培养学生查阅有关资料的能力。

(2)运用所学知识及有关参考资料对实际试样写出实验设计方案。

(3)在教师指导下对各种混合酸碱体系的组成含量进行分析，培养学生分析问题、解决问题的能力，以提高素质。

### 二、实验原理

以酚酞(或百里酚酞)为指示剂，用 NaOH 标准溶液滴定 $H_2PO_4^-$ 至 $HPO_4^{2-}$。终点由无色变为微红：

$$NaH_2PO_4 + NaOH = Na_2HPO_4 + H_2O$$

以甲基橙或溴酚蓝为指示剂，用 HCl 标准溶液滴定 $HPO_4^{2-}$ 至 $H_2PO_4^-$，终点由黄变橙：

$$Na_2HPO_4 + HCl = NaH_2PO_4 + NaCl$$

根据消耗 HCl 的体积计算 $Na_2HPO_4$ 的量。可以分别滴定，也可以在同一份溶液中连续滴定。该混合样中含有少量惰性杂质。

### 三、实验要求

(1)根据滴定分析有关原理及方法进行设计。

(2)所需标准溶液需自己配制、标定。

(3)方案中须包括滴定分析四大操作(称量、定容、移液、滴定)。

### 四、参考资料

(1)何水样，崔斌，张维平，2005. 大学化学实验[M]. 西安：西北大学出版社.

(2)武汉大学，2001. 分析化学[M].4 版. 北京：高等教育出版社.

## 实验 68　石灰石中钙、镁含量的测定

### 一、实验目的

(1)掌握 EDTA 配位滴定法测定石灰石中钙、镁含量的原理和方法。

(2)理解酸度条件对配位滴定的影响。

## 二、实验原理

石灰石的主要成分是 $CaCO_3$，同时还含有一定量的 $MgCO_3$ 及少量铁、铝、铜、锌等杂质，用酸溶解后，不经分离直接用 EDTA 标准溶液进行滴定。

试样溶解后，在 pH=10 时，以铬黑 T 作指示剂，用 EDTA 标准溶液滴定溶液中 $Ca^{2+}$ 和 $Mg^{2+}$ 两种离子总量；另一份试液中，在 pH>12 时，$Mg^{2+}$ 生成 $Mg(OH)_2$ 沉淀，加入钙指示剂用 EDTA 标准溶液单独滴定 $Ca^{2+}$。

$Fe^{3+}$、$Al^{3+}$、$Cu^{2+}$、$Zn^{2+}$ 对测定有干扰。

## 三、实验要求

(1) 根据配位滴定有关原理及方法进行设计。

(2) 所需标准溶液自己配制、标定。

## 四、参考资料

(1) 华中师范大学，东北师范大学，陕西师范大学，1994. 分析化学实验[M]. 2 版. 北京：高等教育出版社.

(2) 成都科技大学，浙江大学，2000. 分析化学实验[M]. 2 版. 北京：高等教育出版社.

(3) 四川大学化工学院，浙江大学化学系，2003. 分析化学实验[M]. 3 版. 北京：高等教育出版社.

# 实验 69　胃舒平药片中铝、镁的测定

## 一、实验目的

(1) 学习药剂测定的前处理方法。

(2) 掌握沉淀分离的操作方法。

## 二、实验原理

胃病患者常服用的胃舒平药片的主要成分为氢氧化铝、三硅酸镁及少量中药颠茄片，在制成片剂时还加了大量糊精等赋形剂。药片中 Al 和 Mg 的含量可用 EDTA 配位滴定法测定。为此先溶解样品，分离去水不溶物质，然后分取试液加入过量的 EDTA 溶液，调节 pH 至 4 左右，煮沸使 EDTA 与 $Al^{3+}$ 配位完全，再以二甲酚橙为指示剂，用 $Zn^{2+}$ 标准溶液滴定过量的 EDTA，测出 $Al^{3+}$ 含量。另取试液，调节 pH，将 $Al^{3+}$ 沉淀分离后，于 pH=10 的条件下以铬黑 T 作指示剂，用 EDTA 标准溶液滴定滤液中的 $Mg^{2+}$。

## 三、实验要求

(1) 可设计出多种实验方案，比较各种方案的实验结果，最终确定切实可行的实验方法。

(2) 完成实验，写出研究论文。

## 四、参考资料

(1) 武汉大学，2001. 分析化学实验[M]. 4 版. 北京：高等教育出版社.

(2) 四川大学化工学院，浙江大学化学系，2003. 分析化学实验[M]. 3 版. 北京：高等教育出版社.

(3) 王彤，姜言权，2002. 分析化学实验[M]. 北京：高等教育出版社.

(4) 呼世斌，2003. 无机及分析化学实验[M]. 北京：中国农业出版社.

## 实验 70　碱式碳酸铜的制备

### 一、实验目的
(1) 通过碱式碳酸铜制备条件的探求和生成物颜色、状态的分析，研究反应物的配料比并确定制备反应的温度条件。
(2) 培养学生独立设计实验的能力。

### 二、实验原理
碱式碳酸铜 $Cu_2(OH)_2CO_3$ 为天然孔雀石的主要成分，呈暗绿色或淡蓝色，加热至 200 ℃即分解，在水中的溶解度很小，新制备的试样在沸水中很易分解。

由于 $CO_3^{2-}$ 的水解作用，$Na_2CO_3$ 溶液呈碱性，而且铜的碳酸盐与氢氧化物的溶解度相近，所以当碳酸钠与硫酸铜反应时，得到的产物是碱式碳酸铜：

$$2CuSO_4 + 2Na_2CO_3 + H_2O = Cu_2(OH)_2CO_3 \downarrow + 2Na_2SO_4 + CO_2 \uparrow$$

反应物的比例对产物的组成及沉降时间有影响。反应温度影响产物粒子的大小，为了得到大颗粒沉淀，沉淀反应需在一定的温度下进行，当反应温度过高时，会有黑色氧化铜生成。

### 三、实验仪器和试剂
**1. 仪器**　烧杯、抽滤瓶、试管、布氏漏斗、表面皿、恒温水浴锅。
**2. 试剂**　$CuSO_4 \cdot 5H_2O$，$Na_2CO_3$。

### 四、实验步骤
**1. 反应物溶液的配制**　配制 0.5 mol·L$^{-1}$ 的 $CuSO_4$ 溶液和 0.5 mol·L$^{-1}$ 的 $Na_2CO_3$ 溶液各 100 mL。

**2. 制备反应条件的探求**

(1) $CuSO_4$ 和 $Na_2CO_3$ 溶液的合适配比。于 4 支试管内均加入 2.0 mL 0.5 mol·L$^{-1}$ 的 $CuSO_4$ 溶液，再分别取 0.5 mol·L$^{-1}$ 的 $Na_2CO_3$ 溶液 1.6 mL、2.0 mL、2.4 mL 及 2.8 mL，依次加入另外 4 支编号的试管中。将 8 支试管放在 75 ℃ 的恒温水浴中。几分钟后，依次将 $CuSO_4$ 溶液分别倒入 $Na_2CO_3$ 溶液中，振荡试管，比较各试管中沉淀生成的速度、沉淀的数量及颜色，从中得出两种反应物溶液以何种比例混合最佳。实验数据记录在下表中。

| 编　号 | 1 | 2 | 3 | 4 |
|---|---|---|---|---|
| 0.5 mol·L$^{-1}$ $CuSO_4$ 体积/mL | 2.0 | 2.0 | 2.0 | 2.0 |
| 0.5 mol·L$^{-1}$ $Na_2CO_3$ 体积/mL | 1.6 | 2.0 | 2.4 | 2.8 |
| 沉淀生成的速度 | | | | |
| 沉淀的数量 | | | | |
| 沉淀的颜色 | | | | |
| 最佳比例 | | | | |

**探索思考：**
① 各试管中沉淀的颜色为何会有差别？何种颜色产物的碱式碳酸铜含量最高？
② 若将 $Na_2CO_3$ 溶液倒入 $CuSO_4$ 溶液，结果是否会有所不同？

(2)反应温度的探求。在 4 支试管中各加入 2.0 mL 0.5 mol·L$^{-1}$ CuSO$_4$ 溶液,另取 4 支试管,各加入由上述实验得到的合适用量的 0.5 mol·L$^{-1}$ Na$_2$CO$_3$ 溶液。从这两列试管中各取 1 支,将它们分别置于室温、50 ℃、75 ℃、100 ℃的恒温水浴中,数分钟后将 CuSO$_4$ 溶液倒入 Na$_2$CO$_3$ 溶液中,振荡并观察现象,由实验结果确定制备反应的合适温度。实验数据记录在下表中。

| 温 度 | 室温 | 50 ℃ | 75 ℃ | 100 ℃ |
|---|---|---|---|---|
| 0.5 mol·L$^{-1}$ CuSO$_4$ 体积/mL | 2.0 | 2.0 | 2.0 | 2.0 |
| 0.5 mol·L$^{-1}$ Na$_2$CO$_3$ 体积/mL | | | | |
| 沉淀生成的速度 | | | | |
| 沉淀的数量 | | | | |
| 沉淀的颜色 | | | | |
| 最佳温度 | | | | |

**探索思考:**

① 反应温度对本实验有何影响?

② 反应在何温度下进行会出现褐色产物?这种褐色物质是什么?

**3. 碱式碳酸铜的制备** 取 60 mL 0.5 mol·L$^{-1}$ CuSO$_4$ 溶液,根据上面实验确定的反应物合适比例及适宜温度制取碱式碳酸铜。待沉淀完全后,用蒸馏水洗涤沉淀数次,直到沉淀中不含 SO$_4^{2-}$ 为止,吸干。将所得产物在烘箱中于 100 ℃烘干,待冷却至室温后称量,并计算产率。

### 五、思考题

(1)除反应物的配比和反应的温度对本实验的结果有影响外,反应物的种类、反应进行的时间等因素是否对产物的质量也有影响?

(2)自行设计一个实验,测定产物中铜及碳酸根的含量,从而分析所制得的碱式碳酸铜的质量。

### 六、参考资料

(1)北京师范大学无机化学教研室,2003. 无机化学实验[M]. 3 版. 北京:高等教育出版社.

(2)陈彦玲,2006. 碱式碳酸铜的制备[J]. 长春师范学院学报(4).

# 第五部分

# 仪器分析设备及实验

## 一、仪器分析常规设备

### (一)电位滴定仪

**1. 工作原理** 电位分析法是指在零电流条件下,通过测定相应原电池的电动势,进行定量测定的电化学分析法。它是利用电极电位与化学电池电解质溶液中某种组分浓度的对应关系(即能斯特方程),确定组分含量的方法。电位分析法分为两大类:直接电位法和电位滴定法。

直接电位法:通过测定电池电动势来确定指示电极的电位,然后根据能斯特方程,由所测得的电极电位值计算待测物质的含量。适用于微量组分的分析测定。

对于某一氧化-还原体系:

$$Ox + ne^- = Red$$

$$\varphi_{Ox/Red} = \varphi^{\ominus}_{Ox/Red} + \frac{RT}{nF} \ln \frac{a_{Ox}}{a_{Red}}$$

此式即为能斯特方程。式中,$R$ 是摩尔气体常数($8.314\,51\,\text{J}\cdot\text{mol}^{-1}\cdot\text{K}^{-1}$),$F$ 是法拉第常数 $[(96\,486.70\pm0.54)\text{C}\cdot\text{mol}^{-1}]$,$T$ 是热力学温度(K),$n$ 是电极反应中转移的电子数,$a_{Ox}$ 和 $a_{Red}$ 是氧化态和还原态的活度。

对于金属电极(还原态为金属,活度定为1),则上式可简化为

$$\varphi = \varphi^{\ominus}_{M^{n+}/M} + \frac{RT}{nF} \ln a_{M^{n+}}$$

由上式可见,测定了电极电位就可确定金属离子的活度(或在一定条件下可确定金属离子的浓度),这就是电位分析法的理论基础。

电位滴定法:通过测量滴定过程中指示电极电位的变化来确定滴定终点,再由滴定过程中消耗的标准溶液的体积和浓度来计算待测物质的含量。适用于常量分析测定。自动电位滴定仪有两种工作方式:自动记录滴定曲线方式和自动终点停止方式。自动记录滴定曲线方式是在滴定过程中自动绘制滴定体系中 pH(或电位值)-滴定体积变化曲线,然后由计算机确定滴定终点,给出滴定剂消耗的体积;自动终点停止方式则预先设置滴定终点的电位值,当电位值达到预定值后,滴定自动停止。

例如,在酸碱电位滴定过程中,随着滴定剂的不断加入,被测物与滴定剂发生反应,溶

液 pH 不断变化。滴定过程中，每加一次滴定剂，测一次 pH，在接近化学计量点时，每次滴定剂加入量要小到 0.10 mL，滴定到超过化学计量点为止。这样就得到一系列滴定剂用量 $V$ 和相应的 pH 数据。

常用的确定滴定终点的方法有以下几种：

(1) 绘 pH-$V$ 曲线法。以滴定剂用量 $V$ 为横坐标，以 pH 为纵坐标，绘制 pH-$V$ 曲线。作两条与滴定曲线相切的直线，等分线与直线的交点即为滴定终点，如图 5-1 所示。

(2) 绘 $\Delta$pH/$\Delta V$-$V$ 曲线法。$\Delta$pH/$\Delta V$ 代表 pH 的变化值与对应加入的滴定剂体积的增量($\Delta V$)的比。$\Delta$pH/$\Delta V$-$V$ 曲线的最高点即为滴定终点，如图 5-2 所示。

(3) 二级微商法。绘制 $\Delta^2$pH/$\Delta V^2$-$V$ 曲线。$\Delta$pH/$\Delta V$-$V$ 曲线上有一个最高点，这个最高点下即是 $\Delta^2$pH/$\Delta V^2$ 等于零的时候，这就是滴定终点，如图 5-3 所示。该法也可不经绘图而直接由内插法确定滴定终点。

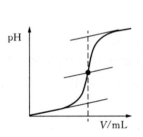 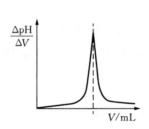 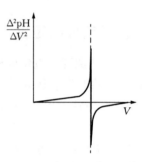

图 5-1　pH-$V$ 曲线　　　　图 5-2　$\Delta$pH/$\Delta V$-$V$ 曲线　　　　图 5-3　($\Delta^2$pH/$\Delta V^2$)-$V$ 曲线

**2. 仪器组成**　自动电位滴定仪主要由滴定管、滴定池、指示电极、参比电极、搅拌器、电位计等六部分组成。

**3. 使用方法**　ZD-2 型或 ZD-4 型自动电位滴定仪是目前较为常用的滴定仪，其使用方法如下。

(1) 仪器安装连接好以后，插上电源，打开电源开关，预热 15 min。

(2) 不同测定模式的选择及对应的仪器校正。

① 电位(mV)测量：

a. 将"设置"开关置"测量"，"pH/mV"选择开关置"mV"。

b. 将电极插入被测溶液中，将溶液搅拌均匀后，读取电极电位(mV)值。

如果被测信号超出仪器的测量范围，显示屏不亮，做超载警报。

② pH 标定及测量：

a. 标定：仪器在进行 pH 测量之前，先要标定。一般来说，仪器在连续使用时，每天要标定一次。其步骤如下：

Ⅰ. 将"设置"开关置"测量"，"pH/mV"选择开关置"pH"。

Ⅱ. 调节"温度"旋钮，使旋钮白线指向与溶液对应的温度值。

Ⅲ. 将"斜率"旋钮顺时针旋到底(100%)。

Ⅳ. 将清洗过的电极插入 pH 为 6.86 的缓冲溶液中。

Ⅴ. 调节"定位"旋钮，使仪器显示数值与该缓冲溶液当时温度下的 pH 一致。

Ⅵ. 用蒸馏水清洗电极，再插入 pH 为 4.00(或 pH 为 9.18)的标准缓冲溶液中，调节"斜率"旋钮，使仪器显示数值与该缓冲溶液当时温度下的 pH 一致。

Ⅶ. 重复Ⅴ～Ⅵ步，直至不用再调节"定位"或"斜率"旋钮为止，至此，仪器完成标定。标定结束后，"定位"和"斜率"旋钮不应再动，直至下一次标定。

b. pH 测量：经过标定的仪器即可用来测量 pH。测量步骤如下：

Ⅰ. 将"设置"开关置"测量"，"pH/mV"选择开关置"pH"。

Ⅱ. 先用蒸馏水清洗电极头部，再用被测溶液润洗 2～3 次。

Ⅲ. 用温度计测出被测溶液的温度值。

Ⅳ. 调节"温度"旋钮，使旋钮白线指向与溶液对应的温度值。

Ⅴ. 将电极插入被测溶液中，将溶液搅拌均匀后，读取该溶液的 pH。

(3) 滴定前的准备工作。

① 安装好滴定装置后，在烧杯中放入搅拌转子，并将烧杯放在磁力搅拌器上。

② 电极的选择：取决于滴定时的化学反应，如果是氧化还原反应，可采用铂电极和甘汞电极；如果是中和反应，可用 pH 复合电极或玻璃电极；如果是银盐与卤素反应，可采用银电极和特殊甘汞电极。

(4) 电位自动滴定。

① 终点设定：将"设置"开关置"终点"，"pH/mV"选择开关置"mV"，"功能"开关置"自动"，调节"终点电位"旋钮，使显示屏显示设定的终点电位值。终点电位选定后，"终点电位"旋钮不可再动。

② 预控点设定：设定预控点的作用是使远离终点时，滴定速度很快；到达预控点后，滴定速度减慢。设定预控点就是设定预控点到终点的距离。其步骤如下：将"设置"开关置"预控点"，调节"预控点"旋钮，使显示屏显示设定的预控点数值。例如：设定预控点为100 mV，仪器将在离终点 100 mV 处转为慢速滴定。预控点选定后，"预控点"旋钮不可再动。

③ 终点电位和预控点电位设定好后，将"设置"开关置"测量"，打开搅拌器电源开关，调节转速使搅拌从慢逐渐加快至适当转速。

④ 按一下"滴定开始"按钮，仪器即开始滴定，滴定指示灯闪亮，滴定液快速滴下，在接近预控点时，滴速减慢。到达终点后，滴定指示灯不再闪亮，过 10 s 左右，终点灯亮，滴定结束。

注意：到达终点后，不可再按"滴定开始"按钮，否则仪器将认为另一极性相反的滴定开始而继续进行滴定。

(5) 记录滴定管内滴定液的体积，计算待测物质浓度。

进行电位控制滴定或 pH 自动滴定时参照下面操作进行即可。

进行电位控制滴定时，将"功能"开关置"控制"，其余操作同上述(4)。到达终点后，滴定指示灯不再闪亮，但终点灯始终不亮，仪器始终处于预备滴定状态。同样，到达终点后，不可再按"滴定开始"按钮。

进行 pH 自动滴定时，先按上述(2)②a 进行标定；再进行 pH 终点设定：将"设置"开关置"终点"，"功能"开关置"自动"，"pH/mV"开关置"pH"，调节"终点 pH"旋钮，使显示屏显示设定的终点 pH；然后进行预控点设置：将"设置"开关置"预控点"，调节"预控点"旋钮，使显示屏显示设定的预控点 pH；最后操作同上述(4)③～④完成滴定。

## (二)紫外-可见分光光度计

紫外-可见分光光度法又称紫外-可见吸收光谱法,属于分子吸收光谱法,是利用某些物质分子对 200~800 nm 光谱区辐射的吸收进行分析测定的一种方法。紫外-可见吸收光谱是由分子中价电子在电子能级间跃迁产生的,因此又称为电子光谱。

**1. 主要组成部件** 紫外-可见分光光度计的基本结构都包括五部分,即光源、单色器、吸收池(样品室)、检测器和信号显示系统,如图 5-4 所示。

图 5-4 单波长单光束分光光度计基本结构示意图

(1)光源。光源提供分析所需的连续光谱。紫外-可见分光光度计常用的光源有热光源和气体放电光源两种。热光源有钨灯和卤钨灯。钨灯是可见光区和近红外光区最常用的光源,卤钨灯有较长的寿命和高的发光效率。气体放电光源包括氢灯和氘灯,使用范围是紫外光区。氘灯比氢灯的功率大、寿命长。

(2)单色器。单色器是将光源发出的连续光分解成单色光的装置,是分光光度计的核心部件。单色器由入射狭缝、反射镜、色散元件、聚焦元件和出射狭缝等组成,其关键部分是色散元件,起分光作用。色散元件主要有棱镜和光栅。

(3)吸收池。吸收池用于盛放试液,由玻璃或石英制成。玻璃池只能用于可见光区,而石英池既可用于可见光区,也可用于紫外光区。一般分光光度计都配有不同厚度的吸收池可供选择。

(4)检测器。检测器是一种光电转换元件,将透过吸收池的光信号强度转变成电信号强度并进行测量。目前,紫外-可见分光光度计中多用光电管和光电倍增管作检测器。

(5)信号显示系统。早期的分光光度计多采用检流计、微安表作为显示装置,直接读出吸光度或透射比。近代的分光光度计则多采用数字电压表及数字显示或自动记录装置,直接绘出吸收(或透射)曲线,并配有计算机数据处理平台。

**2. 类型** 紫外-可见分光光度计分为单波长和双波长两类。单波长分光光度计又分为单光束和双光束两种。

(1)单波长单光束分光光度计。单波长单光束分光光度计的工作原理和基本结构如前所述,不再赘述。

(2)单波长双光束分光光度计。单波长双光束分光光度计(图 5-5)工作原理:光源发出的光经单色器分光后由反射镜分解为强度相等的两束光,一束通过参比池,另一束通过样品池。光度计能自动比较两束光的强度,此比值即为试样的透射比,经对数变换将它转换成吸光度并作为波长的函数记录下来。双光束分光光度计一般都能自动记录吸收光谱曲线,进行快速全波段扫描。由于两束光同时分别通过参比池和样品池,能自动消除光源不稳定、检测器灵敏度变化等所引起

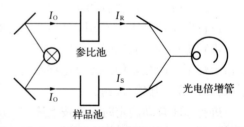

图 5-5 单波长双光束分光光度计工作原理图

的误差,特别适合用于结构分析。不过仪器较为复杂,价格也较高。

(3) 双波长分光光度计。双波长分光光度计(图5-6)工作原理:由同一光源发出的光被分成两束,分别经过两个单色器,得到两束不同波长($\lambda_1$和$\lambda_2$)的单色光;利用切光器使两束光以一定的频率交替照射同一吸收池,然后经过光电倍增管和电子控制系统,最后由显示器显示出两个波长处的吸光度差

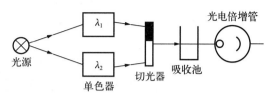

图5-6 双波长分光光度计工作原理图

值$\Delta A$($\Delta A = A_{\lambda_1} - A_{\lambda_2}$)。$\Delta A$与吸光物质的浓度成正比。这是用双波长分光光度法进行定量分析的理论依据。由于只用一个吸收池,而且以试液本身对某一波长的光的吸光度为参比,因此消除了因试液与参比液及两个吸收池之间的差异所引起的测量误差,从而提高了测量的准确度。对于多组分混合物、混浊试样(如生物组织液)分析,以及存在背景干扰或共存组分吸收干扰的情况下,利用双波长分光光度法,往往能提高测量的灵敏度和选择性。

## (三)傅里叶变换红外光谱仪

红外吸收光谱法是根据物质对红外辐射选择性吸收而建立的一种光谱分析方法,属于分子吸收光谱法,是有机物结构分析的重要工具之一。红外吸收光谱主要是由分子中原子的多种形式的振动和转动引起的,因此又称为分子振动-转动光谱。

红外吸收光谱仪主要有色散型和干涉型两大类。早期的红外光谱仪主要使用色散型光栅作单色器,扫描速度较慢,灵敏度较低;干涉型(即傅里叶变换型)没有单色器,扫描速度很快,具有很高的分辨率和灵敏度,是目前应用比较广泛的红外光谱仪。

**1. 色散型红外光谱仪** 色散型红外光谱仪采用双光束,最常见的是依据"光学零位平衡"原理设计的,其工作原理见图5-7。

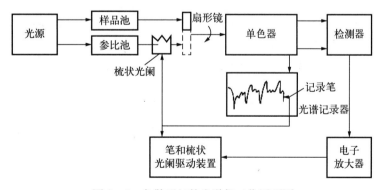

图5-7 色散型红外光谱仪工作原理图

光源发出的辐射被分为等强度的两束光,一束通过样品池,一束通过参比池。通过参比池的光束经衰减器(光阑或光楔)与通过样品池的光束会合于斩光器(扇形镜)处,两光束交替进入单色器(常用光栅)色散之后,同样交替投射到检测器上进行检测。单色器的转动与光谱仪记录装置记录的谱图横坐标方向相关联。横坐标的位置表明通过单色器的某一波长(波数)的位置。若样品对某一波长(波数)的红外光有吸收,则两光束的强度便不平衡,参比光路的强度比较大,此时检测器产生一个交变信号,该信号经放大反馈于连接衰减器的同步电机,

该电机使光阑更多地遮挡参比光束,使之强度减弱,直至两光束又恢复强度相等,使交变信号为零,不再有反馈信号。移动光阑的电机同步地联动记录装置的记录笔,沿谱图的纵坐标方向移动,因此纵坐标表示样品的吸收程度。这样随着单色器转动的全过程,就得到一张完整的红外光谱图。

色散型红外光谱仪主要由光源、吸收池、单色器、检测器等部件构成。

(1) 光源。要求能够发出稳定的高强度的连续红外光,通常使用能斯特灯和硅碳棒。

(2) 吸收池。一般用岩盐材料制成窗片的吸收池。这些岩盐窗片是用 NaCl(透明到 16 μm)、KBr(透明到 28 μm)、薄云母片(透明到 8 μm)、AgCl(透明到 25 μm)等制成。用岩盐窗片应该注意防潮。

(3) 单色器。由色散元件(光栅或岩盐棱镜)、入射与出射狭缝以及准直反射镜等组成。其功能是将连续光色散为一组波长单一的单色光,然后将单色光按波长大小依次由出射狭缝射出。

(4) 检测器。红外光谱仪常用真空热电偶、热释电检测器和碲镉汞检测器等作为检测器。当检测器受到红外光照射时,将产生的热效应转变为十分微弱的电信号(约 $10^{-9}$ V),经放大器放大后,带动伺服电机工作,记录红外吸收光谱。这些检测器具有对红外辐射接收灵敏度高、响应快、热容量小等特点。

**2. 傅里叶变换红外光谱仪**　傅里叶变换红外光谱仪(Fourier transform infrared spectrometer,FTIR)是 20 世纪 70 年代出现的红外光谱测量仪器。FTIR 主要由光源、迈克尔逊(Michelson)干涉仪、检测器和计算机等组成。它没有单色器,在工作原理上与色散型红外光谱仪有很大不同。其工作原理如图 5-8 所示。

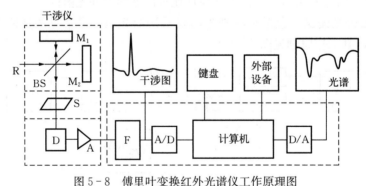

图 5-8　傅里叶变换红外光谱仪工作原理图

R. 红外光源　$M_1$. 定镜　$M_2$. 动镜　BS. 光束分裂器　S. 试样　D. 检测器
A. 放大器　F. 滤光器　A/D. 模数转换器　D/A. 数模转换器

由光源发出的红外光经准直系统变为一束平行光后进入迈克尔逊干涉仪,经干涉仪调制得到一束干涉光,干涉光通过样品后成为带有样品光谱信息的干涉光到达检测器,检测器将干涉光信号转变为电信号,但这种带有光谱信息的干涉信号难以进行光谱解析,于是利用计算机对干涉图进行傅里叶变换,转换为常见的红外光谱图。FTIR 没有把光按频率分开,只是将各种频率的光信号经干涉作用调制成为干涉图函数,再经计算机变换为常见的红外光谱图函数,因此 FTIR 的采样速度很快,约 1 s 就可获得全频域的光谱响应。

**3. 红外吸收光谱仪的使用方法**　红外吸收光谱仪的类型较多,具体操作方法也各不相同。下面以美国尼高力公司的 AVATAR 360FTIR 为例介绍其使用方法。

(1)开机。打开仪器光学仪(主机)的电源开关；打开计算机的电源开关，双击"Z OMN-IC E. S. P. E"图标，打开"OMNIC"应用软件。

(2)检查光谱仪的工作状态。"OMNIC"窗口的"光学仪状态"显示绿色"√"，即为正常。

(3)设定光谱收集参数。包括采集的波数范围、扫描次数、光谱分辨率、显示所收集数据的形式(如以透光率为纵坐标)等。

(4)采集试样的光谱图。因 AVATAR 360FTIR 是单光束仪器，所以必须采集和扣除背景。按计算机窗口显示的提示，在确认光路中没有试样时，采集背景的干涉图；将制好的试样插入试样支架上，然后采集试样的干涉图。计算机将自动做傅里叶变换，并做背景扣除处理。计算机窗口中显示出扣除背景后的试样红外光谱图。

(5)光谱处理。将采集到的试样光谱图由透光率的形式转变为吸光度的形式，做基线较正、平滑等处理，然后重新转换为透光率的形式，并根据需要在谱图上标注一些重要吸收峰的频率。选择数据处理参数及谱图，打印光谱图。

(6)关机。测试完毕，关闭电源，取出样品，清扫样品室，盖好仪器。清理桌面，登记使用情况后，请保管人验收。

## (四)原子荧光光谱仪

原子荧光光谱是利用原子荧光谱线的波长和强度进行物质的定性与定量分析的方法。原子蒸气吸收特征波长的辐射之后，将原子激发到高能级，激发态原子接着以辐射方式去活化，由高能级跃迁到较低能级的过程中所发射的光称为原子荧光。当激发光源停止照射之后，发射荧光的过程随即停止。原子荧光可分为三类：共振荧光、非共振荧光和敏化荧光，其中以共振荧光最强，应用比较广泛。

原子荧光光谱仪又叫原子荧光光度计。

**1. 氢化物发生原子荧光光度计主要组成**  原子荧光光度计由激发光源、原子化器、光学系统、检测器、氢化物发生器五部分组成。

(1)激发光源。可用连续光源或锐线光源。常用的连续光源是氙弧灯，常用的锐线光源是高强度空心阴极灯、无极放电灯、激光等。连续光源稳定，操作简便，寿命长，能用于多元素同时分析，但检出限较差。锐线光源辐射强度高，稳定，可得到更好的检出限。

(2)原子化器。原子荧光光度计对原子化器的要求与原子吸收光谱仪基本相同，主要是原子化效率要高。氢化物发生原子荧光光度计原子化器是专门设计的，是一个电炉丝加热的石英管，氩气作为屏蔽气及载气。

(3)光学系统。光学系统的作用是充分利用激发光源的能量和接收有用的荧光信号，减少和除去杂散光。色散系统对分辨能力要求不高，但要求有较大的集光本领，常用的色散元件是光栅。非色散型仪器的滤光器用来分离分析线和邻近谱线，降低背景。非色散型仪器的优点是照明立体角大，光谱通带宽，集光本领大，荧光信号强度大，仪器结构简单，操作方便；缺点是散射光的影响大。

(4)检测器。常用的是日盲型光电倍增管，在多元素原子荧光分析仪中，也用光导摄像管、析像管作检测器。检测器与激发光束成直角配置，以避免激发光源对检测原子荧光信号的影响。

(5)氢化物发生器。在原子荧光光谱仪中氢化物发生器非常关键,原子荧光先将待测元素生成氢化物,变成气体再进入原子化器中进行检测。一般容易形成氢化物的元素比较少,而且这几种元素生成氢化物的效率差别也比较大。主要通过待测元素的溶液与硼氢化钠(钾)混合,在酸性条件下生成氢化物气体(如砷化氢、汞化砷等)从溶液中逸出,通过与氩气、氢气混合后进入原子化器中(并被点燃),氢化物高温下分解并转化为基态的原子蒸气,通过该元素的空心阴极灯产生的共振线激发,基态原子跃迁到高能态(有时也会从某亚稳态开始跃迁),再重新返回到低能态,多余的能量便以光的形式释放出来,产生原子荧光(如果激发波长与荧光波长相同,称为共振荧光,这是原子荧光的主要部分,其他还会产生不太强的非共振荧光)。常见的氢化物发生器的技术方法有间断法、连续流动法、断续流动法、流动注射法等类型,可根据具体的待测元素的种类选择合适的氢化物产生的技术方法进行测定。

**2. 原子荧光光度计操作步骤**

(1)打开仪器灯室,在 A、B 道上分别插上(或检查)元素光源;开氩气,调节减压表次级压力为 0.3 MPa;打开仪器前门,检查水封中是否有水。

(2)依次打开计算机、仪器主机(顺序注射或双泵)电源开关;检查元素灯是否点亮,新换元素光源需要重新调光;双击软件图标,进入操作软件。

(3)在自检测窗口中单击"检测"按钮,对仪器进行自检;单击元素表,自动识别元素光源,选择自动或手动进样方式;单击"点火"按钮,点亮炉丝。

(4)单击仪器条件,依次设置仪器条件、测量条件(如要改变原子化器高度,需要手动调节);单击标准曲线,输入标准曲线各点浓度值和位置号;单击样品参数,设置被测样参数。

(5)单击测量窗口,仪器运行,预热 1 h;将标准品、样品、溶剂和还原剂等准备好,压上蠕动泵压块,进行测量,处理数据,打印报告。

(6)测量结束后,用纯水清洗进样系统 20 min;退出软件,关闭仪器电源和计算机电源,关闭氩气;打开蠕动泵压块,把各种试剂移开,将仪器及实验台清理干净。

**3. 日常维护**

(1)实验室温度应保持在 15~30 ℃,相对湿度应保持在 45%~70%。

(2)所用试剂均应为优级纯,且需现用现配,水应为超纯水。

(3)蠕动泵的转辊头上经常涂抹硅油,确保转辊运转灵活,经常检查泵管是否老化,建议使用一段时间后及时更换软管。

**4. 注意事项**

(1)在开启仪器前,一定要注意开启载气。

(2)检查原子化器下部去水装置中水封是否合适。

(3)实验时注意在气液分离器中不要有积液,以防溶液进入原子化器。

(4)测试结束后,一定要运行仪器,用水清洗管道。关闭载气,并打开压块,放松泵管。

(5)一定要在主机电源关闭的情况下更换元素光源,不能带电插拔。

(6)元素灯的预热必须是在进行测量时且在点灯的情况下,这样才能达到预热稳定的作用,只打开主机,元素光源虽然也亮,但起不到预热稳定的作用。

## (五)原子发射光谱仪

原子核外的电子在不同状态下具有不同的能量。在一般情况下,原子处于最低能量状态，称为基态。在电、热或光激发等作用下，原子获得足够的能量后，外层电子从低能级跃迁至高能级，这种状态称为激发态。原子外层的电子处于激发态是不稳定的，它的寿命小于 $10^{-8}$ s。当它从激发态回到基态时，就要释放出多余的能量。若此能量以光的形式放出，即得到发射光谱。原子发射光谱是线状光谱。

原子的外层电子由低能级激发到高能级时所需要的能量称为激发电位。不同元素的原子结构不同，原子的能级状态不同，原子发射光谱的谱线也不同，每种元素都有其特征光谱，这是光谱定性分析的依据。原子的光谱线各有其相应的激发电位。具有最低激发电位的谱线称为共振线，一般共振线是该元素的最强谱线。

在一定实验条件下，谱线强度与组分浓度或含量有以下定量关系：

$$I = ac^b$$

该式称为塞伯-罗马金(Schiebe-Lomakin)公式，是原子发射光谱定量分析的基本关系式。式中，$I$ 为谱线强度；$a$ 为与待测元素的激发电位、激发温度及试样组成等有关的系数，当实验条件固定时，$a$ 为常数；$b \leqslant 1$，称为自吸系数，随浓度 $c$ 的增大而减小，当 $c$ 很小而无自吸时，$b = 1$。

原子发射光谱法可测定 70 多种金属及非金属元素，由于不同元素的原子发射各自元素特征的谱线，所以原子发射光谱可同时对多种元素进行定性和定量测量，而且选择性好、准确度高。

**1. 原子发射光谱仪的结构** 原子发射光谱仪通常由激发光源、分光系统和检测系统三部分组成。

(1) 激发光源。激发光源的作用是提供足够的能量使试样蒸发、解离、原子化、激发、跃迁产生光谱。目前常用的光源有直流电弧、交流电弧、电火花及电感耦合高频等离子体 (ICP)。光源对光谱分析的检出限、精密度和准确度都有很大的影响。电感耦合高频等离子体光源是应用较广的一种等离子光源，用电感耦合传递功率。

电感耦合高频等离子体光源装置由高频发生器、雾化器和等离子体炬管三部分组成。在有气体的等离子体炬管外套装一个高频感应线圈，感应线圈与高频发生器连接。当高频电流通过线圈时，在管的内外形成强烈的振荡磁场。一旦管内气体开始电离(如用点火器)，电子和离子就受到高频磁场加速，产生碰撞电离，电子和离子急剧增加，此时在气体中感应产生涡流。高频感应电流产生大量的热能，既维持气体的高温，又促进气体电离，从而形成等离子体焰炬。为了使所形成的等离子体焰炬稳定，等离子气和辅助气都从切线方向引入，因此高温气体形成旋转的环流。同时，由于高频感应电流的趋肤效应，环流在圆形回路的外周流动。这样，电感耦合高频形成的等离子体焰炬就必然具有环状结构。环状的结构造成一个电学屏蔽的中心通道。电学屏蔽的中心通道具有较低的气压、较低的温度、较小的阻力，使试样容易进入焰炬，并有利于蒸发、解离、激发和电离。

试样气溶胶在高温焰心区经历较长时间加热，在测光区平均停留时间长。这样的高温与长的平均停留时间使样品充分原子化，有效地消除了化学干扰。周围是加热区，用热传导与辐射方式间接加热，使组分的改变对 ICP 影响较小，加之溶液进样少，因此基体效应小。试样不会扩散到 ICP 焰炬周围而形成自吸的冷蒸气层。

电感耦合高频等离子体光源是 20 世纪 60 年代研制的光源，由于它具有优异性能，70 年代后迅速发展并获得广泛应用。

(2)分光系统。将由激发光源发出的含有不同波长的复合光分解成按波长排列的单色光。常用的分光元件有棱镜和光栅。以这两类分光元件制作的光谱仪分别称为棱镜光谱仪和光栅光谱仪。

(3)检测系统。在原子发射光谱法中,常用的检测方法有摄谱法和光电直读光谱法。

① 摄谱法:在摄谱仪的焦面上安装感光板激发试样,产生光谱而感光、显影、定影,制成谱线板。根据特征波长位置进行定性分析,根据感光板上谱线的深浅程度(即黑度)进行定量分析。

② 光电直读光谱法:在光谱仪的焦面上按分析线波长位置安装许多固定出射狭缝和相应的检测系统,将光信号转变成电信号,在不同的空间位置同时接收许多分析信号。

**2. 原子发射光谱仪的操作方法**　　原子发射光谱仪的类型较多,具体操作方法也各不相同。下面以美国 BAIRD 公司 PSX 高频电感耦合等离子体光谱仪为例进行说明。

(1)认真阅读 PSX 高频电感耦合等离子体光谱仪的说明书。

(2)打开计算机,单击 PXS 软件,设置分析参数。

(3)从主菜单中选择 Edit Analytical Task 程序。

① 用 Start New Analytical Task 程序建立分析任务,赋予名称。

② 在 Element Selection 程序中,用键盘输入分析元素、波长和光谱级,例如测定钙、镁、铁时,进行如下设置:

| 元素 | 波长/nm | 光谱级 |
|---|---|---|
| Ca | 317.933 | II |
| Mg | 279.553 | II |
| Fe | 259.940 | II |

③ 用 Calibration Data 程序输入所测定元素标准溶液的名称、单位和浓度值。

④ 在 Wash Flush Integration Time 程序中,按 F 键输入冲洗时间为 1 s;按 I 键输入曝光时间为 0.5 s。

⑤ 输入波长校正参数,包括标准溶液名称、阈值和扫描范围。

(4)点燃等离子体。按仪器说明书开机,先开循环冷却水,再开氩气,然后点燃等离子体。

(5)校正波长。

(6)操作条件选择。

① 入射功率:将观察高度和载气流量两个条件固定,调整入射功率,分别测定标准溶液和空白溶液的谱线强度(使用 Run Analytical Task 中的 Run Sample 程序进行测量)。根据各元素的信噪比大小选择出最佳的入射功率。信噪比越大越好。

$$信噪比=(谱线强度-空白强度)/空白强度$$

② 观察高度:在选好的入射功率和固定的载气流量条件下,改变观察高度,测定谱线强度。同样计算出不同条件下的信噪比,并选择最佳的观察高度。

③ 载气流量:将入射功率和观察高度均调至已设定的数值,改变载气气压,以改变载气流量,测定不同条件下的谱线强度,通过比较信噪比确定最佳载气压力,并调至此值。

(7)制作工作曲线。首先测定标准溶液的谱线强度,并把测定结果保存。然后选择主菜单中的 Curvefit Element 程序,用 Automated Curvefit 程序自动拟合线性工作曲线。

(8)样品测定。将样品溶液用蠕动泵输入等离子体中,运行 Run Sample 程序进行测量。计算机将测量结果处理后,以浓度的形式显示出来,记录浓度值。测 3 次,取平均值。

(9)测定结束后,将蒸馏水引入等离子体中清洗雾化室及矩管。然后熄灭等离子体,关闭计算机,关闭氩气钢瓶,关循环冷却水,按与开机相反的顺序关闭仪器。

## (六)原子吸收光谱仪

原子吸收是一个受激吸收跃迁的过程。当有辐射通过基态气态原子,且入射辐射的频率等于原子中外层电子由基态跃迁到较高能态(一般情况下都是第一激发态)所需能量的频率时,原子就产生共振吸收,电子由基态跃迁到激发态,同时伴随着原子吸收光谱的产生。原子吸收光谱位于紫外光区和可见光区。

由于各元素的原子结构和外层电子的排布不同,元素从基态($E_0$)跃迁至第一激发态($E_1$)时吸收的能量不同,因而各元素的共振吸收线具有不同的特征。从基态到第一激发态间的直接跃迁是最易发生的,因此对大多数元素来说,共振线是元素的灵敏线。原子吸收分析中,就是利用处于基态的待测原子蒸气对从光源辐射的共振线的吸收来进行分析。目前原子吸收分析是测量峰值吸收,采用空心阴极灯等特制光源发射出的特征谱线的锐线光源,通过分析待测元素的分析线被吸收的程度,得到试液中待测元素的浓度,实现定量分析。

**1. 原子吸收光谱仪的基本构造** 原子吸收光谱仪,又称原子吸收分光光度计,有单光束和双光束两种类型,其主要部件基本相同,有光源、原子化系统、分光系统及检测系统等。单光束原子吸收光谱仪的基本结构如图 5-9 所示。

(1)光源。最常用的光源是空心阴极灯,其结构如图 5-10 所示,由一个含待测元素的金属或合金制成的空心圆筒形阴极和一个钨丝阳极构成,灯管前方为石英窗,管内充有低压稀有气体氖气或氩气。

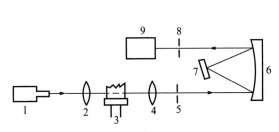

图 5-9 单光束原子吸收光谱仪示意图
1. 光源  2、4. 透镜  3.(火焰)原子化器  5. 入射狭缝
6. 凹面反射镜  7. 光栅  8. 出射狭缝  9. 检测系统

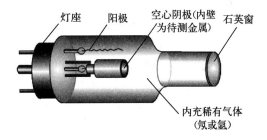

图 5-10 空心阴极灯示意图

空心阴极灯放电是一种特殊形式的低压辉光放电,放电集中于阴极空腔内。当在两极之间施加几百伏电压时,便产生辉光放电。在电场作用下,电子从空心阴极内壁射向阳极的途中,与稀有气体原子碰撞并使之电离,而带正电荷的稀有气体离子则向阴极内壁猛烈轰击,使阴极表面的金属原子溅射出来。溅射出来的金属原子再与电子、稀有气体原子及离子发生碰撞而被激发,于是发射出该元素特征波长的共振发射线。测定每种元素,都要用该种元素的空心阴极灯。

(2)原子化装置。试样中被测元素的原子化是整个原子吸收光谱分析过程的关键环节,因此，原子化装置是原子吸收光谱仪的核心部件。可分为火焰和无火焰原子化装置两种，在原子吸收光谱仪上，一般都配有这两种原子化装置。火焰法成熟、稳定和价廉，无火焰法最常用的是石墨炉法，具有较高的灵敏度，一般比火焰法高 2~3 个数量级。

① 火焰原子化装置：火焰原子化法常用的是预混合型原子化器，其结构如图 5-11 所示。它由雾化器和燃烧器两部分组成。当助燃气(空气或 $N_2O$)急速流过毛细管 5 的喷嘴时形成负压，试液(样品溶液)被吸入毛细管，并迅速喷射出来，形成雾粒，雾粒随着气流撞击在喷嘴正前方的撞击球 3 上，被分散成气溶胶，未被分散的便凝聚成液滴，由废液管 7 排出。气溶胶、助燃气和燃气三者在预混合室 8 内混合均匀，一起进入燃烧器喷灯头 2，试液在火焰 1 中进行原子化。整个火焰原子化历程为：试液→喷雾→分散→蒸发→干燥→熔融→汽化→解离→基态原子，同时还伴随着电离、化合、激发等副反应。这种原子化器，火焰噪声小，稳定性好，易于操作。缺点是试样利用率低，大部分试液由废液管排出。被测的大多数金属元素灵敏度为"$mg \cdot L^{-1}$"级。

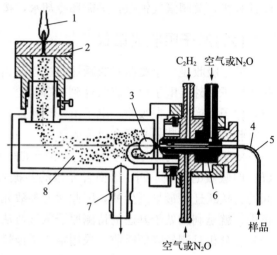

图 5-11 预混合型原子化器的结构
1. 火焰  2. 喷灯头  3. 撞击球  4. 试液
5. 毛细管  6. 雾化器  7. 废液管  8. 预混合室

② 无火焰原子化装置：无火焰原子化法常用的是管式石墨炉原子化器，其结构如图 5-12 所示。它由加热电源、保护气控制系统、循环冷却水系统和管状石墨炉组成。测定时，将样品置于石墨管中，在不断通入稀有气体(如 Ar)的情况下，由加热电源供给大电流，通过石墨管而加热升温，待测组分被原子化。其原子化历程由微机控制，实行程序升温，通常包括干燥、灰化、原子化和净化等步骤。石墨炉原子化器，是在稀有气体保护下于强还原性石墨介质中进行试样原子化的，有利于氧化物分解和自由原子的生成。试样用量小，样品利用率高，原子在吸收区内平均停留时间较长，绝对灵敏度高，被测的大多数金属元素灵敏度为"$\mu g \cdot L^{-1}$"级。液体和固体试样均可直接进样。缺点是试样组成不均匀性影响较大，有强的背景吸收，测定精密度不如火焰原子化法。

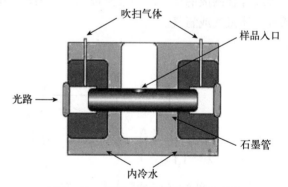

图 5-12 管式石墨炉原子化器的结构

(3) 分光系统。分光系统(单色器)主要由一些光学元件如狭缝、光栅、反射镜、透镜等组成。它的主要作用是将原子吸收所需的待测元素的共振吸收谱线与邻近谱线分开，然后进入检测装置。影响分析测定结果的分光系统的性能指标是通带宽度，通带宽度主要与光栅线色散率和狭缝宽度有关。原子吸收光谱仪中，单色器中的光栅确定时，狭缝宽度的选择将直接影响分析测定的结果。

(4)检测系统。检测系统主要由检测器、放大器、对数变换器和显示装置组成。原子吸收光谱仪广泛采用光电倍增管作检测器。它的作用是将单色器分出的光信号转变为电信号。这种电信号一般比较微弱,需经放大器放大,信号经对数变换后由显示装置读出。非火焰原子吸收法,由于测量信号具有峰值形状,故宜用峰高法或积分法进行测量。

**2. 原子吸收光谱仪的操作流程**　各种不同型号的原子吸收光谱仪的使用方法基本相同,下面以 TAS-990 原子吸收光谱仪为例,介绍其操作流程。

(1)火焰法。

① 开机:打开工作站(计算机)电源开关,打开 TAS-990 原子吸收光谱仪电源开关,双击"AAvin 软件"图标,单击"联机",仪器自检。

② 参数设置:自检完毕后,选择元素灯,设置元素测量参数,在分析线波长处寻峰,使在共振线波长处能量在 95% 以上,并设置样品测量参数。

③ 预热:仪器预热 30 min。

④ 通气:打开空气压缩机(操作顺序:风机开关→工作开关),调节出口压力为 0.25 MPa;打开乙炔钢瓶开关,调节出口压力为 0.05 MPa。

⑤ 点火:检查仪器废液排放出口的水封,保证废液管内有水,确认点火保护开关已关闭,点火。

⑥ 测定:毛细管吸入去离子水,校零;再用毛细管吸入样品溶液,测量;每测完一个样品,吸去离子水 5~10 s,避免样品相互干扰。

⑦ 清洗:测量完毕,吸去离子水 5~10 min,清洗原子化装置。

⑧ 关机:关闭乙炔,灭火;再关空气压缩机(顺序:工作开关→放水,风机开关);关闭仪器及工作站。

(2)石墨炉法。

① 开机:打开工作站(计算机)电源开关,打开 TAS-990 原子吸收光谱仪电源开关,双击"AAvin 软件"图标,单击"联机",仪器自检。

② 通气通水:打开保护气(Ar)钢瓶开关,出口压力要大于 0.01 MPa;打开冷却水循环装置开关,通冷却水。

③ 装石墨管:在打开的界面上,单击"石墨管",石墨管架弹开,装上石墨管,单击"确定"。

④ 参数设置:选择元素灯,设置元素测量参数,在分析线波长处寻峰,使在共振线波长处能量在 95% 以上,并设置样品测量参数,选择加热程序以及扣除背景方式。

⑤ 预热:仪器预热 30 min。

⑥ 测量:空烧 2~3 次,吸光度值降到 0.003 以下;用微量取样器取样,在石墨炉原子化装置的样品入口处,注入样品溶液,按测量键,原子化装置按干燥、灰化、原子化和净化进行程序升温,最后显示读数。

⑦ 关机:依次关闭保护气、冷却水、仪器。

## (七)气相色谱仪

气相色谱法是一种以气体为流动相的柱色谱法,根据所用固定相状态的不同可分为气-固色谱和气-液色谱。气-固色谱法以表面积大且具有一定活性的吸附剂为固定相。当多组分的混合物样品进入色谱柱后,由于吸附剂对每个组分的吸附力不同,各组分在色谱柱中的运行速度也就不同。吸附力弱的组分容易被解吸下来,最先离开色谱柱进入检测器,而吸附力最强的组分最不容易被解吸下来,因此最后离开色谱柱。如此,各组分得以在色谱柱中彼此分离,依次进入检测器中被检测、记录下来。

气-液色谱中,以均匀地涂在载体表面的液膜为固定相,这种液膜对各种有机物都具有一定的溶解度。当样品被载气带入柱中到达固定相表面时,就会溶解在固定相中。当样品中含有多个组分时,由于它们在固定相中的溶解度不同,各组分在柱中的运行速度也就不同。溶解度小的组分先离开色谱柱,而溶解度大的组分后离开色谱柱。这样,各组分在色谱柱中彼此分离,然后顺序进入检测器中被检测、记录下来。

气相色谱分析中,气体黏度小,传质速率高,渗透性强,有利于高效快速地分离。气相色谱法具有高选择性、高效、低检测限、分析速率快和应用范围广等特点。

**1. 气相色谱仪的基本构造**　气相色谱仪的型号和种类繁多,但它们均由以下六大系统组成:载气系统、进样系统、色谱分离系统、检测系统、数据记录及处理系统、温度控制系统。组分能否分开,关键在于色谱柱,分离后组分能否鉴定出来则在于检测器,所以分离系统和检测系统是仪器的核心。图 5-13 为气相色谱仪的一般流程示意图。无论是气-固色谱还是气-液色谱,其色谱流程是相同的。

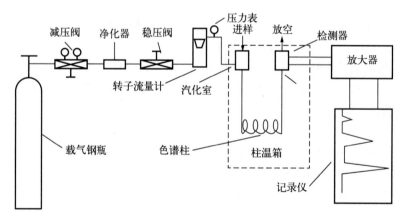

图 5-13　气相色谱流程示意图

载气由载气钢瓶中流出,经减压阀降压到所需压力后,通过净化器使载气纯化,再经稳压阀和转子流量计后,以稳定的压力、恒定的速度流经汽化室与汽化的样品混合,将样品气体带入色谱柱中进行分离。分离后的各组分随着载气先后流入检测器,然后放空。检测器将按物质的浓度或质量的变化转变为一定的电信号,经放大后在记录仪上记录下来,就得到色谱图。根据色谱图上得到的每个峰的保留时间,可以进行定性分析,根据峰面积或峰高的大小,可以进行定量分析。

**2. 安捷伦 GC7890 气相色谱仪的操作流程**

(1)检漏。先将载气出口处用螺母及橡胶堵住,将钢瓶输出压力调到 $3.9×10^5$～$5.9×10^5$ Pa,再打开载气稳压阀,使柱前压力约为 $2.9×10^5$～$3.9×10^5$ Pa,查看载气流量计,如流量计无读数则表示气密性良好;若发现流量计有读数,则表示有漏气现象,可用十二烷基硫酸钠水溶液检测是否漏气,切忌用强碱性皂水,以免管道受损,找出漏气处后加以处理。

(2)载气流量调节。气路检查完毕后,在密封性能良好的条件下,将钢瓶输出气压调到 $2\times10^5\sim3.9\times10^5$ Pa,调节载气稳压阀,使载气流量达到合适的数值。注意,钢瓶气压应比柱前压(由柱前压力表读得)高 $4.9\times10^4$ 以上。

(3)恒温。在通载气之前,将所有电子设备开关都置于"关"的位置,通入载气后,打开总电源开关,主机指示灯亮,色谱仪中鼓风马达开始运转。

(4)热导检测器的使用。色谱室温度恒定一段时间后,将热导/氢焰转换开关置于"热导",并打开热导电源及氢焰离子放大器的电源开关,用热导电流调节器把桥路电流调到合适的值。

(5)进样,运行。

(6)样品分析后,用丙酮进样清洗色谱柱,设置程序。

(7)停机。使用完毕后,关热导电源及氢焰离子放大器的电源开关,如为氢火焰离子化检测器,先关闭氢气、空气源。等到温度降至设置温度时,方可关闭色谱仪电源,最后关闭载气阀门。

## (八)高效液相色谱仪

高效液相色谱法又称高压或高速液相色谱法,是一种以高压输出的液体为流动相的色谱技术。它是 20 世纪 60 年代发展起来的一种现代液相色谱法。它是在经典液相色谱法的基础上,引入了气相色谱的理论,在技术上采用了高压、高效固定相和高灵敏度检测器,使之发展成为高分离速率、高效率、高灵敏度的液相色谱法。

**1. 高效液相色谱仪的基本构造** 高效液相色谱仪(High performance liquid chromatography,HPLC)种类很多,从仪器功能上可分为分析、制备、半制备、分析和制备兼用等形式;从仪器结构布局上又可分为整体和模块两种类型。每种仪器都有不同的性能和结构,但都有几个主要的部分:高压输液系统、进样系统、分离系统和检测系统。此外,有些仪器还配有梯度洗脱、自动进样及数据处理等辅助系统。图 5-14 是典型的高效液相色谱仪结构示意图。

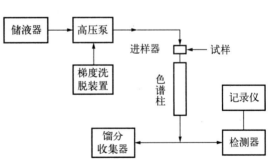

图 5-14 典型的高效液相色谱仪结构示意图

高效液相色谱仪的工作流程为:高压泵将储液器中的溶剂经进样器送入色谱柱中,然后从检测器的出口流出。当待测样品从进样器注入时,流经进样器的流动相将其带入色谱柱中进行分离,然后依次进入检测器,由记录仪将检测器送出的信号记录下来得到色谱图。

(1)高压输液系统。

① 储液瓶:常使用 1 L 的锥形瓶。在连接到泵入口处的管线上加一个过滤器,以防止溶剂中的固体颗粒进入泵内。

② 高压泵:高压泵的作用是输送恒定流量的流动相。高压泵按动力源划分,可分为机械泵和气动泵;按输液特性分,可分为恒流泵和恒压泵。其中往复活塞泵是 HPLC 最常用的一种泵。

（2）梯度洗脱装置。梯度洗脱也称溶剂程序。是指在分离过程中，随时间函数程序地改变流动相组成，即程序地改变流动相的强度（极性、pH 或离子强度等）。梯度洗脱装置有两种：一种是低压梯度装置，一种是高压梯度装置。

（3）进样系统。进样系统包括进样口、注射器、六通阀和定量管等，它的作用是把样品有效地送入色谱柱。进样系统是柱外效应的重要来源之一，为了减小对塔板高度或柱效的影响，避免由柱外效应引起的峰展宽，要求进样口体积小，没有死角，能够使样品像塞子一样进入色谱柱。目前，多采用耐高压、重复性好、操作方便的带定量管的六通阀进样。

（4）色谱分离系统。色谱分离系统包括色谱柱、恒温装置、保护柱和连接阀等。分离系统性能的好坏是色谱分析的关键。采用最佳的色谱分离系统，充分发挥系统的分离效能是色谱工作中重要的一环。

（5）检测、记录数据处理系统。检测、记录数据处理系统包括检测器、记录仪和微型数据处理机。常用的检测器有示差折光检测器、紫外吸收检测器、荧光检测器和二极管阵列检测器等。记录数据处理系统与气相色谱仪相同。色谱工作站是由一台计算机来实时控制色谱仪，并进行数据采集和处理的系统。

**2. 高效液相色谱仪的操作流程**　各种不同型号的高效液相色谱仪的使用方法基本相同，下面以安捷伦 1 260 高效液相色谱仪为例，介绍其操作流程。

（1）过滤流动相，根据需要选择不同的滤膜。

（2）将流动相加到储液器中，冲洗泵和进样阀。冲洗泵，直接在泵的出水口，用针头抽取。冲洗进样阀，需要在"Manual"菜单下，先单击"Purge"，再单击"Start"，冲洗时速度不要超过 $10\ mL \cdot min^{-1}$。

（3）打开 HPLC 工作站（包括计算机软件和色谱仪），连接好流动相管道，连接检测系统。

（4）进入 HPLC 控制界面主菜单，单击"Manual"，进入手动菜单。

（5）对抽滤后的流动相进行超声脱气 10～20 min。

（6）调节流量，初次使用新的流动相，可以先试一下压力，流速越大，压力越大，一般不要超过 2 000。单击"Injure"，选用合适的流速，单击"On"，走基线，观察基线的情况。

（7）设计走样方法。单击"File"选取"Select users and methods"，可以选取现有的各种走样方法。若需建立一个新的方法，单击"New method"，选取需要的配件，包括进样阀、泵、检测器等，根据需要而定。选完后，单击"Protocol"。一个完整的走样方法包括：a. 进样前的稳流，一般 2～5 min；b. 基线归零；c. 进样阀的 Load 与 Inject 转换；d. 走样时间则随样品的不同而不同。

（8）进样和进样后操作。选定走样方法，单击"Start"进样，所有的样品均需过滤。方法走完后，单击"Posture"可记录数据和做标记等。全部样品走完后，再用上面的方法走一段基线，洗掉剩余物。

（9）关机时，先关计算机，再关闭液相色谱仪。

**3. 高效液相色谱仪使用注意事项**

（1）流动相中的有机相均需色谱纯度，若流动相是水溶液，采用超纯水配制溶液。脱气后的流动相要避免震荡，尽量不引起气泡。

（2）色谱柱应轻拿轻放，第一次使用时应用 60% 甲醇冲洗柱子约 1 h，并记录 100% 甲醇的柱压，以备以后参考。

(3)所有过柱子的液体均需严格过滤。

(4)压力不能太大，最好不要超过仪器规定压力的 2/3。

## (九)离子色谱仪

离子色谱(ion chromatography，IC)是高效液相色谱的一种，是分析阴离子和阳离子的一种液相色谱方法。其是以离子交换树脂为固定相，电解质溶液为流动相的液相色谱方法，常以电导检测器作为通用的检测器。

根据分离机理，离子色谱可分为离子交换色谱和离子对色谱。离子色谱具有检测速度快、方便、灵敏度高、选择性好、可以同时分析多种离子化合物、分离柱的稳定性好、容量高等特点。此外，采用离子色谱进行阳离子分析时，可以分离同一元素不同价态的离子。

**1. 离子色谱仪的基本构造**　离子色谱仪是由流动相传送部分、进样器、分离柱、检测器和数据处理等部分组成，在需要抑制背景电导的情况下，通常还配有旋转式填充床抑制器(MSM)或类似抑制器。但要注意的是，离子色谱仪的流动相部分需采用耐酸碱腐蚀的材料。

在离子色谱中，由于被测离子具有导电性，而且流动相本身也是一种电离物质，具有很强的电离度，因此，在离子色谱柱后端，需加入相反电荷的离子交换树脂填料，这种在分离柱和检测器之间能降低背景电导值以提高检测灵敏度的装置，称为抑制柱(抑制器)。

**2. 岛津 LC-10 ADsp 离子色谱仪操作流程**

(1)开机。开启高压泵、检测器、柱温箱的电源开关，再打开系统控制器的电源开关。

(2)排气。更换上处理好的流动相，把高压泵上的排空阀逆时针旋转 180°，按下"Purge"键，排气，同时观察流路管道是否有气泡存在，自动停止后，关闭排空阀。

(3)打开计算机和工作站，设置实验条件，单击"下载"，将实验条件传递给各单元，各单元调节参数，单击"文件"目录下"另存文件为"保存文件到指定位置，如已有相同条件的文件，直接调出使用。

(4)样品分析。单击"Instrument on"开始运行，待基线平稳后，开始进样分析。

(5)关机。实验结束后，用现有的流动相清洗色谱柱 1～2 h，更换流动相为超纯水，清洗色谱柱及流路(若长时间不用，需要用 0.1% 叠氮化钠冲洗 1～2 h)。关闭工作站、计算机，高压泵、柱温箱、检测器、系统控制器，关闭电源。

## (十)毛细管电泳仪

毛细管电泳(capillary electrophoresis，CE)，是一类以毛细管为分离通道，以高压直流电场为驱动力的新型液相分离分析技术。毛细管电泳仪主要依据样品中各组分之间淌度(单位电场强度下的迁移速度)和分配行为的差异实现各组分的分离。该技术可分析的成分小至有机离子，大至生物大分子如蛋白质、核酸等。毛细管电泳和高效液相色谱(HPLC)一样，都是液相分离技术，因此，二者在很大程度上可以互为补充。但是，无论从效率、速度、样品用量和成本来说，毛细管电泳都显示了一定的优势。毛细管电泳除了比其他色谱分离分析方法具有效率更高、速度更快、样品和试剂耗量更少等优点外，其仪器结构也比高效液相色谱简单。毛细管电泳具有分析速度快、分离效率高、实验成本低、消耗少、操作简便等特点，因此广泛应用于分子生物学、医学、药学、材料学以及与化学有关的化工、环保、食品等各个领域。

**1. 毛细管电泳仪的基本构造** 毛细管电泳仪的主要部件有直流高压电源、毛细管、电极和电极槽、冲洗进样系统、检测系统和数据处理系统等。两个缓冲液瓶装有与毛细管内相同的背景缓冲液,将毛细管两端置于两个缓冲液瓶中,铂金电极分别插入两个缓冲液瓶中。在实验过程中,两个缓冲液瓶内的背景电解质溶液应保持在同一液面水平,并且毛细管两端也应插入液面下同一深度,防止毛细管两端因压力差产生虹吸效应而引起溶液的流动,从而影响分析结果。

(1)高压电源。$0\sim30\ kV$,$200\sim300\ \mu A$。

(2)进样系统。比较常用的方式主要为流体动力学进样和电迁移进样。进样系统包括动力和计时控制部件、毛细管和样品瓶及缓冲液瓶的位置变换控制部件等。

(3)缓冲体系。通常毛细管清洗或缓冲液填灌采用正压或负压来实现,要求系统具有一定的密闭性。商品化的仪器通常将毛细管清洗过程与进样过程共享压力控制结构,但计时以分钟为单位,对进样精度有所影响。酸碱活化毛细管可保证电泳分离结果。一般有磷酸钠体系(宽缓冲范围)、硼酸钠体系(高 pH 范围)、Tris-HCl体系(低 pH 范围)、醋酸-醋酸铵体系(CE/MS 常用体系)等类型。

(4)毛细管柱。一般为圆形管,内径 $140\ \mu m$ 以下散热较好,目前使用的多在 $25\sim75\ \mu m$;应是化学和电惰性、可透光、有一定柔性、易于弯曲的材料。如聚四氟乙烯、玻璃和石英等类型。电泳分析过程中,热效应会降低分离效率且在一定程度上影响分析结果的重复性,因此需要设计一个温度可调的恒温环境来降低热效应,同时避免外界温度变化对毛细管分离结果造成影响。风冷和液冷两种温控方式较为常用。风冷控温是通过控制空气对流实现恒温,但效果不佳。液冷控温是将毛细管置于恒温液体中,一般以水为冷却介质,由专门的制冷系统进行冷却或恒温,并经由流路进行循环。液冷控温效果良好,故为常用的温控方式。

(5)检测器。紫外检测器使用最为广泛,其采用柱上检测方式,结构简单、操作方便,使用前需在适当位置将毛细管外壁涂层的弹性保护层聚酰亚胺膜剥离,让透明部分对准光路。可通过灼烧、硫酸腐蚀或者刀片刮除等方式实现涂层剥离。此外,激光诱导荧光检测器灵敏度也比较高。

**2. BioFocus 3000 型毛细管电泳仪操作流程**

(1)插上电源,检查电泳仪连接情况。检查制冷区小槽内水量是否充足,打开计算机,打开电泳仪开关(两扇门都需要关闭)。在计算机桌面单击 BioFocus 图标,进入 BioFocus 的控制界面。

(2)设置程序。

① 单击"Reagents"键,命名。

② 单击"Cartridges"键,查看和修改卡槽的相关参数,激活相应的或者设置的卡槽。

③ 单击"Configurations"→"Define",添加需要的信息并命名。

④ 单击"Methods",选择设置好的程序,填写电压、电流、正负极,设定电泳温度、电泳时间,添加需要灌注的洗液等。

⑤ 单击"Auto Seqs",选择需要的程序,查看、编辑需要调整的程序。

(3)运行程序。状态显示 Pending→Pending,Ready→OK→Start。

(4)完成所有的程序后(包括运行程序及情节程序),停止运行的程序,存储数据。

**3. 毛细管电泳仪使用注意事项**

(1)在所有的对话框消失之前,转盘没有回到初始位置之前,不能打开电泳仪的门。
(2)将毛细管电泳仪放置于有空调的房间,保持室温恒定。操作中控制毛细管及仪器恒温。
(3)缓冲液加压一段时间后,因湍度和电渗流原因会变化,要经常更换。
(4)缓冲液要用 $0.45\ \mu m$ 微孔滤膜过滤后使用。

## (十一)质谱仪

质谱分析法是通过对被测样品离子的质荷比的测定来进行分析的一种方法。被分析的样品首先要离子化,然后利用不同离子在电场或磁场中运动行为的不同,把离子按质荷比($m/z$)分开而得到质谱,通过样品的质谱和相关信息,可以得到样品的定性、定量结果。质谱分析法可以提供如下结构信息:分子质量信息;高分辨质谱可得到化合物的元素组成;碎片离子结合断裂规律提供结构信息。质谱分析法具有灵敏度高、试样用量少、分析速度快等特点。

**1. 质谱仪的基本组成** 质谱仪可分为有机质谱仪、无机质谱仪、同位素质谱仪以及气体分析质谱仪等类型。有机质谱仪由以下几个部分组成:进样系统、离子源、质量分析器、检测器、计算机控制系统和真空系统。其中,离子源是将样品分子电离生成离子的装置,也是质谱仪最主要的组成部件之一。质量分析器是使离子按不同质荷比进行分离的装置,是质谱仪的核心。各种不同类型的质谱仪最主要的区别通常在于离子源和质量分析器。

(1)进样系统。
(2)离子源。常见的离子源有电子轰击电离源(EI)、化学电离源(CI)、电喷雾电离源(ESI)、大气压化学电离源(APCI)以及基质辅助激光解吸电离源(MALDI)等类型。
(3)质量分析器。其作用是将离子源产生的离子按 $m/z$ 不同分开并排列成谱。用于有机质谱仪的质量分析器有单聚焦分析器、双聚焦分析器、四极杆分析器、离子阱分析器、飞行时间分析器、回旋共振分析器等。
(4)检测器。常见的类型有微通道板、电子倍增管、杂交光电倍增管、法拉第杯等。
(5)计算机控制系统。
(6)真空系统。

电子轰击质谱能够提供有机化合物最丰富的结构信息并具有较好的重复性。以 EI 为离子源、扇形磁场为分析器的质谱仪目前仍然是最为广泛应用的有机质谱仪,其结构如图 5-15 所示。

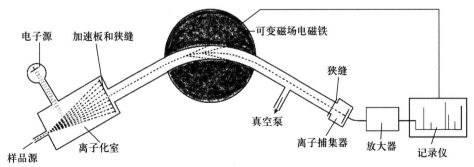

图 5-15 质谱仪的结构示意图

**2. 岛津 GCMS－QP2010 气-质联用仪的操作流程**

(1)开机。

① 打开氦气瓶，将分压调到 0.7～0.8 MPa。

② 打开质谱仪电源开关。

③ 打开气相色谱电源开关。

④ 打开计算机。

(2)进入系统及检查系统配置。

① 双击计算机屏幕的"GC－MS Real Time Analysis"，联机后进入主菜单窗口(正常时仪器有鸣叫声)。

② 单击左侧"System configuration"，检查系统配置是否正确(系统配置内容不可随意改动)，无误后单击"Set"(设置)。

(3)启动真空泵。

① 单击左侧"Vacuum control"图标，出现"真空控制"窗口，单击"自动启动"后，真空系统启动。

② 在"Vent valve"灯呈绿色(即关闭)的前提下，启动机械泵(Rotary pump)。

③ 低压真空度小于 300 Pa 时，单击"Auto start up"，自动启动真空控制。

④ 启动完成后，至少抽真空 30 min，方可进行调谐。

(4)调谐。

① 单击左侧的"Tuning"图标，进入调谐子目录中，再单击"Peak monitor view"图标，在"Monitor"选项中选择"Water，air"选项，将"Detector"电压设为 0.7 kV(最低)，然后在"$m/z$"中依次输入 18、28、32，在"Factor"中均输入适当的放大倍数。

② 选择灯丝 1 或 2 点燃，如果 18 峰高于 28 峰，表示系统不漏气，同时观察高真空度，保证在 0.001 5 Pa 以下，关闭灯丝。

③ 建立调谐文件名，然后单击左侧的"Start auto tuning"图标，计算机自动进行调谐，并打印调谐结果，然后保存调谐文件(＊.qgt)。

④ 调谐结果必须同时满足以下几个条件，方可进行分析。

a. Base peak 必须是 18 或 69，不能是 28(28 为 $N_2$)，否则为漏气。

b. 电压应小于 1.5 kV。

c. $m/z$ 中 69、219、502 三个峰的 FWHM 最大差小于 0.1。

d. $m/z$ 中 502 的 ratio 值大于 2。

只有同时满足上述条件后，方可进行样品测试，每次调谐结果要统一存档保存，以便维修时查看。

(5)方法编辑。单击左侧主菜单的"Date acquisition"图标进入方法编辑页面，共分四个部分：Sample、GC、MS、FID，依次编辑各部分分析参数，然后保存方法文件(＊.qgm)。

(6)样品的测定。

① 单击左侧菜单的"Date acquisition"中的"Sample login"。

② 编辑好数据文件名(＊.qgd)，选择要使用的调谐文件(＊.qgt)，编辑好相关的样品信息，单击"确定"，然后按"Stanby"传输参数。

③ 待"Start"变成绿色字体后，单击"Start"，AOC 开始准备进样，进样后检测开始。

注意：在用 FID 检测时设定此项内容应使用左侧主菜单"Data acquisition"中的"Batch processing"，然后单击"Setting"，在"Type"中选择 FID 使用的 LINE，后编辑批处理表各项参数。

(7) 关机。

① 节能模式：节能模式是指在待机分析期间，将仪器各部分温度降低，载气流量减小，但真空系统工作正常，以便之后需要分析时只需将温度和流量恢复即可快速分析。单击仪器监视器中"节能模式"图标，在弹出窗口后，单击窗口"是（Y）"，将仪器切换到节能模式。在节能模式中，系统会弹出"节能模式"窗口。如进行分析，单击窗口中"解除"即可退出节能模式，系统将被还原为节能模式前的状态。

② 完全关机：单击"实时分析"页面中左侧的开关图标"Vacuum control"，按自动关机"Auto shutdown"，仪器自动降温，当离子源温度均降到 100 ℃以下时，自动停泵，卸掉真空压力后可依次关闭 GC、MS 电源。

## (十二) 仪器分析常用辅助设备

**1. 微量加样器** 微量加样器是一种常用于实验室移取少量或微量液体的精密仪器，常用的规格有 1 μL、2 μL、10 μL、100 μL、200 μL、1 000 μL、5 000 μL、10 000 μL 等，适用于常规化学实验。不同规格的微量加样器配套使用不同大小的枪头，不同厂家微量加样器形状略有不同，但工作原理及操作方法基本一致。微量加样器不仅加样更为精确，而且品种也更多种多样，如微量分配器、多通道微量加样器等。微量加样器的物理学原理有两种：一是使用空气垫（又称活塞冲程）加样；二是使用无空气垫的活塞正移动加样。不同原理的微量加样器有不同的应用范围。

(1) 移液枪（器）的使用方法。

① 量程调节：手持移液枪时，掌心和四根手指握住枪柄，食指紧靠前段钩状结构，拇指放在控制按钮上。调节量程时，若从大体积调为小体积，则按照正常调节方法，顺时针旋转旋钮即可；若从小体积调为大体积，则应先逆时针旋转刻度旋钮至超过量程的刻度，再回调至设定体积，这样可以保证量取的最高精确度。调节量程时，千万不要将按钮旋出量程，以防卡住内部机械装置而损坏移液枪。

② 枪头装配：将移液枪垂直插入枪头中，稍微用力左右微微转动即可使二者紧密结合。如果是多道（如 8 道或 12 道）移液枪，则将移液枪第一道管口对准第一个枪头，然后倾斜地插入，往前后方向摇动即可卡紧。枪头卡紧的标志是略微超过 O 形环，并可以看到连接部分形成清晰的密封圈。

③ 移液方法：保证移液枪、枪头和液体处于相同温度。吸取液体时，移液枪应保持竖直状态，将枪头插入液面下 2~3 mm。移液前可以先吸放液体 3~4 次以润湿枪头（尤其是要吸取黏稠或密度与水不同的液体时）。移液方法有两种，一种是前进移液法：用拇指将按钮按下至第一挡，然后慢慢松开按钮回原点（吸取固定体积液体），接着将按钮按至第一挡排出液体，稍停片刻继续按按钮至第二挡吹出残余液体，最后松开按钮。另一种是反向移液法：该法一般用于转移高黏液体、生物活性液体、易起泡液体或极微量液体。具体操作是：先按下按钮至第二挡，慢慢松开按钮至原点，吸取液体后，斜靠容器内壁将多余液体沿器壁流回容器，接着将按钮按至第一挡，排出设置好体积的液体，继续保持按住按钮位于第一挡（千

万别再往下按），取下有残留液体的枪头，弃之即可，或将枪头斜靠容器壁将多余液体沿器壁流回容器。

④ 移液枪放置：使用完毕，先将使用过的枪头推掉，再将旋钮调节至最大刻度，然后将移液枪竖直挂在移液枪架上。当移液枪枪头里有液体时，切勿将移液枪水平放置或倒置，以免液体倒流腐蚀活塞弹簧。

(2)瓶口分配器的使用。瓶口分配器通常安装于4 L旋口瓶上，使用时，先将顶部旋钮调节至需要的刻度，方法同移液枪，旋开嘴部旋塞，打开安全阀，进行移液工作，移液结束后，关闭安全阀，旋上旋塞。

(3)注意事项。

① 装配移液枪枪头时，单道移液枪是将移液枪垂直插入枪头，左右微微转动，上紧即可；用移液枪反复撞击枪头来上紧的方法是不可取的，这样操作会导致移液枪部件因强烈撞击而松散，严重的情况会导致调节刻度的旋钮卡住。使用多道移液器时，将移液枪的第一道管口对准第一个枪头，倾斜插入，前后稍许摇动上紧，枪头插入后略超过O形环即可。

② 使用过程中应轻拿轻放，枪头有液体时，不可平放或倒立。使用完毕，及时清洁干净移液枪，然后挂在移液枪架上，并把废弃的枪头放至指定的地方。

(4)维护与保养。

① 使用移液枪注意匀速吸液，以免进入枪内，如液体不小心进入活塞室应及时去除。

② 移液枪使用完毕，立即把移液枪枪头推掉，调至量程最大值，垂直挂在移液枪架上。

③ 根据使用频率，所有移液枪均应定期用肥皂水或60%异丙醇清洗，再用双蒸水清洗并晾干。

④ 避免将移液枪放置于高温处以防变形致漏液或精度不准。

⑤ 发现问题应及时咨询厂家或专业人员，并按照其指导方法进行处理。

⑥ 移液枪移液、排液时应尽量速度均匀，以保证高精准度。

⑦ 检查是否漏液的方法：移液后在液体中停1～3 s，观察枪头内液面是否下降，如果液面下降，先检查枪头是否有问题，如有问题要及时更换枪头，更换枪头后液面仍下降，说明组件有问题，应找专业维修人员修理。

⑧ 需要高温消毒的移液枪应首先查阅所使用移液器是否适合高温消毒后再行处理。

⑨ 移液枪应有专人保管，保管人应按检定周期定期进行检定或校准。

**2. 超声波清洗器**　超声波清洗器是用于清除污物的仪器，通过换能器将超声波发生器产生的高频振荡信号转换成机械振动而传播到介质中，用以清洗物品、排除气泡、加速固体试剂溶解等。超声波清洗器主要由超声波清洗槽和超声波发生器两部分构成。超声波清洗槽用坚固、弹性好、耐腐蚀的优质不锈钢制成，底部安装有超声波换能器振子。超声波发生器产生高频高压，通过电缆连接线传导给换能器，换能器与振动板一起产生高频共振，从而使清洗槽中的溶剂受超声波作用洗涤污垢。

(1)超声波清洗器的操作规程。

① 清洗槽内加入清洗液，液面高度与网篮上沿平齐。清洗时，根据不同清洗要求添加清洗液，所用清洗液应不腐蚀清洗机槽、机体，严禁使用强酸、强碱作清洗液。

② 把所需的清洗物件放入网篮内。

③ 插上电源，打开开关。

④ 选择清洗方法：

a. 直接清洗法：将清洗物直接放进网篮内，并保证清洗液完全浸泡清洗物。

b. 间接清洗法：将清洗物放在烧杯或锥形瓶等容器中，容器中装满清洗液，将容器及清洗物放入超声波清洗器中进行洗涤。

⑤ 参数设置：

a. 时间设定：按"SET"键一次，进入时间设定，通过"↑"和"↓"设置参数。根据清洗物积垢程度设定清洗时间，一般为5～30 min，特别难清洗的物质，可适当延长清洗时间。

b. 功率设定：设定好时间后，再按"SET"键一次，进入功率设定，通过"↑"和"↓"来设置需要的参数。

c. 温度设定：设定好功率后，再按"SET"键一次，进入温度设定，通过"↑"和"↓"来设置需要的值。

按"SET"键，退出设置，仪器自动保存设置参数。

⑥ 清洗结束后，用蒸馏水漂洗3次。

⑦ 实验结束后，做好仪器使用记录。

(2) 注意事项。

① 超声波清洗器中液体体积必须满足仪器液位要求，否则极易造成损坏。

② 超声波清洗器的最佳清洗温度在30～65 ℃。

③ 超声波清洗器不能使用易燃或低闪点的溶液作为清洗液，同时避免使用酸性清洗液和漂白剂。

④ 仪器严禁长时间工作，以免电感、变压器等散热元件因高温而熔化，烧毁，造成短路。

⑤ 对于精密、表面光洁度高的物体，采用长时间的高功率密度清洗会对物体表面产生"空化"腐蚀。

⑥ 超声波频率越低，在液体中产生空化效应越强，频率高则超声波方向性强，适合用于精细物体清洗。

⑦ 较重的物件，通过挂具悬挂在清洗液内，以免物件过重损坏清洗器。

(3) 保养与维护。

① 仪器应放置在避免雨淋、远离热源、环境干燥的地方。

② 仪器应有专人保管，并定期进行除灰、清洁，保证仪器内外清洁。

③ 避免超声波清洗器顶端进风口处溅入导电液对清洗机线路系统造成严重损害。

④ 使用过程中，避免碰撞或剧烈震动。

⑤ 定期清理被污染的清洗液，定期让油泵运转一次，每次至少在10 min以上。

⑥ 较长时间不用时，应将槽内清洗液放干净，并将机体擦洗干净，罩好防尘罩。

**3. 固相萃取仪** 固相萃取(solid phase extraction, SPE)是20世纪80年代中期发展起来的一项样品前处理技术，由液固萃取和液相色谱技术相结合发展而来，主要用于样品的分离、净化和富集。主要目的在于降低样品基质干扰，提高检测灵敏度。固相萃取技术主要基于液固色谱理论，采用选择性吸附、选择性洗脱的方式对样品进行富集、分离、净化，是一种包括液相和固相的物理萃取过程。也可以将其近似地看作一种简单的色谱过程。固相萃取是利用选择性吸附与选择性洗脱的液相色谱法分离原理。较常用的方法是使样品溶液通过吸附剂，保留其中被测物质，再选用适当强度溶剂冲去杂质，然后用少量溶剂迅速洗脱被测物质，从而达到快速分离净化与浓缩的目的。也可选择性吸附干扰杂质，而让被测物质流出，或同时吸附杂质和被测物质，再使用合适的溶剂选择性洗脱被测物质。

在固相萃取中通常的方法是将固体吸附剂装在一个针筒状柱子里，使样品溶液通过吸附剂床，样品中的化合物或通过吸附剂或保留在吸附剂上（依靠吸附剂对溶剂的相对吸附）。"保留"是一种存在于吸附剂和分离物分子间的吸引现象，造成当样品溶液通过吸附剂时，分离物在吸附剂上不移动。保留是分离物、溶剂和吸附剂三个因素的共同作用。所以，一个给定的分离物的保留行为在不同溶剂和吸附剂存在下是变化的。"洗脱"是一种保留在吸附剂上的分离物从吸附剂上去除的过程，通过加入一种对分离物的吸附比吸附剂更强的溶剂来完成。

常见的固相萃取仪主要包括主机、洗脱接头、真空装置、废液管等部分。

(1) 固相萃取技术操作规程。

① 选择 SPE 小柱或滤膜：首先应根据待测物的理化性质和样品基质，选择对待测物有较强保留能力的固定相。若待测物带负电荷，可用阴离子交换填料，反之则用阳离子交换填料。若为中性待测物，可用反相填料萃取。SPE 小柱或滤膜的大小与规格应视样品中待测物的浓度而定。对于浓度较低的体内样品，一般应选用尽量少的固定相填料萃取较大体积的样品。

② 活化：萃取前，先用充满小柱的溶剂冲洗小柱或用 5～10 mL 溶剂冲洗滤膜。一般可先用甲醇等水溶性有机溶剂冲洗填料，因为甲醇能润湿吸附剂表面，并渗透到非极性的硅胶键合相中，使硅胶更容易被水润湿，之后再加入水或缓冲液冲洗。加样前，应使 SPE 填料保持湿润，如果填料干燥会降低样品保留值；而各小柱的干燥程度不一，则会影响回收率的重现性。

③ 测样：

a. 用 $0.1\ mol\cdot L^{-1}$ 酸或碱调节，使 pH<3 或 pH>9，离心，取上层液萃取。

b. 用甲醇、乙腈等沉淀蛋白质后取上清液，以水或缓冲液稀释后萃取。

c. 用酸或无机盐沉淀蛋白质后取上清液，调节 pH 后萃取。

d. 超声 15 min 后加入水、缓冲液，取上清液萃取。

④ 淋洗：反相 SPE 的清洗溶剂多为水或缓冲液，可在清洗液中加入少量有机溶剂、无机盐或调节 pH。加入小柱的清洗液应不超过一个小柱的容积，而 SPE 滤膜为 5～10 mL。

⑤ 洗脱待测物：应选用 5～10 mL 离子强度较弱但能洗脱下待测物的洗脱溶剂。若需较高灵敏度，则可先将洗脱液挥干后，再用流动相重组残留物后进样。体内样品洗脱后多含有水，可选用冷冻干燥法。保留能力较弱的 SPE 填料可用小体积、较弱的洗脱液洗下待测物。再用极性较强的 HPLC 分析柱，如 $C_{18}$ 柱分析洗脱物。若待测物可电离，可调节 pH 抑制样品离子化，以增强待测物在反相 SPE 填料中的保留，洗脱时调节 pH 使其离子化并用较弱的溶剂洗脱，收集洗脱液后再调节 pH 使其在 HPLC 分析中达到最佳分离效果。在洗脱过程中，应减慢流速，用两次小体积洗脱代替一次大体积洗脱，回收率更高。

(2) 注意事项。

① SPE 小柱活化过程中不能干涸。

② 上样速度不能过快。
③ SPE 小柱排列不能太密，方便操作。
④ 最后的洗脱液最好抽干。
⑤ 洗脱液流速不宜太快。
⑥ 使用结束后清理机器，不能有水滴、污物等残留。
(3)保养与维护。
① 实验结束后应及时清洗主机内部，以免腐蚀或有残留物。
② 每次萃取后应及时清洗萃取头，以免交叉污染。
③ 仪器应有专人保管，并定期进行除灰、清洁，保证仪器内外清洁。

**4. 旋转蒸发仪** 旋转蒸发仪又叫旋转蒸发器，是实验室常用设备，主要用于减压条件下连续蒸馏易挥发性溶剂，适用于对萃取液的浓缩和色谱分离时接收液的蒸馏，广泛应用于化学、化工、生物医药等领域。旋转蒸发仪主要由真空泵、蒸馏瓶、加热锅、冷凝系统等部分组成。蒸馏瓶是一个带有标准磨口接口的茄形或圆底烧瓶，通过蛇形回流冷凝管与减压泵相连，回流冷凝管另一开口与带有磨口的接液烧瓶相连，用于接收被蒸发的有机溶剂。在冷凝管与减压泵之间有一三通活塞，当体系与大气相通时，可以将蒸馏瓶、接液烧瓶取下，转移溶剂，当体系与真空泵相通时，则体系应处于负压状态。蒸馏瓶在旋转的同时置于水浴锅中恒温加热，瓶内溶液在负压下在旋转的烧瓶内进行加热扩散蒸发，加热温度可接近该溶剂的沸点，在高效冷却器作用下，可将热蒸气迅速液化，回流至接液烧瓶中。

(1)旋转蒸发仪的操作规程。
① 向加热锅中加入水，通电，打开开关，设置水浴锅加热温度。
② 装蒸馏瓶，打开主机和真空泵电源开关，调节"升降"，达到合适的高度使蒸馏瓶内液面与水浴锅水面平行。
③ 冷凝器上有三个外接头，一头接冷凝水进水，一头接冷凝水出水，上端口装有抽真空接头，接真空泵。
④ 开机前先将调速旋钮左旋到最小，按下电源开关，指示灯亮，然后慢慢往右旋至所需要的转速，设置真空度，抽真空。
⑤ 开动电机转动蒸馏瓶，开始浓缩或精制。
⑥ 结束时，先停电机，再通大气，以防蒸馏瓶在转动中脱落。
⑦ 实验结束后清理实验台面，并做好记录。
(2)注意事项。
① 使用前仔细检查仪器，玻璃瓶是否有破损，各接口是否吻合，注意轻拿轻放。
② 各接口不可拧得太紧，要定期松动，避免长期紧锁导致连接器咬死。
③ 先开电源开关，然后让机器由慢到快运转，停机时要使机器处于停止状态，再关开关。
④ 各处的聚四氟乙烯开关不能过力拧紧，否则容易损坏玻璃。
⑤ 停机后拧松各聚四氟乙烯开关，长期停留在工作状态会使聚四氟乙烯活塞变形。
⑥ 电气部分切不可进水，严禁受潮。
⑦ 加热槽通电前必须加水，不允许无水干烧。
(3)保养与维护。

① 用软布擦拭各个接口，然后涂抹少许真空硅脂。注意：不是实验室常用的凡士林。

② 每次使用完毕须用软布擦净留在机器表面的各种油迹、污渍、溶剂残留，保持清洁。

③ 定期对密封圈进行清洁，方法是：取下密封圈，检查轴上是否积有污垢，用软布擦干净，然后涂少许真空硅脂，重新装上，保持轴与密封圈滑润。

④ 仪器有专人保管，定期清洁。

**5. 氮吹仪**　氮吹仪也叫氮气吹干仪、自动快速浓缩仪等，主要是通过将氮气快速、连续、可控地吹向加热样品的表面，使待处理样品中的水分迅速蒸发、分离，从而实现样品的无氧浓缩，同时能够保持样品的纯净，从而达到快速分离纯化的效果。氮吹仪的工作原理是：氮气是一种不活泼的气体，能起到隔绝氧气的作用，如果加强它周围的空气流动，提高它的温度，就可以达到防止氧化的目的。同时采用对底部进行加温，而顶部用氮气或空气进行吹扫，通过氮气的快速流动打破液体上空的气液平衡，使液体挥发浓缩速度加快，迅速挥发，从而达到将样品快速浓缩的目的。氮吹仪不仅操作简单，而且可以同时处理多个样品，可以大大缩短检测时间。因而，它作为通用的样品批量处理仪器，被广泛应用于医学测试、化学品残留检测、农残检测及食品、药品质量控制等领域。

氮吹仪主要包括气体分配室、气针、高度调节支架、氮气接口、高度微调部件、支柱、固定组件、机箱、衬套、加热块、样品试管或试剂瓶等部件。试管通过带弹簧的试管夹和支撑盘来固定位置。根据试管大小和溶剂多少，各导气管可独立升降至合适的高度。

(1) 氮吹仪的使用操作(以水浴式氮吹仪为例)。仪器安装好后，将底盘支撑在恒温水浴内，打开水浴电源，设定水浴温度，水浴开始加热。提升氮吹仪，将需要蒸发浓缩的样品分别安放在样品定位架上，并由托盘托起，其中托盘和定位架高低可根据实验样品试管的大小调整。打开流量计针阀，将氮气经流量计和输气管送至配气盘，配气后送往各样品位上方的针阀管(安装在配气盘上)。通过调节针阀管针阀，将氮气经针阀管和针头吹向液体样品试管，调整锁紧螺母可以上下滑动针阀管，调整针头高度，使样品表面吹起波纹，但不能溅起。然后，将氮吹仪放于水浴中，直到蒸发浓缩完成。

(2) 注意事项。

① 加热介质最好使用蒸馏水和去离子水，以防止在水浴壁上产生水垢。注意不要使用有机溶剂作加热介质。

② 不加热时，在水浴的水中加入除藻剂，可防止生物污染。不应使用酸性除藻剂，并应确保所用除藻剂不会影响所要处理的样品。

③ 水浴中的水应做到随时更换。

④ 当接触或暴露于酸性材料、蒸气或样品后，应当立刻清洗，用适度的碳酸氢钠溶液或其他相似溶液中和，再用清水冲洗。长时间接触酸性物质，会损坏仪器。如必须长时间接触酸性物质，则应采取保护措施。

⑤ 每次使用完毕后都应清洗，尽量减少针的污染。可使用有机溶剂冲洗、高压消毒和索氏提取等技术。

⑥ 水浴池池底耐水但不防水。绝不能将水浴浸泡在任何液体中，或放置在可能发生浸泡的地方。

(3) 保养与维护。

① 定期用有机溶剂清洗气针，防止交叉污染。

② 如用水作加热介质，应做到随时更换，用铝粒为加热介质应注意保管。
③ 仪器应有专人保管，并定期进行除灰、清洁，保证仪器内外清洁。

**6. 高速冷冻离心机**　离心机是利用离心力对混合溶液进行分离和沉淀的一种专用仪器，高速冷冻离心机就是利用高速冷冻离心机转子高速旋转产生的强大的离心力，加快液体中颗粒的沉降速度，把样品中不同沉降系数和浮力密度的物质分离开。高速冷冻离心机可以从液体混合物中提炼出需要的成分，根据每种物质的密度不同，经过高速旋转，密度大的液体沉在底层，密度小的液体浮在上面，这样就将液体分层，提炼出所需要的纯净物。高速冷冻离心机在实验室分离和制备工作中是必不可少的工具，其最高速度可以达到 10 000～30 000 r·min$^{-1}$。这类离心机通常带有冷却离心腔的制冷设备，由装在离心腔内的热电偶检测离心腔的温度。高速冷冻离心机有多种转头：角式转头、荡平式转头、垂直转头和区带转头，可以用于收集微生物、细胞碎片、细胞、大的细胞器、硫酸沉淀物以及免疫沉淀物等。它广泛应用于临床医学、生物化学、分子生物学、遗传工程、放射免疫学等领域，是科研院所、各大医院用于沉淀的理想实验仪器。

(1) 操作方法。
① 检查仪器。
② 选择转头。
③ 接通电源，打开电源开关。
④ 将待离心的液体装入合适的离心管中，并对称地放入转头中。
⑤ 调节速度和时间。
⑥ 打开开关。
⑦ 离心结束后自动关机，关闭冷冻开关、电源开关，切断电源。
⑧ 将转头取出，将离心机的盖子敞开放置。
⑨ 收集离心物，洗净离心管。

(2) 使用注意事项。
① 高速冷冻离心机在预冷状态时，离心机机盖必须关闭，离心结束后取出转头，倒置于实验台上，擦干腔内余水，离心机机盖处于打开状态。
② 超速离心时，液体一定要加满离心管，因为超速离心时需抽真空，只有加满才能避免离心管变形。如离心管盖子密封性差，则液体不能加满，以防外溢影响感应器正常工作。
③ 转头在预冷时，转头盖可摆放在离心机的平台上，或摆放在实验台上，千万不可不拧紧浮放在转头上，因为一旦误启动，转头盖就会飞出造成事故。
④ 转头盖在拧紧后一定要用手指触摸转头与转头盖之间有无缝隙，如有缝隙要拧开重新拧紧，直至确认无缝隙方可启动离心机。
⑤ 使用时一定要接地线。离心管内所加的物质应相对平衡，如引起两边不平衡，会对离心机造成损坏，缩短离心机的使用寿命。
⑥ 在离心过程中，操作人员不得离开离心机室，一旦发生异常情况，操作人员不能关闭电源（POWER），要按下"STOP"。在预冷前要填写好离心机使用记录。

(3) 高速冷冻离心机的保养与维护。
① 使用完毕，清除离心机内水滴、污物及碎玻璃渣，擦净离心腔、转轴、套筒及机座。
② 仪器应有专人保管，定期清洁。

③ 仪器保管人应依据 JJG 1066—2011《精密离心机》进行定期核查。

# 二、仪器分析实验

## 实验 71 电位法测定饮用水中氟离子的浓度

### 一、实验目的
(1) 掌握氟离子选择性电极测定水中 $F^-$ 浓度的原理和方法。
(2) 了解总离子强度调节缓冲溶液的意义和作用。
(3) 熟悉用标准曲线法和标准加入法测定水中 $F^-$ 的浓度。

### 二、实验原理

氟离子选择性电极是均相晶体膜电极的典型代表,此电极的敏感膜由氟化镧单晶制成。将氟化镧单晶(为增加导电性,往往掺入微量氟化铕)封在塑料管的一端,管内装入 $0.1\ mol \cdot L^{-1}$ $NaF+1\ mol \cdot L^{-1}$ NaCl 溶液作内参比溶液,以 Ag - AgCl 电极作内参比电极,即构成氟电极。

氟电极的响应机制如下:由于氟化镧晶格缺陷(空穴)引起氟离子的传导作用。接近空穴的可移动氟离子能够移动到空穴中,这是因为空穴的大小、形状和电荷等情况都使得它只能容纳氟离子,而不能让其他离子进入空穴,故此膜对氟离子有选择性。

用氟电极测定,线性范围一般在 $10^{-6} \sim 10^{-1}\ mol \cdot L^{-1}$。电极的检测下限取决于氟化镧单晶的溶度积。由于饱和溶液中氟离子活度为 $10^{-7}\ mol \cdot L^{-1}$ 左右,因此,氟电极在纯水体系中的检测下限大约为 $10^{-7}\ mol \cdot L^{-1}$。氟电极具有较好的选择性,主要干扰物质是 $OH^-$,可能原因如下:

(1) $OH^-$ 进入膜参与电荷传递。
(2) 在膜表面发生如下反应:
$$LaF_3 + 3OH^- \rightleftharpoons La(OH)_3 + 3F^-$$
反应产物 $F^-$ 对电极本身有响应造成干扰。

氟离子广泛存在于自然水体中,水中氟含量的高低对人体健康有一定影响,氟的含量过低易得龋齿,过高则会发生氟中毒现象。饮用水中氟的适宜含量范围为 $0.5 \sim 1.5\ mg \cdot mL^{-1}$。

测定样品中 $F^-$ 含量时,将氟离子选择性电极与饱和甘汞电极置于待测的 $F^-$ 试液中组成电池,若指示电极为正极,则电池表示为

$$Hg | Hg_2Cl_2(s) | KCl(饱和) \| 试液 | LaF_3 膜 \begin{matrix} F^-(0.1\ mol \cdot L^{-1}) \\ Cl^-(0.1\ mol \cdot L^{-1}) \end{matrix} | AgCl(s) | Ag$$

电池电动势为
$$E = \varphi_{指示} - \varphi_{甘汞}$$
$$E = K - \frac{2.303RT}{F} \lg a_{F^-} - \varphi_{甘汞} = K' - \frac{2.303RT}{F} \lg a_{F^-}$$

若指示电极为负极,则
$$E = \varphi_{甘汞} - \varphi_{指示} = K' + \frac{2.303RT}{F} \lg a_{F^-}$$

但在实际测定中要测量的是离子的浓度,而不是活度,所以必须控制试样溶液的离子强度,使测定过程中活度系数为定值,故要在待测试样中加入总离子强度调节缓冲液(TISAB)。则

$$\varphi_{F^-} = K - \frac{2.303RT}{F} \lg c_{F^-}$$

而测量电池的电动势为

$$E = \varphi_{F^-} - \varphi_{甘汞} = K' - \frac{2.303RT}{F} \lg c_{F^-}$$

式中，$K'$ 为常数，当 $F^-$ 浓度在 $10^{-6} \sim 10^{-1}$ mol·L$^{-1}$ 时，$E$ 与 $\lg c_{F^-}$ 或 pF 呈线性关系。

由于氟电极响应的是试液中氟离子的活度，当 pH<5 时，由于形成 HF 分子，电极对它不响应，而当 pH>6 时，则 OH$^-$ 将发生干扰，故实际测定时，常用总离子强度调节缓冲液控制试液的 pH 在 5~6。通常用 pH=6 的柠檬酸盐还可消除 $Al^{3+}$、$Fe^{3+}$ 的干扰。本实验采用标准曲线法进行测定。

### 三、实验仪器和试剂

**1. 仪器**　酸度计或离子活度计、氟离子选择性电极、饱和甘汞电极、电磁搅拌器、吸量管、容量瓶等。

**2. 试剂**　NaF(AR)、柠檬酸钠(AR)、HCl(AR、1+1)、NaNO$_3$(AR)、饮用水。

**3. 试剂的配制**

① 氟标准储备溶液：称取于 110 ℃ 干燥 2 h 并冷却的 NaF 0.221 0 g，用水溶解后转入 1 000 mL 容量瓶中，稀释至刻度，摇匀，储于聚乙烯瓶中。此溶液每毫升含 F$^-$ 100.0 μg。

② 氟标准溶液：吸取 10.00 mL 氟标准储备溶液于 100 mL 容量瓶中，用水稀释至刻度，摇匀。此溶液每毫升含 F$^-$ 10.00 μg。

③ 总离子强度调节缓冲液(TISAB)：加入 500 mL 水、57 mL 冰醋酸、58 g NaCl 和 12 g 柠檬酸钠(Na$_3$C$_6$H$_5$O$_7$·2H$_2$O)，搅拌至溶解。将烧杯放冷后，缓慢加入 6 mol·L$^{-1}$ NaOH 溶液(约 125 mL)，直到 pH 在 5.0~5.5，冷至室温，转入 1 000 mL 容量瓶中，用去离子水稀释至刻度。

### 四、实验步骤

氟电极的准备：电极在使用前应在 $10^{-3}$ mol·L$^{-1}$ NaF 溶液中浸泡 1~2 h，进行活化，再用去离子水清洗电极到空白电位，氟电极在去离子水中的电位约为 $-300$ mV(此值各支电极不一样)。

仪器的调节请参照仪器使用说明进行。

方法一：标准曲线法

(1)标准系列溶液的配制。吸取 10.00 μg·mL$^{-1}$ 的氟标准溶液 0.00，0.50，1.00，3.00，5.00，8.00，10.00 mL 及水样 20.00 mL(或适量水样)，分别放入 8 个 100 mL 容量瓶中，各加入 20 mL TISAB 溶液，用水稀释至标线，摇匀。

(2)测量。将标准系列溶液由低浓度到高浓度依次移入塑料烧杯中(空白溶液除外)，插入氟电极和参比电极，放入一只塑料搅拌子，电磁搅拌 2 min，静置 1 min 后读取平衡电位值(达平衡电位所需时间与电极状况、溶液浓度和温度等有关，视实际情况掌握)。在每次测量(更换溶液)之前，都要用蒸馏水冲洗电极，并用滤纸吸干。记录数据。

(3)水样的测定。吸取含氟水样 25.00 mL 于 50 mL 容量瓶中，加入 TISAB 缓冲溶液 10 mL，加蒸馏水至刻度，混匀。按上述操作方法测定电位值，然后在工作曲线上查得氟含量。

实验完毕，清洗电极至所要求的电位值后保存。

**方法二：标准加入法**

取 20.00 mL 水样(或适量)于 100 mL 容量瓶中，加入 20 mL TISAB 溶液，用水稀释至刻度，摇匀，定容(体积记为 $V_0$)并全部转入 200 mL 干燥烧杯中，测定电位值 $E_1$。

向被测溶液中加入体积 $V_s$ 为 1.00 mL、浓度 $c_s$ 为 100 $\mu g \cdot mL^{-1}$ 的氟标准储备溶液，搅拌均匀，测定其电位值为 $E_2$。将标准系列中的空白溶液全部加到上面测过电位值 $E_2$ 的试液中，使试液稀释 1 倍，搅拌均匀，测定其电位值为 $E_3$。

### 五、数据记录和处理

**1. 标准曲线法数据处理**　根据所测标准系列数据，在坐标纸上，作 $E$-pF 图，即得标准曲线。在标准曲线上查出稀释后水样的 $F^-$ 浓度(或 pF 值)，然后计算出水样中含氟量 $\rho_{F^-}(\mu g \cdot mL^{-1})$。

| 溶液 | 标准溶液 | | | | | | | 水样 |
|---|---|---|---|---|---|---|---|---|
| 编号(容量瓶) | 1 | 2 | 3 | 4 | 5 | 6 | 7 | |
| $V(F^-)$/mL | | | | | | | | |
| $F^-$ 浓度/($\mu g \cdot mL^{-1}$) | | | | | | | | |
| pF | | | | | | | | |
| $E$/mV | | | | | | | | |

**2. 标准加入法数据处理**

水样试液中 $F^-$ 浓度为

$$c_{F^-} = \frac{c_s V_s}{V_s + V_0}(10^{\frac{|E_2 - E_1|}{S}} - 1)^{-1}$$

水样中 $F^-$ 含量为

$$\rho_{F^-} = \frac{c_{F^-} \times 100.0}{20.00}$$

式中，$S$ 为电极响应斜率，理论值为 $2.303RT/nF$，和实际值有一定的差别，为避免引入误差，可由计算标准曲线的斜率求得，也可借稀释一倍的方法测得。在测出 $E_2$ 后的溶液中加入同体积空白溶液，测其电位为 $E_3$，则实际响应斜率为

$$S = \frac{E_3 - E_2}{-\lg 2}$$

### 六、思考题

(1) 用氟电极测定 $F^-$ 的原理是什么？

(2) 用氟电极测得的电位是 $F^-$ 浓度的响应值还是活度的响应值？在什么条件下才能测定 $F^-$ 的浓度？

(3) 总离子强度调节缓冲液由哪些组分组成？各组分的作用是什么？

(4) 标准系列法测定电位值，为什么测定顺序要由低浓度到高浓度？

## 实验 72　食醋中醋酸浓度的自动电位滴定

### 一、实验目的

(1) 学习和掌握自动电位滴定食醋中醋酸浓度的原理及方法。

(2) 进一步熟悉和掌握 ZD-2 型自动电位滴定仪的使用。

## 二、实验原理

用 NaOH 标准溶液作滴定剂,滴定样品溶液中 HAc,反应式为

$$HAc + OH^- \rightleftharpoons Ac^- + H_2O$$

在达到计量点时,产生一个电位突跃。在滴定过程中,溶液 pH 不断变化,当滴定达到计量点时,pH 发生突变,因而引起电位突跃。

根据这一原理,在食醋溶液中插入玻璃电极为指示电极,饱和甘汞电极为参比电极,组成工作电池。随着 NaOH 标准溶液的加入,被测 $H^+$ 的浓度不断发生改变,因而指示电极的电位也相应地发生改变。在化学计量点附近,离子浓度发生改变,致使电位突跃。因此测量工作电池的电动势变化,就可以确定滴定终点。本实验采用自动电位滴定法测定 $H^+$ 的含量,从而求出醋酸浓度。

## 三、实验仪器和试剂

**1. 仪器** 自动电位滴定仪(ZD-2 型)、pH 玻璃电极、饱和甘汞电极、5 mL 吸量管、100 mL 小烧杯。

**2. 试剂** NaOH 标准溶液(约 0.1 mol·L$^{-1}$)、食醋样品、pH=4.00 邻苯二甲酸氢钾缓冲溶液、pH=6.86 混合磷酸盐($KH_2PO_4$ - $K_2HPO_4$)缓冲溶液。

## 四、实验步骤

**1. 手动法确定终点 pH**(或通过计算确定终点) 取食醋 2.00 mL 于 100 mL 小烧杯中,加 30 mL 蒸馏水,放入搅拌磁子,开始搅拌,小心地将电极插入溶液中,测定溶液的 pH。

每次从滴定管中放入 1.0 mL NaOH 标准溶液于试样中,待 pH 稳定后读数,当快接近计量点时,每次放入体积可减少到 0.10 mL,同时记录加入 NaOH 标准溶液的体积($V$)和对应的 pH。

根据记录的 $V$ 和 pH,作 pH-$V$ 图,并确定终点的 pH。

**2. 自动电位滴定** 根据以上实验(或计算)确定的终点 pH,设置好滴定终点。取 2.00 mL 食醋样品,重复上面的实验步骤,将仪器设置为自动滴定,进行自动滴定,自动滴定至终点时,仪器自动结束滴定,记录滴定所用 NaOH 标准溶液的体积。

## 五、数据处理

(1)作 pH-$V$ 曲线,确定滴定终点的 pH。

(2)计算食醋中 HAc 浓度:

$$c(HAc) = c(NaOH)V(NaOH)/V(食醋样品)$$

## 六、思考题

(1)能否用指示剂法滴定食醋中 HAc 的浓度?

(2)测定未知溶液 pH 时,为何要用 pH 标准缓冲溶液进行校正?

# 实验 73 紫外吸收光谱法测定饮料中苯甲酸

## 一、实验目的

(1)了解和熟悉紫外分光光度计的原理、结构和使用方法。

(2)掌握紫外分光光度法测定苯甲酸的方法和原理。

(3)熟悉标准曲线法测定样品中苯甲酸的含量。

## 二、实验原理

为了防止食品在储存、运输过程中发生腐败、变质，常在食品中添加少量防腐剂。防腐剂使用的品种和用量在食品卫生标准中都有严格的规定，苯甲酸及其钠盐、钾盐是食品卫生标准允许使用的主要防腐剂之一，其使用量一般在 0.1% 左右。

苯甲酸具有芳香结构，在波长 225 nm 和 272 nm 处有 K 吸收带和 B 吸收带。根据苯甲酸(钠)在 225 nm 处有最大吸收，测得其吸光度即可用标准曲线法求出样品中苯甲酸的含量。

## 三、实验仪器和试剂

**1. 仪器** 紫外分光光度计(UV1600 型或其他型号)、1.0 cm 石英比色皿、10 mL 容量瓶。

**2. 试剂** NaOH 溶液($0.1 \text{ mol} \cdot \text{L}^{-1}$)、苯甲酸钠标准溶液($20 \text{ μg} \cdot \text{mL}^{-1}$，准确称量经 105 ℃烘干 2 h 的苯甲酸钠 20 mg 于 1 000 mL 容量瓶中，用适量的水溶解后定容。由于苯甲酸在冷水中的溶解速度较慢，可用超声、加热等方法加快苯甲酸的溶解)、市售饮料、蒸馏水。

## 四、实验步骤

**1. 苯甲酸钠标准溶液的配制** 分别移取苯甲酸钠标准溶液 0.00 mL、1.00 mL、2.00 mL、3.00 mL、4.00 mL 和 5.00 mL 于 6 个 10 mL 容量瓶中，各加入 1.00 mL $0.1 \text{ mol} \cdot \text{L}^{-1}$ NaOH 溶液，用水稀释至刻度，摇匀。

**2. 苯甲酸钠最大吸收波长的确定** 以试剂空白为参比，用 1 cm 石英比色皿，在 200～400 nm 波长范围内，以 1 nm 为间隔，扫描 $6 \text{ μg} \cdot \text{mL}^{-1}$ 苯甲酸钠标准溶液的吸收曲线，确定最大吸收波长。

**3. 苯甲酸钠标准曲线的绘制** 以试剂空白为参比，在最大吸收波长处分别测定步骤 1 配制的 5 个苯甲酸钠标准溶液的吸光度，并绘制标准曲线。

**4. 样品溶液的测定** 准确移取市售饮料 0.50 mL 于 10 mL 容量瓶中，用超声波脱气 5 min 以驱赶二氧化碳后，加入 1.00 mL $0.1 \text{ mol} \cdot \text{L}^{-1}$ NaOH 溶液，用水稀释至刻度。以试剂空白为参比，在最大吸收波长处测定样品溶液的吸光度，平行测定 2 次，计算平均值记为 $A_x$。

## 五、数据处理

(1) 根据苯甲酸钠的吸收曲线，确定最大吸收波长。

(2) 绘制标准曲线：以苯甲酸钠标准溶液的吸光度 $A$ 为纵坐标，相应的浓度 $c$ 为横坐标，绘制苯甲酸钠的标准曲线。

(3) 样品溶液中苯甲酸钠含量的计算：从标准曲线上查出 $A_x$ 所对应的 $c_x$ 值，按下式计算饮料中苯甲酸钠的含量($\text{μg} \cdot \text{mL}^{-1}$)：

$$样品中苯甲酸钠的含量 = c_x \times \frac{10.00}{0.50}$$

## 六、注意事项

(1) 试样和工作曲线测定的实验条件应完全一致。

(2) 不同饮料中苯甲酸钠含量不同，移取的样品量可酌情增减。

## 七、思考题

(1) 紫外分光光度计由哪些部件构成？各有什么作用？

(2) 本实验为什么要用石英比色皿？为什么不能用玻璃比色皿？

(3) 苯甲酸的紫外光谱图中有哪些吸收峰？各自对应哪些吸收带？由哪些跃迁引起？

## 实验 74　红外光谱法鉴定黄酮结构

### 一、实验目的
(1)掌握红外光谱分析固体样品的制备技术。
(2)掌握溴化钾压片制样方法。
(3)进一步了解红外光谱法的一般操作。
(4)掌握如何根据红外光谱图识别官能团,鉴定黄酮的结构。

### 二、实验原理
本实验采用压片法测定固体试样黄酮的结构。在红外光谱仪上 4 000~400 cm$^{-1}$ 范围进行扫描,得到其吸收光谱。进行谱图处理和检索,确认其化学结构。

### 三、实验仪器和试剂
**1. 仪器**　傅里叶变换红外光谱仪及附件、溴化钾压片模具及附件、玛瑙研钵、红外烘箱、压片机等。

**2. 试剂**　芦丁标准品、溴化钾(分析纯)、无水乙醇。

### 四、实验步骤
(1)在玛瑙研钵中分别研磨溴化钾、芦丁和试样,置于干燥器中待用。
(2)取 1~2 mg 干燥的芦丁(或试样)和 100~200 mg 干燥的溴化钾,一并倒入玛瑙研钵中进行研磨直至混合均匀。
(3)取少许上述混合物粉末倒入压片模中压制成透明薄片,然后放到红外光谱仪上进行测试。
(4)测定一个未知样的红外光谱图。

### 五、数据处理
(1)解析芦丁标准红外谱图中的各官能团的特征吸收峰,并做出标记。
(2)将未知化合物官能团区的峰位列表,鉴定其结构。

### 六、注意事项
(1)红外压片时,所有模具都应该用酒精棉擦干净。
(2)取用溴化钾时,不能将溴化钾污染。
(3)红外压片时,样品量不能加得太多,样品和溴化钾的质量比大约为 1∶100。
(4)用压片机压片时,应严格按操作规定操作。进口压片模具的不锈钢小垫片应该套在中心轴上,压片过程中移动模具时应小心,以免小垫片移位;国产压片机使用时压力不能过大,以免损坏模具。
(5)压出来的片应较为透明。
(6)用 ATR 附件时,尽量缩短使用时间。
(7)实验室应保持干燥,大门不能长时间敞开。

### 七、思考题
(1)测定芦丁的红外光谱,还可以用哪些制样方法?
(2)为什么在进行红外分析时样品须不含水分?
(3)在研磨操作过程中为什么须在红外灯下进行?

## 实验75　ICP-AES同时测定矿泉水中钙、镁和铁

### 一、实验目的
(1)掌握电感耦合等离子体发射光谱(ICP-AES)法的基本原理。
(2)了解 ICP-AES 光谱仪的基本结构。
(3)学习用 ICP-AES 法测定矿泉水中元素的方法。

### 二、实验原理
ICP 光谱分析法是用电感耦合等离子体作为激发光源的一种发射光谱分析法。等离子体是氩气通过矩管时，在高频电场的作用下电离而产生的。它具有很高的温度，样品在等离子体中的激发比较完全。

在等离子体某一特定的观测区，即固定的观察高度，测定的谱线强度与样品浓度具有一定的定量关系。通常用1次、2次或3次方程拟合工作曲线。因此，只要测量出样品的谱线强度，就可算出其浓度。

### 三、实验仪器和试剂
**1. 仪器**　PSX 高频电感耦合等离子体光谱仪。
**2. 试剂**　碳酸钙(分析纯)、高纯金属镁、高纯金属铁、硝酸(优级纯)、二次去离子水、矿泉水、盐酸(优级纯)。
**3. 其他**　高纯氩气。

### 四、实验步骤
(1)认真阅读 PSX 高频电感耦合等离子体光谱仪的说明书。
(2)配制标准溶液和样品溶液。

① 配制标准储备液(均为 $1\ mg \cdot mL^{-1}$)：称取 105~110 ℃ 干燥至恒重的碳酸钙($CaCO_3$) 2.497 2 g，置于 300 mL 烧杯中，加水 20 mL，滴加 1:1 盐酸至完全溶解，再加 10 mL 1:1 盐酸，煮沸除去二氧化碳，冷却后移入 1 L 容量瓶中，用二次去离子水稀释至标线，摇匀。

称取 1.000 0 g 金属镁，加入 20 mL 水，慢慢加入 20 mL 盐酸，待完全溶解后加热煮沸，冷却，移入 1 L 容量瓶中，用二次去离子水稀释至标线，摇匀。

称取 1.000 0 g 金属铁，用 30 mL 1:1 硝酸溶解(也可用 1:1 盐酸或 1:1 硫酸溶解)，溶解后加热除去二氧化氮，冷却，移入 1 L 容量瓶中，用二次去离子水稀释至标线，摇匀。

② 配制标准工作溶液：将钙、镁和铁的标准储备液均稀释成 $0.01\ mg \cdot mL^{-1}$ 的工作液。

③ 配制标准溶液：取 5 只 100 mL 容量瓶，分别加入 0、1.0、10.0、20.0、40.0 mL 钙工作液；分别加入 0、0.5、2.0、10.0、20.0 mL 镁离子标准工作溶液；分别加入 0、0.1、0.5、1.0、4.0 mL 铁标准工作溶液。然后向各容量瓶中加入 5 mL 硝酸，用二次去离子水稀释至刻度，摇匀。

④ 配制样品溶液：取 50 mL 矿泉水样于 100 mL 容量瓶中，加入 5 mL 硝酸，用二次去离子水稀释至刻度，摇匀。

(3)设置分析参数(参见第 220~223 页"原子发射光谱仪"的相关内容)。

(4)制作工作曲线。首先测定标准溶液的谱线强度，并保存测定结果。然后选择主菜单中的"Curvefit Element"程序，用"Automated Curvefit"程序自动拟合线性工作曲线。

(5)样品测定。将样品溶液用蠕动泵输入等离子体中，运行"Run Sample"程序进行测

量。计算机将测量结果处理后，以浓度的形式显示出来，将浓度值记录。测定 3 次，取平均值。

(6)测定结束，将蒸馏水引入等离子体中清洗雾化室及矩管。然后熄灭等离子体，关闭计算机，关闭氩气钢瓶，关循环冷却水，按与开机相反的顺序关闭仪器。

### 五、数据处理
(1)作出标准样品的工作曲线。
(2)分别求出矿泉水中 Ca、Mg、Fe 的含量($g \cdot mL^{-1}$)。

### 六、注意事项
(1)按高压钢瓶安全操作规定使用高压氩气钢瓶。
(2)仪器室排风良好，等离子体焰炬中产生的废气或有毒蒸气应及时排出。
(3)点燃等离子体后，应尽量少开屏蔽门，以防高频辐射伤害身体。
(4)定期清洗矩管及雾化室。

### 七、思考题
(1)仪器的最佳化过程有哪些重要参数？作用如何？
(2)ICP-AES 法定量的依据是什么？怎样实现这一测定？

## 实验 76　火焰原子吸收光谱法测定水中的钙

### 一、实验目的
(1)掌握火焰原子吸收光谱法的基本原理。
(2)熟悉原子吸收光谱仪的组成部件及工作原理。
(3)学习火焰原子吸收光谱仪的操作技术。
(4)了解火焰原子吸收光谱法在水质分析中的应用。

### 二、实验原理

钙离子溶液雾化成气溶胶后进入火焰，在火焰温度下，气溶胶中的钙变成钙原子蒸气，由光源钙空心阴极灯辐射出波长为 422.7 nm 的钙特征谱线，被钙原子蒸气吸收。在恒定的实验条件下，吸光度与溶液中钙离子浓度成正比，即 $A=K'c$。因此，定量分析中可采用标准曲线法和标准加入法。

分析方法精密度的高低、偶然误差的大小，可用仪器测量数据的标准偏差(RSD)来衡量，对于仪器分析方法，要求 $RSD<5\%$。分析方法是否准确、是否存在较大的系统误差，常通过回收试验加以检查。回收试验是在测定试样的待测组分含量($X_1$)的基础上，加入已知量的该组分($X_2$)，再次测定其组分含量($X_3$)，从而可计算回收率。

$$回收率=[(X_3-X_1)/X_2] \times 100\%$$

对微量组分，回收率要求在 95%～110%。自来水中其他杂质元素对钙的原子吸收光谱测定基本上没有干扰，试样经适当稀释后，即可采用标准曲线法进行测定。

### 三、实验仪器和试剂

**1. 仪器**　TAS-990 型原子吸收光谱仪、钙空心阴极灯、空气压缩机、乙炔钢瓶、容量瓶、移液管。

**2. 试剂**　1 000 $\mu g \cdot mL^{-1}$ 钙标准储备液(将在 110 ℃烘干过的 2.497 2 g 碳酸钙溶解于 1∶4 硝酸中，用水稀释到 1 L)、自来水样。

四、实验步骤

**1. 设置原子吸收光谱仪实验条件**  以 TAS-990 型原子吸收光谱仪为例（其他型号依具体情况而定），设置下列测量条件：

(1) 钙吸收线波长　　422.7 nm
(2) 空心阴极灯电流　3.0 mA
(3) 光谱带宽　　　　0.4 nm
(4) 燃烧器高度　　　6.0 mm
(5) 燃气流量　　　　1.7 L·min$^{-1}$

**2. 标准曲线法**

(1) 配制钙标准使用液(25.0 μg·mL$^{-1}$)：准确吸取 2.50 mL 1 000 μg·mL$^{-1}$ 钙标准储备液，置于 100 mL 容量瓶中，用去离子水稀释至刻度，摇匀备用。该标准液含钙 25.0 μg·mL$^{-1}$。

(2) 配制标准溶液系列：取 4 只 100 mL 容量瓶，分别加入 25.0 μg·mL$^{-1}$ 钙标准使用液 0.00 mL、20.00 mL、40.00 mL、60.00 mL、80.00 mL，用去离子水稀释至刻度，摇匀。该标准系列浓度分别为 0.0 μg·mL$^{-1}$、5.0 μg·mL$^{-1}$、10.0 μg·mL$^{-1}$、15.0 μg·mL$^{-1}$、20.0 μg·mL$^{-1}$。

(3) 配制待测水样溶液：准确吸取 25 mL 自来水样于 50 mL 容量瓶中，加入去离子水稀释至刻度，摇匀，得样品 A；准确吸取 25 mL 自来水样于 50 mL 容量瓶中，加入 25.0 μg·mL$^{-1}$ 钙标准使用液 10.00 mL，以去离子水稀释至刻度，摇匀，得样品 B。

(4) 以去离子水为空白，测定上述配制的标准溶液的吸光度，绘制标准曲线。然后测定待测水样溶液的吸光度值。

**3.** 以标准曲线法求出自来水中钙含量，并计算样品测定的回收率。

**4.** 测定结束后，用去离子水洗喷雾化器，清洁燃烧器，然后关闭仪器。关闭仪器时，必须先关闭乙炔，再关电源，最后关闭空气。

五、数据处理

(1) 记录测得的钙系列标准溶液的吸光度值，然后以吸光度为纵坐标，系列标准浓度为横坐标绘制标准曲线。求出线性方程和相关系数。根据样品 A 的吸光度得出样品中钙的浓度，再换算为自来水中钙的浓度(μg·mL$^{-1}$)。

(2) 由样品 A、B 中钙的浓度和加入的已知量的钙浓度，计算样品测定的回收率。

(3) 记录样品测定的 $RSD$。

六、注意事项

(1) 单光束仪器一般预热 10～30 min。

(2) 严格按照仪器操作规程进行操作，注意安全。点燃火焰时，应先开空气，后开乙炔。熄灭火焰时，先关乙炔后关空气，并检查乙炔钢瓶总开关关闭后压力表指针是否回到零点，否则表示未关紧。

(3) 因待测元素为微量，测定中要防止污染、挥发和吸附损失。

七、思考题

(1) 火焰原子吸收光谱法有哪些特点？

(2) 为什么燃烧器高度的变化会明显影响钙的测量灵敏度？

(3) 试述标准曲线法的特点及适用范围。若试样成分比较复杂，应如何进行测定？

## 实验 77　石墨炉原子吸收光谱法测定水样中铜含量

### 一、实验目的
(1) 熟悉石墨炉原子吸收光谱仪的基本结构。
(2) 了解石墨炉原子吸收光谱分析的过程及特点。
(3) 掌握石墨炉原子吸收光谱分析的程序和技术。

### 二、实验原理
虽然火焰原子吸收光谱法在分析中被广泛应用,但由于雾化效率低等因素使其灵敏度受到限制。石墨炉原子吸收光谱法利用高温石墨管,使试样完全蒸发,充分原子化,成为基态原子蒸气,对空心阴极灯发射的特征辐射进行选择性吸收。在一定浓度范围内,其吸收强度与试液中被测元素的含量成正比。

本法是在硝酸介质中对铜进行测定。

### 三、实验仪器和试剂
**1. 仪器**　石墨炉原子吸收光谱仪、铜元素空心阴极灯。

**2. 试剂**　500 mg·L$^{-1}$ 铜标准储备液(称取 0.500 0 g 优级纯铜于 250 mL 烧杯中,缓缓加入 20 mL 1∶1 硝酸,加热溶解,冷却后转移入 1 000 mL 容量瓶中,用水定容)、0.5 mg·L$^{-1}$ 铜标准工作液(将铜标准储备液准确稀释 1 000 倍)、硝酸(优级纯)、二次蒸馏水、自来水。

### 四、实验步骤
(1) 试样溶液的准备。吸取自来水 5 mL 于 100 mL 容量瓶中,加入 0.2%(体积分数)硝酸,然后用二次蒸馏水稀释至刻度,摇匀待用。

(2) 铜标准系列溶液配制。取 5 只 100 mL 容量瓶,各加入 10 mL 0.2%硝酸溶液,然后分别加入 0.0 mL、2.00 mL、4.00 mL、6.00 mL、8.00 mL 0.5 mg·L$^{-1}$铜标准工作液,用二次蒸馏水稀释至刻度,摇匀,该系列溶液相当于铜浓度分别为 0 μg·L$^{-1}$、10 μg·L$^{-1}$、20 μg·L$^{-1}$、30 μg·L$^{-1}$、40 μg·L$^{-1}$。

(3) 仪器操作。打开石墨炉冷却水和保护气,调节保护气压力为 0.24 MPa,打开石墨炉电源开关,启动计算机和原子吸收光谱仪,调节相应实验参数,预热仪器 20 min。

① 启动软件后单击"操作"下拉菜单的"编辑分析方法",选择"石墨炉原子吸收",继续后选择元素为铜,单击"确定",在弹出的界面中,注意选择元素灯位和铜灯在仪器上位置相同的数字,按以下实验条件设置好对应的实验参数,并按需要设置好其余的实验条件。(铜空心阴极灯,波长:324.8 nm;灯电流:3 mA;狭缝:0.5 nm)

② 单击"新建"菜单,选择刚刚创建的文件,联机。在弹出的仪器控制界面中,单击自动增益后尝试单击短、长、上、下,调节主光束值,如果超出 140%,则单击自动增益然后继续调节,直至最大后单击"完成"。调节石墨管位置(按上、下、前、后,调节吸光度值至最大)。

③ 调节完毕即可进行实验,先调零,然后按表 5-1 所示的石墨炉升温程序实验条件测试。

(4) 测量。测量前先空烧石墨管调零,然后从稀至浓逐个测量溶液,每次进样量 50 μL,每个溶液测定 3 次,取平均值。

表 5-1　石墨炉升温程序

|  | 干燥 | 灰化 | 原子化 | 净化/清除 |
| --- | --- | --- | --- | --- |
| 温度/℃ | 120 | 850 | 2 100 | 2 500 |
| 斜坡/保持时间/s | 斜坡/30 | 斜坡/20 | 斜坡/3 | 斜坡/3 |
| 氩气流量/(mL·min$^{-1}$) | 200 | 200 | 0 | 200 |

(5) 结束。实验结束，退出主程序，关闭原子吸收光谱仪和石墨炉电源开关，关好气源和电源，关闭计算机。

### 五、数据处理

(1) 记录实验条件。

(2) 列表记录测量的铜标准溶液的吸光度，然后以吸光度为纵坐标，铜标准溶液浓度为横坐标，绘制工作曲线。

(3) 记录水样的吸光度，根据工作曲线求算水样中铜的含量或者直接通过计算机计算实验结果。

### 六、注意事项

(1) 实验前应仔细了解仪器的构造及操作，以便实验能顺利进行。

(2) 使用微量注射器时，要严格按照教师指导进行，防止损坏。

### 七、思考题

(1) 简述空心阴极灯的工作原理。

(2) 在实验中通氩气的作用是什么？

(3) 比较火焰原子化法和无火焰原子化法的优缺点。

## 实验78　气相色谱的定性和定量分析

### 一、实验目的

(1) 了解气相色谱仪的结构，掌握基本使用方法。

(2) 掌握归一化法的原理以及定量分析方法。

### 二、实验原理

在一定的色谱操作条件下，每种化合物都有一确定的保留值，故保留值可作为定性分析的依据；在相同的色谱条件下，对已知样品和待测试样进行色谱分析，分别测量各组分峰的保留值，若某组分峰与已知样品相同，则可认为二者是同一物质，从而确定各色谱峰代表的组分。

气相色谱定量分析是根据检测器对溶质产生的响应信号与溶质的量成正比的原理，通过色谱图上的峰面积或峰高，计算样品中溶质的含量。本实验采用归一化法测定物质的含量，应用这种方法的前提条件是试样中各组分必须全部流出色谱柱，并在色谱图上都出现色谱峰。若试样中含有 $n$ 个组分，且各组分均能出现色谱峰，则其中某个组分 $i$ 的质量分数 $w_i$ 可按照下式计算：

$$w_i = \frac{A_i f'_i}{A_1 f'_1 + A_2 f'_2 + \cdots + A_n f'_n}$$

式中，$A_i$ 为组分 $i$ 的峰面积；$f'_i$ 为组分 $i$ 的相对定量校正因子。

归一化法的优点是简便、准确，定量结果与进样量无关，操作条件对结果影响较小，适用于对多组分试样中各组分含量的分析。

### 三、实验仪器和试剂

**1. 仪器** GC-122 型气相色谱仪（配有色谱数据工作站和 FID 检测器）、1 μL 和 5 μL 微量注射器、带磨口小试管若干。

**2. 试剂** 苯标样（色谱纯）、甲苯标样（色谱纯）、苯和甲苯的混合试样。

### 四、实验步骤

(1) 开启气相色谱仪。

① 开启载气（氮气）钢瓶的阀门。

② 将气体净化器打到"开"的位置。

③ 打开色谱仪的电源。

④ 打开色谱工作站。

(2) 设定实验参数。柱温 110 ℃，汽化室温度 150 ℃，检测器温度 180 ℃；氮气流速 45 mL·min$^{-1}$，氢气流速 40 mL·min$^{-1}$，空气流速 450 mL·min$^{-1}$。

(3) 待检测器 FID 温度达到时，开启氢气钢瓶的阀门并打开空气源的电源，点燃 FID。

(4) 运行程序一次并用丙酮进样清洗色谱柱。

(5) 进样，运行。

① 纯样保留时间的测定：分别用微量注射器移取苯或甲苯标样 0.2 μL，依次进样分析，分别测定出各色谱峰的保留时间 $t_R$。

② 混合物试液的分析：用微量注射器移取 0.2 μL 混合物试液进行分析，连续记录各组分色谱峰的保留时间，记录各色谱峰的峰面积。

(6) 结束时，再用丙酮进样清洗色谱柱，设置程序。当柱温 50 ℃、FID 50 ℃时，先关闭氢气、空气源，等到温度降至该设置温度时，方可关闭色谱仪电源，最后关闭载气阀门。

### 五、数据记录和处理

(1) 将混合物试液各组分色谱峰的调整保留时间与标准样品进行对照，对各色谱峰所代表的组分做定性判断。

(2) 根据峰面积和校正因子，用归一化法计算混合物试液中各组分的质量分数。

### 六、注意事项

(1) 进样时要求注射器垂直于进样口，左手扶着针头以防弯曲，右手拿着注射器，右手食指卡在注射器针芯和注射器管的交界处，这样可以避免当注射器针芯进到气路中由于载气压力较高把针芯顶出，影响正确进样。

(2) 注射器取样时，应先用被测试液洗涤 5~6 次，然后缓慢抽取一定量试液，并不得带有气泡。

(3) 进样时，要求操作平稳、连贯、迅速，进针位置及速度、针尖停留和拔出速度都会影响进样重现性。

(4) 要经常更换进样器上的硅橡胶密封垫片，防止漏气。

### 七、思考题

(1) 色谱定量方法有哪几种？各有什么优缺点？

(2) 色谱归一化法有何特点？使用该方法应具备什么条件？

## 实验79　饮料中咖啡因的高效液相色谱分析

### 一、实验目的

(1) 进一步熟悉和掌握高效液相色谱议的结构。

(2) 巩固对反相液相色谱原理的理解及应用。

(3) 掌握外标法定量及 Origin 软件绘制标准曲线。

### 二、实验原理

咖啡因又称咖啡碱，属黄嘌呤衍生物，化学名称为1,3,7-三甲基黄嘌呤，是从茶叶和咖啡中提取的一种生物碱。它具有提神醒脑等刺激中枢神经的作用，但易上瘾。咖啡因在咖啡中的含量为1.2%～1.8%，在茶叶中为2.0%～4.7%。可乐型饮料中也存在咖啡因。

在化学键合相色谱法中，对于亲水性的固定相常采用疏水性的流动相，即流动相的极性小于固定相的极性，这种情况称为正向化学键合相色谱法。反之，若流动相的极性大于固定相的极性，则称为反相化学键合相色谱法，该方法目前的应用较为广泛。本实验采用反相液相色谱法，以 $C_{18}$ 键合相色谱柱分离饮料中的咖啡因，紫外检测器进行检测，以咖啡因标准系列溶液的色谱峰面积对其浓度作标准曲线，再根据试样中的咖啡因峰面积，由标准曲线算出其浓度。

### 三、实验仪器和试剂

**1. 仪器**　岛津 LC-20 A（配备紫外光度检测器）、色谱柱（$C_{18}$，4.6 mm×15 cm）、50 μL 微量进样器、超声波清洗器、混纤微孔滤膜。

**2. 试剂**　甲醇（色谱纯）、超纯水、市售可口可乐、1 000 μg·mL$^{-1}$ 咖啡因标准储备液（分析纯咖啡因的甲醇溶液）。

### 四、实验步骤

(1) 配制流动相[$V$(甲醇)：$V$(水)＝60：40]，过滤后置于超声波清洗器上脱气 15 min。

(2) 用咖啡因标准储备液配制含咖啡因 20 μg·mL$^{-1}$、40 μg·mL$^{-1}$、80 μg·mL$^{-1}$、160 μg·mL$^{-1}$、320 μg·mL$^{-1}$ 的甲醇溶液。

(3) 开机，设定流量为 0.4 mL·min$^{-1}$，检测器检测波长为 254 nm，按照仪器的操作步骤调节至进样状态，用流动相冲洗仪器至色谱工作站或记录仪的基线平直。

(4) 标准溶液经混纤微孔滤膜过滤，分别吸取 5 个标准溶液各 5 μL 依次进样，记录各色谱数据。

(5) 将约 20 mL 可口可乐经过滤后置于 25 mL 容量瓶中，用超声波清洗器脱气 15 min。吸取 5 μL 可口可乐试样进样，记录色谱数据。

(6) 实验结束后，按要求关好仪器。

### 五、数据记录和处理

(1) 记录实验条件：色谱柱与固定相、流动相及其流量、进样量。

(2) 处理色谱数据，将标准溶液及试样溶液中咖啡因的保留时间及峰面积列于下表中。

|  | $t_R$/min | $A$/(mV·s) |
|---|---|---|
| 20 μg·mL$^{-1}$ |  |  |
| 40 μg·mL$^{-1}$ |  |  |
| 80 μg·mL$^{-1}$ |  |  |
| 160 μg·mL$^{-1}$ |  |  |
| 320 μg·mL$^{-1}$ |  |  |
| 可口可乐 |  |  |

(3) 用 Origin 软件绘制咖啡因峰面积-质量浓度的标准曲线，并计算回归方程和相关系数。

(4) 根据试样溶液中咖啡因的峰面积值，计算可口可乐中咖啡因的质量浓度。

### 六、思考题

(1) 用标准曲线法定量的优缺点是什么？

(2) 根据结构式，咖啡因能用离子交换色谱法分析吗？为什么？

(3) 若标准曲线用咖啡因质量浓度对峰高作图，能给出准确结果吗？与本实验的峰面积-质量浓度标准曲线相比何者优越？为什么？

## 实验 80　离子色谱法测定阴离子的含量

### 一、实验目的

(1) 了解离子色谱仪的基本构造与一般使用方法。

(2) 掌握利用离子色谱仪测定样品中常见阴离子含量的方法。

### 二、实验原理

离子色谱法是以离子交换树脂为固定相，电解质溶液为流动相的液相色谱方法，常以电导检测器作为通用的检测器。它是将色谱法的高效分离技术和离子的自动检测技术相结合的一种分析技术。离子交换树脂上分布有固定的带电荷的基团和能解离的离子。当样品进入离子交换色谱柱后，用适当的溶液洗脱，样品离子即与树脂上能解离的离子连续进行可逆性交换，最后达到平衡。不同阴离子与阴离子树脂之间亲和力不同，其在树脂上的保留时间不同，从而达到分离的目的。常见阴离子经过阴离子柱分离后，利用保留时间进行定性分析，利用峰面积进行定量分析。

### 三、实验仪器和试剂

**1. 仪器**　ICS-90 型离子色谱仪、电导检测器、阴离子分析系统、微量注射器。

**2. 试剂**　$Na_2CO_3$ 溶液（8 mmol·L$^{-1}$），$NaHCO_3$ 溶液（1 mmol·L$^{-1}$），$H_2SO_4$ 溶液（50 mmol·L$^{-1}$）、$Na_2SO_4$、$NaNO_3$、NaCl、NaF 和 $Na_3PO_4$ 标准储备溶液。

### 四、实验步骤

(1) 分别量取适量的 $Na_2SO_4$、$NaNO_3$、NaCl、NaF 和 $Na_3PO_4$ 标准储备溶液，用去离子水配成 $SO_4^{2-}$（15.0 μg·L$^{-1}$）、$NO_3^-$（10.0 μg·L$^{-1}$）、Cl$^-$（3.0 μg·L$^{-1}$）、F$^-$（2.0 μg·L$^{-1}$）和 $PO_4^{3-}$（15.0 μg·L$^{-1}$）的标准溶液。

(2)定量系列标准溶液的配制:分别称取适量的 $Na_2SO_4$、$NaNO_3$、$NaCl$、$NaF$ 和 $Na_3PO_4$,用去离子水配成含 $SO_4^{2-}$(150.0 μg·$L^{-1}$)、$NO_3^-$(100.0 μg·$L^{-1}$)、$Cl^-$(30.0 μg·$L^{-1}$)、$F^-$(20.0 μg·$L^{-1}$)和 $PO_4^{3-}$(150.0 μg·$L^{-1}$)的混合溶液。依次取 0.50 mL、1.00 mL、1.50 mL、2.00 mL 和 2.50 mL 该混合溶液于 10 mL 容量瓶中,用去离子水定容、摇匀,得定量系列标准溶液。

(3)基线平直后,注入上述标准溶液 10 μL,记录各组分的保留时间。

(4)注入上述定量系列标准溶液 10 μL,记录各组分的保留时间和峰面积(或峰高)。

(5)注入样品溶液 10 μL,记录各峰保留时间和峰面积(或峰高)。

(6)实验结束后,冲洗色谱柱 1 h,按要求关好仪器。

## 五、数据处理

(1)确定定量系列标准溶液和样品溶液所得色谱图中各色谱峰所代表的离子。

(2)用标准曲线法计算样品溶液中 $SO_4^{2-}$、$NO_3^-$、$Cl^-$、$F^-$ 和 $PO_4^{3-}$ 的浓度。

## 六、注意事项

(1)所用淋洗液必须过滤后方能使用。

(2)用微量注射器进样时,必须注意排除气泡。抽液时应缓慢上提针芯。若有气泡,可将注射器针尖向上,使气泡上浮后推出。

(3)实验完毕,必须冲洗柱子。

## 七、思考题

(1)离子色谱法与气相色谱法、高效液相色谱法有什么异同?

(2)测定阴离子的方法有哪些?比较它们各自的特点。

## 实验 81 气-质联用法测定植物精油中的化学组分及相对含量

### 一、实验目的

(1)了解气相色谱-质谱联用仪的构造、工作原理及操作技术。

(2)了解气相色谱-质谱联用仪的定性分析和定量分析方法。

(3)学会用气-质联用仪测定植物精油中化学组分及含量的操作方法及原理。

### 二、实验原理

气相色谱-质谱联用仪(GC/MS)是指气相色谱仪和质谱仪的在线联用技术,用于混合物的快速分离与定性。其中气相色谱作为质谱的特殊进样器,完成对混合物的强有力的分离,使混合物分离成各个单一组分后按时间顺序依次进入离子源中发生电离。不同质荷比($m/z$)的带正电荷离子,经加速电场的作用形成离子束,进入质量分析器,在其中再利用电场和磁场使其发生色散、聚焦,获得质谱图,从而确定不同离子的质量,通过解析,可获得有机化合物的分子式,提供其一级结构的信息。

GC/MS 由气相色谱仪接口质谱仪组成,气相色谱仪分离样品中的各组分,起到样品制备的作用,接口把气相色谱仪分离出的各组分送入质谱仪进行检测,起到气相色谱和质谱之间的适配器作用,质谱仪对接口引入的各组分依次进行分析,成为气相色谱仪的检测器。工作站系统交互式地控制气相色谱、接口和质谱仪,进行数据的采集和处理,是 GC/MS 的中心控制单元。

本实验采用 GC/MS 分析植物精油的化学组分,并将获得的质谱图与 NIST 谱库比较,进行定性分析,采用峰面积归一化法定量分析。

### 三、实验仪器和试剂

**1. 仪器** 气相色谱-质谱联用仪(EI 离子源,四极杆质量分离器)、HP-5 色谱柱(30 mm×0.25 mm,0.32 μm)、进样瓶(1.5 mL)、0.22 μm 滤膜(有机系)、容量瓶。

**2. 试剂** 乙醚(重蒸)、植物精油(实验室自提或购买)。

### 四、实验步骤

**1. 样品的制备** 准确移取 0.1 mL 植物精油于 10 mL 容量瓶中,用乙醚溶解,定容至刻度,摇匀,过 0.22 μm 滤膜,装入进样瓶中备用。

**2. 设置实验条件**

(1)气相色谱条件。柱温:起始 60 ℃,恒温 5 min 后,以 3 ℃·min$^{-1}$ 升温至 180 ℃,恒温 5 min,再以 7 ℃·min$^{-1}$ 升温至 220 ℃,恒温 5 min,以 15 ℃·min$^{-1}$ 升温至 280 ℃,恒温 5 min。进样口温度:250 ℃;载气流速:高纯氦气 1 mL·min$^{-1}$;检测器温度:250 ℃;分流比:1∶50;进样体积:1 μL。

(2)质谱条件。接口温度为 280 ℃,EI 源,离子源温度 230 ℃,质荷比范围 50~500,试剂延迟 3.5 min。

(3)样品分析。在上述实验条件下,将处理好的样品溶液瓶放入自动进样器,单击"Wizard"图标,编辑样品名称、样品位置、进样量、方法文件名称、数据文件名称等信息后,单击"Start"图标,开始自动进样,并获得图谱。

### 五、数据记录和处理

设定检索条件,在仪器自带谱库中检索所测样品各组分;确定组分的结构,用归一化法计算组分的相对含量。

### 六、思考题

(1)气相色谱-质谱联用仪由哪些部分组成?

(2)气-质联用仪与气相色谱仪有哪些异同点?

# 附 录

## 附录Ⅰ 元素相对原子质量表

| 序数 | 名称 | 符号 | 相对原子质量 | 序数 | 名称 | 符号 | 相对原子质量 |
| --- | --- | --- | --- | --- | --- | --- | --- |
| 1 | 氢 | H | 1.007 94 | 32 | 锗 | Ge | 72.61 |
| 2 | 氦 | He | 4.002 602 | 33 | 砷 | As | 74.921 60 |
| 3 | 锂 | Li | 6.941 | 34 | 硒 | Se | 78.96 |
| 4 | 铍 | Be | 9.012 282 | 35 | 溴 | Br | 79.904 |
| 5 | 硼 | B | 10.811 | 36 | 氪 | Kr | 83.798 |
| 6 | 碳 | C | 12.010 7 | 37 | 铷 | Rb | 85.467 8 |
| 7 | 氮 | N | 14.006 79 | 38 | 锶 | Sr | 87.62 |
| 8 | 氧 | O | 15.999 4 | 39 | 钇 | Y | 88.905 85 |
| 9 | 氟 | F | 18.998 403 2 | 40 | 锆 | Zr | 91.224 |
| 10 | 氖 | Ne | 20.179 7 | 41 | 铌 | Nb | 92.906 38 |
| 11 | 钠 | Na | 22.989 770 | 42 | 钼 | Mo | 95.94 |
| 12 | 镁 | Mg | 24.305 0 | 43 | 锝 | Tc | (98) |
| 13 | 铝 | Al | 26.981 538 | 44 | 钌 | Ru | 101.07 |
| 14 | 硅 | Si | 28.085 5 | 45 | 铑 | Rh | 102.905 50 |
| 15 | 磷 | P | 30.973 761 | 46 | 钯 | Pd | 106.42 |
| 16 | 硫 | S | 32.066 | 47 | 银 | Ag | 107.868 2 |
| 17 | 氯 | Cl | 35.452 7 | 48 | 镉 | Cd | 112.411 |
| 18 | 氩 | Ar | 39.948 | 49 | 铟 | In | 114.818 |
| 19 | 钾 | K | 39.098 3 | 50 | 锡 | Sn | 118.710 |
| 20 | 钙 | Ca | 40.078 | 51 | 锑 | Sb | 121.760 |
| 21 | 钪 | Sc | 44.955 908 | 52 | 碲 | Te | 127.60 |
| 22 | 钛 | Ti | 47.867 | 53 | 碘 | I | 126.904 47 |
| 23 | 钒 | V | 50.941 5 | 54 | 氙 | Xe | 131.29 |
| 24 | 铬 | Cr | 51.996 1 | 55 | 铯 | Cs | 132.905 45 |
| 25 | 锰 | Mn | 54.938 049 | 56 | 钡 | Ba | 137.327 |
| 26 | 铁 | Fe | 55.845 | 57 | 镧 | La | 138.905 5 |
| 27 | 钴 | Co | 58.933 200 | 58 | 铈 | Ce | 140.116 |
| 28 | 镍 | Ni | 58.693 4 | 59 | 镨 | Pr | 140.907 65 |
| 29 | 铜 | Cu | 63.546 | 60 | 钕 | Nd | 144.24 |
| 30 | 锌 | Zn | 65.39 | 61 | 钷 | Pm | (145) |
| 31 | 镓 | Ga | 69.723 | 62 | 钐 | Sm | 150.36 |

附　录

(续)

| 序数 | 名称 | 符号 | 相对原子质量 | 序数 | 名称 | 符号 | 相对原子质量 |
|---|---|---|---|---|---|---|---|
| 63 | 铕 | Eu | 151.964 | 88 | 镭 | Ra | (226) |
| 64 | 钆 | Gd | 157.25 | 89 | 锕 | Ac | (227) |
| 65 | 铽 | Tb | 158.925 35 | 90 | 钍 | Th | 232.038 1 |
| 66 | 镝 | Dy | 162.50 | 91 | 镤 | Pa | 231.035 88 |
| 67 | 钬 | Ho | 164.930 32 | 92 | 铀 | U | 238.028 9 |
| 68 | 铒 | Er | 167.259 | 93 | 镎 | Np | (237) |
| 69 | 铥 | Tm | 168.934 22 | 94 | 钚 | Pu | (239.244) |
| 70 | 镱 | Yb | 173.045 | 95 | 镅 | Am | (243) |
| 71 | 镥 | Lu | 174.966 8 | 96 | 锔 | Cm | (247) |
| 72 | 铪 | Hf | 178.49 | 97 | 锫 | Bk | (247) |
| 73 | 钽 | Ta | 180.947 9 | 98 | 锎 | Cf | (251) |
| 74 | 钨 | W | 183.84 | 99 | 锿 | Es | (252) |
| 75 | 铼 | Re | 186.207 | 100 | 镄 | Fm | (257) |
| 76 | 锇 | Os | 190.23 | 101 | 钔 | Md | (258) |
| 77 | 铱 | Ir | 192.217 | 102 | 锘 | No | (259) |
| 78 | 铂 | Pt | 195.078 | 103 | 铹 | Lr | (262) |
| 79 | 金 | Au | 196.966 55 | 104 | 𬬻 | Rf | (261) |
| 80 | 汞 | Hg | 200.59 | 105 | 𬭊 | Db | (262) |
| 81 | 铊 | Tl | 204.383 3 | 106 | 𬭳 | Sg | (263) |
| 82 | 铅 | Pb | 207.2 | 107 | 𬭛 | Bh | (262) |
| 83 | 铋 | Bi | 208.980 38 | 108 | 𬭶 | Hs | (265) |
| 84 | 钋 | Po | (209) | 109 | 鿏 | Mt | (266) |
| 85 | 砹 | At | (210) | 110 | 𫟼 | Ds | (269) |
| 86 | 氡 | Rn | (222) | 111 | 𬬭 | Rg | (272) |
| 87 | 钫 | Fr | (223) | 112 | 鎶 | Cn | (277) |

## 附录Ⅱ　常用酸碱的浓度表

| 试剂名称 | 相对密度 | 质量分数/% | 物质的量浓度/(mol·L$^{-1}$) | 试剂名称 | 相对密度 | 质量分数/% | 物质的量浓度/(mol·L$^{-1}$) |
|---|---|---|---|---|---|---|---|
| 浓硫酸 | 1.84 | 98 | 18 | 氢溴酸 | 1.38 | 40 | 7 |
| 稀硫酸 | — | 9 | 2 | 氢碘酸 | 1.70 | 57 | 7.5 |
| 浓盐酸 | 1.19 | 37.5 | 11.8 | 冰醋酸 | 1.05 | 99 | 17.5 |
| 稀盐酸 | — | 7 | 2 | 稀醋酸 | 1.04 | 30 | 5 |
| 浓硝酸 | 1.41 | 68 | 16 | 稀醋酸 | — | 12 | 2 |
| 稀硝酸 | 1.2 | 32 | 6 | 浓氢氧化钠 | 1.44 | ~41 | ~14.4 |

(续)

| 试剂名称 | 相对密度 | 质量分数/% | 物质的量浓度/(mol·L$^{-1}$) | 试剂名称 | 相对密度 | 质量分数/% | 物质的量浓度/(mol·L$^{-1}$) |
|---|---|---|---|---|---|---|---|
| 稀硝酸 | — | 12 | 2 | 稀氢氧化钠 | — | 8 | 2 |
| 浓磷酸 | 1.7 | 85 | 14.7 | 浓氨水 | 0.91 | ~28 | 14.8 |
| 稀磷酸 | 1.05 | 9 | 1 | 稀氨水 | — | 3.5 | 2 |
| 稀高氯酸 | 1.12 | 19 | 2 | 氢氧化钙水溶液 | — | 0.15 | — |
| 浓氢氟酸 | 1.13 | 40 | 23 | 氢氧化钡水溶液 | — | 2 | ~0.1 |

## 附录Ⅲ 常见化合物的相对分子质量

| 化合物名称 | 相对分子质量 | 化合物名称 | 相对分子质量 | 化合物名称 | 相对分子质量 |
|---|---|---|---|---|---|
| AgF | 126.866 | $BaCl_2 \cdot 2H_2O$ | 244.27 | $Ca(OH)_2$ | 74.093 |
| AgCl | 143.321 | $BaSO_4$ | 233.39 | $CdCl_2$ | 183.32 |
| AgBr | 187.772 | $BaCO_3$ | 197.34 | $Cd(Ac)_2$ | 230.50 |
| AgI | 234.772 | $BaC_2O_4$ | 225.35 | $Cd(CN)_2$ | 164.45 |
| $Ag_2SO_4$ | 311.800 | $Ba(NO_3)_2$ | 261.34 | $CdCO_3$ | 172.42 |
| $AgNO_3$ | 169.873 | $BaCrO_4$ | 253.32 | $Cd(NO_3)_2$ | 236.42 |
| $Ag_2CrO_4$ | 331.730 | $Ba(OH)_2$ | 171.34 | CdO | 128.41 |
| AgAc | 166.913 | BaO | 153.33 | $Cd(OH)_2$ | 146.42 |
| AgCN | 133.886 | $BiCl_3$ | 315.339 | CdS | 144.48 |
| AgCNS | 165.952 | $Bi(NO_3)_3$ | 394.995 | $CdSO_4$ | 208.47 |
| $Ag_2O$ | 231.735 | $Bi_2O_3$ | 465.959 | $CeCl_3$ | 246.48 |
| $Ag_2S$ | 247.802 | $CaF_2$ | 78.075 | $Ce(NO_3)_3$ | 326.14 |
| $AlF_3$ | 83.977 | $CaCl_2$ | 110.984 | $Ce_2(SO_4)_3$ | 568.43 |
| $AlCl_3$ | 133.341 | $CaCl_2 \cdot 6H_2O$ | 219.076 | $CoCl_2$ | 129.839 |
| $AlCl_3 \cdot 6H_2O$ | 241.432 | $CaSO_4$ | 136.142 | $Co(NO_3)_2$ | 182.943 |
| $Al_2(SO_4)_3$ | 342.155 | $CaSO_4 \cdot 2H_2O$ | 172.172 | $CoSO_4$ | 154.997 |
| $Al_2(SO_4)_3 \cdot 18H_2O$ | 666.429 | $Ca(NO_3)_2$ | 164.08 | $CoSO_4 \cdot 7H_2O$ | 281.102 |
| $Al(NO_3)_3$ | 212.996 | $CaCO_3$ | 100.087 | $CrCl_3$ | 158.355 |
| $Al(NO_3)_3 \cdot 9H_2O$ | 375.13 | $Ca(HCO_3)_2$ | 162.112 | $Co(NO_3)_2 \cdot 6H_2O$ | 290.943 |
| $Al(Ac)_3$ | 204.116 | $Ca_3(PO_4)_2$ | 310.176 | $CrCl_3 \cdot 6H_2O$ | 266.447 |
| $Al(OH)_3$ | 78.004 | $CaHPO_4$ | 136.057 | $Cr(NO_3)_3$ | 238.011 |
| $Al_2O_3$ | 101.961 | $Ca(H_2PO_4)_2$ | 234.052 | $Cr_2O_3$ | 151.990 |
| $AsH_3$ | 77.946 | $CaC_2O_4$ | 128.098 | CuCl | 98.999 |
| $As_2O_3$ | 197.842 | $CaC_2O_4 \cdot H_2O$ | 146.113 | CuI | 190.451 |
| $As_2O_5$ | 229.841 | $CaCrO_4$ | 156.072 | $Cu_2O$ | 143.091 |
| $BaCl_2$ | 208.24 | CaO | 56.077 | $CuCl_2$ | 134.452 |

附　录

（续）

| 化合物名称 | 相对分子质量 | 化合物名称 | 相对分子质量 | 化合物名称 | 相对分子质量 |
|---|---|---|---|---|---|
| $Cu(NO_3)_2$ | 187.556 | $H_2C_2O_4 \cdot 2H_2O$ | 126.066 | $KAl(SO_4)_2 \cdot 12H_2O$ | 474.392 |
| $CuSO_4$ | 159.60 | $HClO_4$ | 100.459 | $KHC_8H_4O_4$（邻苯二甲酸氢钾） | 204.224 |
| $CuSO_4 \cdot 5H_2O$ | 249.686 | $H_3PO_4$ | 97.995 | | |
| $CuO$ | 79.545 | $H_3BO_3$ | 61.833 | $KH_2PO_4$ | 136.085 |
| $CuS$ | 95.612 | $H_3AsO_3$ | 125.944 | $K_2HPO_4$ | 174.176 |
| $Cu(OH)_2$ | 97.561 | $H_3AsO_4$ | 141.943 | $KMnO_4$ | 158.034 |
| $CO_2$ | 44.010 | $HCOOH$ | 46.026 | $K_2O$ | 94.196 |
| $CCl_4$ | 153.82 | $CH_3COOH$ | 60.052 | $KOH$ | 56.105 |
| $CHCl_3$ | 119.378 | $Hg_2Cl_2$ | 472.09 | $MgCl_2$ | 95.211 |
| $CO(NH_2)_2$ | 60.055 | $Hg_2(NO_3)_2$ | 525.19 | $MgCl_2 \cdot 6H_2O$ | 203.303 |
| $FeO$ | 71.846 | $Hg_2O$ | 417.18 | $MgSO_4$ | 120.369 |
| $FeS$ | 87.913 | $Hg_2S$ | 433.25 | $MgSO_4 \cdot 7H_2O$ | 246.474 |
| $FeSO_4$ | 151.911 | $HgCl_2$ | 271.50 | $MgCO_3$ | 84.314 |
| $FeSO_4 \cdot 7H_2O$ | 278.017 | $HgI_2$ | 454.40 | $Mg(NO_3)_2$ | 148.315 |
| $FeCl_2$ | 126.75 | $Hg(NO_3)_2$ | 324.60 | $MgC_2O_4$ | 112.330 |
| $FeCl_2 \cdot 4H_2O$ | 198.814 | $HgSO_4$ | 296.65 | $MgO$ | 40.300 |
| $FeCl_3$ | 162.21 | $Hg(CN)_2$ | 252.63 | $MnCl_2$ | 125.844 |
| $Fe(NO_3)_3$ | 241.862 | $HgO$ | 216.59 | $MnCl_2 \cdot 4H_2O$ | 197.905 |
| $Fe(NO_3)_3 \cdot 9H_2O$ | 404.00 | $HgS$ | 232.66 | $Mn(NO_3)_2$ | 178.948 |
| $Fe_2O_3$ | 159.692 | $KCl$ | 74.551 | $MnO$ | 70.937 |
| $Fe_3O_4$ | 231.539 | $KBr$ | 119.002 | $MnO_2$ | 86.937 |
| $Fe(OH)_3$ | 106.869 | $KI$ | 166.002 | $MnSO_4$ | 151.002 |
| $FeSO_4 \cdot (NH_4)_2SO_4 \cdot 6H_2O$ | 392.14 | $K_2SO_4$ | 174.260 | $MnSO_4 \cdot 3H_2O$ | 205.048 |
| $H_2O_2$ | 34.015 | $KNO_3$ | 101.103 | $MnCO_3$ | 114.947 |
| $HF$ | 20.006 | $KNO_2$ | 85.104 | $MnS$ | 87.004 |
| $HCl$ | 36.461 | $KBrO_3$ | 167.000 | $NO_2$ | 46.006 |
| $HBr$ | 80.912 | $KCN$ | 65.116 | $NH_3$ | 17.031 |
| $HI$ | 127.912 | $KCNS$ | 97.182 | $NH_3 \cdot H_2O$ | 35.05 |
| $HCN$ | 27.026 | $K_2CO_3$ | 138.206 | $NH_4NO_3$ | 80.040 |
| $HNO_3$ | 63.013 | $K_2C_2O_4 \cdot H_2O$ | 184.231 | $NH_4Cl$ | 53.491 |
| $HNO_2$ | 47.013 | $KClO_3$ | 122.549 | $(NH_4)_2CO_3$ | 96.085 |
| $H_2SO_4$ | 98.079 | $KClO_4$ | 138.549 | $(NH_4)_2S$ | 68.14 |
| $H_2SO_3$ | 82.080 | $K_2CrO_4$ | 194.190 | $NH_4SCN$ | 76.120 |
| $H_2S$ | 34.082 | $K_2Cr_2O_7$ | 294.184 | $NH_4HCO_3$ | 79.055 |
| $H_2CO_3$ | 62.025 | $K_3Fe(CN)_6$ | 329.294 | $(NH_4)_2SO_4$ | 132.141 |
| $H_2C_2O_4$ | 90.036 | $K_4Fe(CN)_6$ | 368.347 | $(NH_4)_2MoO_4$ | 196.01 |

(续)

| 化合物名称 | 相对分子质量 | 化合物名称 | 相对分子质量 | 化合物名称 | 相对分子质量 |
|---|---|---|---|---|---|
| $NH_4VO_3$ | 116.98 | $Na_2S_2O_3 \cdot 5H_2O$ | 248.17 | $PbCO_3$ | 267.20 |
| $CH_3COONa$ | 82.035 | $Na_2S \cdot 9H_2O$ | 240.18 | $PbCrO_4$ | 323.200 |
| $NaCl$ | 58.443 | $Na_2S$ | 78.046 | $PbO$ | 223.200 |
| $NaNO_3$ | 84.995 | $Na_2O$ | 61.979 | $PbO_2$ | 239.200 |
| $NaClO$ | 74.442 | $Na_2O_2$ | 77.978 | $PbI_2$ | 461.0 |
| $NaCN$ | 49.008 | $NaOH$ | 39.997 | $PbS$ | 239.3 |
| $NaSCN$ | 81.07 | $Na_3PO_4$ | 163.940 | $SO_2$ | 64.065 |
| $NaHCO_3$ | 84.007 | $Na_3AsO_3$ | 191.89 | $SO_3$ | 80.064 |
| $Na_2CO_3$ | 105.989 | $Na_2B_4O_7 \cdot 10H_2O$ | 381.373 | $SiF_4$ | 160.084 |
| $Na_2CO_3 \cdot 10H_2O$ | 286.142 | $NiCl_2 \cdot 6H_2O$ | 237.69 | $SiO_2$ | 189.616 |
| $NaH_2PO_4$ | 141.900 | $NiO$ | 74.69 | $SnCl_2$ | 225.647 |
| $Na_2HPO_4$ | 141.959 | $Ni(NO_3)_2 \cdot 6H_2O$ | 290.79 | $SnCl_2 \cdot 2H_2O$ | 260.522 |
| $Na_2HPO_4 \cdot 12H_2O$ | 358.143 | $NiS$ | 90.75 | $SnCl_4$ | 125.400 |
| $Na_2H_2(EDTA) \cdot 2H_2O$ (EDTA 二钠) | 372.240 | $NiSO_4 \cdot 7H_2O$ | 280.85 | $ZnCO_3$ | 136.300 |
| | | $PH_3$ | 33.998 | $ZnCl_2$ | 81.390 |
| $Na_2C_2O_4$ | 134.000 | $P_2O_5$ | 141.945 | $ZnO$ | 97.44 |
| $Na_2SO_4$ | 142.044 | $PbCl_2$ | 278.100 | $ZnS$ | 161.450 |
| $Na_2SO_4 \cdot 10H_2O$ | 322.197 | $Pb(NO_3)_2$ | 331.200 | $ZnSO_4$ | 187.560 |
| $Na_2SO_3$ | 126.04 | $Pb(Ac)_2$ | 325.30 | $ZnSO_4 \cdot 7H_2O$ | 287.50 |
| $Na_2S_2O_3$ | 158.110 | $PbSO_4$ | 303.300 | | |

## 附录 IV  常见离子和化合物的颜色

### 附录 IV-1  无色离子

| 阳离子 | $Na^+$、$K^+$、$NH_4^+$、$Mg^{2+}$、$Ca^{2+}$、$Sr^{2+}$、$Ba^{2+}$、$Al^{3+}$、$Sn^{2+}$、$Sn^{4+}$、$Pb^{2+}$、$Bi^{3+}$、$Ag^+$、$Zn^{2+}$、$Cd^{2+}$、$Hg_2^{2+}$、$Hg^{2+}$ 等 |
|---|---|
| 阴离子 | $BO_2^-$、$B_4O_7^{2-}$、$C_2O_4^{2-}$、$Ac^-$、$CO_3^{2-}$、$SiO_3^{2-}$、$NO_3^-$、$NO_2^-$、$PO_4^{3-}$、$AsO_3^{3-}$、$AsO_4^{3-}$、$SO_3^{2-}$、$SO_4^{2-}$、$S^{2-}$、$S_2O_3^{2-}$、$ClO_3^-$、$F^-$、$Cl^-$、$Br^-$、$I^-$、$BrO_3^-$、$SCN^-$、$MoO_4^{2-}$、$WO_4^{2-}$、$VO_4^{2-}$、$VO_4^{3-}$、$[CuCl_2]^-$、$[SbCl_6]^-$、$[SbCl_6]^{3-}$ 等 |

### 附录 IV-2  有色离子

| 离子 | 颜色 | 离子 | 颜色 | 离子 | 颜色 |
|---|---|---|---|---|---|
| $[Co(CN)_6]^{3-}$ | 紫色 | $[Co(NH_3)_6]^{2+}$ | 黄色 | $[Cr(H_2O)(NH_3)_5]^{3+}$ | 橙黄色 |
| $[Co(H_2O)(NH_3)_5]^{3+}$ | 粉红色 | $[Co(NH_3)_6]^{3+}$ | 橙黄色 | $[Cr(H_2O)_2(NH_3)_4]^{3+}$ | 橙红色 |
| $[Co(H_2O)_6]^{2+}$ | 粉红色 | $[Co(SCN)_4]^{2-}$ | 蓝色 | $[Cr(H_2O)_3(NH_3)_3]^{3+}$ | 浅红色 |
| $[Co(NH_3)_4CO_3]^+$ | 紫红色 | $[CoCl(NH_3)_5]^{2+}$ | 红紫色 | $[Cr(H_2O)_4(NH_3)_2]^{3+}$ | 紫红色 |

(续)

| 离 子 | 颜色 | 离 子 | 颜色 | 离 子 | 颜色 |
|---|---|---|---|---|---|
| $[Cr(H_2O)_6]^{2+}$ | 蓝色 | $[CuCl_4]^{2-}$ | 浅黄色 | $[Ni(H_2O)_6]^{2+}$ | 亮绿色 |
| $[Cr(H_2O)_6]^{3+}$ | 紫色 | $[Fe(CN)_6]^{3-}$ | 浅橘黄色 | $[Ni(NH_3)_6]^{2+}$ | 蓝色 |
| $[Cr(NH_3)_6]^{3+}$ | 黄色 | $[Fe(CN)_6]^{4-}$ | 黄色 | $[V(H_2O)_6]^{2+}$ | 紫色 |
| $[CrCl(H_2O)_5]^{2+}$ | 浅绿色 | $[Fe(H_2O)_6]^{2+}$ | 浅绿色 | $[V(H_2O)_6]^{3+}$ | 绿色 |
| $[CrCl_2(H_2O)_4]^+$ | 暗绿色 | $[Fe(H_2O)_6]^{3+}$ | 淡紫色 | $[V(O_2)]^{3+}$ | 深红色 |
| $Cr_2O_7^{2-}$ | 橙色 | $[Fe(SCN)_n]^{3-n}$ | 血红色 | $[VO_2(O_2)_2]^{3-}$ | 黄色 |
| $CrO_2^-$ | 绿色 | $I_3^-$ | 浅棕黄色 | $VO_2^+$ | 浅黄色 |
| $CrO_4^{2-}$ | 黄色 | $[Mn(H_2O)_6]^{2+}$ | 肉色 | $VO^{2+}$ | 蓝色 |
| $[Cu(H_2O)_4]^{2+}$ | 浅蓝色 | $MnO_4^-$ | 紫红色 | | |
| $[Cu(NH_4)_4]^{2+}$ | 深蓝色 | $MnO_4^{2-}$ | 绿色 | | |

## 附录 Ⅳ-3 化 合 物

| 颜色 | 化 合 物 |
|---|---|
| 白色 | $ZnO$、$TiO$、$Zn(OH)_2$、$Pb(OH)_2$、$Mg(OH)_2$、$Sn(OH)_2$、$Sn(OH)_4$、$Mn(OH)_2$、$Fe(OH)_2$(或苍绿)、$Cd(OH)_2$、$Al(OH)_3$、$Bi(OH)_3$、$Sb(OH)_3$、$AgCl$、$Hg_2Cl_2$、$PbCl_2$、$CuCl$、$Hg(NH_3)Cl$、$CuI$、$Ba(IO_3)_2$、$AgIO_4$、$KClO_4$、$AgBrO_3$、$ZnS$、$Ag_2SO_4$、$Hg_2SO_4$、$PbSO_4$、$CaSO_4$、$SrSO_4$、$BaSO_4$、$Ag_2CO_3$、$CaCO_3$、$SrCO_3$、$BaCO_3$、$MnCO_3$、$CdCO_3$、$Zn_2(OH)_2CO_3$、$Bi(OH)CO_3$、$Ca_3(PO_4)_2$、$Ba_3(PO_4)_2$、$CaHPO_4$、$MgNH_4PO_4$、$BaSiO_3$、$ZnSiO_3$、$CaC_2O_4$、$Ag_2C_2O_4$、$AgCN$、$CuCN$、$MgNH_4AsO_4$、$BaSO_3$、$SrSO_3$、$Ag_2S_2O_3$、$AgSCN$、$Na[Sb(OH)_6]$、$Ag_4[Fe(CN)_6]$、$Zn_2[Fe(CN)_6]$、$KHC_4H_4O_6$ 等 |
| 黑色 | $CuO$、$V_2O_3$、$FeO$、$Fe_3O_4$、$Co_2O_3$、$Ni_2O_3$、$Ni(OH)_3$、$TiCl_2$、$BiI_3$(绿)、$Ag_2S$(灰)、$PbS$、$CuS$、$Cu_2S$、$FeS$、$Fe_2S_3$、$CoS$、$NiS$、$Bi_2S_3$、$SnS$(灰)等 |
| 黄色 | $PbO$、$Cu(OH)$、$AgBr$(浅)、$AsBr_3$(浅)、$AgI$、$PbI_2$、$SbI_3$(红)、$SnS_2$(金)、$CdS$、$As_2S_3$、$FePO_4$、$Ag_3PO_4$、$PbCrO_4$、$BaCrO_4$、$FeCrO_4 \cdot 2H_2O$、$FeC_2O_4 \cdot 2H_2O$、$Cu(CN)_2$(浅棕)、$K_3[Co(NO_2)_6]$、$K_2Na[Co(NO_2)_6]$、$(NH_4)_2Na[Co(NO_2)_6]$、$K_2[PtCl_6]$等 |
| 红色 | $Cu_2O$(暗)、$CdO$(棕)、$HgO$(或黑色)、$CrO_3$、$WO_2$(棕)、$Fe_2O_3$(砖)、$Pb_3O_4$、$Co(OH)_2$(粉)、$CoCl_2 \cdot H_2O$(紫)、$CoCl_2 \cdot H_2O$(粉)、$HgI$、$HgS$(或黑色)、$Sb_2S_3$(橙)、$CoSO_4 \cdot 7H_2O$、$Co_2(OH)_2CO_3$、$Ag_2CrO_4$(砖)、$Fe_2(SiO_3)_3$(棕)等 |
| 蓝色 | $VO_2$(深)、$Cu(OH)_2$(浅)、$CuCl_2 \cdot 2H_2O$、$CoCl_2$、$Cu_2(OH)_2SO_4$(浅)、$CuSO_4 \cdot 5H_2O$、$CuSiO_3$、$Fe_4[Fe(CN)_6]_3 \cdot xH_2O$等 |
| 绿色 | $Cr_2O_3$、$CoO$(灰)、$NiO$(暗)、$Ni(OH)_2$(浅)、$Cr(OH)_3$(灰)、$Cr_2(SO_4)_3 \cdot 6H_2O$、$Ni_2(OH)_2CO_3$(浅)、$Cu_2(OH)_2CO_3$(暗)、$NiSiO_3$(翠)、$Ni(CN)_2$(浅)、$Cu(SCN)_2$(黑)等 |
| 紫色 | $CoCl_2 \cdot H_2O$(蓝)、$TiCl_3 \cdot 6H_2O$(或绿色)、$CuBr_2$(黑)、$Cr_2(SO_4)_3$(或红色)、$Cr_2(SO_4)_3 \cdot 18H_2O$(蓝)、$KCr(SO_4)_2 \cdot 12H_2O$、$CoSiO_3$ 等 |
| 褐色 | $Hg_2O$(黑)、$MnO_2$、$Hg_2I_2$(黄)、$Hg_2(OH)_2CO_3$(红)、$Ag_3AsO_4$(红)等 |
| 棕色 | $Ag_2O$、$V_2O_5$(红)、$Fe(OH)_3$(红)、$Co(OH)_3$(褐)、$CuCl_2$、$FeCl_3 \cdot 6H_2O$(黄)、$TiI_4$(暗)、$[Fe(NO)]SO_4$(深)等 |
| 其他色 | $VO$(亮灰色)、$MoO_2$(铅灰色)、$MnS$(肉色)、$MnSiO_3$(肉色)、$Sb_2S_3$(橙色) |

## 附录 V  弱电解质的电离常数 $K^{\ominus}$

| 弱电解质 | $t/°C$ | $K_a^{\ominus}(K_b^{\ominus})$ | 弱电解质 | $t/°C$ | $K_a^{\ominus}(K_b^{\ominus})$ |
|---|---|---|---|---|---|
| $H_3AsO_4$ | 18 | $K_1^{\ominus}=5.62\times10^{-3}$ | $H_3PO_4$ | 25 | $K_1^{\ominus}=7.52\times10^{-3}$ |
|  | 18 | $K_2^{\ominus}=1.70\times10^{-7}$ |  | 25 | $K_2^{\ominus}=6.23\times10^{-8}$ |
|  | 18 | $K_3^{\ominus}=3.95\times10^{-12}$ |  | 25 | $K_3^{\ominus}=2.2\times10^{-13}$ |
| $H_2CO_3$ | 25 | $K_1^{\ominus}=4.30\times10^{-7}$ | $H_2S$ | 18 | $K_1^{\ominus}=1.3\times10^{-7}$ |
|  | 25 | $K_2^{\ominus}=5.61\times10^{-11}$ |  | 18 | $K_2^{\ominus}=7.1\times10^{-15}$ |
| $H_3BO_3$ | 20 | $7.3\times10^{-10}$ | $HSO_4^-$ | 25 | $1.2\times10^{-2}$ |
| $H_2C_2O_4$ | 25 | $K_1^{\ominus}=5.90\times10^{-2}$ | $H_2SO_3$ | 18 | $K_1^{\ominus}=1.54\times10^{-2}$ |
|  | 25 | $K_2^{\ominus}=6.40\times10^{-5}$ |  | 18 | $K_2^{\ominus}=1.02\times10^{-7}$ |
| $H_2CrO_4$ | 25 | $K_1^{\ominus}=1.8\times10^{-1}$ | $H_2SiO_3$ | 30 | $K_1^{\ominus}=2.2\times10^{-10}$ |
|  | 25 | $K_2^{\ominus}=3.20\times10^{-7}$ |  | 30 | $K_2^{\ominus}=2.0\times10^{-12}$ |
| HBrO | 25 | $2.06\times10^{-9}$ | HCN | 25 | $4.93\times10^{-10}$ |
| HF | 25 | $3.53\times10^{-4}$ | $HIO_3$ | 25 | $1.69\times10^{-1}$ |
| HIO | 25 | $2.3\times10^{-11}$ | $HNO_2$ | 12.5 | $4.6\times10^{-4}$ |
| $NH_4^+$ | 25 | $5.64\times10^{-10}$ | $H_2O_2$ | 25 | $2.4\times10^{-12}$ |
| HCOOH | 25 | $1.77\times10^{-4}$ | HAc | 25 | $1.76\times10^{-5}$ |
| $CH_2ClCOOH$ | 25 | $1.4\times10^{-3}$ | $CHCl_2COOH$ | 25 | $3.32\times10^{-2}$ |
| $H_3C_6H_5O_7$（柠檬酸） | 20 | $K_1^{\ominus}=7.1\times10^{-4}$ | HClO | 18 | $2.95\times10^{-5}$ |
|  | 20 | $K_2^{\ominus}=1.68\times10^{-5}$ | $NH_3\cdot H_2O$ | 25 | $1.77\times10^{-5}$ |
|  | 20 | $K_3^{\ominus}=4.1\times10^{-7}$ | $Ca(OH)_2$ | 25 | $K_2^{\ominus}=6.0\times10^{-2}$ |
| $Al(OH)_3$ | 25 | $K_1^{\ominus}=5.0\times10^{-9}$ | $Be(OH)_2$ | 25 | $K_1^{\ominus}=1.78\times10^{-6}$ |
| $Zn(OH)_2$ | 25 | $K_1^{\ominus}=8.0\times10^{-7}$ |  | 25 | $K_2^{\ominus}=2.5\times10^{-9}$ |
|  | 25 | $K_2^{\ominus}=2.0\times10^{-10}$ | AgOH | 25 | $1.0\times10^{-2}$ |

## 附录 VI  某些难溶电解质的溶度积常数（298 K）

| 难溶化合物 | $K_{sp}^{\ominus}$ | 难溶化合物 | $K_{sp}^{\ominus}$ | 难溶化合物 | $K_{sp}^{\ominus}$ |
|---|---|---|---|---|---|
| $Ag_2CO_3$ | $8.45\times10^{-12}$ | $BaC_2O_4\cdot2H_2O$ | $1.2\times10^{-7}$ | $CaF_2$ | $1.46\times10^{-10}$ |
| $Ag_2CrO_4$ | $1.12\times10^{-12}$ | $BaCO_3$ | $2.58\times10^{-9}$ | $CaSO_4$ | $7.10\times10^{-5}$ |
| $Ag_2S(\alpha)$ | $6.69\times10^{-50}$ | $BaCrO_4$ | $1.17\times10^{-10}$ | $Cd(OH)_2$ | $5.27\times10^{-15}$ |
| $Ag_2S(\beta)$ | $1.09\times10^{-49}$ | $BaSO_4$ | $1.07\times10^{-10}$ | $Co(OH)_2$（棕红） | $1.09\times10^{-15}$ |
| $Ag_2SO_4$ | $1.20\times10^{-5}$ | $Ca(OH)_2$ | $5.5\times10^{-6}$ | $Co(OH)_3$（蓝） | $5.92\times10^{-15}$ |
| AgBr | $5.35\times10^{-13}$ | $Ca_3(PO_4)_2$ | $2.07\times10^{-33}$ | $Cr(OH)_3$ | $7.0\times10^{-31}$ |
| AgCl | $1.77\times10^{-10}$ | $CaC_2O_4\cdot H_2O$ | $2.34\times10^{-9}$ | $CuC_2O_4\cdot2H_2O$ | $2.87\times10^{-8}$ |
| AgI | $8.51\times10^{-17}$ | $CaC_4H_4O_6\cdot2H_2O$ | $7.7\times10^{-7}$ | CuI | $1.27\times10^{-12}$ |
| $Al(OH)_3$ | $2.0\times10^{-33}$ | $CaCO_3$ | $4.96\times10^{-9}$ | CuS | $1.27\times10^{-36}$ |

(续)

| 难溶化合物 | $K_{sp}^{\ominus}$ | 难溶化合物 | $K_{sp}^{\ominus}$ | 难溶化合物 | $K_{sp}^{\ominus}$ |
|---|---|---|---|---|---|
| $Fe(OH)_2$ | $4.87\times10^{-17}$ | $MnS$ | $4.65\times10^{-14}$ | $SrCO_3$ | $5.60\times10^{-10}$ |
| $Fe(OH)_3$ | $2.64\times10^{-38}$ | $NiS$ | $1.07\times10^{-21}$ | $SrSO_4$ | $3.44\times10^{-7}$ |
| $FeS$ | $1.59\times10^{-19}$ | $Pb(OH)_2$ | $1.42\times10^{-20}$ | $Zn(OH)_2(\beta)$ | $7.71\times10^{-17}$ |
| $Hg_2Cl_2$ | $1.45\times10^{-18}$ | $PbCl_2$ | $1.17\times10^{-5}$ | $Zn(OH)_2(\gamma)$ | $6.68\times10^{-17}$ |
| $HgS$ | $6.44\times10^{-53}$ | $PbCO_3$ | $1.46\times10^{-13}$ | $Zn(OH)_2(\epsilon)$ | $4.12\times10^{-17}$ |
| $Mg(OH)_2$ | $5.61\times10^{-12}$ | $PbCrO_4$ | $1.77\times10^{-14}$ | $ZnC_2O_4\cdot2H_2O$ | $1.35\times10^{-9}$ |
| $MgC_2O_4$ | $8.75\times10^{-5}$ | $PbI_2$ | $8.49\times10^{-9}$ | $ZnCO_3$ | $1.9\times10^{-10}$ |
| $MgCO_3$ | $6.82\times10^{-6}$ | $PbS$ | $9.04\times10^{-29}$ | $ZnS$ | $2.93\times10^{-25}$ |
| $MgNH_4PO_4$ | $2.5\times10^{-13}$ | $PbSO_4$ | $1.82\times10^{-8}$ | | |
| $Mn(OH)_2$ | $2.06\times10^{-13}$ | $SrC_2O_4$ | $5.61\times10^{-8}$ | | |

## 附录Ⅶ 某些配离子的稳定常数

| 配离子 | $K_f^{\ominus}$ | $\lg K_f^{\ominus}$ | 配离子 | $K_f^{\ominus}$ | $\lg K_f^{\ominus}$ |
|---|---|---|---|---|---|
| $[Ag(CN)_2]^-$ | $1.0\times10^{21}$ | 21.00 | $[Co(NH_3)_6]^{3+}$ | $1.4\times10^{35}$ | 35.15 |
| $[Ag(en)_2]^+$ | $7.0\times10^7$ | 7.84 | $[CoY]^-$ | $1.0\times10^{36}$ | 36.00 |
| $[Ag(NCS)_2]^-$ | $4.0\times10^8$ | 8.60 | $[CoY]^{2-}$ | $1.6\times10^{16}$ | 16.20 |
| $[Ag(NH_3)_2]^+$ | $1.7\times10^7$ | 7.23 | $[Cu(CN)_4]^{3-}$ | $2.0\times10^{30}$ | 30.30 |
| $[Ag(S_2O_3)_2]^{3-}$ | $1.6\times10^{13}$ | 13.20 | $[Cu(en)_2]^{2+}$ | $4.0\times10^{19}$ | 19.60 |
| $[AgNH_3]^+$ | $2.0\times10^3$ | 3.30 | $[Cu(NH_3)_2]^+$ | $7.2\times10^{10}$ | 10.86 |
| $[AgY]^{3-}$ | $2.0\times10^7$ | 7.30 | $[Cu(NH_3)_4]^{2+}$ | $2.1\times10^{12}$ | 12.32 |
| $[Al(C_2O_4)_3]^{3-}$ | $2.0\times10^{16}$ | 16.30 | $[Cu(NH_3)_4]^{2+}$ | $4.8\times10^{12}$ | 12.68 |
| $[AlF_6]^{3-}$ | $6.9\times10^{19}$ | 19.84 | $[CuY]^{2-}$ | $6.8\times10^{18}$ | 18.79 |
| $[Au(CN)_2]^-$ | $2.0\times10^{38}$ | 38.30 | $[Fe(C_2O_4)_3]^{3-}$ | $1.6\times10^{20}$ | 20.20 |
| $[BaY]^{2-}$ | $6.0\times10^7$ | 7.77 | $[Fe(CN)_6]^{3-}$ | $1.0\times10^{42}$ | 42.00 |
| $[CaY]^{2-}$ | $3.7\times10^{10}$ | 10.56 | $[Fe(CN)_6]^{4-}$ | $1.0\times10^{35}$ | 35.00 |
| $[Cd(CN)_4]^{2-}$ | $6.0\times10^{18}$ | 18.76 | $[Fe(SCN)_3]$ | $2.0\times10^3$ | 3.30 |
| $[Cd(NH_3)_4]^{2+}$ | $1.3\times10^7$ | 7.11 | $[FeF_6]^{3-}$ | $1.0\times10^{16}$ | 16.00 |
| $[Cd(SCN)_4]^{2-}$ | $4.0\times10^3$ | 3.60 | $[FeY]^-$ | $1.2\times10^{25}$ | 25.07 |
| $[CdCl_4]^{2-}$ | $3.1\times10^2$ | 2.49 | $[FeY]^{2-}$ | $2.1\times10^{14}$ | 14.32 |
| $[CdI_4]^{2-}$ | $3.0\times10^6$ | 6.43 | $FeCl_3$ | 98 | 1.99 |
| $[CdY]^{2-}$ | $3.8\times10^{16}$ | 16.57 | $FeF_3$ | $1.13\times10^{12}$ | 12.05 |
| $[Co(CN)_4]^{3-}$ | $1.0\times10^{64}$ | 64.00 | $[GaY]^-$ | $1.8\times10^{20}$ | 20.25 |
| $[Co(CN)_6]^{3-}$ | $1.0\times10^{64}$ | 64.00 | $[Hg(CN)_4]^{2-}$ | $3.1\times10^{41}$ | 41.49 |
| $[Co(NH_3)_6]^{2+}$ | $1.3\times10^5$ | 5.11 | $[Hg(SCN)_4]^{2-}$ | $7.7\times10^{21}$ | 21.88 |

(续)

| 配离子 | $K_f^{\ominus}$ | $\lg K_f^{\ominus}$ | 配离子 | $K_f^{\ominus}$ | $\lg K_f^{\ominus}$ |
|---|---|---|---|---|---|
| $[HgCl_4]^{2-}$ | $1.6 \times 10^{15}$ | 15.20 | $[Pb(Ac)_4]^{2-}$ | $3.0 \times 10^8$ | 8.43 |
| $[HgI_4]^{2-}$ | $7.2 \times 10^{29}$ | 29.86 | $[Pb(CN)_4]^{2-}$ | $1.1 \times 10^4$ | 4.00 |
| $[HgY]^{2-}$ | $6.3 \times 10^{21}$ | 21.79 | $[PbY]^{2-}$ | $1.0 \times 10^{18}$ | 18.00 |
| $[InY]^-$ | $8.9 \times 10^{24}$ | 24.94 | $[SrY]^{2-}$ | $4.2 \times 10^8$ | 8.62 |
| $[MgY]^{2-}$ | $4.9 \times 10^8$ | 8.69 | $[TlY]^-$ | $3.2 \times 10^{22}$ | 22.51 |
| $[MnY]^{2-}$ | $1.0 \times 10^{14}$ | 14.00 | $[Zn(C_2O_4)_2]^{2-}$ | $4.0 \times 10^7$ | 7.60 |
| $[NaY]^{3-}$ | $5.0 \times 10^1$ | 1.69 | $[Zn(CN)_4]^{2-}$ | $5.0 \times 10^{16}$ | 16.70 |
| $[Ni(CN)_4]^{2-}$ | $2.0 \times 10^{31}$ | 31.30 | $[Zn(CNS)_4]^{2-}$ | $2.2 \times 10^3$ | 3.33 |
| $[Ni(en)_3]^{2+}$ | $3.9 \times 10^{18}$ | 18.59 | $[Zn(NH_3)_4]^{2+}$ | $2.88 \times 10^9$ | 9.46 |
| $[Ni(NH_3)_4]^{2+}$ | $1.1 \times 10^8$ | 8.04 | $[Zn(OH)_4]^{2-}$ | $4.6 \times 10^{17}$ | 17.66 |
| $[NiY]^{2-}$ | $4.1 \times 10^{18}$ | 18.61 | $[ZnY]^{2-}$ | $3.4 \times 10^{16}$ | 16.49 |

## 附录Ⅷ 标准电极电势 $\varphi^{\ominus}$(298 K)

### 附录Ⅷ-1 酸性溶液中标准电极电势 $\varphi^{\ominus}$(298 K)

| 元素名称 | 电极反应 | $\varphi^{\ominus}/V$ |
|---|---|---|
| Ag | $AgBr + e^- = Ag + Br^-$ | +0.071 33 |
| | $AgCl + e^- = Ag + Cl^-$ | +0.222 3 |
| | $Ag_2CrO_4 + 2e^- = 2Ag + CrO_4^{2-}$ | +0.447 0 |
| | $Ag^+ + e^- = Ag$ | +0.799 6 |
| Al | $Al^{3+} + 3e^- = Al$ | −1.662 |
| As | $HAsO_2 + 3H^+ + 3e^- = As + 2H_2O$ | +0.248 |
| | $H_3AsO_4 + 2H^+ + 2e^- = HAsO_2 + 2H_2O$ | +0.560 |
| Bi | $BiOCl + 2H^+ + 3e^- = Bi + H_2O + Cl^-$ | +0.158 3 |
| | $BiO^+ + 2H^+ + 3e^- = Bi + H_2O$ | +0.320 |
| Br | $Br_2 + 2e^- = 2Br^-$ | +1.066 |
| | $BrO_3^- + 6H^+ + 5e^- = \frac{1}{2}Br_2 + 3H_2O$ | +1.482 |
| Ca | $Ca^{2+} + 2e^- = Ca$ | −2.868 |
| Cl | $ClO_4^- + 2H^+ + 2e^- = ClO_3^- + H_2O$ | +1.189 |
| | $Cl_2 + 2e^- = 2Cl^-$ | +1.358 27 |
| | $ClO_3^- + 6H^+ + 6e^- = Cl^- + 3H_2O$ | +1.451 |
| | $ClO_3^- + 6H^+ + 5e^- = \frac{1}{2}Cl_2 + 3H_2O$ | +1.47 |
| | $HClO + H^+ + e^- = \frac{1}{2}Cl_2 + H_2O$ | +1.611 |
| | $ClO_3^- + 3H^+ + 2e^- = HClO_2 + H_2O$ | +1.214 |
| | $ClO_2 + H^+ + e^- = HClO_2$ | +1.277 |
| | $HClO_2 + 2H^+ + 2e^- = HClO + H_2O$ | +1.645 |

(续)

| 元素名称 | 电极反应 | $\varphi^{\ominus}/V$ |
|---|---|---|
| Co | $Co^{3+} + e^- = Co^{2+}$ | +1.83 |
| Cr | $Cr_2O_7^{2-} + 14H^+ + 6e^- = 2Cr^{3+} + 7H_2O$ | +1.232 |
| Cu | $Cu^{2+} + e^- = Cu^+$ | +0.153 |
|  | $Cu^{2+} + 2e^- = Cu$ | +0.341 9 |
|  | $Cu^+ + e^- = Cu$ | +0.522 |
| Fe | $Fe^{2+} + 2e^- = Fe$ | −0.447 |
|  | $Fe(CN)_6^{3-} + e^- = Fe(CN)_6^{4-}$ | +0.358 |
|  | $Fe^{3+} + e^- = Fe^{2+}$ | +0.771 |
| H | $2H^+ + e^- = H_2$ | 0.000 00 |
| Hg | $Hg_2Cl_2 + 2e^- = 2Hg + 2Cl^-$ | +0.281 |
|  | $Hg_2^{2+} + 2e = 2Hg$ | +0.797 3 |
|  | $Hg^{2+} + 2e^- = Hg$ | +0.851 |
|  | $2Hg^{2+} + 2e^- = Hg_2^{2+}$ | +0.920 |
| I | $I_2 + 2e^- = 2I^-$ | +0.535 5 |
|  | $I_3^- + 2e^- = 3I^-$ | +0.536 |
|  | $IO_3^- + 6H^+ + 5e^- = \frac{1}{2}I_2 + 3H_2O$ | +1.195 |
|  | $HIO + H^+ + e^- = \frac{1}{2}I_2 + H_2O$ | +1.439 |
| K | $K^+ + e^- = K$ | −2.931 |
| Mg | $Mg^{2+} + 2e^- = Mg$ | −2.372 |
| Mn | $Mn^{2+} + 2e^- = Mn$ | −1.185 |
|  | $MnO_4^- + e^- = MnO_4^{2-}$ | +0.558 |
|  | $MnO_2 + 4H^+ + 2e^- = Mn^{2+} + 2H_2O$ | +1.224 |
|  | $MnO_4^- + 8H^+ + 5e^- = Mn^{2+} + 4H_2O$ | +1.507 |
|  | $MnO_4^- + 4H^+ + 3e^- = MnO_2 + 2H_2O$ | +1.679 |
| Na | $Na^+ + e^- = Na$ | −2.71 |
| N | $NO_3^- + 4H^+ + 3e^- = NO + 2H_2O$ | +0.957 |
|  | $2NO_3^- + 4H^+ + 2e^- = N_2O_4 + 2H_2O$ | +0.803 |
|  | $HNO_2 + H^+ + e^- = NO + H_2O$ | +0.983 |
|  | $N_2O_4 + 4H^+ + 4e^- = 2NO + 2H_2O$ | +1.035 |
|  | $NO_3^- + 3H^+ + 2e^- = HNO_2 + H_2O$ | +0.934 |
|  | $N_2O_4 + 2H^+ + 2e^- = 2HNO_2$ | +1.065 |
| O | $O_2 + 2H^+ + 2e^- = H_2O_2$ | +0.695 |
|  | $H_2O_2 + 2H^+ + 2e^- = 2H_2O$ | +1.776 |
|  | $O_2 + 4H^+ + 4e^- = 2H_2O$ | +1.229 |
| P | $H_3PO_4 + 2H^+ + 2e^- = H_3PO_3 + H_2O$ | −0.276 |

(续)

| 元素名称 | 电极反应 | $\varphi^{\ominus}/V$ |
|---|---|---|
| Pb | $PbI_2 + 2e^- = Pb + 2I^-$ | −0.365 |
| | $PbSO_4 + 2e^- = Pb + SO_4^{2-}$ | −0.358 8 |
| | $PbCl_2 + 2e^- = Pb + 2Cl^-$ | −0.267 5 |
| | $Pb^{2+} + 2e^- = Pb$ | −0.126 2 |
| | $PbO_2 + 4H^+ + 2e^- = Pb^{2+} + 2H_2O$ | +1.455 |
| | $PbO_2 + SO_4^{2-} + 4H^+ + 2e^- = PbSO_4 + 2H_2O$ | +1.691 3 |
| S | $H_2SO_3 + 4H^+ + 4e^- = S + 3H_2O$ | +0.449 |
| | $S + 2H^+ + 2e^- = H_2S$ | +0.142 |
| | $SO_4^{2-} + 4H^+ + 2e^- = H_2SO_3 + H_2O$ | +0.172 |
| | $S_4O_6^{2-} + 2e^- = 2S_2O_3^{2-}$ | +0.08 |
| | $S_2O_8^{2-} + 2e^- = 2SO_4^{2-}$ | +2.010 |
| Sb | $Sb_2O_3 + 6H^+ + 6e^- = 2Sb + 3H_2O$ | +0.152 |
| | $Sb_2O_5 + 6H^+ + 4e^- = 2SbO^+ + 3H_2O$ | +0.581 |
| Sn | $Sn^{4+} + 2e^- = Sn^{2+}$ | +0.151 |
| V | $V(OH)_4^+ + 4H^+ + 5e^- = V + 4H_2O$ | −0.254 |
| | $VO^{2+} + 2H^+ + e^- = V^{3+} + H_2O$ | +0.337 |
| | $V(OH)_4^+ + 2H^+ + e^- = VO^{2+} + 3H_2O$ | +1.00 |
| Zn | $Zn^{2+} + 2e^- = Zn$ | −0.761 8 |

### 附录Ⅷ-2 碱性溶液中标准电极电势 $\varphi^{\ominus}$ (298 K)

| 元素名称 | 电极反应 | $\varphi^{\ominus}/V$ |
|---|---|---|
| Ag | $Ag_2S + 2e^- = 2Ag + S^{2-}$ | −0.691 |
| | $Ag_2O + H_2O + 2e^- = 2Ag + 2OH^-$ | +0.342 |
| Al | $H_2AlO_3^- + H_2O + 3e^- = Al + 4OH^-$ | −2.33 |
| As | $AsO_2^- + 2H_2O + 3e^- = As + 4OH^-$ | −0.68 |
| | $AsO_4^{3-} + 2H_2O + 2e^- = AsO_2^- + 4OH^-$ | −0.71 |
| Br | $BrO_3^- + 3H_2O + 6e^- = Br^- + 6OH^-$ | +0.61 |
| | $BrO^- + H_2O + 2e^- = Br^- + 2OH^-$ | +0.761 |
| Cl | $ClO_3^- + H_2O + 2e^- = ClO_2^- + 2OH^-$ | +0.33 |
| | $ClO_4^- + H_2O + 2e^- = ClO_3^- + 2OH^-$ | +0.36 |
| | $ClO_2^- + H_2O + 2e^- = ClO^- + 2OH^-$ | +0.66 |
| | $ClO^- + H_2O + 2e^- = Cl^- + 2OH^-$ | +0.81 |
| Co | $Co(OH)_2 + 2e^- = Co + 2OH^-$ | −0.73 |
| | $Co(NH_3)_6^{3+} + e^- = Co(NH_3)_6^{2+}$ | +0.108 |
| | $Co(OH)_3 + e^- = Co(OH)_2 + OH^-$ | +0.17 |

(续)

| 元素名称 | 电极反应 | $\varphi^{\ominus}/V$ |
|---|---|---|
| Cr | $Cr(OH)_3+3e^-=Cr+3OH^-$ | −1.48 |
|  | $CrO_2^-+2H_2O+3e^-=Cr+4OH^-$ | −1.2 |
|  | $CrO_4^{2-}+4H_2O+3e^-=Cr(OH)_3+5OH^-$ | −0.13 |
| Cu | $Cu_2O+H_2O+2e^-=2Cu+2OH^-$ | −0.360 |
| Fe | $Fe(OH)_3+e^-=Fe(OH)_2+OH^-$ | −0.56 |
| H | $2H_2O+2e^-=H_2+2OH^-$ | −0.827 7 |
| Hg | $HgO+H_2O+2e^-=Hg+2OH^-$ | +0.097 7 |
| I | $IO_3^-+3H_2O+6e^-=I^-+6OH^-$ | +0.26 |
|  | $IO^-+H_2O+2e^-=I^-+2OH^-$ | +0.485 |
| Mg | $Mg(OH)_2+2e^-=Mg+2OH^-$ | −2.690 |
| Mn | $Mn(OH)_2+2e^-=Mn+2OH^-$ | −1.56 |
|  | $MnO_4^-+2H_2O+3e^-=MnO_2+4OH^-$ | +0.595 |
|  | $MnO_4^{2-}+2H_2O+2e^-=MnO_2+4OH^-$ | +0.60 |
| N | $NO_3^-+H_2O+2e^-=NO_2^-+2OH^-$ | +0.01 |
| O | $O_2+2H_2O+4e^-=4OH^-$ | +0.401 |
| S | $S+2e^-=S^{2-}$ | −0.476 27 |
|  | $SO_4^{2-}+H_2O+2e^-=SO_3^{2-}+2OH^-$ | −0.93 |
|  | $2SO_3^{2-}+3H_2O+4e^-=S_2O_3^{2-}+6OH^-$ | −0.571 |
|  | $S_4O_6^{2-}+2e^-=2S_2O_3^{2-}$ | +0.08 |
| Sb | $SbO_2^-+2H_2O+3e^-=Sb+4OH^-$ | −0.66 |
| Sn | $Sn(OH)_6^{2-}+2e^-=HSnO_2^-+H_2O+3OH^-$ | −0.93 |
|  | $HSnO_2^-+H_2O+2e^-=Sn+3OH^-$ | −0.909 |

## 附录 Ⅸ 乙醇水溶液相对密度及组成

| $C_2H_5OH$ 质量分数/% | 相对密度 ($d_{15.56}^{15.56}$) | $C_2H_5OH$ 体积分数/% | $C_2H_5OH$ 质量分数/% | 相对密度 ($d_{15.56}^{15.56}$) | $C_2H_5OH$ 体积分数/% |
|---|---|---|---|---|---|
| 4.00 | 0.992 8 | 5 | 42.47 | 0.934 4 | 50 |
| 8.04 | 0.986 6 | 10 | 47.23 | 0.924 4 | 55 |
| 12.13 | 0.981 1 | 15 | 52.16 | 0.913 6 | 60 |
| 16.26 | 0.976 1 | 20 | 57.21 | 0.902 1 | 65 |
| 20.43 | 0.971 0 | 25 | 62.45 | 0.890 0 | 70 |
| 24.66 | 0.965 4 | 30 | 67.84 | 0.877 3 | 75 |
| 28.96 | 0.959 1 | 35 | 68.99 | 0.874 7 | 76 |
| 33.35 | 0.951 8 | 40 | 70.10 | 0.872 1 | 77 |
| 37.84 | 0.943 6 | 45 | 71.25 | 0.869 4 | 78 |

(续)

| C₂H₅OH 质量分数/% | 相对密度 ($d_{15.56}^{15.56}$) | C₂H₅OH 体积分数/% | C₂H₅OH 质量分数/% | 相对密度 ($d_{15.56}^{15.56}$) | C₂H₅OH 体积分数/% |
|---|---|---|---|---|---|
| 72.38 | 0.866 7 | 79 | 78.18 | 0.852 5 | 84 |
| 73.54 | 0.863 9 | 80 | 79.40 | 0.849 6 | 85 |
| 74.68 | 0.861 1 | 81 | 85.66 | 0.839 9 | 90 |
| 75.82 | 0.858 3 | 82 | 92.41 | 0.816 1 | 95 |
| 77.00 | 0.855 4 | 83 | 100 | 0.793 9 | 100 |

## 附录Ⅹ 某些有机化合物的物理常数

| 名称 | 分子式 | 相对密度 | 熔点/℃ | 沸点/℃ | 溶解性 在水中 | 溶解性 在有机溶剂中 |
|---|---|---|---|---|---|---|
| 苯甲酸 | $C_6H_5COOH$ | 1.226(4 ℃) | 122.5 | 249.2 | 0.35(25 ℃) | 乙醇、乙醚、苯等 |
| 乙酰苯胺 | $C_6H_5NHCOCH_3$ | 1.21 | 114.3 | 305 | 0.56(25 ℃) | 乙醇、乙醚、氯仿等 |
| 苯 | $C_6H_6$ | 0.879 | 5.53 | 80.2 | 0.07(22 ℃) | 乙醇、乙醚、丙酮等 |
| 乙醇 | $C_2H_5OH$ | 0.789 3 | −114.6 | 78.37 | ∞ | 种类很多 |
| 四氯化碳 | $CCl_4$ | 1.594 | −23.0 | 76.54 | 0.047(16 ℃) | 乙醇、苯、氯仿等 |
| 甲苯 | $C_6H_5CH_3$ | 0.867 | −95.0 | 110.6 | 0.053(25 ℃) | 乙醇、乙醚、氯仿等 |
| 氯仿 | $CHCl_3$ | 1.498 | −63.5 | 61.2 | 0.822(20 ℃) | 乙醇、苯、丙酮等 |
| 苯胺 | $C_6H_5NH_2$ | 1.022 | −6.2 | 184.4 | 3.6(20 ℃) | 乙醇、苯、乙醚等 |
| 乙酸乙酯 | $CH_3COOC_2H_5$ | 0.900 5 | −83.6 | 77.06 | 8.5(15 ℃) | 乙醇、苯、氯仿 |
| 正丁醇 | $C_4H_9OH$ | 0.809 8 | −89.53 | 117.25 | 7.7(20 ℃) | 乙醇、乙醚 |
| 正溴丁烷 | $C_4H_9Br$ | 1.274 | −112.4 | 101.6 | 0.06(16 ℃) | 乙醚 |
| 醋酸 | $CH_3COOH$ | 1.049 2 | 16.60 | 117.9 | ∞ | 乙醇、苯、丙酮 |
| 丙酮 | $CH_3COCH_3$ | 0.792 2 | −95.35 | 56.24 | ∞ | 乙醇、乙醚、氯仿 |
| 硝基苯 | $C_6H_5NO_2$ | 1.299 | 5.7 | 210.9 | 0.19(20 ℃) | 种类很多 |
| 溴苯 | $C_6H_5Br$ | 1.499 1 | −30.6 | 156.2 | 0.044 6(30 ℃) | 苯、乙醚 |
| 氯苯 | $C_6H_5Cl$ | 1.105 8 | −45.6 | 131.8 | 0.049(30 ℃) | 乙醇、乙醚、苯、$CS_2$ |

## 附录Ⅺ 某些有机化合物的折射率及校正系数

| 物质名称 | 折射率(10 ℃) | 折射率(20 ℃) | $\alpha \times 10^5$ |
|---|---|---|---|
| 水 | 1.333 9 | 1.332 99 | −10 |
| 甲醇 | 1.330 7 | 1.328 8 | −39 |
| 醋酸 | 1.373 9 | | −38 |
| 丙酮 | 1.361 6 | 1.359 1 | −50 |
| 苯 | 1.504 4 | 1.501 2 | −63 |
| 四氯化碳 | 1.463 1 | 1.460 3 | −55 |
| 苯胺 | | 1.586 3 | |

# 附录 XII 危险药品的分类、性质和管理

一、危险药品是指受光、热、空气、水或撞击等外界因素的影响，可引起燃烧、爆炸的药品，或具有强烈腐蚀性、剧毒性的药品。常用危险药品按危害性可分为以下几类来管理。

附录 XII-1 常用危险药品分类管理

| 类别 | | 举例 | 性质 | 注意事项 |
|---|---|---|---|---|
| 爆炸品 | | 硝酸铵、苦味酸、三硝基甲苯 | 遇高温摩擦、撞击等，发生剧烈反应，放出大量气体和热量，产生猛烈爆炸 | 存放于阴凉、低下处。轻拿，轻放 |
| 易燃品 | 易燃液体 | 丙酮、乙醚、乙醇、甲醇、苯等有机溶剂 | 沸点低、易挥发，遇火则燃烧，甚至引起爆炸 | 存放于阴凉处，远离火源。使用时注意通风。不得有明火 |
| | 易燃固体 | 赤磷、硫、萘、硝化纤维 | 燃点低，受热、摩擦、撞击或遇氧化剂，可引起剧烈持续燃烧、爆炸 | 存放于阴凉处，远离火源。使用时注意通风。不得有明火 |
| | 易燃气体 | 氢气、乙炔、甲烷 | 因撞击、受热引起燃烧。与空气按一定比例混合，则会爆炸 | 使用时注意通风。若是钢瓶气，不得在实验室存放 |
| | 遇水易燃品 | 钠、钾 | 遇水剧烈反应，产生可燃性气体，并放出热量，此反应热会引起燃烧 | 保存于煤油中，切勿与水接触 |
| | 自燃物品 | 黄磷 | 在适当温度下被空气氧化、放热，达到燃点引起自燃 | 保存于水中 |
| 氧化剂 | | 硝酸钾、氯酸钾、过氧化氢、过氧化钠、高锰酸钾 | 具有强氧化性，遇酸、受热，与有机物、易燃品、还原剂混合时，因反应引起燃烧、爆炸 | 不得与易燃品、爆炸品、还原剂等一起存放 |
| 剧毒品 | | 氰化钾、三氧化二砷、升汞、氯化钡、六六六 | 剧毒，少量侵入人体（误食或接触伤口）引起中毒，甚至死亡 | 专人专柜保管，现用现领，用后的剩余物，不论是固体还是液体，都得交回保管人，并应设有使用登记制度 |
| 腐蚀性药品 | | 强酸、强碱、氟化氢、溴、酚 | 具有强腐蚀性，触及物品造成腐蚀、破坏，触及人体皮肤引起化学烧伤 | 不要与易燃品、爆炸品、还原剂等一起存放 |

二、中华人民共和国公安部 1993 年发布并实施了中华人民共和国公共安全行业标准 GA58—93，将剧毒药品分为 A、B 两级。

附录 XII-2　剧毒药品急性毒性分级标准

| 级别 | 口服剧毒物品的半致死量 /(mg·kg$^{-1}$) | 皮肤接触剧毒物品的半致死量 /(mg·kg$^{-1}$) | 吸入剧毒物品粉尘、烟雾的半致死量 /(mg·L$^{-1}$) | 吸入剧毒物品、液体的蒸气或气体的半致死量/(mL·m$^{-1}$) |
|---|---|---|---|---|
| A | ≤5 | ≤40 | ≤0.5 | ≤1 000 |
| B | 5～50 | 40～200 | 0.5～2 | ≤3 000(A 级除外) |

附录 XII-3　A 级无机剧毒药品品名表

| 品　名 | 别　名 | 品　名 | 别　名 | 品　名 | 别　名 |
|---|---|---|---|---|---|
| 氰化钠 | 山奈 | 氰化锌 | | 亚砷酸钾 | |
| 氰化钡 | | 氰化铅 | | 硒酸钠 | |
| 氰化钴钾 | 钴氰化钾 | 氰化金钾 | | 亚硒酸钾 | |
| 氰化铜 | 氰化高铜 | 氢氰酸 | | 氧氰化汞 | 氰氧化汞 |
| 五羰基铁 | 羰基铁 | 五氧化二砷 | 砷酸酐 | 氰化汞 | 氰化高汞 |
| 叠氮酸 | | 硒酸钾 | | 氰化亚铜 | |
| 磷化钠 | | 氧氯化硒 | 氯化亚硒酰, 二氯氧化硒 | 氰化氢(液化的) | 无水氢氰酸 |
| 磷化铝 | | 氧化镉(粉末) | | 亚砷酸钠 | 偏亚砷酸钠 |
| 氯(液化的) | 液氯 | 叠氮化钠 | | 三氯化砷 | 氯化亚砷 |
| 硒化氢 | | 氟化氢 | 无水氢氟酸 | 亚硒酸钠 | |
| 四氧化二氮(液化的) | 二氧化氮 | 磷化钾 | | 氯化汞 | 氯化高汞 |
| 二氟化氧 | | 磷化铝农药 | | 羰基镍 | 四羰基镍,四碳酰镍 |
| 四氟化硫 | | 磷化氢 | 磷化三氢, 䏖 | 叠氮化钡 | |
| 五氟化磷 | | 锑化氢 | 锑化三氢 | 黄磷 | 白磷 |
| 六氟化钨 | | 二氧化硫(液化) | 亚硫酸酐 | 磷化镁 | 三磷化二镁 |
| 溴化羰 | 溴光气 | 三氟化氯 | | 氟 | |
| 氰化钾 | | 四氟化硅 | 氟化硅 | 砷化氢 | 砷化三氢, 胂 |
| 氰化钴 | | 六氟化硒 | | 一氧化氮 | |
| 氰化镍 | 氰化亚镍 | 氯化溴 | | 二氟化氯 | |
| 氰化银 | | 氰(液化的) | | 三氟化磷 | |
| 氰化镉 | | 氰化钙 | | 五氟化氯 | |
| 氰化铈 | | 氰化亚钴 | | 六氟化碲 | |
| 氰化溴 | 溴化氰 | 氰化镍钾 | 氰化钾镍 | 氯化氰 | 氰化氯,氯甲腈 |
| 三氧化二砷 | 白砒、砒霜 | 氰化银钾 | 银氰化钾 | 氰化汞钾 | 氰化钾汞 |

三、化学实验室毒品管理规定有以下几方面。

1. 实验室使用毒品和剧毒品(无论 A 类还是 B 类毒品)应预先计算使用量,按用量到毒品库房领取,尽量做到用多少领多少。使用后剩余毒品应送回毒品库房统一管理。毒品库对领出和送回的毒品要详细记录。

2. 实验室在领用毒品和剧毒品后,有两位教师(辅助人员)共同负责保证领用毒品的安全管理,实验室建立毒品使用账目。账目包括:药品名称、领用日期、领用量、使用日期、使用量、剩余量、使用人签名、两位管理人签名。

3. 实验室使用毒品时,如剩余较少量且近期仍需使用须存放实验室内,此药品必须存放在实验室毒品保险柜内。钥匙由两位管理教师掌管。保险柜上的锁开启时必须两人同时在场。实验室在配制有毒品溶液时也应按用量配制,该溶液的使用、归还和存放也必须履行使用账目登记制度。

## 附录 XIII  某些常用试剂、指示剂和缓冲溶液的配制

### 附录 XIII-1  常用试剂

| 试 剂 | 浓度 ($mol \cdot L^{-1}$) | 配制方法 |
| --- | --- | --- |
| 三氯化铋 $BiCl_3$ | 0.1 | 溶解 31.6 g $BiCl_3$ 于 330 mL 6 $mol \cdot L^{-1}$ 的 HCl 中,加蒸馏水稀释至 1 L |
| 三氯化锑 $SbCl_3$ | 0.1 | 溶解 22.8 g $SbCl_3$ 于 330 mL 6 $mol \cdot L^{-1}$ 的 HCl 中,加蒸馏水稀释至 1 L |
| 氯化亚锡 $SnCl_2$ | 0.1 | 溶解 22.6 g $SnCl_2 \cdot 2H_2O$ 于 330 mL 6 $mol \cdot L^{-1}$ 的 HCl 中,加蒸馏水稀释至 1 L,加入数粒锡粒,以防氧化 |
| 硝酸汞 $Hg(NO_3)_2$ | 0.1 | 溶解 33.4 g $Hg(NO_3)_2 \cdot \frac{1}{2}H_2O$ 于 0.6 $mol \cdot L^{-1}$ 的 $HNO_3$ 中,加蒸馏水稀释至 1 L |
| 硝酸亚汞 $Hg_2(NO_3)_2$ | 0.1 | 溶解 56.1 g $Hg_2(NO_3)_2 \cdot 2H_2O$ 于 0.6 $mol \cdot L^{-1}$ 的 $HNO_3$ 中,加蒸馏水稀释至 1 L,并加少许金属汞 |
| 碳酸铵 $(NH_4)_2CO_3$ | 1 | 96 g 研细的 $(NH_4)_2CO_3$ 溶于 1 L 2 $mol \cdot L^{-1}$ 氨水中 |
| 硫酸铵 $(NH_4)_2SO_4$ | 饱和 | 50 g $(NH_4)_2SO_4$ 溶于 100 mL 热水中,冷却后过滤 |
| 硫酸亚铁 $FeSO_4$ | 0.5 | 溶解 69.5 g $FeSO_4 \cdot 7H_2O$ 于适量水及 5 mL 18 $mol \cdot L^{-1}$ 的 $H_2SO_4$ 中,再用蒸馏水稀释至 1 L,并加入数粒铁钉 |
| 六羟基锑酸钠 $Na[Sb(OH)_6]$ | 0.1 | 溶解 12.2 g 锑粉于 50 mL 浓 $HNO_3$ 中微热,使锑粉全部作用成白色粉末,用倾析法洗涤数次,然后加入 50 mL 6 $mol \cdot L^{-1}$ 的 NaOH,使之溶解,用蒸馏水稀释至 1 L |
| 六硝基钴酸钠 $Na_3[Co(NO_2)_6]$ |  | 溶解 230 g $NaNO_2$ 于 500 mL 蒸馏水中,加入 165 mL 6 $mol \cdot L^{-1}$ 的 HAc 和 30 g $Co(NO_3)_3 \cdot 6H_2O$ 放置 24 h,取其清液,用蒸馏水稀释至 1 L,并保存在棕色瓶中。此溶液应呈橙色,若变成红色,即表示已分解,应重新配制 |
| 硫化钠 $Na_2S$ | 2 | 取 240 g $Na_2S \cdot 9H_2O$ 和 40 g NaOH 溶解在水中,用蒸馏水稀释至 1 L |
| 钼酸铵 $(NH_4)_6Mo_7O_{24} \cdot 4H_2O$ | 0.1 | 溶解 124 g $(NH_4)_6Mo_7O_{24} \cdot 4H_2O$ 于 1 L 水中,将所得溶液倒入 1 L 6 $mol \cdot L^{-1}$ 的 $HNO_3$ 中,放置 24h,取其澄清液 |
| 硫化铵 $(NH_4)_2S$ | 3 | 取一定量的氨水,将其均分为两份,一份通硫化氢至饱和,而后与另一份氨水混合 |

(续)

| 试 剂 | 浓度 (mol·L$^{-1}$) | 配制方法 |
|---|---|---|
| 铁氰化钾 K$_3$[Fe(CN)$_6$] | | 取铁氰化钾 0.7~1 g 溶解于水,稀释至 100 mL(用时临时配制) |
| 二苯胺 | | 将 1 g 二苯胺在搅拌下溶于 100 mL 密度为 1.84 g·cm$^{-3}$的硫酸或密度为 1.70 g·cm$^{-3}$的磷酸中(该溶液可保存较长时间) |
| 镍试剂 | | 溶解 10 g 镍试剂(二乙酰二肟)于 1 L 95%的酒精中 |
| 镁试剂 | | 溶解 0.01 g 镁试剂于 1 L 1 mol·L$^{-1}$的 NaOH 中 |
| 铝试剂 | | 溶解 1 g 铝试剂于 1 L 水中 |
| 镁铵试剂 | | 将 100 g MgCl$_2$·6H$_2$O 和 100 g NH$_4$Cl 溶于水中,加入 50 mL 浓氨水,用蒸馏水稀释至 1 L |
| 奈氏试剂 | | 将 115 g HgI$_2$ 和 80 g KI 溶于水中,稀释至 500 mL,加入 500 mL 6 mol·L$^{-1}$的 NaOH 溶液,放置后,取其澄清液,保存于棕色瓶中 |
| 五氰亚硝酰合铁酸钠 Na$_2$[Fe(CN)$_5$NO] | | 取 10 g 五氰亚硝酰合铁酸钠溶解于 100 mL 水中,保存于棕色瓶中。如果溶液变绿就不能用了 |

## 附录 XIII-2 常用指示剂

### 附录 XIII-2-1 酸碱指示剂

| 指示剂名称 | 变色 pH 范围 | 颜色变化 | p$K_{HIn}^{\ominus}$ | 配制方法 |
|---|---|---|---|---|
| 酚酞 | 8.0~10 | 无→红 | 9.1 | 0.5%的 90%乙醇溶液 |
| 甲基橙 | 3.1~4.4 | 红→黄 | 3.4 | 0.05%的水溶液 |
| 甲基红 | 4.4~6.2 | 红→黄 | 5.0 | 0.1%的 60%乙醇溶液或其钠盐水溶液 |
| 甲基黄 | 2.9~4 | 红→黄 | 3.2 | 0.1%的 90%乙醇溶液 |
| 中性红 | 6.8~8.0 | 红→黄橙 | 7.4 | 0.1%的 60%乙醇溶液 |
| 溴酚蓝 | 3.0~4.6 | 黄→紫 | 4.1 | 0.1%的 20%乙醇溶液或其钠盐水溶液 |
| 百里酚蓝 | 1.2~2.8 | 红→黄 | 1.6 | 0.1%的 20%乙醇溶液 |
| | 8.0~9.6 | 黄→蓝 | 8.9 | 0.1%的 20%乙醇溶液 |
| 溴百里酚蓝 | 6.2~7.6 | 黄→蓝 | 7.3 | 0.1%的 20%乙醇溶液或其钠盐水溶液 |
| 百里酚酞 | 9.4~10.6 | 无→红 | 10 | 0.5%的 90%乙醇溶液 |
| 溴甲酚绿 | 4.0~5.6 | 黄→蓝 | 4.9 | 0.1%的 20%乙醇溶液或其钠盐水溶液 |
| 酚红 | 6.8~8.4 | 黄→红 | 8.0 | 0.1%的 60%乙醇溶液或其钠盐水溶液 |

### 附录 XIII-2-2 混合酸碱指示剂

| 指示剂溶液的组成 | 变色点 pH | 颜色 酸色 | 颜色 碱色 | 备 注 |
|---|---|---|---|---|
| 1 份 0.1%甲基黄酒精溶液和 1 份 0.1%次甲基蓝酒精溶液 | 3.2 | 蓝紫 | 绿 | pH 3.2 蓝紫色;pH 3.4 绿色 |
| 1 份 0.1%甲基橙水溶液和 1 份 0.25%靛蓝二磺酸水溶液 | 4.1 | 紫 | 黄绿 | |

(续)

| 指示剂溶液的组成 | 变色点 pH | 颜色 酸色 | 颜色 碱色 | 备 注 |
|---|---|---|---|---|
| 0.1%溴百里酚绿钠盐水溶液和1份0.2%甲基橙水溶液 | 4.3 | 蓝 | 蓝绿 | pH 3.5 黄色；pH 4 黄绿色；pH 4.3 绿色 |
| 3份0.1%溴甲酚绿酒精溶液和1份0.2%甲基红酒精溶液 | 5.1 | 酒红 | 绿 | |
| 1份0.2%甲基红酒精溶液和1份0.1%次甲蓝酒精溶液 | 5.4 | 红紫 | 绿 | pH 5.2 红紫色；pH5.4 暗蓝色；pH 5.6 绿色 |
| 1份0.1%溴甲酚绿钠盐水溶液和1份0.1%绿酚红钠盐水溶液 | 6.1 | 黄绿 | 蓝紫 | pH 5.4 蓝绿色；pH5.8 蓝色；pH 6.2 蓝紫色 |
| 1份0.1%溴甲酚紫钠盐水溶液和1份0.1%溴百里酚蓝钠盐水溶液 | 6.7 | 黄 | 蓝紫 | pH 6.2 黄紫色；pH6.6 紫色；pH 6.8 蓝紫色 |
| 1份0.1%中性红酒精溶液和1份0.1%次甲基蓝酒精溶液 | 7.0 | 蓝紫 | 绿 | pH 7.0 蓝紫色 |
| 1份0.1%溴百里酚蓝钠盐水溶液和0.1%酚红钠盐水溶液 | 7.5 | 黄 | 紫 | pH 7.2 暗绿色；pH7.4 淡紫色；pH 7.6 深紫色 |
| 1份0.1%甲酚红钠盐水溶液和3份0.1%百里酚蓝钠盐水溶液 | 8.3 | 黄 | 紫 | pH 8.2 玫瑰色；pH8.4 紫色 |
| 1份0.1%百里酚蓝50%酒精溶液和3份酚酞50%酒精溶液 | 9.0 | 黄 | 紫 | 从黄到绿再到紫 |
| 2份0.1%百里酚酞酒精溶液和1份0.1%茜素黄酒精溶液 | 10.2 | 黄 | 紫 | |

## 附录 XIII-2-3 氧化还原指示剂

| 指示剂名称 | $\varphi_I^{\ominus}(V)$ $c(H^+)=1\ mol\cdot L^{-1}$ | 颜色变化 氧化态 | 颜色变化 还原态 | 配制方法 |
|---|---|---|---|---|
| 中性红 | 0.24 | 红 | 无色 | 0.05%的60%的乙醇溶液 |
| 次甲基蓝 | 0.36 | 蓝 | 无色 | 0.05%的水溶液 |
| 二苯胺 | 0.76 | 紫 | 无色 | 1 g 溶于 100 mL 2%的硫酸中 |
| 二苯胺磺酸钠 | 0.85 | 紫红 | 无色 | 0.5%的水溶液 |
| 邻二氮菲 | 1.06 | 浅蓝 | 红色 | 1.485 g 邻二氮菲及 0.965 g FeSO$_3$ 溶于100 mL水中 |
| 邻氨基苯甲酸 | 1.08 | 紫红 | 无色 | 0.1 g 指示剂加 20 mL 5%的 Na$_2$CO$_3$ 溶液，用水稀释至 100 mL |
| 5-硝基邻二氮菲 | 1.25 | 浅蓝 | 紫红 | 1.008 g 指示剂及 0.965 g FeSO$_4$ 溶于100 mL水中 |

## 附录 XIII-2-4　金属指示剂

| 指示剂名称 | 适用 pH 范围 | 颜色变化 游离态 | 颜色变化 化合态 | 配制方法 |
| --- | --- | --- | --- | --- |
| 铬黑 T | 7～11 | 蓝 | 紫红 | 1 g 铬黑 T 与 100 g NaCl 研细，混匀，储于棕色瓶中 |
| 钙指示剂 | 8～13 | 蓝 | 酒红 | 1 g 钙指示剂与 100 g NaCl 研细，混匀，储于瓶中 |
| 二甲酚橙 | <6 | 黄 | 红紫 | 0.5 g 指示剂溶于 100 mL 去离子水中 |
| 磺基水杨酸 | 3～13 | 无 | 红 | 1% 的水溶液 |
| PAN 指示剂 | 2～12 | 黄 | 红 | 0.2 g 指示剂溶于 100 mL 乙醇中 |
| K-B 指示剂 | 8～13 | 蓝 | 红 | 0.5 g 酸性铬蓝 K 加 1.25 g 萘酚绿 B，再加 25 g NaCl 研细，混匀，储于瓶中 |
| 邻苯二酚紫 | 2～12 | 紫 | 蓝 | 0.1 g 指示剂溶于 100 mL 去离子水中 |
| 钙、镁指示剂 | 9～11 | 蓝 | 红 | 0.1% 的水溶液或 0.1% 的 10% 的乙醇溶液 |
| 酸性铬蓝 K | 8～13 | 蓝 | 红 | 1 g 指示剂与 100 g NaCl 研细，混匀，储于瓶中 |

## 附录 XIII-3　缓冲溶液
### 附录 XIII-3-1　常用缓冲溶液

| 缓冲溶液组成 | $pK_a^\ominus$ | 缓冲溶液 pH | 缓冲溶液的配制方法 |
| --- | --- | --- | --- |
| 氨基乙酸-HCl | 2.35 | 2.3 | 取氨基乙酸 150 g 溶于 500 mL 水中，加入浓盐酸 80 mL，用蒸馏水稀释至 1 000 mL |
| $H_3PO_4$-柠檬酸盐 |  | 2.5 | 取 $Na_2HPO_4 \cdot 12H_2O$ 113 g 溶于 200 mL 水中，加柠檬酸 387 g 溶解，过滤后稀释至 1 000 mL |
| 一氯乙酸-NaOH | 2.86 | 2.8 | 取一氯乙酸 200 g 溶于 200 mL 水中，加 NaOH 40 g 溶解，用蒸馏水稀释至 1 000 mL |
| 邻苯二甲酸氢钾-HCl | 2.95 | 2.9 | 取 500 g 邻苯二甲酸氢钾溶于 500 mL 水中，加入浓盐酸 80 mL，用蒸馏水稀释至 1 000 mL |
| 甲酸-NaOH | 3.76 | 3.7 | 取 95 g 甲酸和 40 g NaOH 溶于 500 mL 水中，用蒸馏水稀释至 1 000 mL |
| $NH_4Ac$-HAc |  | 4.5 | 取 77 g $NH_4Ac$ 溶于 200 mL 水中，加冰 HAc 59 mL，用蒸馏水稀释至 1 000 mL |
| NaAc-HAc | 4.75 | 4.7 | 取无水 NaAc 83 g 溶于水中，加冰 HAc 60 mL，用蒸馏水稀释至 1 000 mL |
| NaAc-HAc | 4.75 | 5.0 | 取无水 NaAc 160 g 溶于水中，加冰 HAc 60 mL，用蒸馏水稀释至 1 000 mL |
| $NH_4Ac$-HAc |  | 5.0 | 取 250 g $NH_4Ac$ 溶于水中，加冰 HAc 25 mL，用蒸馏水稀释至 1 000 mL |

(续)

| 缓冲溶液组成 | $pK_a^\ominus$ | 缓冲溶液 pH | 缓冲溶液的配制方法 |
|---|---|---|---|
| 六次甲基四胺-HCl | 5.15 | 5.4 | 取六次甲基四胺 40 g，溶于 200 mL 水中，加入浓盐酸10 mL，用蒸馏水稀释至 1 000 mL |
| $NH_4Ac$-HAc | | 6.0 | 取 600 g $NH_4Ac$ 溶于水中，加冰 HAc 20 mL，用蒸馏水稀释至 1 000 mL |
| NaAc-$Na_2HPO_4$ | | 8.0 | 取无水 NaAc 50 g 和 $Na_2HPO_4 \cdot 12H_2O$ 50 g 溶于水中，用蒸馏水稀释至 1 000 mL |
| Tris[三羟甲基氨甲烷 $CNH_2(HOCH_3)_3$]-HCl | 8.21 | 8.2 | 取 25 g Tris[$CNH_2(HOCH_3)_3$]试剂溶于水中，加浓盐酸8 mL，用蒸馏水稀释至1 000 mL |
| $NH_3$-$NH_4Cl$ | 9.26 | 9.2 | 取 $NH_4Cl$ 54 g 溶于水中，加浓氨水 63 mL，用蒸馏水稀释至 1 000 mL |
| $NH_3$-$NH_4Cl$ | 9.26 | 9.5 | 取 $NH_4Cl$ 54 g 溶于水中，加浓氨水 126 mL，用蒸馏水稀释至 1 000 mL |
| $NH_3$-$NH_4Cl$ | 9.26 | 10.0 | 取 $NH_4Cl$ 54 g 溶于水中，加浓氨水 350 mL，用蒸馏水稀释至 1 000 mL |

附录 XIII-3-2　标准缓冲溶液(298K)

| 名　称 | pH | 配　制　方　法 |
|---|---|---|
| 0.05 mol·$L^{-1}$ 草酸三氢钾溶液 | 1.65 | 称取(54±3)℃下烘干 4~5 h 的草酸三氢钾 $KH_3(C_2O_4)_2 \cdot 2H_2O$ 12.71 g，溶于蒸馏水中，在容量瓶中稀释至 1 000 mL |
| 饱和酒石酸氢钾溶液(0.034 mol·$L^{-1}$) | 3.56 | 在磨口玻璃瓶中装入蒸馏水和过量的酒石酸氢钾($KHC_4H_4O_6$)粉末(每 1 000 mL 加 20 g)，控制温度在(25±5)℃，剧烈振摇 20~30 min。溶液澄清后，取上层清液备用 |
| 0.05 mol·$L^{-1}$ 邻苯二甲酸氢钾溶液 | 4.01 | 称取(115±5)℃下烘干 2~3 h 的邻苯二甲酸氢钾($KHC_8H_4O_4$，GR) 10.12 g 溶于蒸馏水中，在容量瓶中稀释至1 000 mL |
| 0.025 mol·$L^{-1}$ 磷酸二氢钾和 0.025 mol·$L^{-1}$ 磷酸氢二钠混合 | 6.86 | 分别称取(115±5)℃下烘干 2~3 h 的磷酸二氢钾($KH_2PO_4$) 3.39 g 和磷酸氢二钠($Na_2HPO_4$) 3.53 g，溶于蒸馏水中，在容量瓶中稀释至 1 000 mL |
| 0.01 mol·$L^{-1}$ 硼砂溶液 | 9.18 | 称取硼砂($Na_2B_4O_7 \cdot 10H_2O$，GR) 3.81 g，溶于蒸馏水中，在容量瓶中稀释至 1 000 mL |

# 附录 XIV　常用有机溶剂的纯化

有机化学实验离不开溶剂，溶剂不仅作为反应介质，在产物的纯化和后处理中也经常使用。市售的有机溶剂有工业纯、化学纯、分析纯等各种规格，纯度越高，价格越贵。在有机合成中，常常根据反应的特点和要求，选用适当规格的溶剂，以便使反应能够顺利进行而又符合节约的原则。某些有机反应(如 Grignard 反应等)，对溶剂要求较高，即使微量杂质或水分的存在，也会对反应速率、产率和纯度带来一定影响。由于有机合成中使用溶剂的量都比较大，若仅依靠购买市售纯品，不仅成本高，有时也不一定能满足反应的要求。因此了解有机溶剂的性质及纯化方法是十分重要的。有机溶剂的纯化是有机合成工作的一项基本操作，这里介绍几种常用的市售普通溶剂在实验室条件下主要的纯化方法。

**1. 无水乙醚** 普通乙醚中常含有一定量的水、乙醇及少量过氧化物等杂质,这对于要求以无水乙醚作溶剂的反应,不仅影响反应的进行,且易发生危险。试剂级的无水乙醚往往也不合要求,且价格较贵,因此在实验中常需自行制备。制备无水乙醚时首先检验有无过氧化物。为此取少量乙醚与等体积的2%碘化钾溶液,加入几滴稀盐酸一起振摇,若能使淀粉溶液呈紫色或蓝色,即证明有过氧化物存在,可在分液漏斗中加入普通级乙醚和相当于乙醚体积1/5的新配制的硫酸亚铁溶液,剧烈摇动后分去水溶液以除去过氧化物。除去过氧化物后,按照下列操作进行精制。

在250 mL圆底烧瓶中,放置100 mL除去过氧化物的普通乙醚和几粒沸石,装上冷凝管。冷凝管上端通过一带有侧槽的橡皮塞,插入盛有10 mL浓硫酸的滴液漏斗。通入冷凝水,将浓硫酸慢慢滴入乙醚中,由于脱水作用所产生的热,乙醚会自行沸腾。加完后摇动反应物。

待乙醚停止沸腾后,拆下冷凝管,改成蒸馏装置。在收集乙醚的接收瓶支管上连一氯化钙干燥管,并用与干燥管连接的橡皮管把乙醚蒸气导入水槽。加入沸石后,用事先准备好的水浴加热蒸馏。蒸馏速度不能太快,以免乙醚蒸气冷不下来而逸散室内。当收集到约70 mL乙醚,且蒸馏速度显著变慢时,即可停止蒸馏。将瓶内所剩残液倒入指定的回收瓶中,切不可将水加入残液中。

将蒸馏收集的乙醚倒入干燥的锥形瓶中,加入1 g钠丝,然后用带有氯化钙干燥管的软木塞塞住,或在木塞中插入一末端拉成毛细管的玻璃管,这样可以防止潮气侵入并使产生的气体逸出。放置24 h以上,使乙醚中残留的少量水和乙醇转化为氢氧化钠和乙醇钠。如不再有气泡逸出同时钠的表面较好,则可储放备用。如放置后,金属钠表面已全部发生作用,需重新压入少量钠丝,放置至无气泡发生。这种无水乙醚可符合一般无水要求。

**2. 绝对乙醇**(含量99.95%) 市售的无水乙醇一般只能达到99.5%的纯度,在许多反应中需用纯度更高的绝对乙醇,常需自己制备。通常工业用的95.5%的乙醇不能直接用蒸馏法制取无水乙醇,因95.5%乙醇和4.5%的水形成恒沸点混合物。要把水除去,第一步是加入氧化钙(生石灰)煮沸回流,使乙醇中的水与生石灰作用生成氢氧化钙,然后再将无水乙醇蒸出。这样得到的无水乙醇纯度最高,约99.5%。纯度更高的无水乙醇可用金属镁或金属钠进行处理。

$$2C_2H_5OH + Mg = (C_2H_5O)_2Mg + H_2$$
$$(C_2H_5O)_2Mg + 2H_2O = 2C_2H_5OH + Mg(OH)_2$$
$$C_2H_5OH + Na = C_2H_5ONa + 1/2H_2$$
$$C_2H_5ONa + H_2O = C_2H_5OH + NaOH$$

(1)无水乙醇(含量99.5%)的制备。在500 mL圆底烧瓶中,放置200 mL 95%乙醇和50 g生石灰,用木塞塞紧瓶口,放置至下次实验。下次实验时,拔去木塞,装上回流冷凝管,其上端接一氯化钙干燥管,在水浴上加热回流2~3 h,稍冷后取下冷凝管,改成蒸馏装置。蒸去前馏分后,用干燥的吸滤瓶或蒸馏瓶作接收器,其支管接一氯化钙干燥管,使与大气相通。用水浴加热。蒸馏至几乎无液滴流出为止。称量无水乙醇的质量或量其体积,计算回收率。

(2)绝对乙醇(含量99.95%)的制备。

① 用金属镁制取:在250 mL圆底烧瓶中,放置0.6 g干燥纯净的镁条、10 mL 99.5%

乙醇，装上回流冷凝管，并在冷凝管上端附加一支无水氯化钙干燥管。在沸水浴上或用火直接加热使达微沸，移去热源，立刻加入几粒碘片(此时注意不要振荡)，顷刻即在碘粒附近发生作用，最后可以达到相当剧烈的程度。有时作用太慢则需加热。如果在加碘之后，作用仍不开始，则可再加入数粒碘(一般来说，乙醇与镁的作用缓慢，如所用乙醇含水量超过 0.5% 则作用尤其困难)。待全部镁已经作用完毕后，加入 100 mL 99.5% 乙醇和几粒沸石。回流 1h，蒸馏，产物收存于玻璃瓶中，用一橡皮塞或磨口塞塞住。

② 用金属钠制取：装置和操作同①，在 250 mL 圆底烧瓶中，放置 2 g 金属钠和 100 mL 纯度至少为 99% 的乙醇，加入几粒沸石。加热回流 30 min 后，加入 4 g 邻苯二甲酸二乙酯，再回流 10 min。取下冷凝管，改成蒸馏装置，按收集无水乙醇的要求进行蒸馏。产品储于带有磨口塞或橡皮塞的容器中。

**3. 丙酮** 普通丙酮中往往含有少量水及甲醇、乙醚等还原性杂质，可用下列方法精制：

(1) 在 100 mL 丙酮中加入 0.5 g 高锰酸钾回流以除去还原性杂质，若高锰酸钾紫色很快消失，需要再加入少量高锰酸钾继续回流，直至紫色不再消失为止。蒸出丙酮，用无水碳酸钾或无水硫酸钙干燥，过滤，蒸馏收集 55～56.5 ℃ 的馏分。

(2) 于 100 mL 丙酮中加入 4 mL 10% 硝酸银溶液及 35 mL 0.1 mol·L$^{-1}$ 氢氧化钠溶液，振荡 10 min，除去还原性杂质。过滤，滤液用无水硫酸钙干燥后，蒸馏收集 55～56.5 ℃ 的馏分。

**4. 氯仿** 普通氯仿含有 1% 的乙醇，这是为了防止氯仿分解为有毒的光气，作为稳定剂加进去的。为了除去乙醇，可以将氯仿用一半体积的水振荡数次，然后分出下层氯仿，用无水氯化钙干燥数小时后蒸馏。

另一种精制方法是将氯仿与少量浓硫酸一起振荡两三次。每 1 000 mL 氯仿用浓硫酸 50 mL。分去酸层以后的氯仿用水洗涤，干燥，然后蒸馏。除去乙醇的无水氯仿应避光保存于棕色瓶中，并且不要见光，以免分解。

**5. 石油醚** 石油醚为轻质石油产品，是低相对分子质量烃类(主要是戊烷和己烷)的混合物。其沸程为 30～150 ℃，收集的温度区间一般为 30 ℃ 左右，如 30～60 ℃、60～90 ℃、90～120 ℃ 等沸程规格的石油醚。石油醚中含有少量不饱和烃，沸点与烷烃相近，用蒸馏法无法分离，必要时可用浓硫酸和高锰酸钾除去。通常将石油醚用其体积 1/10 的浓硫酸洗涤两三次，再用 10% 的硫酸加入高锰酸钾配成的饱和溶液洗涤，直至水层中的紫色不再消失为止。然后再用水洗，经无水氯化钙干燥后蒸馏。如要绝对干燥的石油醚则加入钠丝(见 1. 无水乙醚)。

## 附录 XV 常见干燥剂的性能与应用范围

| 干燥剂 | 吸水作用 | 吸水容量 | 干燥效能 | 干燥效果 | 适用范围 | 备注 |
|--------|----------|----------|----------|----------|----------|------|
| 氯化钙 | 生成结晶水合物 $CaCl_2 \cdot nH_2O$ $n=1,2,4,6$ | 0.97 按 $CaCl_2 \cdot 6H_2O$ 计 | 中等 | | 烃、烯烃、丙酮、醚和中性气体 | 工业品中含有 $Ca(OH)_2$ 或 $CaO$，故不能干燥酚类；$CaCl_2 \cdot 6H_2O$ 在 30 ℃ 以上易失水；$CaCl_2 \cdot 4H_2O$ 在 45 ℃ 以上失水 |

(续)

| 干燥剂 | 吸水作用 | 吸水容量 | 干燥效能 | 干燥效果 | 适用范围 | 备注 |
|---|---|---|---|---|---|---|
| 硫酸镁 | 生成结晶水合物 $MgSO_4 \cdot nH_2O$ $n=1,2,4,5,6,7$ | 1.05 按 $MgSO_4 \cdot 7H_2O$ 计 | 较弱 | 较快 | 中性,应用范围广,可代替氯化钙,并可用于干燥酯、醛、酮、腈、酰胺等 | $MgSO_4 \cdot 7H_2O$ 在 49 ℃以上失水,$MgSO_4 \cdot 6H_2O$ 在 38 ℃以上失水 |
| 硫酸钠 | 生成结晶水合物 $Na_2SO_4 \cdot 10H_2O$ | 1.25 | 弱 | 缓慢 | 中性,一般用于有机液体的初步干燥 | $Na_2SO_4 \cdot 10H_2O$ 在 32.4 ℃以上失水 |
| 硫酸钙 | 生成结晶水合物 $CaSO_4 \cdot 2H_2O$ | 0.06 | 强 | 快 | 中性,硫酸钙经常与硫酸钠配合,做最后干燥之用 | $CaSO_4 \cdot 2H_2O$ 在 38 ℃以上失水,$CaSO_4 \cdot H_2O$ 在 80 ℃以上失水 |
| 氢氧化钠(钾) | 易溶于水 | | 中等 | 快 | 强碱性,用于干燥胺、杂环等碱性化合物(胺、氨、醚、烃) | 吸湿性强 |
| 碳酸钾 | 生成结晶水合物 $K_2CO_3 \cdot 1/2H_2O$ | 0.2 | 较弱 | 慢 | 弱碱性,用于干燥醇、酮、酯、胺、杂环等碱性化合物,可代替 KOH 干燥胺类,也可用于酸、酚 | 有吸湿性 |
| 金属钠 | 与水反应 $Na+H_2O \longrightarrow 1/2H_2+NaOH$ | | 强 | 快 | 限于干燥醚、烃、叔胺中痕量水分 | 忌水 |
| 氧化钙 | 与水反应 $CaO+H_2O \longrightarrow Ca(OH)_2$ | | 强 | 较快 | 中性及碱性气体、胺、醇、乙醚 | 对热很稳定,不挥发,干燥后可直接蒸馏 |
| 五氧化二磷 | 与水反应 $P_2O_5+3H_2O \longrightarrow 2H_3PO_4$ | | 强 | 快,但吸水后表面被黏浆覆盖操作不便 | 适于干燥烃、卤代烃、腈等中的痕量水分;适于干燥碱性或酸性气体如乙炔、二硫化碳、烃、卤代烃 | 吸湿性很强,用于干燥气体时需与载体相混 |
| 浓硫酸 | 吸水性 | | | | 中性及酸性气体(用于干燥器和洗气瓶中) | 不适于高温下的真空干燥 |
| 分子筛 | 物理吸附 | 约 0.25 | 强 | 快 | 流动气体(温度可高达 100 ℃)、有机溶剂(用于干燥器中) | |

# 参考文献

白玲，石国荣，2017. 仪器分析实验[M].2版. 北京：化学工业出版社.
白玲，郭会时，2019. 仪器分析[M]. 北京：化学工业出版社.
北京大学化学系分析化学教研室，2010. 基础分析化学实验[M].3版. 北京：北京大学出版社.
北京大学化学与分子工程学院有机化学研究所，2015. 有机化学实验[M].3版. 北京：北京大学出版社.
北京师范大学无机化学教研室，2007. 无机化学实验[M].3版. 北京：高等教育出版社.
蔡艳荣，2010. 仪器分析实验教程[M]. 北京：中国环境科学出版社.
何金兰，杨克让，2002. 仪器分析原理[M]. 北京：科学出版社.
呼世斌，2003. 无机及分析化学实验[M]. 北京：中国农业出版社.
胡满成，张昕，2002. 化学基础实验[M]. 北京：科学出版社.
胡平，王氢，2019. 仪器分析[M].5版. 北京：高等教育出版社.
华中师范大学，东北师范大学，陕西师范大学，2015. 分析化学实验[M].4版. 北京：高等教育出版社.
钱晓荣，2009. 仪器分析实验教程[M]. 上海：华东理工大学出版社.
四川大学化工学院，浙江大学化学系，2015. 分析化学实验[M].4版. 北京：高等教育出版社.
王玉良，陈华，2009. 有机化学实验[M]. 北京：化学工业出版社.
吴泳，1999. 大学化学新体系实验[M]. 北京：科学出版社.
武汉大学，2016. 分析化学（下册）[M].6版. 北京：高等教育出版社.
武汉大学化学系，2001. 仪器分析[M]. 北京：高等教育出版社.
武汉大学，2011. 分析化学实验[M].5版. 北京：高等教育出版社.
薛晓丽，于加平，韩凤波，2020. 仪器分析实验[M]. 北京：化学工业出版社.
杨万龙，李文友，2019. 仪器分析实验[M]. 北京：科学出版社.
姚映钦，2011. 有机化学实验[M].3版. 武汉：武汉理工大学出版社.
曾和平，王辉，李兴奇，2020. 有机化学实验[M].5版. 北京：高等教育出版社.
曾昭琼，2000. 有机化学实验[M].3版. 北京：高等教育出版社.
周志高，蒋鹏举，2005. 有机化学实验[M]. 北京：化学工业出版社.
朱明华，胡平，2008. 仪器分析[M].4版. 北京：高等教育出版社.
宗汉兴，2000. 化学基础实验[M]. 杭州：浙江大学出版社.

图书在版编目(CIP)数据

基础化学实验 / 梁慧光，龙海涛主编 . —北京：中国农业出版社，2021.8（2024.8重印）

普通高等教育农业农村部"十三五"规划教材　全国高等农林院校"十三五"规划教材

ISBN 978-7-109-14790-4

Ⅰ.①基…　Ⅱ.①梁…②龙…　Ⅲ.①化学实验－高等学校－教材　Ⅳ.①O6-3

中国版本图书馆 CIP 数据核字(2021)第 148015 号

中国农业出版社出版

地址：北京市朝阳区麦子店街 18 号楼
邮编：100125
责任编辑：曾丹霞
版式设计：王　晨　　责任校对：刘丽香
印刷：中农印务有限公司
版次：2021 年 8 月第 1 版
印次：2024 年 8 月北京第 3 次印刷
发行：新华书店北京发行所
开本：787mm×1092mm　1/16
印张：18.25
字数：440 千字
定价：39.00 元

版权所有·侵权必究

凡购买本社图书，如有印装质量问题，我社负责调换。
服务电话：010-59195115　010-59194918